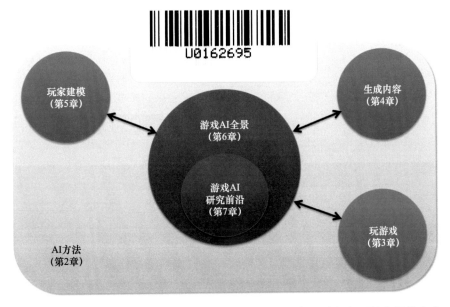

图 1.2 展示了本书中各个章节之间的联系。灰色、蓝色以及红色区域分别代表本书的第一、第二和第三部分的章节，即第 2 章、第 3~5 章和第 6~7 章

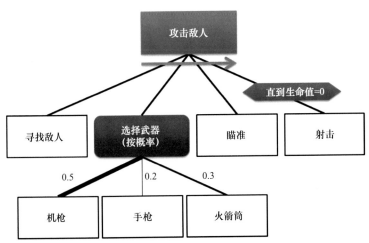

图 2.2 一个行为树案例。这个行为树的根节点是一个序列节点（攻击敌人），其将会按照从左到右的序列依次执行子行为，也就是寻找敌人、选择武器、瞄准以及射击。选择武器行为是一个概率选择节点，其为机枪（0.5）相较火箭筒（0.3）或是手枪（0.2）赋予了更高的概率——通过父子节点之间的连接线的厚度进行标记。一旦处于射击行为中，直到生命值为 0 的装饰节点会执行这个行为直到敌人死亡

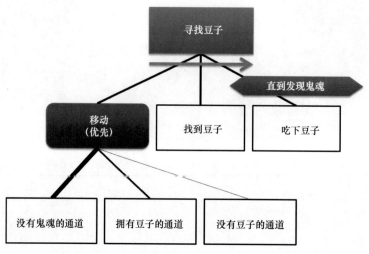

图 2.3 吃豆小姐中一个用于寻找豆子的例子

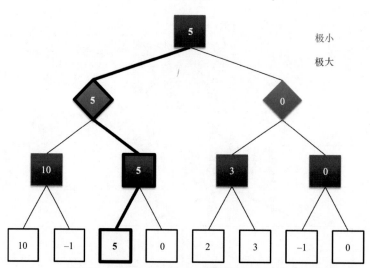

图 2.6 一个展示了极大极小算法的抽象博弈树。在这个设想的游戏中，先手的极大玩家（表示为红色）拥有两个选择，极小玩家（表示为蓝色）为后手，并且极大玩家会最后下一次。白色的方块标注了末端节点，其包括了对极大玩家而言的胜利（正面）、失败（负面）或是和（零分）的分数。遵循极大极小法则，这些分数将会贯穿整个博弈树到达根节点。极大玩家与极小玩家的最佳玩法已经被加粗显示。在这个简单的案例中，如果两个玩家都使用最佳玩法，那么极大玩家将会赢得 5 分

a) 变异: 一些基因被选中以某种小概率进行变异, 例如 1%。被选中的基因在上方的染色体以红色标亮, 而在下方的染色体中通过将它们翻转进行变异

b) 逆转: 随机选择后代中的两个位置——也就是在上方的染色体中标亮的基因序列——并且在下方的染色体中通过它们之间的位置进行逆转 (红色的基因)

图 2.9　用于变异一个二元染色体的两种方式。在这个案例中我们使用一个拥有 11 个基因的染色体。选择一些染色体 (上方的比特串) 并且进行变异 (下方的比特串)

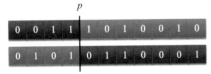

a) 1 点交叉: 横跨两个父代的垂线标注了位置 p 上的交叉点

b) 标准交叉: 为了选择用于组成子代的父代基因, 操作器会在染色体的每个位置都丢硬币决定

图 2.10　在进化算法中普遍使用的两种交叉类型。在这个例子中, 我们使用二进制表示和 11 个基因的染色体规模。两个交叉操作中使用的两个字节串表示被选用于重组的两个父代。深色和浅色基因表示从每个交叉操作中出现的两个不同的子代。注意操作也可以直接用实数 (浮点) 表示

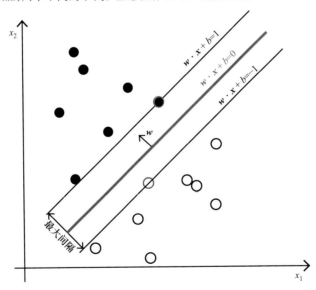

图 2.14　一个最大间隔超平面 (红线) 以及一个训练自两个类别的样本的支持向量机的间隔 (黑线) 的例子。实心以及空心的圆分别对应拥有标签 1 与 -1 的数据。在这个案例中, 分类被映射到了一个二维输入向量 (x_1, x_2) 上。间隔上的两个数据样本——描有红边的圆——是支持向量

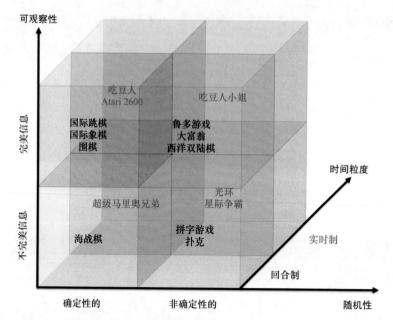

图 3.2 各种游戏的特性:跨越了随机性、可观察性以及时间粒度维度的游戏案例。注意每个立方体内所显示的游戏例子是按照复杂度排列的(动作空间以及分支因子)。极大极小算法理论上可以解决任何确定性的、完美信息的回合制游戏(图片中的红色方块)——在实践上,通过极大极小算法仍然无法解决拥有非常庞大的分支因子与动作空间的游戏,例如围棋。任何最终都会逼近极大极小树的 AI 方法(例如蒙特卡罗树搜索)可以被用于处理不完美信息、非确定性以及实时制的决策(参见图片中的蓝色方块)。严格来说,《超级马里奥兄弟》(Nintendo, 1985)只在玩家帮助生成一个特定场景时会涉及某种程度上的非确定性;因此我们可以放心地将这个游戏分类为确定性的[163]

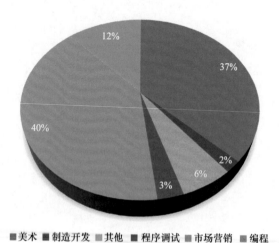

图 4.1 AAA 游戏开发的平均成本分摊。数据来源: http://monstervine.com/2013/06/
chasing-an-industry-the-economics-of-videogames-turned-hollywood/

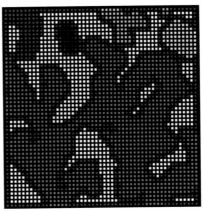

a) 一张随机地图 b) 一张使用元胞自动机生成的地图

图 4.6 洞窟生成：一个元胞自动机以及一个随机生成地图之间的比较。元胞自动机使用的参数如下：元胞自动机运行 4 次生成；Moore 邻域的大小为 1；元胞自动机规则的阈值为 5（ $T = 5$ ）；过程开始时的岩石细胞比例为 50%（两张地图都是）。岩石和墙细胞分别用白色和红色表示。彩色区域代表了不同的隧道（地面）。图片摘自参考文献 [304]

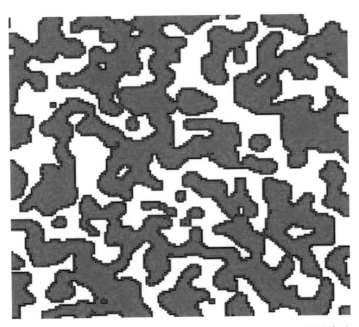

图 4.7 洞窟生成：一个使用元胞自动机生成的 3×3 基准网格地图。岩石与墙分别使用白色与红色表示；灰色代表了地面。Moore 邻域大小为 2，$T = 13$，元胞自动机迭代次数为 4 次，而初始阶段岩石百分比为 50%。图片摘自参考文献 [304]

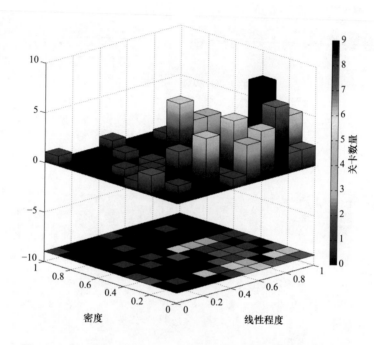

图 4.23 《*Ropossum*》关卡生成器中的表达范畴。使用了线性程
度以及密度两个指标。摘自参考文献 [608]

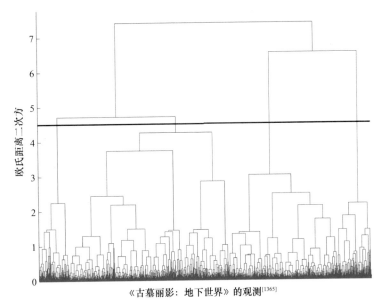

a）使用Ward分层聚类的TRU树状图。欧氏距离二次方为4.5的地方
（显示为黑线）展示了4种聚类

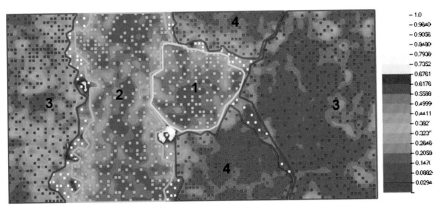

b）一个描绘了4个玩家聚类的自组织映射的U矩阵可视化，确定自含有1365名玩家（用彩色方块表示）的种群。
不同的方块颜色代表了不同的玩家聚类。山谷代表了簇，而山峰代表了簇的边界。图片摘自参考文献[176]

图 5.10　使用 a）分层聚类方法以及 b）SOM 聚类方法对 TRU 中的玩家类型进行探测

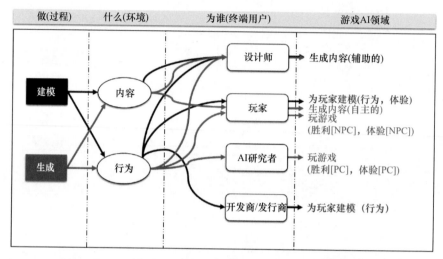

图 6.1 识别的游戏 AI 区域的最终用户视角。每个 AI 区域遵循特定**最终用户**（设计者、玩家、AI 研究员或游戏开发商 / 发行商）的**环境**（内容或行为）下的**过程**（模型或生成）。蓝色和红色箭头分别代表建模和生成的过程。本图修改自参考文献 [785]

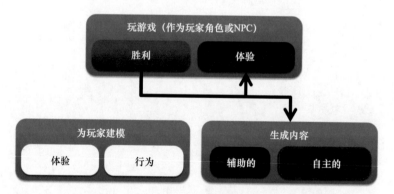

图 6.3 以取胜为目的而玩游戏：对其他游戏 AI 研究领域的影响（或被影响）。**外向影响**（通过箭头表示）：箭头所指的黑色以及深灰色的领域分别表示了**强烈**影响与**微弱**影响。**内向影响**则通过在研究中对这个领域（在这张图中是以取胜为目标而玩游戏的 AI）造成影响的领域外围的红线进行表示：**强烈**影响与**微弱**影响分别使用实线与虚线进行表示

人工智能与游戏

［希］乔治斯·N. 扬纳卡基斯（Georgios N. Yannakakis）
［美］朱利安·图吉利斯（Julian Togelius）　著

卢俊楷　郑培铭　译

机械工业出版社

本书是第一本致力于解释人工智能（AI）技术如何被用于游戏内与游戏上的教材。在导论章节结束后，本书介绍了AI与游戏中的背景技术与关键技术，以及AI如何被用于玩游戏、被用于为游戏生成内容以及为玩家进行建模。

本书适用于人工智能、游戏设计、人机交互和计算智能的本科和研究生课程，也适合工业界中的游戏开发人员和从业人员用于自学。本书作者开发了一个网站（http://www.gameaibook.org），这个网站为本书所涉及的材料进行了补充，包括最新的练习、讲义幻灯片和阅读材料。

First published in English under the title:

Artificial Intelligence and Games

by Georgios N. Yannakakis and Julian Togelius

Copyright © 2018 Springer International Publishing AG

This edition has been translated and published under licence from Springer International Publishing AG.

本书由Springer授权机械工业出版社在中国大陆地区（不包括香港、澳门特别行政区及台湾地区）出版与发行。未经许可的出口，视为违反著作权法，将受法律制裁。

北京市版权局著作权合同登记 图字：01-2018-3134号。

图书在版编目（CIP）数据

人工智能与游戏/（希）乔治斯·N.扬纳卡基斯（Georgios N. Yannakakis），（美）朱利安·图吉利斯（Julian Togelius）著；卢俊楷等译.—北京：机械工业出版社，2019.9（2024.6重印）

书名原文：Artificial Intelligence and Games

ISBN 978-7-111-63527-7

Ⅰ.①人…　Ⅱ.①乔…　②朱…　③卢…　Ⅲ.①人工智能-应用-游戏程序-程序设计　Ⅳ.①TP317.6

中国版本图书馆CIP数据核字（2019）第180432号

机械工业出版社（北京市百万庄大街22号　邮政编码100037）

策划编辑：刘星宁　责任编辑：刘星宁

责任校对：高亚苗　封面设计：马精明

责任印制：单爱军

北京虎彩文化传播有限公司印刷

2024年6月第1版第3次印刷

184mm×240mm·18.5印张·4插页·452千字

标准书号：ISBN 978-7-111-63527-7

定价：89.00元

电话服务　　　　　　　　网络服务

客服电话：010-88361066　机　工　官　网：www.cmpbook.com

　　　　　010-88379833　机　工　官　博：weibo.com/cmp1952

　　　　　010-68326294　金　书　网：www.golden-book.com

封底无防伪标均为盗版　机工教育服务网：www.cmpedu.com

译　者　序

　　游戏有着漫长的历史，自几千年前起棋盘游戏就已经成为人们生活中的一部分。一直以来，人们都认为游戏是一件需要智慧才能够完成的事情。人工智能（AI）的研究目的就是为机器赋予智能，因此游戏非常自然地成为 AI 证明自身智慧能力的最佳途径之一。自 AI 诞生的那一天开始，人们便开始尝试在各种游戏上提高 AI 的水平，并也为所取得的每次成功而庆祝。从 Deep Blue 到 Alpha Go，AI 在游戏上取得的每一次重大突破也被看成是 AI 史上的一座丰碑。

　　早期的计算机游戏大多都是传统的棋盘游戏，自 20 世纪 80 年代以来，随着计算机硬件水平的不断上升，游戏的形式也逐渐发生了变化。视频游戏逐渐流行，并成为计算机游戏的主要形式。与此同时，AI 也逐渐地在传统的棋盘游戏上超越了人类水平。围棋一直以来被人们认为是最为复杂、最难以被 AI 攻克的棋盘游戏，但在 2016 年，AI 也在这个游戏上取得了里程碑式的进展，成功战胜了当时最为优秀的人类围棋选手。人们开始为 AI 寻找新的目标，而视频游戏很自然地就成为 AI 的新挑战之一。

　　但游戏与 AI 之间的关联并非只局限在游戏能够作为 AI 的试金石。在计算机游戏的不断发展中，人们也开始探索 AI 对于游戏能够发挥的作用。人们开始使用 AI 在游戏中扮演非玩家角色（NPC）与玩家共同进行游戏，令玩家在游戏中更有沉浸感。同时人们也开始使用 AI 为游戏生成内容，包括游戏地图、游戏关卡、游戏角色等。人们还期望 AI 能够更为拟人，能够像真实人类一样去玩游戏，让玩家无法分辨身边的角色到底是由真实玩家扮演还是由 AI 扮演。人们开始探索 AI 在游戏中能够扮演的角色，也开始探索 AI 能够对游戏发挥的其他作用。

　　在这种情况下，本书的诞生是一件恰逢其时的事情。在很长一段时间以来，人们都缺少一本能够系统地、综合地对游戏与 AI 之间的各种关联进行描述的书籍。尤其是，人们缺乏一本能够交织罗列出游戏与 AI 的各种不同联系的书籍。本书是第一本能够站在这个宏观角度来对游戏与 AI 的各种关联进行讲解的书籍，并且还对不同的分支方向做出了细致的讲解与引用。从这个角度来说，本书也是一本具有里程碑意义的书籍。

　　在本书之前，大部分的游戏 AI 书籍都旨在从工业界的角度进行切入，其主要关注点也大都集中在如何在商业标准游戏中实现一些传统的非玩家角色 AI 方法。但在游戏工业界发展的同时，游戏 AI 的学术研究也在不断发展。可以说，我们在这之前能够找到许多教我们怎样在商业游戏中实现 AI 的书籍，教我们"怎么做"的书籍，却一直没能拥有一本告诉我们怎样去研究拓展游戏中的 AI 的书籍，教我们"如何发展"的书籍。而这正是本书的巨大意义所在。

　　选择翻译本书，也正是因为发现它对于国内游戏 AI 领域的发展具有巨大意义与重要启发。我国游戏产业的起步与欧美发达国家相比较晚，发展方向也略有不同，因此在许多方向上的经验仍是一片空白。例如本书中所涉及的许多研究方向，在国内依然处于有待起步的阶段。因此，希望本书的翻译出版能够为国内所有对这个领域拥有兴趣并希望付诸实践的人产生一定的帮助。

　　几年之前，当译者开始学习游戏 AI 相关知识时，所遇到的第一个问题就是相关中文信息资料的不足。即便是一些相对基础的信息，也难以寻获相关的中文资料。这毫无疑问地提高了国人进入这个领域的门槛与难度。而翻译本书，也是希望能够借此补充在这个方向上的中文资料的缺乏，为国内相关领域的发展做出些许贡献，令更多的人能够在不需要大量外语基础的前提下接触到这个领域。

但译者认为，若读者希望深入地对这个领域进行了解，仍然需要尽可能地拥有一定的英文基础。首先是可以通过外文文献获取这个领域的最新进展，其次是能够更为便利地理解本书中的一些概念。在翻译本书时，虽然译者在尽力进行翻译，但仍然需要保留某些不便翻译的英文名词。而许多英文术语虽然存在对应的中文翻译，但大多数情况下人们可能会更习惯于使用英文原名或缩写。因此，拥有一定的英文基础有助于更好地深入与理解这个领域。

在翻译本书时，译者对部分其认为不便翻译的英文名词或术语进行了保留，而对做出翻译的英文名词或术语，译者在第一次进行翻译时通过后面的括号注明了英文原名。读者也可以通过阅读本书附录部分的中英文术语对照表进行参考。由于精力有限，译者无法一一列出所有可能具有相关意义的术语，有需求的读者可以参考英文原文。

对于原书中所包含的所有游戏名称，本书也尽力进行了翻译。本书的翻译名称遵循游戏官方发布的翻译名称，但对于部分不存在官方翻译名称的游戏，本书将使用译者确定的非官方的中文名称，因此对于不同的读者可能会存在一定的偏差。读者可以参阅本书附录部分的游戏名称中英文对照表来确定游戏的英文原名。对于某些无法准确翻译其中文名称的游戏，本书保留了对英文原名的使用。

在本书的翻译工作中，译者首先希望感谢作者 Georgios N. Yannakakis 与 Julian Togelius 的巨大支持，也正是他们的支持与鼓励让这份始于私人兴趣的工作最终走向正式出版。感谢南方科技大学的刘佳琳老师对第 2 章进行了详细的审阅，也感谢新加坡国立大学的苏博览博士对第 5 章做出的细致审阅。感谢本书的编辑刘星宁老师，他的耐心工作使得本书能够顺利完成。感谢 Springer 出版社北京办公室为本书翻译的授权提供支持。最后，特别致谢所有阅读了本书完整或部分翻译并做出反馈的朋友，你们的意见为本书定稿做出了巨大的贡献。

此次翻译及排版工作历时一年有余，相较预期更为长久，也因工作与家庭缘故造成延误，译者也希望得到各方的原谅。同时由于译者时间与水平有限，本书在翻译上仍然可能存在许多不足或错漏。若有发现，也请读者谅解。欢迎读者通过电子邮件（junkai‐lu@outlook.com）等渠道为译者指出本书中的错漏之处，也恳请读者对本书的翻译多做批评或建议。

译　者

原　书　序

很荣幸能够为这本优秀并且恰逢其时的图书撰写序。游戏一直以来都被视为各种人工智能（AI）方法的完美试金石，并且也在成为一个重要性不断提升的应用领域。游戏 AI 是一个宽广的领域，包含了各种各样的挑战，例如为如围棋和星际争霸之类的困难游戏创造超越人类的 AI，或是新奇游戏的自动生成这样的创意性应用。

游戏 AI 与 AI 本身一样久远，但在过去的十年中，随着将视频游戏纳入其中，这个领域获得了长足的发展并变得丰富，而视频游戏上也包含了这个领域中所有发表的工作超过 50% 的内容，令我们拓宽了这些含有巨大的商业、社会、经济以及科学利益的挑战的范围。一次在研究输出上的泉涌发生在 2005 年，与首届 IEEE 计算智能与游戏（CIG）会议——由我与 Graham Kendall 共同组织——以及首届 AAAI 人工智能和互动数字娱乐（AIIDE）会议一并发生。从那时开始，这个丰富的研究领域不断得到拓展并获到了更多的理解。游戏 AI 社区首先探索了许多现在已经变得更主流的研究，例如蒙特卡罗树搜索、程序化内容生成、基于屏幕捕获来玩游戏，以及自动的游戏设计。

在过去的十年中，在深度学习上的发展为许多难题都带来了巨大并且变革性的影响，包括语音识别、机器翻译、自然语言理解和计算机视觉。结果就是，现在计算机已经能够在许多感知与认知任务上达到与人类匹敌的表现了。这类系统中的很大一部分现在已经可以通过称为认知服务的范围来为程序员们所用。更为近期的是，深度强化学习在许多困难的挑战中已经取得了突破性的成功，包括围棋以及从屏幕捕获中直接学习如何玩游戏（从像素开始玩）。思考这些对于游戏来说意味着什么是非常有趣的，因为我们正在不断地在越来越多的领域中达到人类级别的智能。而这对于游戏内角色的智能、对于我们与游戏进行交互的途径、对于游戏如何设计与测试所带来的冲击都是十分醒目的。

本书为这个迷人、充满活力的研究领域做出了巨大的贡献：一个随着 AI 能够完成更为广泛的任务（并通过执行这些任务来不断提高水平）而在广度与深度上有着迅速发展的领域。本书将在未来许多年中为社区不断做出贡献：它为新入门者提供了一个比以往更容易、更全面的切入点，同时也为当前希望学习超出自身领域的话题的 AI 与游戏研究者提供了一份不易获取的引用材料。

Georgios Yannakakis 与 Julian Togelius 从这个领域拓展到视频游戏起始阶段就有所涉足，并且都曾在 2005 年的 CIG 会议上发表过研究论文。多年来，他们为这个领域做出了巨大的贡献，在大量的高引用论文中提出了许多新颖的研究与易于理解的综述。就我看来，这二位作者最适合来写下这样一本书，并且他们也不会让人失望。本书将在许多年中为社区做出巨大的贡献。

Simon Lucas

伦敦

原 书 前 言

在智慧为人们一生所带来的所有事物中，到现在来说最重要的就是友谊了。

伊壁鸠鲁，《学说要点》，27 节

人类被视为行为系统，并且非常简单。随着时间的推移，我们的行为在很大程度上是对我们找到自身所在的环境的映射。

Herbert A. Simon

将人工智能（AI）说是一个在当前广受关注的话题是比较保守的说法，并且它在将来也不太可能会被看轻。比以往更多的研究者以某种形式在 AI 上开展工作，而比以往更多的非研究者对这个领域产生了兴趣。将游戏说是 AI 研究中一个十分普及的应用领域也是比较保守的说法。尽管自这个领域诞生以来，棋盘游戏一直是 AI 研究的中心点，但在过去的十年中，视频游戏也越来越多地成为测试与展现新算法的首选领域。与此同时，视频游戏本身变得更为多样化与复杂化，并且其中一些游戏也吸取了 AI 的进步，用于控制非玩家角色、生成内容或是根据玩家进行调节。游戏开发者越来越多地意识到 AI 方法能够分析大量的玩家数据并对游戏设计产生优化。一个小但不断蓬勃发展的研究者与设计者组成的社区正在尝试使用 AI 通过完全自主或是与人类进行对话的形式设计或创造完整的游戏。在 AI 与游戏上开展工作确实是令人激动的时光！

本书是有关 AI 与游戏的。据我们所知，这也是第一本覆盖了这个领域的综合性教科书。综合性，我们的意思也就是它覆盖了游戏中的 AI 方法的所有主要应用领域：玩游戏、内容生成以及玩家建模。我们的意思也是它讨论了许多不同类型的游戏中的各种 AI 问题，包括多种类型的棋盘游戏与视频游戏。本书的综合性也出于它使用多种视角来看待 AI 与游戏：游戏如何被用于 AI 的测试与开发，AI 如何被用于让游戏变得更好，让游戏变得更易于开发，或是让游戏理解玩家与设计。尽管这是一本主要针对学生与研究者的学术书籍，但我们将经常需要解决一些与游戏设计者与游戏开发者相关的问题及方法。

我们基于自身在 AI 能为游戏所做的事情上的长期经验编写本书，我们将独立或相互协助引领与塑造研究社区。在 2004 年，我们都独立地开始对游戏中的 AI 方法进行研究，并且我们自 2009 年开始就一起合作。我们共同扮演了向研究社区介绍程序化内容生成与玩家建模等研究主题的角色，并创建了几个最广泛使用的基于游戏的 AI 基准测试。从某种意义上来说，本书也是我们在三所大学中所讲授的有关 AI 与游戏的课程的产物，以及我们过去几年中在这个领域内发表有关各个独立话题的一些综述论文的自然产物。但本书也是为了应对当前缺乏一本出色的研究本领域入门教材这个问题而编写的。在这之前有关编写这样的一本书的讨论可以追溯到十年前了，但到目前为止还没人真正写出这样一本书。

明确指出本书没有扮演怎样的角色可能是非常有用的。这不是一本指导你在你的游戏中实际动手一步步地建立 AI 的教材。它并不会指明任何特定的游戏引擎或软件框架，并且它也根本不会讨论软件工程方面或许多实现上的事情。它并非一本入门书，并且它也不会对基本的 AI 或游戏设计概念进行简单的介绍。对于这些方面，有很多更好的书籍可以阅读。

　　本书主要针对那些已经理解了 AI 方法与概念，并且已经达到入门 AI 课程水平的读者，并且已经完成了这类课程所需要的入门计算机科学或工程课程。本书假设读者能够轻松地阅读一个算法的伪代码并实现它。第 2 章是对本书中所使用的 AI 方法的一个总结，但更多是以概论的形式作为一个引用与回顾。本书也假设读者对游戏有着基本的熟悉，不一定要能够设计它们但至少应该玩过。

　　我们在编写本书时内心所想的用例是一个学期或两个学期的研究生课程或高级本科生课程。这可能会有几种不同的方案以支持不同的教学实践。教授这样一门课程的一种方法是像传统课程一样，使用依次涵盖书中各个章节的讲义、一次期末的笔试以及一个需要动手的编程练习。为了方便起见，本书中的每个章节都含有对这类练习的建议。另一种围绕本书组织课程的方法会更符合我们对讲授这类课程的喜好，就是在学期的前半部分放在讲解课程材料上，而将后半部分放在小组项目上。

　　本书提供的材料能够以各种方式使用，因此能够支持许多不同的方法。根据我们的经验，一个传统的时长两个学期的游戏 AI 课程通常需要在第一学期中包含第 2 章与第 3 章，然后在第二学期中主要关注 AI 在游戏中的不同用法（第 4 章与第 5 章）。而在讲解压缩过的材料（一个学期）时，建议跳过第 2 章（在需要时将其用作参考），并将大部分讲课时间集中在第 3 章、第 4 章与第 5 章。第 6 章与第 7 章可以被用作是对这个领域中的高级研究生水平的计划产生启发的材料。除了游戏 AI 这个限制之外，第 4 章（或是它的各个小节）可以填充主要关注游戏设计或计算创意的课程，而第 5 章可以填充主要关注情感计算、用户体验和数据挖掘的课程。当然也可以将本书用作是以前从未参加过 AI 课程的学生的入门研究生课程，但在这种情况下，我们建议教师只关注一部分主题，并通过一些有关特定方法（例如最佳优先搜索、进化计算）的在线课程来更好地对本书进行补充。

Georgios N. Yannakakis
Julian Togelius

原 书 致 谢

没有许多人的支持与贡献，编写这样一个规模的书籍是无法做到的。首先，我们希望感谢 Springer 的编辑 Ronan Nugent，他指导我们并在整个图书出版过程给予我们帮助。

我们也希望感谢下列阅读了整本（或一部分）书稿并提供了有效回馈的人：Amy Hoover、Amin Babadi、Sander Bakkes、Vadim Bulitko、Phil Carlisle、Georgios Chalkiadakis、Dave Churchill、Mike Cook、Renato Cunha、Kevin Dill、Nathaniel Du Preez–Wilkinson、Chris Elion、Andy Elmsley、David Fogel、Bernardo Galvão、Kazu–ma Hashimoto、Aaron Isaksen、Emil Johansen、Mark Jones、Niels Justesen、Graham Kendall、Jakub Kowalski、Antonios Liapis、Nir Lipovetzky、Jhovan Mauricio López、Simon Lucas、Jacek Mańdziuk、Luciana Marinelarena–Dondena、Chris Martens、Sean Mealin、Mark Nelson、Sven Neuhaus、Alexander Osherenko、Santiago Ontanón、Cale Plut、Mike Preuss、Hartmut Procha–ska、Christoffer Holmgård、Florian Richoux、Sebastian Risi、Christoph Salge、Andrea Schiel、Jacob Schrum、Magy Seif El–Nasr、Adam Smith、Gillian Smith、Dennis Soemers、Nathan Sturtevant、Gabriel Synnaeve、Nicolas Szilas、Varunyu Vorachart、James Wen、Marco Wiering、Mark Winands、Junkai Lu、Francesco Calimeri、Diego Pérez Liébana、Corine Jacobs、Junkai Lu、Hana Rudova 和 Robert Zubek。在这之中，我们特别感谢 Simon Lucas 为我们撰写本书的序，以及感谢 Mark Nelson、Antonios Liapis、Mike Preuss 与 Adam Smith 审阅了本书的绝大部分并提供了详细的反馈。我们也希望感谢所有允许我们从他们的论文中复制图片或照片的人；我们都会在本书的图名中进行致谢。也特别感谢 Rebecca Portelli 与 Daniel Mercieca 为本书的封面进行艺术设计。

本书中的某些章节基于一些我们参与共同创作的论文或书籍章节。在某些情况中这些论文不止由我们两人共同创作；这些共同作者们慷慨地允许我们去重新使用材料中的一部分，我们对此表示感谢。特别是：第 1 章：参考文献 [764, 700]；第 4 章：第 2 章以及第 2 章中来自参考文献 [616] 与 [381] 的部分；第 5 章：参考文献 [778, 176, 782, 781]；第 6 章：参考文献 [785]；第 7 章：参考文献 [718, 458]。

编写本书对我们两个人来说都是一趟十分漫长的旅行；一场充满挑战并且具有压迫感的旅程。我们希望感谢许多支持了这项工作的人们。Georgios 希望感谢纽约大学 Tandon 工程学院的人们对他开始编写本书时给予的接待，以及克里特理工大学在他编写本书后期时给予的接待。Georgios 也希望感谢马耳他大学准许了他的学术休假，若没有这个休假，本书将无法实现。Georgios 与 Julian 也希望感谢对方对彼此在所有事情上的促进，并承诺他们有意在下次会面时为对方买酒以示庆祝。

最后同样重要的是，我们两个人都希望感谢我们的家庭以及所有在我们需要的时候为我们展现出支持、关心、鼓励和热爱的人。在这里有太多的人需要列出了，十分感谢你们所有人！没有家人的热爱与支持，Georgios 也无法写完本书：Amyrsa 和 Myrto 是他的核心激励，Stavroula 则是所有时候的主要动力；本书献给你们！

配 套 网 站

http：//gameaibook.org/

本书与上方网站共同使用。这个网站将以最新的练习、讲义幻灯片和阅读材料为本书所覆盖的材料进行补充。

目　　录

第一部分　背　景

第1章 导 论

人工智能（AI）在近年来取得了巨大的进步。它是一个繁荣发展的研究领域，有着不断增加的重要研究方向，同时也是越来越多的应用领域的一个核心技术。除了算法的革新之外，AI的快速进展也经常被归因于由于硬件发展而导致的计算能力上升。在日常生活中，我们可以通过许多实际应用案例感受到AI所获得的成功。AI的进步已经让人们能够更好地执行理解图像和语音、情感检测、自动驾驶汽车、网络搜索、AI辅助创意设计以及进行游戏等多种任务。在其中一些任务上，机器已经达到甚至超越了人类的水平。

然而，机器所精通的事物与人类所擅长的事物存在着某些形式上的不同。在AI的早期发展阶段，研究人员所设想的计算系统将展现人类智能的各个方面，并实现与人类相同水平的问题解决能力或决策制定能力。这些问题在相对狭窄并且能够控制的空间内以一组形式化的数学概念呈现给机器，并且其可以通过某种形式的符号操作或是在符号化的空间中搜索来解决。高度形式化、符号化的表示使得AI在许多案例中获得了成功。很自然地，游戏——特别是**棋盘游戏**（board game）在早期的AI探索上成为一个流行的领域，因为在其中它们被高度形式化地约束，并且有着复杂的决策制定环境。

在近几年，许多AI研究的焦点已经转移到了那些对于人类相对简单但我们却难以描述如何去做的任务上，例如记住一张面孔或者在电话中辨认我们朋友的声音。这导致AI研究者开始产生了某些疑问，例如：AI如何检测与表达情绪？AI如何教育人类，并制作富有创造力与艺术性的小说？AI如何玩一个它之前从未见过的游戏？AI如何从极少的实验中学习？AI如何感到惭愧？所有这些问题都是AI所面临着的严肃挑战，并且对应一些我们难以规则化或者客观地定义的任务。可能会令人惊讶（但事后毫不吃惊）的是，对我们来说不需要太多的认知就能完成的任务，让机器解决起来往往更为困难。这里不得不再说一次，游戏之所以能够为探索这种能力提供了一个广泛使用的领域，这是因为游戏在各方面上都有着某种难以被规则化的主观性质。举例来说，这包括了游戏中的体验或是游戏设计中的创意过程[599]。

自AI的想法诞生以来，**游戏**一直为AI的研究过程提供助力。游戏不仅提出有趣且复杂的问题来供AI解决——例如去精通一个游戏；它们也为（人类，甚至机器）用户能够体验到的创意以及表达提供了一个画布。因此可以说，游戏是罕见的，是科学（解决问题）与艺术相碰撞并相互作用的领域，而这些因素也让游戏对于AI的研究来说成为一个独特并且优秀的环境。然而不仅是AI在游戏中提升，游戏也在AI研究中得到了发展。我们通过几个方面探讨了AI如何帮助改善游戏：我们如何玩游戏，我们如何理解游戏的内在机制，我们如何设计游戏，我们如何理解玩、互动和创造性。这本书致力于游戏与AI有所交叉的所有方面，以及许多游戏与AI正同时面临着挑战，却又能通过这层联系得到提升的地方。这不仅是一本关于AI对游戏的作用的书，也是一本关于游戏对于AI的作用的书。

1.1　关于本书

游戏中的 AI 研究，以及为了游戏的 AI 研究是这本书所定义的**游戏 AI**（偶尔也被称为 **AI 与游戏**）的研究领域。这本书提供了一个游戏 AI 在学术上的视角，也可以作为关于这个令人激动的、发展迅速的领域的一本易懂的指南性读物。游戏 AI——特别是视频游戏或者机器博弈 AI——在它作为一个单独的领域存在的（大约）15 年中已经收获了很多重要的成就。在这段时间中，这个领域见证了一些重要的年度会议的建立与发展——包括 IEEE 计算智能与游戏（CIG）会议与人工智能与交互式数字娱乐（AIIDE）会议系列，以及 IEEE TRANSACTIONS ON COMPUTATIONAL INTELLIGENCE AND AI IN GAMES (TCIAIG) 期刊的创刊——TCIAIG 从 2018 年 1 月起重命名为 IEEE TRANSACTIONS ON GAMES (ToG)。从游戏 AI 的早期发展开始，我们就已经见到了许多在这个生机勃勃与激动人心的研究领域的子方向上的成功事迹。如今，我们可以设计在许多游戏中比人类更为精通的 AI，我们可以设计比人类玩家更为拟真及类人的 AI 程序，我们可以与 AI 合作设计（在某些方面上）更为优秀并且打破传统的游戏，我们可以通过对整个游戏体验进行建模来更好地理解玩家以及游戏过程，我们可以通过将游戏设计建模为一个算法来更好地理解它，并且我们可以通过分析大量的玩家数据来改进游戏设计以及盈利策略。正是这些探索游戏在 AI 上的不同应用和 AI 在游戏中的不同应用的算法以及它们的成功案例成就了这本书。

1.1.1　我们为何编写本书

我们两人十多年来都在全球范围内的许多研究与教育机构中进行本科生与研究生水平的游戏 AI 教学以及研究。我们都感觉到，目前对我们的学生来说，一本综合的游戏 AI 教科书是一份必不可少的材料，也可以为各类课程的学习提供一种辅助。与此同时，越来越多的资深研究人员也存在着类似的感觉。像这样的一本书目前还尚不存在，而考虑到我们在这个领域中的广泛经验，我们感觉到我们非常适合写这样一本我们所需要的书。鉴于自 2009 年起我们就一起在游戏 AI 的研究中合作，并且 2005 年就认识彼此，我们知道我们的视角已经足够接近，对于应当囊括在书本中的内容可以达成一致而没有不必要的争论。虽然我们努力编写一本能吸引许多人，并且对来自不同背景的学生和研究人员都有用的书，但是它最终反映的依然是我们在游戏 AI 是什么，以及这个领域中什么比较重要上的观点。

如果从现有的文献中挑选出一些作为潜在的游戏 AI 课程的指定读物，我们在一定程度上可以信赖少量近期的关于特定的游戏 AI 方向的相关综述和愿景论文。例如游戏 AI 的通俗入门[407,764,785]、通用游戏 AI[718]、蒙特卡罗树搜索[77]、程序化内容生成[783,720]、玩家建模[782]、游戏内的情绪[781]、计算叙事[562]、用于游戏生成的 AI[564]、游戏中的神经进化[567]，以及移动设备上的游戏 AI[265]。除此之外，一些更早期的综述也反映了这个领域在早期发展时的顶尖水平，例如游戏中的进化计算（evolutionary computation）[406]以及游戏中的计算智能（computational intelligence）[405]。然而没有文献能以自身所涵盖的内容来覆盖到一个游戏 AI 课程所需要的深度与广度。出于这个原因，我们的课程通常围绕着一组论文（有些是综述，有些是主要的研究论文），再加上幻灯片以及课程笔记来展开。

首先，近期出版、编辑的有关游戏 AI 研究的学术论文集对游戏 AI 的教学需求来说是巨大的财富。某些书集中于游戏 AI 研究的特定领域，例如程序化内容生成[616]、游戏内的情绪[325]以及游戏数据挖掘[186]。由于它们的范畴更为狭隘，它们无法作为一个完整的游戏 AI 课程的教科书，但可以作为一个游戏 AI 课程中的一部分。除此之外，它们也可以作为在程序化内容生成、游戏中的情绪或游戏数据挖掘上的单独课程的教科书。

与此同时，也已经存在一些由游戏工业界的游戏 AI 专家所编辑或撰写的，覆盖了游戏 AI 编程的某些方面的合集或专著。这其中包括了流行的《人工智能游戏编程真言》系列[546, 547, 548, 549]和其他游戏 AI 编程书籍[604, 8, 552, 553, 80, 81, 425]。然而，这些书主要针对的是专业或独立开发人员、游戏 AI 程序员和从业者，并不能完全满足一本学术教科书的需求。并且在这之后，你会发现这只是我们所定义的游戏 AI 领域中的一部分而已。除此之外，部分早期的书由于现在游戏 AI 研究领域的飞快进展[109, 62]而在某些程度上过时了。在以工业界为中心的游戏 AI 书籍中，只有很少的一部分是面向游戏 AI 的教育者以及学习者的。然而，它们的范围相对狭窄，因为它们限制于在非玩家角色 AI[460]之上，虽然其可以被认为是游戏工业界中游戏 AI 从业者最重要的话题[764, 425]，但是它只是学术上的游戏 AI 研究中的多个研究方向之一而已[785]。在我们的术语中，这些以工业界为中心的教科书的视角几乎完全倾向于我们称之为针对体验的游玩（playing for experience）的概念，特别是生成有趣的、看起来栩栩如生的、可以在游戏设计的局限内运作的非玩家角色（non - player character, NPC）行为。最后，也有一些游戏 AI 书籍试图聚焦于某种特定的语言或软件，例如 Lua[791]和 Unity[31]，而这同样限制了它们作为一本通用教材的可用性。

与上述的这些书籍、合集与论文不同的是，本书将致力于呈现研究领域的整体并且做到：①成为一本易于理解的游戏 AI **教科书**；②成为一本游戏 AI 编程的**指南读物**；③成为一本为有志于在这个多方面的领域中自己寻找方向的研究者以及高年级学生的**领域指南**。出于这些理由，我们在详细地陈述了领域内的知识的同时，也将呈现游戏 AI 的最新研究以及原创思想。因此本书既适合用于游戏 AI 教学研究，也适合用于实践参考。我们将在下文中详细介绍我们预期的目标读者。

1.1.2　谁应当阅读本书

通过这本书，我们希望接触到对 AI 在游戏上的应用有着巨大兴趣，并且已经至少了解了 AI 的基础知识的读者。无论如何，在写这本书时我们设想了三种可以直接从这本书中有所获益的人群。第一种群体是大学的**高年级本科生**或者**研究生**，并且希望通过学习游戏中 AI 知识及使用它来提升自身在游戏 AI 开发或者游戏 AI 研究上的职业水平。特别是，我们认为这本书可以被用于较高等级的课程，面向那些已经学习过了入门级 AI 课程的学生，但配合着细心的教学以及使用一些额外的补充材料，它也可以被用于一门入门级别的课程。第二种群体则是 **AI 研究者**以及**教育者**，希望使用这本书来激发他们的研究灵感，或者在一门 AI 与游戏的课程上将它作为一本教科书使用。我们特别考虑到了那些在 AI 相关领域中希望开始在游戏 AI 上进行研究的活跃研究人员，以及这一领域的博士新生们。最后一种群体则是计算机游戏的**程序员**与开发者，有着有限的 AI 或者机器学习背景，但希望在他们的游戏或者软件应用上探索 AI 多种多样的创意用途。在这里我们会采用一个更为宽广的视野来探讨 AI 在游戏中可以做什么，以及 AI 对游戏而言可以做什么，以此为上述列出的以工业界为中心的书籍提供一个补充。为了更好地丰富学习的过程并拓展 AI 在游戏中的实践应用，本书提供了一个**配套网站**，其中包含着讲义、练习以及如阅读材料和工具等的其他资源。

本书在撰写的时候就假设了它的读者拥有某个**技术背景**，例如计算机科学、软件工程或者应用数学等。我们假设读者已经完成了 AI 的基础课程（或是从其他地方获取了这些知识），因为本书将不会详细地阐述算法的细节；我们的焦点，是算法在游戏上的应用以及它们针对这些目的所做的修改。更具体地来说，我们假设读者已经熟悉了树搜索（tree search）、优化（optimization）、监督学习（supervised learning）、无监督学习（unsupervised learning）和强化学习（reinforcement learning）的核心概念，并且已经掌握了一些基础算法。第 2 章提供了游戏 AI 的核心方法的一个概述，对于一些知识较为久远的读者来说也是一种回忆。我们也假设读者熟悉编程以及代数与计算的基本概念。

1.1.3　术语的简短说明

"游戏中的人工与计算智能（artificial and computational intelligence in games）"这个术语通常被用于指整个领域（例如参考文献［785］的标题）。这反映了这个领域的两个根源，人工智能（AI）与**计算智能**（CI）的研究，并且在这个领域内的主要会议（AIIDE 与 CIG）与主要期刊（IEEE TCIAIG）的名字中，这些术语的使用明确地同时指向 CI 以及 AI 的研究。AI 与 CI 这两个术语的确切含义暂时还没有达成一致。从历史上来说，AI 总是与基于逻辑的方法相关联，例如推理、知识表述与规划，而 CI 大多与生物激励或者统计的方法相关联，例如神经网络（包括现在被称为深度学习的概念）与进化计算。然而，这两个领域之间有着非常可观的重叠与巨大的相似性。在这两个领域中提出的大部分方法都致力于令计算机可以完成在某种程度上被认为需要智能才能解决的任务，并且大部分方法都包含了某种形式的启发式搜索。机器学习的领域同时与 CI 和 AI 相交，并且许多技术可以被说是这两个领域的一部分。

在这本书的剩余部分，我们会使用"AI 与游戏（AI and games）""游戏中的 AI（AI in games）"以及"游戏 AI（game AI）"这些术语来泛指整个研究领域，也包括了那些一开始来自 CI 及机器学习领域的方法。这样做是出于三个理由：简化性，可读性，以及我们认为在本书以及它所表述的研究领域中无需区分 CI 与 AI。我们对于这些术语的使用并不代表对于某些方法或研究问题的任何偏见。（一个我们根据这个定义而认定为 AI 的不完整列表，请参见第 2 章。）

1.2　AI 与游戏简史

游戏与人工智能（AI）一样，都拥有一段很长的历史。许多对于游戏 AI 的研究集中于打造一个 AI（一个非人类的玩家）来进行游戏，可能拥有也可能没有学习能力。从历史上来说，这是第一次，也是很长的时间内唯一的在游戏上使用 AI 的方法。甚至在 AI 被认为是一门学科之前，许多计算机科学的先驱者就已经写下了可以用于玩游戏的程序，因为他们希望测试计算机是否可以解决那些似乎需要"智能"的任务。艾伦·图灵，其被认为是计算机科学的主要发明人，（重新）发明了极大极小算法（Minimax algorithm）并使用它来玩国际象棋[725]。1952 年，

A. S. Douglas 在一个井字棋（Tic - Tac - Toe）的数字版本上编写了第一个尝试精通某个游戏的软件，并将其作为他在剑桥的博士论文的一部分。在几年之后，Arthur Samuel 第一个发明了我们当前在机器学习中称为**强化学习**的方法，其使用一个程序在国际跳棋中通过与自己对弈来进行学习[591]。

大部分早期的游戏 AI 研究集中在传统的棋盘游戏上，例如国际跳棋与国际象棋。有一种观念认为，这些游戏可以从简单的规则中产生巨大的复杂性，并且能挑战几百甚至几千年来最优秀的人类思想，并在某种程度上捕捉到思想的本质。在树搜索上进行了 30 年的研究之后，在 1994 年，奇努克象棋（Chinook Checkers）尝试着去挑战国际跳棋的世界冠军 Marion Tinsley[594]；这个游戏最终在 2007 年被解决[593]。在数十年间，国际象棋在传统上被视为"AI 的果蝇"，也包含着"模范生物"的意义，因为无数的新 AI 方法在国际象棋上进行测试[194]——至少在我们发展出可以击败人类的软件之前就是这样的，就这点来说，在某种程度上国际象棋 AI 似乎并不是最重要的问题？第一个展现出超越人类的象棋能力的软件，也就是 IBM 的深蓝（Deep Blue），它将极大极小算法和多种特别针对国际象棋进行的修改，以及一个高度符合的局面评估函数[98,285]相结合。深蓝极为引人注目地在 1997 年的一场高度公开的赛事中战胜了国际象棋的卫冕大师加里·卡斯帕罗夫（Gary Kasparov）。而在 20 年之后，已经可以下载到在一台普通的笔记本上运行就能够表现得比任何人类选手都更加出色的公开软件了。

1992 年，也就是在深蓝与奇努克获得成功的几年之前，Gerald Tesauro 创造了名为 TD - Gammon 的西洋双陆旗（backgammon）软件，这也是游戏 AI 研究上的里程碑之一。TD - Gammon 使用了一个人工神经网络，通过时序差分学习（temporal difference learning）在几百万次的自我对弈中训练而来[688,689]。TD - Gammon 的目标是达到与顶尖的人类西洋双陆棋选手相等的水平。在深蓝之后，IBM 的下一个成功事迹是 Watson，一个能够以自然语言回答问题的软件系统。在 2011 年，Watson 完成了 *Jeopardy!* 频道的游戏，并且在这个游戏中战胜了游戏的前冠军，赢得了 100 万的奖金。

当 AI 在传统的棋盘游戏上取得了巨大的成功之后，2016 年，棋盘游戏 AI 又在围棋上取得了新的里程碑。在奇努克与深蓝成功后不久，围棋就已经成为新的游戏 AI 衡量指标，其有着接近 250 的分支因子，以及一个庞大的、比国际象棋还要大许多倍的搜索空间。当人类水平的围棋 AI 在某些时候还只是一种对未来的期待时[368]，李世石———一名 9 段的职业围棋选手——已经在 2016 年的一场五局赛制的比赛中输给了谷歌 DeepMind 的 AlphaGo 软件，后者使用了一种深度强化学习方法[629]。就在本书的第一次草稿公开的前几天——2017 年 5 月 23 ~ 27 日——运行于单台机器上的 AlphaGo 在一场三局制的围棋比赛中战胜了世界排名第一的选手柯杰。伴随着这个胜利，围棋也成为最后一个计算机获得超越人类表现的传统棋盘游戏。尽管能够构造出比围棋更困难的传统风格的棋盘游戏，但在人类玩家中从未流行过这样的游戏。

但是传统的、有着离散的基于回合的机制，并且游戏的全部状态对于双方玩家都是可见的棋盘游戏，并非是局内仅有的游戏，在经典棋盘游戏能挑战的范畴之外，还有着更多的智能。因此，在过去的 15 年中，一个围绕着将 AI 应用到除棋盘游戏之外的其他游戏，特别是视频游戏（video games）的研究者社区不断蓬勃发展。这个社区中的很大一部分研究集中于开发**玩游戏**的AI——无论是尽可能地高效，或者是接近人类风格（或某个特定的人类），还是一些其他的属性。2014 年，谷歌 DeepMind 提出的算法尝试去学习玩经典的 Atari 2600 视频游戏主机上的一些游戏，并能够在原始像素输入上获得一个超越人类水平的表现[464]，完成一个在视频游戏 AI 上值得注意的里程碑。一个被证明难以凭借这种方法获得良好表现的游戏是《吃豆小姐》（Namco，1982）。不过这个游戏在这本书的第 2 版草稿发布（2017 年 6 月）的前些日子被微软的 Maluuba 团队通过使用一个混合奖赏架构的强化学习技术而在事实上得到了解决[738]。

AI 在视频游戏中的其他应用（正如这本书中所具体描述的）也是非常重要的。其中的一项就是**程序化内容生成**。从 20 世纪 80 年代的早期开始，就已经有一些视频游戏在运行时算法化地创建它们的部分内容，而不是让它们被人类提前设计好。有两款游戏在早期产生了比较大的影响力，一款是《Rogue》（Toy and Wichmann，1980），这个游戏的中的地下城以及其中的生物与物品会在每次开始新游戏的时候生成；另一款游戏是《Elite》（Acornsoft，1984），其将一个巨大的宇宙保存为一组随机种子，并在游戏运行时生成星系。那些可以生成部分自身内容的游戏所带来的一个巨大好处是，你可以获得更多——甚至可能是无限的——内容而无需亲手设计它们，并且它也可以帮助减少对存储空间的需求，以及产生一些其他的潜在好处。这些游戏的影响可以在一些较为近期的成功案例中见到，例如《暗黑破坏神Ⅲ》（Blizzard Entertainment，2012），《无人深空》（Hello Games，2016）以及《血源诅咒》（Sony Computer Entertainment，2015）。

在相对近期的时间，AI 也开始被用于分析游戏，以及游戏中的**玩家建模**。这些方法的重要性正在逐步上升，因为游戏开发人员需要创建能够吸引不同受众的游戏，这也是因为大部分游戏如今都受益于网络连接，可以"向家中打电话"到开发者的服务器。例如《开心农场》（Zynga，2009）这样的 Facebook 游戏是第一批从连续的数据收集、对数据进行 AI 支持的分析并且半自动地调整内容中受益的游戏。如今，像《无须在意》（Flying Mollusk，2016）这样的游戏已经可以追踪玩家的情绪变化并据此对游戏进行调整。

最近对游戏中的拟真智能体（believable agents）的研究开启了游戏 AI 的新方向。令拟真度得到概念化的一种方式是让智能体能够通过基于游戏的图灵测试。游戏图灵测试（game Turing test）是图灵测试的一个变体，在其中判断者必须正确地猜出某个被观察的玩家是一个人类还是一个被 AI 控制的游戏机器人[263,619]。值得注意的是，在 2012 年的图灵百年纪念时，两个 AI 控制的机器人实体完全通过了在《虚幻竞技场 2004》（Epic Games，2004）上进行的游戏图灵测试[603]。

在下一章节中，我们将会同时罗列出学术界与工业界的平行发展，并总结出游戏 AI 的历史部分以及两个社区在实践交流与转移知识上的多种方式，这都是为了一个共同的双重目标：AI 的进步以及大型游戏中 AI 的改善。

1.2.1　学术界

在学术界的游戏 AI 上我们划分出了两个主要的领域及其对应的研究活动：棋类游戏与视频游戏（或者说计算机游戏）。在下面，我们以时间顺序来概述这两个领域，尽管这两个领域上的游戏 AI 研究都同样的活跃。

1.2.1.1　早期在棋盘游戏上的发展

说到游戏 AI 的研究，在国际象棋、国际跳棋与围棋之类的传统棋盘游戏开展工作有着很清晰的优点，它们在代码中非常容易被建模，并且可以被极度迅速地模拟——在现代的计算机上可以轻松地在每秒钟内完成数以百万次的移动——而这也是许多 AI 技术不可缺少的。与此同时，棋盘游戏似乎也需要不少精力才能精通，因此被认为拥有一种"一分钟学习、一辈子精通"的属性。这些游戏的确也需要大量的学习，而且优秀的游戏可以不断地教导我们如何去取得进步。的确，在某些情况下来说，玩游戏的乐趣就是由不断地学习它们的过程所组成的，当不再能从中学习到新东西时，我们基本也就不再能从中获得乐趣了[351]。这说明，设计更加优秀的游戏也会是更好的 AI 指标。就像上面所提到的那样，棋盘游戏从 20 世纪 50 年代早期开始，一直到近期都是 AI 研究的主要领域。正如我们将会在这本书的其他部分中看到的——特别是第 3 章——尽管视频游戏与街机游戏在 80 年代出现之后转移了很大一部分关注，但棋盘游戏仍然是一个十分普及的游戏 AI 研究领域。

1.2.1.2　数字时代

在我们可知的范畴内，第一届视频游戏大会于 1983 年在哈佛大学教育研究生院⊖举行。会议的核心重点是视频游戏的教育优势和视频游戏所带来的积极社会影响。

数字游戏 AI 领域的诞生时间可以肯定地认为是在 2001 年左右。Laird 与 van Lent 开创性的文章[360]强调了游戏作为 AI 的**杀手级应用**的角色，搭建了游戏 AI 的基础，并鼓励了这个领域早期的工作[696, 235, 476, 292, 211, 694, 439, 766, 707]，在早期的那些日子中，AI 在数字游戏上主要集中在玩游戏以及 NPC 行为的智能体架构[401, 109]上，某些时候也会集中在互动情节[438, 399, 412, 483, 107]，以及寻路（pathfinding）[664]上。这个领域的早期工作主要发表于 AIIDE 会议（其始于 2005 年）之前的 AAAI 人工智能与互动娱乐春季研讨会上，以及 IEEE CIG 会议（也是始于 2005 年）上。游戏 AI 领域的大部分早期工作都由带有 AI、优化与控制领域背景，或是拥有控制行为、机器人与多智能体系统的研究经验的研究者们所主导。AI 学者们使用它们最好的计算智能与 AI 工具来增强 NPC 的行为，通常是在简单的、集中于研究的、非大规模并且不具有较高的商业价值与眼光的工程中进行的。

1.2.2　工业界

可以追溯到 20 世纪 70 年代的首个发行的视频游戏只包括了极少，或者说根本就不存在我们可以称之为 AI 的事物；NPC 的行为是由脚本所决定的，或者是依赖简单的规则，这在一定程度上是由于 AI 研究依然处于初始阶段，但更多的是因为当时的早期硬件水平。然而在与学术界的发展平行时，游戏工业界在这段游戏 AI 的早期时光中也逐渐地在他们的游戏中整合了更为复杂的 AI[109, 758]。

一个以时间为顺序进行排序，提高了游戏 AI 在工业界中的工程实践水平的 AI 方法与游戏特性的不完整列表[546]包括了第一个广泛应用神经网络的《Creatures》（Millennium Interactive，1996），使用其来为生物行为建模；《Thief》（EIDOS，1998）的高级守卫感应系统（advanced sensory system of guards）；《光环》系列（Microsoft Studios，2011 ~ 2017）的团队战术与拟真战斗场景（team tactics and believable combat scenes）——特别是《光环2》，使得决策树的应用在游戏中得到了普及；《银翼杀手》（Virgin Interactive，1997）中的基于行为 AI（behavior - based AI）；《半条命》（Valve，1998）中的高级对手策略（advanced opponent tactics）；融入了机器学习技术例如

⊖ Fox Butterfield，Video Game Specialists Come to Harvard to Praise Pac - Man；Not to Bury Him. New York Times，May 24，1983.

感知机（perceptron）、决策树（decision tree）与强化学习，加上信赖 - 渴望 - 意图感知模型（belief - desire - intention cognitive model）的《黑与白》（EA，2000），见图 1.1；《模拟人生》系列（Electronic Arts，2000 ~ 2017）中的拟真智能体；《竞速飞驰》（MS Game Studios，2005）中的模拟学习 Drivatar 系统；通过目标导向动作规划（Goal Oriented Action Planning）[506]的环境敏感行为（context - sensitive behaviors）的生成——一个简化的类似 STRIPS 的规划方法——被特定地设计用于《极度恐慌》（Sierra Entertainment，2005）[507]；《文明》系列（MicroProse，Activision，Infogrames Entertainment，SA and 2K Games，1991 ~ 2016）与《矮人要塞》（Bay 12 Games，2006）中的阶段性世界生成（procedurally generated worlds）；《求生之路》（Valve，2008）中的 AI 导演；《荒野大镖客：救赎》（Rockstar Games，2010）中的真实决斗（realistic gunfights）；《寂静岭：破碎的记忆》（Konami，2010）中的基于人格适应（personality - based adaptation）；《暴雨》（Quantic Dream，2010）中的基于情感的多摄影机电影表示；《最高指挥官 2》（Square Enix，2010）中野战排的神经进化训练（neuroevolutionary training）；《最后生还者》（Sony Computer Entertainment，2013）中的搭档 AI（名为 Ellie）；《生化奇兵：无限》（2K Games，2013）中的同伴人格 Elizabeth；《血与桂冠》（Emily Short，2014）中的交互式叙事（interactive narratives）；《异形：隔离》（Sega，2014）中外星人根据玩家来调整其自身的猎杀策略的适应行为；《洞穴探险》（Mossmouth，LLC，2013）与《无人深空》（Hello Games，2016）中的阶段性世界生成。

图 1.1 来自《黑与白》（EA，2000）的一张截图，作为游戏 AI 中的一个亮点，其成功地将多种 AI 方法整合到它的设计之中。这个游戏的特色是一种能够通过强化学习方式中的正面奖赏和惩罚进行学习的生物。除此之外，这种生物也在游戏中的决策制定过程中使用了信赖 - 渴望 - 意图感知模型[224]

判断一个 AI 在商业标准的游戏中成功与否的关键标准，一直都是 AI 在游戏设计中的整合与交织的程度[599,546]。一个游戏设计与 AI 的失败组合可能会导致不适当的 NPC 行为，加强不真实感，并会立即降低玩家的沉浸感（immersion）。一个像这样 AI 与设计之间存在不匹配的典型案例是许多导航失灵的机器人会陷入死胡同中；这些案例中可能是关卡的设计没有适当地（重新）考虑到对 AI 设计的匹配，或者是 AI 没有被有效地测试，或两者都是。而在另一方面，AI 在设计阶段的成功整合能在很大程度上保证游戏体验的满意结果。例如在角色设计阶段，就需要考虑 AI 的诸多限制，换句话说，就是要容纳它潜在的"灾难性"错误。一个类似这样的交织设计的例子是《Façade》[441]中的角色设计，其在一部分上是由游戏中的自然语言处理与交互式叙事组件的诸多限制所驱动的

需要注意的是，这本书不一定是关于那些在游戏工业界中所定义与实践的 AI 的。它主要是一本初级的，引用了一些在游戏工业界已经得到应用以及普及的技术的**学术教科书**——可以参照第 2 章中关于特定行为编辑（ad‐hoc behavior authoring）部分中的例子。对于 AI 在游戏工业界中实践现状有兴趣的读者可以参考一些导论型的著作（如参考文献［171，369］）以及像《人工智能游戏编程真言》系列[546,547,548,549]之类的书籍。另一个有价值的资源是来自顶尖游戏 AI 编程者的视频演讲记录，其发表于游戏开发者会议（Game Developer Conference，GDC）的 AI summit⊖中，并可以在 GDC Vault⊖中找到。最后，大部分与游戏 AI 编程相关的访谈与视频都可以通过 nucl. ai⊖会议网站被找到。

1.2.3　分歧

在学术游戏 AI 研究的第一个十年中，每次来自学术界的研究者与来自工业界的开发者见面并探讨他们各自的工作时，他们都会得出一个结论，那就是在他们之间存在某种分歧。这种分歧体现在许多方面，例如在背景知识、实践、倾向、对于重要问题的最佳解决方案上的差异。学者与开发者们经常会探讨从双方利益出发来解决分歧的各种方法[109]，但由于双方的进展都很缓慢，这场争辩可能还会持续很多年。学术界中的 AI 的主要观点是工业界应当使用"高风险、高收益"的商业模式，并要尝试在它们的游戏中使用拥有高潜力的复杂 AI 技术。而在另一方面，工业界中的游戏 AI 对游戏 AI 学者们的主要抱怨是它们缺乏具体领域的知识和实践上的智慧，尤其是在游戏生产中的一些现实问题与正在面临的挑战上。可能归根到底还是因为双方在对价值的观念上存在差异，学者们在价值观上侧重于新的算法，达到更高性能的算法的新应用，或者是创造新的现象或经验，而工业界中的 AI 开发者则在价值观上侧重于可以可靠地支持特定游戏设计的软件结构与算法修改。但是在那之后又发生了什么？这些分歧现在还存在吗，或者它们仅仅是过去的一个"幽灵"？

学术界的游戏 AI 研究社区与游戏工业界的 AI 开发者社区的确绝大部分都在研究不同的问题，并使用不同的方法。并且学术社区探索的有些主题与方法在游戏工业界中非常罕见。NPC

⊖　http：//www. gdconf. com/conference/ai. html

⊖　http：//www. gdcvault. com/

⊜　https：//nucl. ai/

的实时适应与学习就是这样的一个例子；不少的学术界研究者们对 NPC 可以从玩家与其他 NPC 的互动中学习以及发展这个想法感到很有意思。然而，工业界的 AI 开发者们指出很难预料 NPC 会学到什么，并且在它们不再按照设计运作的情况下很可能会"打断游戏"。而反过来，也有许多工业界不断探索但是大部分学者都不关心的方法与问题，因为它们只有在一个完整游戏的复杂软件架构中才能发挥作用。

当我们思考 AI 在现代的视频游戏中的使用时，很重要的是要记住大多数游戏类型都是从更早的游戏设计演变发展而来的。例如，第一个游戏平台是在 20 世纪 80 年代中期发行的，第一个第一人称射击游戏和即时战略游戏是在 90 年代初期发行的。在当时，构建与部署高级 AI 的能力比现在要弱很多，所以设计者不得不在缺乏 AI 的情况下进行设计。这些基本的设计模式在很大程度上被今天的游戏所继承。因此，可以说许多游戏已经被设计为不需要 AI 了。因此，对于希望为某个游戏内角色创造有趣 AI 的学者来说，最好的办法可能就是从 AI 的存在开始创造新的游戏设计方式。

如果从一个积极的角度来看待这个问题，我们可以认为当前学术界和工业界 AI 之间存在的任何分歧都可以被视为是一种双方在某些程度上合作的平行进程中的健康迹象。由于工业界和学术界并一定要用同样的方法来解决同样的问题，因此从工业界中涌现出来的 NPC AI 解决方案也可能会启发学术界中的新方法，反之亦然。总的来说，在学术界与工业界共同关心的任务中，NPC AI 的分歧显然是要小得多的。然而，NPC AI 的许多方面远未以理想的方式得到解决，而其他研究——例如角色扮演游戏中的情感建模等——尚处于起步的阶段，所以在我们赞美了《上古卷轴 5：天际》（Bethesda Softworks，2011）中的 NPC AI 时，我们也无法对游戏的同伴 AI 报以同样积极的看法。我们可以把这种限制的大量存在看作是一种机会，令工业界和学术界可以更紧密地去改进游戏中现有的 NPC AI。

在这个讨论中的另一个不同之处——这也被许多游戏开发者与游戏 AI 的学者们所支持——就是对于大部分的生产任务来说 NPC AI 已经接近于被解决；有些人则更进一步，认为游戏 AI 的研究和开发应该只专注在 AI 的非传统用途上[477, 671]。在《求生之路》（Valve，2008）与《上古卷轴 5：天际》（Bethesda Softworks，2011）等较为近期的游戏当中，AI 的成熟水平也对这个观点起到了支持作用，并可以认为，在多种游戏生产中所面临的对 NPC 控制的挑战上，NPC AI 的提升已经达到了一个令人满意的水平。由于健壮并有效的游戏 AI 工业解决方案的兴起，对令人满意的 NPC 性能的不断逼近，游戏 AI 的跨学科性质的支持，以及对于游戏 AI 问题更为务实和全面的看法，这几年来已经能够看到某种学术界与工业界对游戏 AI 的兴趣的变化。似乎我们已经接近了一个时代，在其中 AI 在游戏领域内的应用的主要关注点不再是智能体与 NPC 行为。然而，通过在整体上看待 AI 的角色并在游戏 AI 的广义概念中结合程序化内容生成以及玩家建模等方面，这个关注点已经开始逐渐转变到交织型游戏设计与游戏技术之上了[764]。

我们在这本书中采用的观点是，AI 可以帮助我们做出更好的游戏，但这并不一定需要通过更好的、更为类似人类的或者更为拟真的 NPC[764]。游戏中的非 NPC 的 AI 的著名案例包括了《无人深空》（Hello Games，2016）和它对一万亿个不同行星的程序化生成，以及《无须在意》（Flying Mollusk，2016）和它通过多种生理传感器实现的基于情感的游戏调整。但仍然可能有其他 AI 在游戏设计与游戏开发中能够扮演角色等待着被 AI 发现。在玩游戏时，除了为玩家进行建模或者生成内容之外，AI 可能也可以扮演一位设计助理、一位数据分析师、一位游戏测试者、一位游戏评论家，甚至一位游戏导演等角色。在最后，AI 也可能像他们所建模出的玩家那样以一般的方式游玩与设计游戏。这本书的最后一章（第 7 章）致力于展现这些游戏 AI 的前沿研究方向。

1.3　为什么使用游戏来研究 AI

为何游戏为 AI 的研究提供了理想的环境有着非常多的原因。在这个章节中，我们列出了它们中最重要的一部分。

1.3.1　游戏是一个困难与有趣的问题

游戏吸引人之处，在于人们为了完成它们而需要付出的努力和技巧，或是来源于在谜题中找到游戏的解法。也正是游戏的复杂性与趣味性让它们成为一种对 AI 来说非常理想的问题。游戏的**困难之处**在于它的有限状态空间经常都非常庞大，例如某个智能体可行的策略的数目。它们作为一个领域的复杂程度也会随着它们那经常只有不大的可行空间（解决空间）的巨大搜索空间的上升而上升。经常会出现难以（甚至完全不可能）适当地评估任意一个游戏状态的优劣程度的情况。

从一个计算复杂度的角度来看，许多游戏是 NP 困难问题［NP 指非确定性多项式（nondeterministic polynomial time）］，这意味着在最糟糕的情况下"解决"它们的复杂度将是非常高的。换句话说，在一般情况下，求解特定游戏的算法可能需要运行非常长的时间。根据游戏属性的不同，复杂性可能会大幅变化。然而，NP 困难的游戏的名单是非常长的，并包括了双人不完备信息游戏《珠玑妙算》[733,660]、街机游戏《疯狂旅鼠》（Psygnosis，1991）[334] 以及微软的《扫雷》[331] 等游戏在内。值得注意的是，这种计算复杂性上的特征与这个游戏对人类来说有多难并没有多少关系，也并不一定能够很好地说明需要多么优秀的启发式 AI 方法才能玩它们。但很明显的是，许多游戏至少在理论上以及任意规模的实例上都是极为困难的。

借助许多里程碑式的游戏，对 AI 玩困难并且复杂的游戏的能力的研究已经成为一种基准。正如前面所提到的那样，国际象棋以及（更低水平上的）国际跳棋从 AI 的早期时代开始就被视为 AI 研究的"果蝇"。在深蓝与奇努克这两种游戏上获得成功之后，我们逐渐发明与引用其他更为复杂的游戏来作为 AI 的"果蝇"，也可以说是作为一种通用的基准。《疯狂旅鼠》就被赋予了这样的特性；按照 McCarthy [446] 的说法，它"联系了逻辑的形式化以及在实践中没有得到完整形式化的信息"。而在实践中，那些有着更好的 API 的游戏——例如《超级马里奥兄弟》（Nintendo，1985）⊖与《星际争霸》（Blizzard Entertainment，1998）——已经成为更为流行的基准。

计算机围棋也是另一个核心并且传统的游戏 AI 基准，研究持续活跃了几十年。就游戏复杂度这种衡量方法来说，一场典型的围棋游戏拥有 10^{170} 种状态。第一个在围棋上的 AI 特征抽取研

⊖　注意原版游戏的名字包含了一个点，也就是《*Super Mario Bros.*》，为了方便，我们在本书剩余部分提到这个游戏的时候会忽略这个点（中文译名没有这个问题）。

究似乎可以追溯到 20 世纪 70 年代[798]。这个游戏在数次世界计算机围棋竞赛中获得了大量的研究关注，并一直持续到了 AlphaGo 在最近获得的成功[629]。AlphaGo 尝试使用深度学习与蒙特卡罗树搜索的结合来击败两名最为优秀的围棋职业人类选手。在 2016 年 3 月，AlphaGo 战胜了李世石，然后在 2017 年 5 月，它在与世界排名第一的选手柯杰对弈时赢下了全部 3 场比赛。

即时战略游戏《星际争霸》（Blizzard Entertainment，1998）也许可以说是对计算机来说最难以精通的一个游戏了。在我们写这本书的时候，最好的星际争霸机器人也只能达到业余玩家⊖的水平。这个游戏的复杂性主要来自于在不完备信息的游戏环境中控制多种类型并且互不相似的单位的多目标任务。尽管星际争霸的状态空间大小难以估计，但根据最近的一项研究[729]，一场典型的游戏至少有 10^{1685} 种可能的状态。而相比之下，在可观察的宇宙中的质子数量只有大约 10^{80} [182]。星际争霸的可能状态数目听起来非常庞大，但有趣的是，如果以字节表示的话，它的搜索空间其实是可以控制的。在此基础上，我们需要大约 700 字节的信息来表示星际争霸的搜索空间，而已知的宇宙中的质子数量与大约 34 字节的配置数量相等。

一个人当然可以有意地设计出更困难的游戏，但却不能保证每个人会愿意去玩那些游戏。当进行 AI 研究时，在人们关心的游戏上开展工作也意味着你是在有实质意义的问题上进行工作。这是因为游戏是被设计来挑战人类的大脑的，并且成功的游戏在这点上表现得非常好。《星际争霸》（Blizzard Entertainment，1998）——及其继任者《星际争霸 II》（Blizzard Entertainment，2010）——有着来自世界各地的数百万玩家，一个非常活跃的精英职业玩家竞赛，甚至还有如 OGN⊜——一个韩国的有线电视频道——或是专业播放视频游戏相关内容以及各类电子竞技赛事的 twitch channels⊜这样的专用电视频道。

许多人声称《星际争霸》（Blizzard Entertainment，1998）将是下一个为了在游戏中获得胜利而进行的 AI 研究的主要目标。在学术界中，已经有非常丰富的在（部分的）星际争霸上玩游戏的工作了[504,569,505,124]，或是为其生成地图[712]。在学术界之外，工业界 AI 的领导者谷歌 DeepMind 与 Facebook 似乎也已经也在类似的科学任务中达成了共识。DeepMind 在近期宣布星际争霸 II 将成为他们的新的主要测试平台之一，而在这之前它们成功地训练了深度网络在街机学习环境（Arcade Learning Environment，ALE)⊛[40]框架上玩雅利达游戏。在写这本书的时候，DeepMind 与 Blizzard 公司合作开放了星际争霸 II 以供 AI 研究者们测试他们的算法⊛。Facebook AI Research 则领导了 *TorchCraft*[681]的开发——一个深度学习库 Torch 和星际争霸游戏间的桥梁——并在近期发表了他们的第一篇使用机器学习来学习玩星际争霸游戏的论文[729]，这表明他们将严肃地对待这个挑战。另一个与学术界合作解决星际争霸的工业界游戏 AI 研究实验室由阿里巴巴[523]所主持。考虑到游戏的复杂性，我们不太可能会在短时间内完全征服它[234]，但我们可以期待未来在它身上看到 AI 的进步。

⊖　http：//www. cs. mun. ca/˜dchurchill/starcraftaicomp/

⊜　http：//ch. interest. me/ongamenet/

⊜　例如，https：//www. twitch. tv/starcraft

⊗　http：//www. arcadelearningenvironment. org/

⊗　关注 https：//deepmind. com/blog/上的进展。

1.3.2 丰富的人机交互

在定义上，计算机游戏都是动态媒介，并且可以说是**最丰富**的人机交互（human - computer interaction，HCI）形式之一了；至少在写这本书的时候是这样的。交互丰富性这个术语的定义是，一个玩家在任何给出的时刻上的可用选择数目，以及一个玩家能够与媒介进行交互的方式（模式）。玩家的可用选择与游戏的动作空间相关，并且也跟游戏的复杂性相关，例如《**星际争霸 II**》（Blizzard Entertainment，2010）。除此之外，目前可以使用的与游戏进行交互的方式已经不再局限于传统的键盘、鼠标和平板电脑上的触摸屏了，对于游戏控制器而言，还可以使用像心率变化之类的生理机能、身体姿态和手势之类的身体运动、文本以及语音。因此，与任何其他人机交互媒介相比，许多游戏都可以轻松地在某个比较媒介与用户间每秒交换的信息比特数的榜单上名列前茅；然而，目前暂时还没有这样的比较研究来进一步地支持我们的看法。

很显然，正如我们将在本书的后面看到的那样，游戏为认识**情感循环**（affective loop）提供了最好并且也是最有意义的领域之一，情感循环定义了一个框架，其能够成功引出、检测和响应它的用户的认知、行为以及情绪模式[670]。游戏在影响玩家上所拥有的潜力，主要是在于它们能够将玩家置于一个连续的、伴随着可以引发玩家复杂的认知、情感和行为反应的游戏的交互模式之中。这种连续的交互模式可以通过用户交互上的快节奏以及多模形式来丰富，其在游戏中非常易于达成。正如每个游戏都造就了一个玩家那样——或者一群玩家——玩家和游戏之间的交互作用对于 AI 研究来说也有着关键作用，因为它让算法可以获得丰富的玩家体验刺激以及各种玩家情感的表现。然而，这种复杂的表现无法简单地通过机器学习和数据科学中的标准方法来得到捕获。毫无疑问，通过 AI 来对游戏与玩家的交互进行研究不仅提高了我们对人类行为和情感的认识，而且有助于设计更优秀的人机交互。因此，它会进一步推动 AI 方法的界限，以解决在基于游戏的交互上面临的挑战。

1.3.3 游戏是流行的

追溯到 20 世纪 80 年代时，视频游戏被认为是一种在一台街机上或者使用类似雅利达 2600 这样的主机进行的小众活动，但它们已经逐渐成为一个有着数十亿规模的产业，在 2010 年，其全球市场的收入超过了任何其他形式的创意产业，包括电影和音乐。在撰写本文时，游戏在全世界范围内产生了接近 1000 亿美元的总收入，其预计将在 2019 年时上升到约 1200 亿美元[⊖]。

但为什么游戏会变得如此流行？除了游戏能够通过提供一种与虚拟环境进行交互的能力来增加用户的内在动机和参与度这种明显的论点之外，也是因为过去 40 年内的技术进步极大地改变了玩家的人群特征[314]。在 20 世纪 80 年代初期，游戏通常只能在街机这样的娱乐机器上玩；然而，现在它们可以在多种设备上进行，包括 PC（例如在线多人游戏或者休闲游戏）、移动手机、平板电脑、某种手持设备、虚拟现实设备或是主机（这显然还是一种街机娱乐机器！）。除了那些促进了游戏的获取性并使得游戏更为自由的技术进步之外，它还是一种跟随新媒介的发

⊖ 例如，可以参考 Newzoo 的全球游戏市场报告：https：//newzoo.com/solutions/revenues - projections/global - games - market - report/。

展并将其进化为新的艺术和表现形式的文化。除了游戏所设计开发出的独立场面[⊖]为这种文化做出了贡献之外，还包括了那些借由多种超越单纯娱乐的游戏含义及目标所完成的领域拓展：为了艺术的游戏，如同艺术一般的游戏，为了变革的游戏，物理交互的游戏，教育游戏，用于培训和健康的游戏，为了科学探索的游戏，为了文化与博物馆的游戏。简而言之，游戏不仅仅是遍及我们的日常生活，而且还极大塑造了我们的社会和文化价值观——例如最近极为成功的《精灵宝可梦 Go》（Niantic，2016）。作为一种副产品，游戏的普及也使得人们非常容易与这个领域中世界级别的水平进行接触。许多按照自身游戏水平可以进入世界排名的棋盘与电子游戏的专家（或者说是职业选手），也会定期地参加与 AI 算法的竞赛；这样的例子包括加里·卡斯帕罗夫（国际象棋）以及李世石和柯杰（围棋）。

随着游戏越来越普及，数量越来越多，并且变得越来越复杂，新的 AI 解决方案总是需要面对新的技术挑战。在这其中，AI 有着一个强大的工业界支持，以及一种希望借助复杂技术来改善玩家体验的渴望。还有就是，只有极少数的 AI 领域才可以从它们的普及使用中不断地获得新的**内容**和**数据**。但请允许我们在下面再更详细地介绍这两个方面。

1.3.3.1　流行意味着更多的内容

越多的玩家加入游戏，那游戏所需要的内容就越多。内容需要花费一定的精力去创建，但近几年来，已经发展出了一些机制，允许机器与玩家在游戏中共同设计和创建各种形式的内容。游戏已经逐渐发展成为**内容密集型**软件应用，其需要的内容要能够在游戏中直接使用，并还要具有足够的新颖性。来自大量用户群体的对新颖的游戏体验的压倒性需求使人与创新计算的上限向崭新的境界不断推进；这自然地会产生大规模的 AI。

除了在各类形式的多媒体或软件应用程序之外，游戏中的内容不仅包含了所有数字内容的可能形式，如音频、视频、图像和文本，并且它有着大量不同的来源与表示。任何算法，在尝试在游戏内部或者跨游戏检索和处理这些多种类与大规模的内容时，都将直接面临由于这些巨大的数据集所产生的在互操作性和内容覆盖，以及规模性上的挑战。

与常见的机器人模拟器相比较的话，后者中的所有环境都必须煞费苦心地对从现实世界中收集而来的数据进行加工或调整。而在使用游戏作为测试平台的时候，就不再存在这样的内容短缺了。

1.3.3.2　流行意味着更多的数据

大量的内容创作（无论由游戏还是玩家）是游戏的流行性所产生的一个主要影响；还有就是根据玩家体验和玩家行为的大量数据生成。从 20 世纪 90 年代末期以来，游戏公司已经可以开展准确的游戏测控服务了，这让他们能够追踪以及监控玩家的购买、流失和回归，或是在游戏过程中对游戏或者玩家体验进行调试。这一过程中在算法上遇到的挑战跟在大数据以及大数据挖掘研究中所遇到的普遍挑战相类似[445]，包括了数据采集期间的数据过滤，元数据生成，错误和缺失数据的信息提取，不同数据集的自动数据分析，适当的声明性查询和挖掘界面，可扩展的挖掘算法和数据可视化[359]。幸运的是，在游戏分析和游戏数据挖掘的研究上，这些数据集中的一

　⊖　http://www.igf.com/

部分如今已经是公开的了。据指出，在 2017 年 3 月，OpenDota 项目[⊖]——一个由社区维护的开源 Dota 2 数据平台——发布了一份经过数据清理的《*Dota* 2》（Valve Corporation，2013）记录，包括了从 2011 年 3 月到 2016 年 3 月中超过**十亿场的匹配**（!）[⊜]。

1.3.4　对所有 AI 领域的挑战

与一些更为狭隘的基准不同，游戏挑战了 AI 的所有核心领域，这一点可以通过观察许多已经广泛接受 AI 的领域，并讨论这些领域在游戏中的挑战来得出。对初学者来说，**信号处理**（signal processing）会是他们在游戏中遇到的巨大挑战。举例来说，玩家的数据不仅来自不同的来源——游戏中的事件、头部姿势、玩家的生理信息——它们也会来源于玩家处于某个能够引起复杂的认知和情感模式的环境中时多种快速互动的方式。在构建具体的对话智能体与虚拟角色时，多模态交互和多模态融合也是不简单的问题。除此之外，游戏中的信号处理任务的复杂性也会因为游戏丰富并快节奏的交互所产生的信号在时间与空间上的性质而增加。

正如本章导论部分所讨论的那样，国际跳棋、国际象棋、挑战自我（Jeopardy!）、围棋和街机游戏为**机器学习**（围棋和街机游戏）、**树搜索**（国际跳棋与国际象棋）、**知识表达与推理**（Jeopardy!）以及**自然语言处理**（Jeopardy！与 Kinect 游戏）标记出了一个个关键里程碑的历史轨迹，并且都产生了 AI 上的重大突破。这种 AI 成果与游戏之间的历史联系已经提供了明确的证据，表明上述所有领域都在传统意义上被游戏所挑战。虽然在《星际争霸 II》（Blizzard Entertainment，2010）等游戏中，机器学习的全部潜力仍然等待发掘，但自然语言处理已经受到那些涉及叙述和自然语言输入的游戏的深刻挑战。在希望实现交互式故事阐述（interactive storytelling）的游戏环境中，自然语言处理将受到更进一步地挑战[148]。

最后，当涉及**规划**（planning）和**导航**（navigation）时，游戏一直以来都为算法提供了高水平并且复杂度不断增加的环境进行测试。在星际争霸等游戏为规划算法清晰地定义了主要的里程碑之后，借助有着多个实体（智能体）的模拟机器人游戏环境，导航和寻路也已经获得了一定水平上的成熟度。与机器人领域相比，游戏用于行为规划时的一个额外优点是它们提供了一种同样现实但更为方便与便宜的测试平台。除了在游戏中广泛测试和推进 A[*] 算法的变体之外，也发明了蒙特卡罗树搜索[77]算法之类流行并且高效率的树搜索变体以应对游戏过程中暴露的一些问题。

1.3.5　游戏是 AI 的长远目标的最佳实现

AI 所面临的长期问题之一是，AI 的最终长期目标是什么？虽然许多辩论和书籍都致力于探讨这个话题，但在维基百科上的各个作者们的协作努力下，他们对这个问题[⊜]给出的结论是，**社交与情绪智能**、**创新计算**与**通用智能**这几个领域将是 AI 最为关键的长期目标。我们的参考可能被质疑为存在系统性的偏见（这存在于任何像上述问题中的某一个那样的争论性问题上），但我们认

⊖　https://www.opendota.com/

⊜　https://blog.opendota.com/2017/03/24/datadump2/

⊜　维基百科（访问于 2017 年 5 月）：https://en.wikipedia.org/wiki/Artificial_intelligence。

为，任何关于这一话题的看法都将是主观的。无关是否全面或是否具有偏见，我们都相信先前提到的三个领域能够共同促进更优秀的 AI 系统，同时我们将在下面讨论为什么游戏最好地实现了这三个目标。这三个长期目标定义了游戏 AI 的前沿研究领域，并且它们将在本书的最后一章得到进一步的阐述。

1.3.5.1　社交与情绪智能

情感计算[530]是跨计算机科学、认知科学和心理学研究的多学科领域，其研究能够引出、发现、建模和表达情感以及社交智能的智能软件的设计和开发。情感计算的最终目标是实现所谓的情感循环（affective loop）[670]，正如我们前面所说的那样，其被定义为一个能够成功地引出、检测和响应用户情感的系统。当然，对于一个实现情感循环的系统来说，情感和社会方面的智能都是与之相关的。

游戏能够提供一个富有意义的对情感循环以及情感交互的实现[781]。游戏被同时定义为娱乐（无论是用于纯粹的满足，训练或是教育），以及在幻想世界中进行的互动活动。因此，情感交互的任何限制——例如证明在基于情感的游戏中的决策或内容转化对玩家具备有效性——都非常自然地得到了克服。例如，某个游戏角色错误的情感回应仍然有可能是合理的，只要这个角色以及游戏内容的设计并没有打破玩家的沉浸感——在这时候玩家会因为她的享受而忽略媒介及互动。除此之外，游戏在设计上还提供了可以受到玩家反馈影响的情感体验，并且玩家会为了体验上的关联而愿意参与包含有像挫败、焦虑、恐怖等元素的游戏篇章。最终，一个在游戏环境下的用户——其用户数量多于任何其他形式的人机互动的用户数量——将会逐渐地放开基于情感的交互变化以及在他/她的情绪状态上的影响。

1.3.5.2　创新计算

创新计算所研究的是软件在自动生成一些可以被认为是具有创造性的结果上的可能性，或是研究能够被认为是具有创造力的算法过程上的可能性[54, 754]。计算机游戏可以被视为创新计算的杀手级应用领域[381]。不仅是因为本章先前所提到的那些独特功能——例如它们是高度互动、动态并且内容密集的软件应用。最重要的是它们的多面性。特别是，这也是许多拥有高度多样性的创意领域在一个软件中的融合——视觉艺术、听觉设计、图像设计、交互设计、叙事、虚拟摄影、美学和环境美化等——这让游戏成为在创新计算的研究上的理想领域。同样值得被注意的是，游戏中遇到的每个艺术形式（或方面）都将为用户激发不同的体验；它们最终在那个面向大量并多样化的受众的软件中的融合，也是创新计算的一项额外挑战。

结果就是，对计算机游戏内部与外部的创新计算的研究同时在 AI 和游戏领域中得到了提升[381]。首先，游戏可以作为产品，通过创新计算而得到改进（外部），然后/或者其次，它也可以在创新计算的研究作为一个过程（内部）时，作为最终的画布。计算机游戏不仅挑战了创新计算，而且也为推动这个领域提供了一个富有创意的沙盒。最后，游戏也可以通过大量具有高影响力以及财务价值的标准商业产品的用户，为创新计算的各种方法提供一个被广泛评估的机会。

1.3.5.3　通用智能

AI 在游戏领域内比在其他任何领域内都更为深入地研究了机器的通用智能能力，这也要归功于游戏在这个方面上的某些属性：它们是可控的，有趣的，并且还是计算角度上的困难问题[598]。特别是，AI 在玩未曾见过的游戏上具有很好的能力——也就是通用对弈游戏（general game playing）——其在最近几年取得了很大的进展。最早的通用对弈游戏竞赛[223]集中在棋盘游戏和类似的离散完美信息博弈上，而现在我们也有了街机学习环境（Arcade Learning Environment）[40]以及在街机游戏之上提供了完全不同的方式的通用视频游戏 AI 竞赛（General Video Game AI Competition）[528]。各方面的进展包括，为创造适合描述通用对弈游戏的游戏描述语言（game description language）而付出的努力[533, 223, 400, 691, 354, 596, 181, 429]；建立一系列通用游戏 AI 基准[223, 528, 40]；近期深度 Q – Learning 在街机游戏上仅通过处理屏幕像素就取得了人类级别表现的巨大成就[464]。

　　虽然通用对弈游戏得到了广泛的研究，并且构成了游戏 AI 的关键领域之一[785]，但是我们认为，在游戏智能体的表现上只关注其通用性而忽略玩游戏的智能体的表现，与通用智能在游戏中所扮演的角色的范畴相比，是非常狭隘的。在游戏开发中需要的通用智能类型包括游戏与关卡设计，以及玩家和体验的建模。这些技能涉及一个认知和情感过程上的多样化集合，并且其直到目前依然被游戏中的通用 AI 所忽视。要从算法上做到真正通用与高级的通用游戏 AI，它需要在保持对解决不局限于单个游戏或玩家的问题的专注[718]的同时，超越游戏玩法本身。我们进一步认为，在游戏的自动设计中所引申出的对不同类型的技能与形式的挑战，不仅能够提升我们对人类智力的认识，而且也能够增强通用 AI 的能力。

1.4　为什么需要游戏中的 AI

　　基于多种理由，游戏中的 AI 的多种用途都有助于设计更好的游戏。在这个章节中，我们将主要关注通过让 AI 玩一个游戏来生成内容以及分析玩家的体验和行为，而能够从中获得的益处。

1.4.1　AI 体验并且改善你的游戏

　　只需要通过玩游戏，AI 就可以使用多种方式来改善游戏。游戏工业界经常会由于他们游戏中的 AI 而受到赞誉——特别是非玩家或敌对的 AI——当游戏中的 AI 增加了游戏的商业价值时，它也为更好的游戏评价做出了一份贡献，并且也增强了玩家的体验。无论其底层的 AI 是基于一个简单的行为树，还是一个基于效用的 AI，或是在一个复杂的机器学习上的反应控制器，只要它用于上述的目的，那么就具有一定的相关性。一个非常规但是有效的 NPC 任务解决方案通常会在生产环节结束之后成为一个能够影响管理、营销与发售策略的重要因素。

　　正如我们将在第 3 章中看到的，AI 在游戏中有两个核心目标：玩得**出色**并且（或者）玩的**拟真**（believably）（类似人类，或令人感到有趣）。此外，AI 在游戏中可以控制**玩家**或**非玩家**角色。能够出色扮演一名玩家角色的 AI 主要致力于优化在游戏中的表现——这个表现可以通过一个玩家在单独完成各个游戏目标上的水平来进行衡量。这种类型的 AI 对于自动化的游戏测试以及对游戏设计进行整体评估来说可以说是极为重要的。而在另一方面，AI 能够出色地扮演非玩家角色时，就能够允许动态的难度调整以及自动的游戏平衡机制，它们可以从另一方面个性化并增强玩家的体验（例如参考文献［651］中的多种情形）。如果将 AI 的关注点转移到控制拟真或类似人类的玩家角色（例如参考文献［96，719，264］中的多种情形），那么 AI 也可以作为一种调试玩家体验的方法，或是在设计目的上展示真实的游戏过程。最后，一个与 NPC 存在丰富互动的游戏只能从被 AI 所控制的具有表达性、做出类人并且拟真的行为的 NPC 中受益了（例如参考文献［563，683，762］中的多种情形）。

1.4.2   更多的内容、更好的内容

游戏设计师和开发人员会有许多个对 AI 感兴趣的理由，特别是第 4 章中详细介绍的内容生成。第一个，也是最久远的历史原因就是**内存消耗**。内容通常可以在被需求之前将其维持在"未展开"状态来进行压缩。一个很好的例子是经典的空间交易和冒险游戏《Elite》（Acornsoft，1984），它想方设法在几十 KB 内存的硬件环境中保留了几百个行星系统。除此之外，内容生成也可能进一步提高或激发人类的**创造力**，并允许出现全新的游戏类型，游戏风格，或是全新的探索空间与艺术表现[381]。同时，如果生成的新内容有着足够的种类、质量和规模，那么可能会创造出真正具有**最大重复体验**价值的无尽游戏。最后，当内容生成与游戏中的各个方面都相互关联时，我们可以期望通过对内容进行修改来产生个性化并且**自适应的体验**。

与游戏 AI 的其他领域不同——例如可能会被更多地认为是一种学术追求的通用对弈游戏——内容生成是一种商业上的必需品[381]。在学术界对内容生成产生兴趣之前——也就是在相对近期的时候[704，720，616]——内容生成系统在支持商业标准游戏上就已经有着很长的历史了，这是为了创造出迷人并且不可预测的游戏体验，但最重要的还是为了减少在手动创作游戏内容上的负担。很自然地，具有复杂内容生成系统的游戏可以凭借它们的技术而收获赞誉——例如《暗黑破坏神 III》（Blizzard Entertainment，2012）——甚至可以在内容生成方面进行全面的营销活动，如《无人深空》（Hello Games，2016）。

1.4.3   玩家体验与行为动作分析

AI 在理解玩家体验上的用途可以驱动并增强游戏的设计过程。游戏设计者通常会探索和测试某种在游戏机制与游戏动态性之间的协调，并由其来产生他们希望让玩家经历的体验特征。参与、恐惧和压力、挫折、期望和挑战之类的玩家状态定义了玩家体验设计的几个关键方面，不过这也要取决于游戏的类型、叙述方式和目标。因此，游戏设计的圣杯——也就是玩家体验——可以针对每个玩家进行改善与定制，并且可以通过更为丰富的基于体验的交互来进一步增强。此外，作为更好以及更快的设计的一个直接结果，整个游戏开发过程都将得到提升与改善。

在玩家的体验之外，从游戏中得来的数据，它们的使用以及它们对应的玩家，为游戏设计，制定游戏相关的管理与营销决策，影响游戏制作，以及提供一个更好的顾客服务都带来了一种全新并且能够互补的方法[178]。任何由 AI 所提供的有关某个游戏的设计或开发的前景的决策都将是基于证据而非直觉的，而这也展示了 AI 的潜力——通过游戏分析和游戏数据挖掘——在更好的设计、开发以及质量检测过程上的潜力。总而言之，正如我们将在本书的其余章节中看到的那样，借助 AI 以及数据驱动的游戏设计可以为更优秀的游戏做出直接的贡献。

1.5　本书结构

我们将这本书安排为三个主要部分。在第一部分（第 2 章）中，我们概括了核心的、对学习游戏内以及游戏外的 AI 都十分重要的游戏 **AI 方法**。在本书的第二部分我们探讨了这样一个问题：AI 如何被用于游戏中？对于这个问题的回答将定义主要的游戏 AI 方向，它们会在相应的章节被具体化以及概述：

- AI 可以**玩游戏**（第 3 章）。
- AI 可以**生成内容**（第 4 章）。
- AI 可以为**玩家建模**（第 5 章）。

在本书的最后部分，我们将对组成这个领域的各个游戏 AI 方向进行一个综合，并探讨了在我们所设想的**游戏 AI 全景**上的研究趋势（第 6 章）。在这个综合的基础上，我们总结了这本书，并且其中会有一章专门讨论我们认为在很大程度上尚未得到探索并对于游戏 AI 的研究来说很重要的研究方向，名为**游戏 AI 前沿研究**领域（第 7 章）。一个有关本书中的不同章节是如何相互联结的图例展示于图 1.2 之中。本书的读者可能会希望跳过一些不感兴趣或者与其背景不相符的部分。例如，具有 AI 背景的读者可能会希望跳过第一部分，而希望获得一份游戏 AI 领域的快速概述或者一个对游戏 AI 中的前沿研究倾向的初步认识的读者可以只关注本书的最后一个部分。

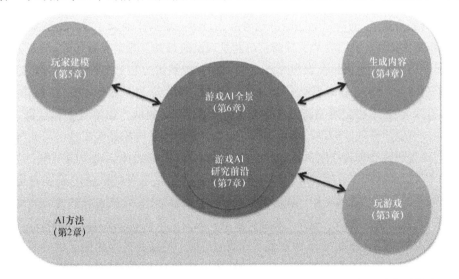

图 1.2　展示了本书中各个章节之间的联系。灰色、蓝色以及红色区域分别代表本书的第一、第二和第三部分的章节，即第 2 章、第 3～5 章和第 6～7 章

1.5.1　本书中覆盖（以及未覆盖）的内容

本书中所列出的有关游戏中的 AI 的各种核心用途的列表不应当被视为全面并包含所有游戏 AI 研究的潜在领域。可以说，这个有关我们覆盖的方向的列表是主观的。然而，这可能发生在

任何学科中的任何研究领域。（在软件工程中，软件设计与软件需求分析重叠，在认知心理学中，记忆研究与注意力研究重叠。）虽然也许可以对这一研究领域进行一次分析，以使单独的方向有着最小的或者没有重叠，但这可能会导致一份人为制造的方向列表，并且无法与游戏 AI 学生、研究者以及实践者自身所感受到的工作方向形成对应。这也可以说是因为我们忽略了某些方向。例如，我们仅简短地讨论了有关游戏中的**寻路**的话题，而与此同时，其余的一些作者认为这是游戏 AI 的一个核心问题。但在我们看来，寻路是一个相对孤立的领域，与 AI 在游戏中的其他作用也只存在有限的交互。除此之外，寻路问题也已经基本被其他的游戏 AI 教材[109, 461, 62]所覆盖。另一个例子是**计算叙事**（computational narrative），其被视为是内容生成中的一个领域，并且只在第 4 章中相对简短地被提及。虽然我们肯定可以编写一本完整的关于计算叙事的教科书，但是这可能会是其他人的工作了。除了游戏 AI 的一些特定应用方向，在第 2 章中，我们还覆盖了许多在这个领域内被普遍使用的方法。这些方法的列表并没有包含所有可以在游戏中找到应用的 AI 方向；然而，我们认为这份列表已经足以覆盖一个研究生的游戏 AI 课程的理论基础了。在这些方面，我们只在第 2 章和第 4 章中分别部分地覆盖了**规划**方法以及**概率**方法，例如贝叶斯方法与基于马尔科夫链的方法。

另一个重要的注意事项是本书与**博弈论**的常见领域[212, 472, 513]，以及如**多智能体系统**[626]之类的其余 AI 研究相关领域之间的关系。博弈论研究抽象博弈中的理性决策者的数学模型，用于分析在对抗[471]或者合作[108]的情况下的经济或者社会行为。更具体地说，博弈论侧重于描述或预测理性或有限理性的智能体的行为，并研究由此呈现出的相关"博弈解概念"，例如著名的纳什均衡[478]。虽然因为它们是在目前设想的游戏 AI 的目标中被认为处于次要地位，所以这本书没有对这些领域进行详细介绍，但是我们仍然认为，将来自博弈论和多智能体系统研究的基础思想与概念融入游戏 AI 领域将会是富有成果的。特定的游戏 AI 领域，如游戏性和玩家（或对手）的建模[214]可以受益于游戏性的理论模型[214]以及基于智能体系统的经验实现。与此类似的，我们认为游戏 AI 的研究和实践只能帮助推进在理论博弈论和多智能体系统上的工作。当然，考虑到关注点的不同以及这些领域所采取的路径不同，将这些领域与当前的游戏 AI 研究流程进行交织不是一项简单的工作。除此之外，理论模型能够捕捉到被游戏 AI 所包含的游戏的复杂性也有限。不过不可否认的是，博弈论构成了理性决策研究的一个重要理论支柱，而理性决策也可以说是在游戏中取胜的关键。在游戏 AI 中取得了成功应用的一些经济博弈论例子包括多种进行过抽象的牌类与棋盘游戏的理论模型的实现——特别是早在 1944 年[406]就被冯·诺伊曼和莫根施特恩[743]用作一个博弈论测试平台的某个扑克版本。其中的一些实现将在第 3 章中进行讨论。另一个将游戏 AI 与理性决策理论相结合的例子是第 5 章介绍的**程序性角色**（procedural personas）方法。

最后，请注意，本书是在思想上有着高度一致的两位作者共同努力的结晶，而不是多位作者所写的一本合集。因此，它包含了对游戏 AI 领域如何在更大的 AI 研究场景中进行定位，以及游戏 AI 是如何组成这两个问题的**主观看法**。但你的看法可能会不一样。

1.6　总结

　　AI 与游戏有着一个悠久的、健康的关系。AI 算法通过游戏得到了提升，甚至由此被提出。而反过来，游戏的设计和发展，也在很大程度上受益于 AI 在游戏中所承担的众多角色。本书集中介绍了 AI 在游戏中的主要用途，即玩游戏、生成内容以及玩家建模，它们将在下面的章节中被更广泛地涵盖。在深入了解这些 AI 的细节之前，我们将在下一章中概述被用于游戏 AI 领域的核心方法和算法。

第 2 章 AI 方 法

本章展示了多种在游戏中经常涉及的基本 AI 方法，并且它们会在本书的其余部分得到讨论与引用。这些方法都是在入门级 AI 课程中被频繁提及的方法——如果你已经学习过类似的一门课程，那么你至少接触过这个章节中一半的方法。并且它也应该让你准备好了去轻松地理解本章覆盖的其余方法。

正如前面所述，本书假定读者已经熟悉了入门级的大学 AI 课程中的核心 AI 方法。因此，我们建议你在开始读这本书的其余部分前，确保你至少已经大致地熟悉了在本章中所介绍的各种方法。本章中对算法的描述是**概述级别的描述**，这意味着如果你已经在先前的某个时间上已经学习了某种特定算法的话，这将会重新唤起你的回忆；如果你之前没有见过这个算法，那么它也将解释这个算法的基本概念。每一章都有引用研究论文或者教科书等文献，在那里你可以找到每个方法更多的细节。

在本章中，我们将 AI 的各种相关部分（针对本书的目的而言）划分成了 6 个种类：特定编辑（ad – hoc authoring）、树搜索、进化计算、监督学习、强化学习和无监督学习。在每个章节中，我们采用了比较通俗的用语来讨论某些主要的算法，但也给出了对于在进阶阅读上的建议。在本章中我们采用《吃豆小姐》（Namco，1982）（为简单起见，也可能使用《吃豆人》）来作为我们所涉及的算法们的一个主要测试平台。为了保证一致性，我们所涉及的所有方法都被用来**控制**吃豆小姐的行为，尽管它们在这个游戏中也可以找到许多其他的用途（例如生成内容或分析玩家行为）。虽然还有许多其他游戏可以用作本章中的测试平台，但是考虑到吃豆小姐的流行性与它在游戏设计上的简单性，还有它在游戏过程中的高度复杂性，我们依然选择了它。特别需要记住的是，吃豆小姐是它的前辈《吃豆人》（Namco，1990）的一个**非确定性的**（non – deterministic）变体版本，源于鬼魂的移动涉及一定程度上的随机性。

在 2.1 节中，我们快速地概述了本书中所有方法主要的两个关键部分：表示（representation）与效用（utility）。2.2 节中介绍的**行为编辑**（Behavior authoring），是指不涉及任何形式的搜索或学习而只取决于静态的特定表示的方法，例如有限状态机（finite state machines）、行为树（behavior trees）以及基于效用的 AI（utility – based AI）。2.3 节中介绍的**树搜索**是指对未来动作的空间进行搜索并构建可能的动作序列树的方法，通常被用于对抗环境中；这包括了极大极小算法以及蒙特卡罗树搜索。2.4 节所介绍的**进化计算**是指基于种群的全局随机优化算法，例如遗传算法（genetic algorithms）、进化策略（evolution strategies）或者粒子群优化（particle swarm optimization）。**监督学习**（见 2.5 节）是指学习一个可以将数据集中的案例映射到例如类等目标值的模型；对监督学习来说，目标值是不能缺少的。本书中常用的算法是（人工神经网络）反向传播、支持向量机（support vector machine），以及决策树学习（decision tree learning）。2.6 节所介绍的**强化学习**是指解决强化学习问题的方法，在这些问题当中，某些动作序列会伴随着正面或负面的奖赏（rewards），而不是一个"目标值"（正确的动作）。在这其中的范例算法是 TD - learning 及其著名的实例 Q - learning。5.6.3 节则概括了**无监督学习**，其是指在没有目标值的数据集中寻找特征（例如聚类）。这既包括了各种聚类方法，例如 k - means、分层聚类以及自组织映射（self - organizing maps），也包括了各种频繁模式挖掘（frequent pattern mining）方法，例如 Apriori 和广义序贯模式（generalized sequential patterns）。最后，本章将介绍一些将上述算法元素结合而产生**混合**（hybrid）方法的著名算法。特别是我们涵盖了神经进化与使用 ANN 函数逼近器的 TD - learning，也是游戏 AI 领域中最普遍使用的混合算法。

2.1 附注

在详细叙述每一种算法类型之前，我们概述了两个与本书中所有的 AI 方法都有所关联的主要元素。第一个是算法的**表示**；第二个则是它的**效用**。一方面，任何 AI 算法都要在某种程度上存储和维护与需要处理的特定任务有所关联的知识。而另一方面，大多数 AI 算法都在寻求更好的知识表示。这种寻求的过程由某种形式的效用函数所驱动。我们需要注意的是，效用在那些仅依靠静态知识表示的方法中是无法使用的，例如有限状态机或行为树。

2.1.1 表示

合适地表示知识是一般 AI 所面对的一个关键挑战，它是由人类大脑存储以及取回已经获得的有关世界的知识的能力所启发的。推动设计为 AI 使用的表示的关键问题包括人们如何表达知识而 AI 可能如何模仿这种能力？知识的本质是什么？一种表示方式可以有多通用？然而，上述问题的普遍回答在当前还是十分粗略的。

在应对关于知识及其表示的开放性的一般问题上，AI 已经确定了多种非常明确的方法来存储与取回已经创作过、获得过或是学习过的信息。对一个任务或一个问题相关的知识的表示可以被视为被调查任务的计算映射。在这个基础上，表示通过一种机器能够处理的形式来存储与任务相关的知识，例如某种数据结构。

让任意形式的 AI 知识需求能够以可计算的方式得到表示的实现方法是多种多样的。表示的类型包括**文法**［如文法演变（grammatical evolution）］，**图**［如有限状态机与概率模型（probabilistic models）］，**树**（如决策树、行为树以及遗传算法），**连接机制**（connectionism）（如人工神经网络），**进化**（如遗传算法和进化策略）以及**表格**（tabular）［如时序差分学习（temporal difference learning）与 Q - learning］。在本书的剩余部分看到，我们会看到所有上述的表示类型在游戏中有着不同的用处，并且可以与各种游戏 AI 任务进行结合。

对于在某种特定任务上进行尝试的任何 AI 算法而言，有一点是毫无疑问的：所选择的表示方法对算法的性能有着重大的影响。不幸的是，为了某个任务而被选中的表示方法也要遵循"没有免费的午餐"这个定理[756]，这说明，对所有需要处理的任务来说，并不会存在某种理想的单一表示类型。然而，就一种一般指导方案来说，被选中的表示方法应当尽可能简单。简单性通常可以在计算量与算法性能之间达成一个微妙的平衡，因为无论是过于详细或者是过于简化都将会影响到算法的表现。除此之外，考虑到当前任务的复杂度，被选中的表示也应当尽可能小。表示方法的简单性或大小都是不容易抉择的。良好的表示方法来源于足够的对于 AI 正在试图解决的问题的复杂程度及其定性特征的实践智慧与经验知识。

2.1.2 效用

博弈论（和一般经济学）中的效用是指在博弈过程中对理性选择的一种衡量。一般来说，它可以被视为一个能够协助搜索算法选择路径的函数。出于这个目的，效用函数需要对搜索空间的各个方面进行采样，并且收集搜索空间中各个区域的"优秀程度"的信息。在某种意义上，一个效用函数就是我们正在尝试寻找的解的某种近似值。换句话说，它也就是一种对于我们已经搜索到的表示在**优秀程度上的衡量**。

与效用类似的概念包括了计算机科学与 AI 中所使用的**启发式**（heuristic），在精确算法太慢而难以负担的情况下，它可以作为一种更快地、近似地解决问题的方式，特别是与树搜索相结合的情况下。**适应度**（fitness）的概念也在类似的情况下被用作一种能够衡量解决方案优秀程度的效用函数，其主要被用于进化计算领域中。而在数学优化上，**目标函数**（objective function）、**损失函数**（loss function）、**代价函数**（cost function）、**误差函数**（error function）都是需要被最小化的效用函数（不过在作为目标函数的时候需要被最大化）。特别要说的是，在监督学习中，误差函数代表了某种方法在将样本映射到（期望的）目标输出这个过程上的优秀程度。在强化学习以及马尔科夫决策过程中，效用也被称为**奖赏**，是智能试图通过学习在特定状态下选择正确动作而最大化的函数。最后，在**无监督学习**领域中，效用通常由自身所提供，并且存在于表示之中，例如竞争学习（competitive learning）或自组织（self-organization）。

与选择适当的表示方法类似，对效用函数的选择也遵循"没有免费的午餐"这个定理。效用函数通常都难以设计，并且在某些时候这个设计任务基本无从下手。设计的简单性和完备性同样有效。效用函数的质量极大地取决于从被研究领域当中所获得到的全面的实证研究与实践经历。

2.1.3 学习=最大化效用（表示）

效用函数是搜索的驱动，而在本质上也是学习的驱动。在这个基础上来说，效用函数可以说是每一类机器学习算法的训练信号，因为它对我们已有的表示提供了一种在优秀程度上的衡量。因此，对于如何进一步地提高现有表示的优秀程度，它隐含地提供了指示。而不需要学习的系统（例如，基于特定设计表示的 AI 方法，或是某些专家知识系统）也并不需要效用。在监督学习当中，效用是从数据中采样而来的——例如某种优秀的输入-输出模式。在强化学习与进化计算当中，训练信号是由环境所提供的——也就是在表现优秀时得到的奖赏与在表现糟糕时得到的惩罚。最后，在监督学习中，训练信号来源于表示的内部结构。

2.2　特定行为编辑

本章节中，我们将讨论第一种，也可以说是最流行的一类用于游戏开发的 AI 方法。**有限状态机**、**行为树**与**基于效用的 AI** 都属于特定行为编辑方法，在传统上主导了对游戏中的非玩家角色的控制。它们的主导地位显而易见，因为当前的游戏开发角度中，游戏 AI 这个术语依然是这些方法的代名词。

2.2.1　有限状态机

有限状态机（FSM）[230]——以及有限状态机的变体，例如分层有限状态机等——一直到 20 世纪 90 年代中期，都是对游戏中的非玩家角色的控制与决策过程的主导游戏 AI 方法。

有限状态机属于专家知识系统领域，可以用图来表示。一个有限状态机对应的图是一组相互关联的对象、符号、事件、动作或现象属性的集合的抽象表示，需要进行专门的设计（表示）。特别的是，这个图包含了一些嵌入了数学抽象的节点（状态），还有一些代表了节点间的条件关系的边（转换）。有限状态机在单个时间内只能处于一种状态；而在对应的转换条件满足的情况下，当前状态可以转变为另一种状态。简而言之，一个有限状态机是由三个主要组成部分所定义的：

- 一定数量的**状态**，其存储了关于某种任务的信息——例如，你当前正处于探索状态。
- 一定数量的在状态之间的**转换**，其指出了某种状态改变，并通过一个需要得到满足的条件来描述——例如，你听到了一声枪响，转换为警戒状态。
- 一组需要在每种状态中遵循的**动作**——例如，当处于探索状态时，随机地移动并且寻找敌人。

有限状态机的设计、实现、可视化和调试十分简单。此外，在与游戏共同存在的多年时间当中，它们也证明了自身在表现上的优秀。然而，在大规模的游戏环境中，它们的设计会变得极端复杂，因此，在游戏 AI 中的某些任务上存在着计算性上的限制。另一个有限状态机的关键限制（也是对所有特定编辑方法来说）是它们缺乏灵活性与动态性（除非得到了特殊的设计）。而在有限状态机的设计、测试和调试完成后，适应性和演化性的发展空间有限。结果就是，有限状态机最终在游戏中产生了非常容易预测的行为。我们可以通过将转换表示为某种模糊规则[532]或概率[109]来在一定程度上克服这个缺点。

2.2.1.1　一个用于吃豆小姐的有限状态机

在这个章节里，我们展示了用于控制吃豆小姐智能体的有限状态机。一个假设的并简化过的吃豆小姐有限状态机控制器如图 2.1 所示。在这个例子中，我们的有限状态机有三个状态（寻找豆子、追逐鬼魂以及逃避鬼魂）与四个转换（鬼魂闪烁、没有看见鬼魂、鬼魂出现在视野中，以及吃下能量药丸）。在处于寻找豆子状态中时，吃豆小姐会随机地移动，直到它探测到了一个豆子，然后采用某种寻路算法来尽可能快地吃掉尽可能多的豆子。如果吃到了能量药丸，那么吃豆小姐就会转变为追逐鬼魂状态，此时它可以使用任何的树搜索算法来追逐蓝色的鬼魂。而当鬼魂开始闪烁的时候，吃豆小姐会转变为逃避鬼魂的状态，这时候它会使用树搜索来逃避鬼魂，使得在一定距离看不见任何鬼魂；而当达到这一情况后，吃豆小姐又会转回寻找豆子状态。

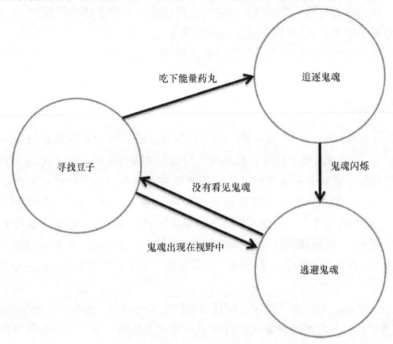

图 2.1　一种用于控制吃豆小姐的高度抽象并简化过的有限状态机

2.2.2　行为树

行为树（BT）[110, 112, 111] 是一种与有限状态机类似的专家知识系统，其可以描述在有限的任务（或行为）集合中的各种转换。与有限状态机相比较，行为树的优势在于模块化：如果设计巧妙，它们可以生成由简单任务所组成的复杂行为。行为树与有限状态机（或分层有限状态机）之间的主要区别是，行为树由行为而不是状态所构成。与有限状态机一样，行为树易于设计、测试以及调试，这也使得它们在收获了《光环 2》（Microsoft Game Studios，2004）[291] 与《生化奇兵》（2K Games，2007）等游戏上的成功之后，在游戏开发场景上获得了主导性地位。

行为树采用一种树形结构，包含一个根节点与一定数量的父节点，还有与父节点对应的代表了行为的子节点——可以参见图 2.2 所给出的例子。我们将从根节点开始遍历行为树。之后我们会激活树上所标记的父节点 - 子节点配对的执行过程。一个子节点可以在预先决定的时长内返回下面值中的一个给父节点：如果行为仍然处于激活状态，则返回运行中；如果行为已完成，则返回成功；如果行为失败，则返回失败。行为树是由三种节点类型所构成的：**序列节点**（sequence）、**选择节点**（selector）、**装饰节点**（decorator），它们的基本功能如下所述：

- 序列节点（见图 2.2 中的蓝色矩形）：如果子行为成功，序列将会继续执行，在所有的子行为都成功了之后，父节点也被认定是成功的；否则序列失败。

• 选择节点（见图 2.2 中的红色圆角矩形）：选择节点有两种主要类型：概率选择节点与优先级选择节点。当使用一个概率选择节点时，将基于行为树设计者所设定的父节点 – 子节点概率来进行选择。另一方面，如果所使用的是优先级选择节点，那么子行为会在一个列表中进行排序，并且一个接一个地进行尝试。无论使用哪一种选择节点，若子行为成功，则选择节点也成功。若子行为失败，则（在优先级选择节点中）会选择队列中的下一个子行为，或（在概率选择节点中）认为选择节点失败。

• 装饰节点（见图 2.2 中的六角形）：装饰节点在强化单个子节点行为的同时也增加了复杂度。关于装饰器的例子包括子行为运行的总次数，或者为子行为完成任务所给出的时间。

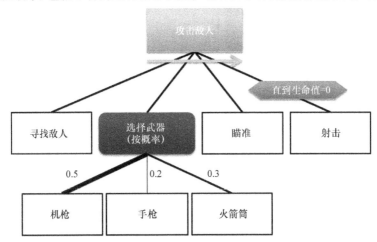

图 2.2 一个行为树案例。这个行为树的根节点是一个序列节点（攻击敌人），其将会按照从左到右的序列依次执行子行为，也就是寻找敌人、选择武器、瞄准以及射击。选择武器行为是一个概率选择节点，其为机枪（0.5）相较火箭筒（0.3）或是手枪（0.2）赋予了更高的概率——通过父子节点之间的连接线的厚度进行标记。一旦处于射击行为中，直到生命值为 0 的装饰节点会执行这个行为直到敌人死亡

与有限状态机相比，行为树在设计上更具有灵活性，并且更易于测试；然而它们仍然存在着类似的缺点。特别是，由于它们是静态的知识表示，因此它们的动态程度相当低。概率选择节点也许能够增强它们的不可预测性，还有一些适应它们树形结构的方法也展现出了更多的可能性[385]。在行为树与 Mateas 和 Stern 针对用于基于故事的拟真角色而提出的行为语言（A Behavior Language，ABL）[440] 之间，也存在着一定程度上的相似性；它们的不同之处也在参考文献［749］中有所提及。然而需要注意的是，本章节只是大概地提及了在行为树设计的可能性上的表面部分，而在它们的基本结构之外还有着一些拓展，其可以帮助行为树改善它们的模块化能力，以及它们在解决更复杂的行为设计问题上的能力[170, 627]。

2.2.2.1 一个用于吃豆小姐的行为树

类似于先前的有限状态机案例，我们使用吃豆小姐来展示行为树在一个常见游戏中的应用。

在图 2.3 中我们展示了一个用于吃豆小姐的寻找豆子行为的简单行为树。当处于寻找豆子的序列行为中时，吃豆小姐首先会移动（选择节点），然后它会找到一个豆子并且保持吃豆子的状态，直到在视野中发现了某个鬼魂（装饰节点）。当处于移动行为时——这是一个优先级选择节点——吃豆小姐将优先选择没有鬼魂的通道，其次是存在豆子的通道和没有豆子的通道。

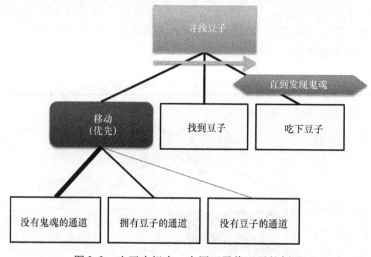

图 2.3　吃豆小姐中一个用于寻找豆子的例子

2.2.3　基于效用的 AI

正如一些工业界的游戏 AI 开发人员所指出的那样，在游戏及游戏内的任务中缺乏行为模块度不利于开发高质量的 AI[605, 171]。**基于效用的 AI** 是一种越来越流行的特定行为编辑方法，其消除了有限状态机与行为树的模块化限制，可以被用于设计游戏中的控制与决策系统[425, 557]。根据这种方法，游戏中的实例会被赋予一个特定的效用函数，并且为特定实例的重要程度给出一个值[10, 169]。例如，在某个特定距离处出现一个敌人的重要程度或是在这种情况下智能体的健康值很低的重要程度。为智能体给出所有可行效用的集合以及它拥有的所有选项，基于效用的 AI 将决定哪一个才是它在当前时刻最需要考虑的重要选项[426]。基于效用的方法来源于经济学中的效用理论，并且是基于效用函数的设计而来。这个方法与模糊集中的隶属函数（membership function）的设计相类似。

一个效用可以衡量从可观察的客观数据（例如敌人的健康值）到诸如情绪、心情与威胁这样的主观概念在内的任意事物。关于有可能的动作或决策的各种效用可以合并成为线性或非线性的公式，并基于聚合的效用来引导智能体做出决策。效用的值可以在游戏中每间隔 n 个帧进行检查。所以在有限状态机与行为树一项只能检测一个决策的时候，基于效用的 AI 架构能够检查所有可行的选项，为它们赋予效用并选出最合适的一个选项（也就是最高的效用）。

我们会依据参考文献［426］中的基于效用的 AI 案例来解释武器选择过程。为了选择一个武器，智能体需要考虑如下的各个方面：范围、习惯、随机噪声、子弹与室内环境。范围的效用函数依据距离来增加某种武器的效用值，例如，若距离很近，那么手枪将被赋予更高的效用值。

习惯为当前武器赋予了一个更高的效用值,这样武器就不会非常频繁地切换。随机噪声为选择添加了非确定性,这样智能体在相同的游戏情况中就不会总选择相同的武器了。子弹返回了一个关于当前子弹等级的效用值,而室内环境会通过一个布尔值效用函数(例如在室内使用手雷则值为 0,不然为 1)来惩罚部分武器在室内环境下的使用,例如手雷。我们的智能体会定期检查可用的武器,为所有的武器给出效用分数,并选择总效用最高的武器。

与其他特定的动作编辑技术相比,基于效用的 AI 有着一些确定的优势。首先它是模块化的,因为游戏智能体的决策将取决于多种不同的因素(或考量);然后这个因素列表也可以是动态的。基于效用的 AI 也是可拓展的,因为只要我们认为它们合适就可以轻松地创建新类型的考量。最后,这个方法也是可重用的,因为效用的各个组件可以从一个决策转移到另一个决策,或从一个游戏转移到另一个游戏。正是由于这些优点的存在,基于效用的 AI 在游戏产业中逐渐受到了越来越多的关注[557, 171]。基于效用的 AI 已经在多种类型的游戏中得到了广泛使用,例如在《可汗 2:战争之王》(Take Two Inter active and Global Star Software,2004)中与其他方法共同使用,在《钢铁侠》(Sega,2008)中用来控制 Boss,在《荒野大镖客:救赎》(Rockstar Games,2010)中用于武器选择与对话选择,以及在《杀戮地带 2》(Sony Computer Entertainment,2009)与《极度恐慌》(Sierra Entertainment,2005)中用作动态战术决策。

2.2.3.1　用于吃豆小姐的基于效用的 AI

我们再次使用吃豆小姐来展示基于效用的 AI 的用途。图 2.4 展示了一个例子,其中有三个能够在玩吃豆小姐时值得考虑的效用函数。每一个函数都对应了某种不同的、取决于当前游戏的威胁级别的行为;而威胁也是一个与当前鬼魂位置有关的函数。在游戏中的任何时刻,吃豆小姐都会选择拥有最高效用值的行为。

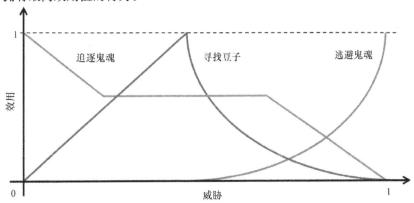

图 2.4　一种用于控制吃豆小姐的基于效用的方法。其中威胁等级(x 轴)是一个介于 0 与 1 之间的函数,其是基于各个鬼魂的当前位置的。吃豆小姐需要根据当前的威胁等级,为效用值(通过三种不同的曲线)赋值并且遵照拥有最高效用值的行为。在这个案例中逃避鬼魂的效用会随着威胁等级的上升而指数性地上升。而追逐鬼魂的效用会在威胁接近某个它会保持稳定的点前线性地下降;它之后也会在威胁等级增大到某个阈值后线性地下降。最后,寻找豆子的效用在某个可观的威胁等级前会线性地上升,在这一点之后会指数型地下降

2.2.3.2　一个关于特定行为编辑的简短说明

很重要的是，要记住，在这个章节中所包含的所有三种方法（也可以说，所有被包含在这一章中的方法）都只代表了算法的**基本变体**。因此，我们所包含的算法都表现为对状态、行为与效用函数的静态表示。然而，通过添加非确定性或者模糊元素，也可以创造它们的动态变体；例如，人们可以在一个有限状态机中使用模糊转换，或是在一个行为树中使用进化行为。此外很重要的是，要注意这些特定的设计结构也能够结合所有本书在本章剩余部分所包含的算法。一些基本的处理元素，例如一个有限状态机的状态、一个行为树的行为或一个效用函数，甚至更为复杂的节点、树或函数的所在的层级可以被其他任意的 AI 方法所替换，以此产生混合的算法与智能体架构。要注意的是，各种算法的可能拓展方式能够从我们在各个算法所对应的章节内所引用的工作中找到，或是在我们接下来提供的阅读列表中找到。

2.2.4　进阶阅读

有关如何搭建与测试有限状态机及分层有限状态机的更多细节可以参阅参考文献［367］。而对于行为树，我们则推荐 A. Champandard 的在线教程以及博客，其可以在 http：//aigamedev. com/ portal 上找到，除此之外，还有参考文献［627］中所列出的一些基本行为树结构在近几年中的改进版本。最后，Dave Mark 的书[425]对学习基于效用的 AI 以及它在游戏中是如何被应用于控制与决策来说也是一个很好的切入点。

而在软件角度来说，虚幻引擎⊖中已经嵌入了一个行为树工具，而有兴趣的读者也可以参考其他几种可用的 Unity 行为树工具⊖。除此之外，行为系统⊜将行为树以及基于效用的 AI 在设计、整合与调试上的迭代过程进行了流水线化。

2.3　树搜索

在很大程度上来说，即使并非全部，但大部分的 AI 都可以说是单纯的搜索而已。几乎每一个 AI 问题都可以被转化为一个搜索问题，并可以通过寻找最佳的（借由某些方法）的规划、路径、模型、函数等来解决。搜索算法因此经常被看作是 AI 的核心，像许多教材（如 Russell 与 Norvig 的著名教材[582]）都是从搜索算法的处理开始的。

下面列出的各个算法都可以被认为是**树搜索算法**，因为它们都能够被视为构建一棵**搜索树**（search tree）的过程，在这其中根节点代表了搜索开始的状态。这棵树中的边代表了智能体从一个状态到另一个状态所采取的动作，而节点也代表了状态。由于在一个给定的状态中通常会有数种不同的可以被采取的动作，也就是树的各个分支。因此树搜索算法间的主要区别就是在于探索哪些分支以及使用什么顺序探索它们。

2.3.1　非启发式搜索

非启发式搜索（uninformed search）算法是各种在没有任何关于目标的详细信息时对一个状

⊖　https：//docs. unrealengine. com/latest/INT/Engine/
⊖　例如，见 http：//nodecanvas. paradoxnotion. com/或 http：//www. opsive. com/。
⊜　http：//eej. dk/community/documentation/behave/0 – Introduction. html

态空间进行搜索的算法。最基本的非启发式搜索算法被普遍认作是计算机科学的基础算法，甚至在某些时候不会被视作 AI。

深度优先搜索（depth – first search）是一种会在回溯（backtracking）之前尽可能远地探索每个分支，之后再尝试其余分支的算法。在它主循环的每一次迭代中，深度优先搜索都会选中某个分支，然后在下一次的迭代中转去探索新产生的节点。当接触到某个末端节点——也就是一个不能再继续拓展下去的节点——的时候，深度优先搜索会在被访问过的节点列表中向前移动，直到它找到了某个存在从未被探索过的动作的节点。当被用于进行游戏时，深度优先搜索会先探索一个单独招式的各种结果，一直延伸到游戏胜利或者失败，之后再转去探索在采用了另一个接近结束状态的不同招式之后的各种结果。

宽度优先搜索（breadth – first search）与深度优先搜索相反。宽度优先搜索会探索从某个单独节点引出的所有动作，而不是探索某个单独动作的所有结果，并且这个探索过程会发生在对任何由这些动作所产生的节点进行探索之前。因此，所有深度为 1 的节点都会在深度为 2 的节点之前被探索，然后是所有深度为 3 的节点，以此类推。

虽然上述是最基础的非启发式搜索算法，但是这些算法也有着多种多样的变体及组合，并且也会有新的非启发式搜索算法被提出。有关非启发式搜索算法的更多信息见参考文献［582］的第 4 章。

在游戏中极少能够看到非启发式搜索算法被有效地使用，但是也有少数例外，比如迭代宽度搜索[58]，其在被用于玩视频游戏时出人意料地表现优异，还有就是在 *Sentient Sketchbook*[379] 中，宽度优先搜索能够为策略游戏地图的各个方面进行评价。除此之外，将最前沿的算法的表现与某个简单的非启发式搜索算法进行对比也常常会带来新的启发。

2.3.1.1　用于吃豆小姐的非启发式搜索

吃豆小姐中的深度优先方法通常会考虑博弈树中的所有分支，一直延伸到吃豆小姐完成关卡或者失败。对每种可选动作所进行的搜索的结果将决定在某个时刻要采用哪一种动作。而宽度优先搜索则会先探索在当前游戏时刻上吃豆小姐所有可选的动作（例如，向左、向上、向下或者向右），之后再去探索这些动作会产生的所有新节点（也就是子节点）。这两个方法在吃豆小姐例子中所产生的博弈树都过于巨大并且难以可视化。

2.3.2　最佳优先搜索

在**最佳优先搜索**（best – first search）中，搜索树上的节点的拓展是借由一些有关目标状态的特定知识来得到启发的。一般来说，在一些标准上最接近目标状态的节点会被优先拓展。最著名的最佳优先搜索算法是 A*（读作 A star）。A* 算法会维护一个"开放（open）"节点的列表，它们是与已经被探索过的节点相邻但是自身尚未被探索过的节点。对于每一个开放节点，都要生成一个对其到目标的距离的估计。新的节点将会根据最低的成本基础来选择并拓展，而在这里成本也就是节点与初始节点的距离加上其与目标节点的距离的估计。

A* 可以很容易地被理解为一个在二维或三维空间中的导航。因此这个算法的变体通常被用于游戏中的**寻路**。在许多游戏中，"AI"在本质上等同于使用 A* 寻路来遍历事先写好的各个点。为了应对更大、更具有欺骗性的空间，人们在这个基本算法的基础上提出了多种修改方案，包括 A* 的分层版本[61,661]、实时启发式搜索（real – time heuristic search）[82]、用于成本一致的方格的**跳点式搜索**（jump point search）[246]、3D 寻径算法[68]、用于能够让人群的动画处于无碰撞路径[631]上的动态游戏世界中的规划算法[495]以及用于在导航网格中进行寻路的方法[68,722]。Steve Rabin 与 Nathan Sturtevant 在基于方格的寻路[551,662]以及寻路结构[50]上的工作也是很有名的例子。Sturtevant 及其同事从 2012 年⊖起也一直致力于开展一个专门的基于网格的路径规划竞赛活动。对于有兴趣的读者，Sturtevant[663]已经为游戏中的网格寻路发布一份基准列表⊖，其中包括《龙腾世纪：起源》（Electronic Arts，2009）、《星际争霸》（Blizzard Entertainment，1998）以及《魔兽争霸 III：混乱之治》（Blizzard Entertainment，2002）。

然而，除了被简单地用于搜索物理位置，A* 也能够在游戏状态空间内进行搜索。在这种情况下，最佳优先搜索就可以被用于**规划**而不仅限于导航了。其区别在于需要将世界的变化状态纳入考虑之中（而不仅仅是某个单独的智能体的状态改变）。使用 A* 的规划也可以有着令人惊讶的高效性，例如 2009 马里奥 AI 竞赛［在这个竞赛中参赛者需要提交用来玩《超级马里奥兄弟》（Nintendo，1985）的智能体］的胜利者就是基于一个简单的 A* 规划，其只是很坚定地一直都在尽力尝试到达屏幕的右端[717,705]（见图 2.5）。

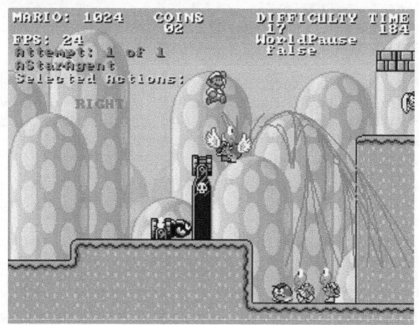

图 2.5　2009 马里奥 AI 竞赛冠军 R. Baumgarten 的 A* 控制器[705]。灰线展示了马里奥的 A* 控制器考虑的未来可能轨迹，并且也将游戏的动态性质考虑在内

2.3.2.1　用于吃豆小姐的最佳优先搜索

最佳优先搜索在吃豆小姐中能够以 A* 的形式得到应用。参照 2009 马里奥 AI 竞赛冠军的例子，吃豆小姐可以被一个 A* 算法所控制，通过搜索在短时间内可能出现的游戏状态并以此决定接下来向何处移动（上、下、左或者右）。游戏状态可以使用多种方式来进行表示：从一种非常直接但开销较大的将鬼魂与豆子的坐标都包含在内的表示，到一种相对间接的只考虑最近的鬼

⊖　http://movingai.com/GPPC/

⊖　http://movingai.com/benchmarks/

魂或豆子的距离的表示。不过无论选中了哪一种表示，A*都需要设计一个成本函数用于驱动搜索。与吃豆小姐相关的成本函数通常会为移动到存在豆子的区域而进行奖励，并为移动到存在鬼魂的区域而进行惩罚。

2.3.3　极大极小

对单人游戏来说，无论是简单的非启发式搜索还是启发式搜索（informed search）算法都能够被用于寻找一条通向最佳游戏状态的路径。然而，在双人对抗游戏中，存在另一位也在尽力获得胜利的玩家，并且每一位玩家的动作都极大地取决于另一位玩家的动作。对于这些游戏，我们需要使用对抗性的搜索。最基本的对抗性搜索算法被称为**极大极小**（Minimax），并且这个算法已经被非常成功地广泛用于传统的完美信息双人棋盘游戏，例如国际跳棋和国际象棋，事实上，这个算法是为了制作一个可以玩国际象棋的程序而专门（重新）发明而来的[725]。

极大极小算法的核心循环在玩家1与玩家2之间交替——例如国际象棋中的白方与黑方——它们称为极小（min）玩家与极大（max）玩家。每一位玩家的所有可行招式都会得到探索。并且另一个玩家对这些招式会产生的每一种新状态的所有可行应对招式也都会被探索，直到所有的可行招式组合都被探索至游戏结束的节点（例如胜利、失败或者和局）。这个过程的最终会生成从根节点至叶节点的整棵博弈树。游戏的结果将会对应用在叶节点上的效用函数产生启发。而这个效用函数会对某个玩家在当前游戏状态下的优势进行一个估计。之后，算法会遍历整棵搜索树，通过各个分支的叶节点的回传值，来决定在每位玩家的任意给定状态时会采用什么动作。在这期间，它假设每位玩家都在尝试以最佳的方式来玩游戏。所以从极大玩家的立场上来看，它是在尝试最大化自己的分数，而极小玩家也则是在尝试最小化极大玩家的分数；因此，它被称为极大极小。换句话说就是，树上的一个极大节点需要计算它的所有子节点的值中的最大值，而一个极小节点需要计算它的所有子节点的值中的最小值。在极小玩家的回合，如果极小玩家可以使用的所有招式都能让极大玩家取得胜利的话，那么极大玩家就找到一种最佳的胜利策略。而相对应的极小玩家的最佳策略是，无论极大玩家使用什么招式，却也总能拥有一种可行的胜利方式。举例来说，为了获得一种极大玩家胜利策略，我们将从树的根节点开始，迭代地选择会产生最高分数子节点的招式（而在最小玩家的回合，要选择拥有最低分数的子节点）。图2.6通过一个简单的例子展示了极大极小的各个基本步骤。

当然，对任何有着高度复杂性的游戏来说，要探索其所有可行招式及其应对招式是根本不可能的，因为搜索树的规模会随着游戏的深度或者模拟的招式的数量而指数型地增加。例如，井字棋（tic-tac-toe）拥有一个规模为$9! = 362\,880$个状态的博弈树，因此能够被完全遍历；然而，国际象棋的博弈树拥有接近10^{154}个节点，使用当前的计算机来完全遍历是不可能做到的。因此，几乎所有极大极小的实际应用都会在某个给出的深度上切断搜索，并且使用一个**状态评估**（state evaluation）函数来评估在指定深度的每种游戏状态的理想程度。例如，在国际象棋中一个简单的状态评估函数可以单纯是棋盘上白棋的总数减去黑棋的总数；这个数值越大，那么这个局面对于白方来说就越理想（当然，普遍会使用更为复杂的棋盘评估函数）。在应用了一些对基本极大极小算法的改良之后［如 **α-β 剪枝**（α-β pruning）与非确定性状态评估函数］，许多传统游戏上出现了一些非常具有竞争力的程序（例如IBM的深蓝）。更多有关极大极小及其他对抗性算法的信息见参考文献［582］的第6章。

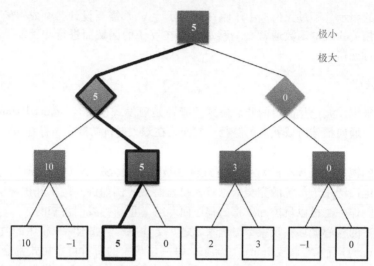

图 2.6 一个展示了极大极小算法的抽象博弈树。在这个设想的游戏中，先手的极大玩家（表示为红色）拥有两个选择，极小玩家（表示为蓝色）为后手，并且极大玩家会最后下一次。白色的方块标注了末端节点，其包括了对极大玩家而言的胜利（正面）、失败（负面）或是和（零分）的分数。遵循极大极小法则，这些分数将会贯穿整个博弈树到达根节点。极大玩家与极小玩家的最佳玩法已经被加粗显示。在这个简单的案例中，如果两个玩家都使用最佳玩法，那么极大玩家将会赢得 5 分

2.3.3.1 用于吃豆小姐的极大极小

严格来说，极大极小对吃豆小姐来说是无法使用的，因为这个游戏本身是非确定性的，所以其极大极小树是完全未知的（当然，带有启发式评估函数的极大极小变体最终也是可以应用的）。不过，极大极小可以被应用于拥有确定性的（deterministic）吃豆小姐前身《吃豆人》（Namco，1980）。但要再严格来说的话，吃豆人其实是一个单人对抗游戏。因此，极大极小只适合用于我们在假设吃豆人需要与会选择最佳决策的对手（鬼魂）进行对抗时。非常重要的是，鬼魂的移动并不是由树节点所表示得到的，而是根据为它们所假设的最佳行为来模拟得到的。吃豆人中的博弈树节点可能会代表了一个将吃豆人、鬼魂及当前豆子和能量药丸的位置包括在内的游戏状态。极大极小树的各个分支是吃豆人在每种游戏状态中的可行动作。各个末端节点可以被赋值，例如赋予一个二元的效用值（若吃豆人完成了关卡，则为 1；若吃豆人被鬼魂杀死了，则为 0）或游戏的最终分数。

2.3.4 蒙特卡罗树搜索

在很多游戏中，极大极小的表现并不优秀。特别是，有着巨大**分支因子**的游戏（其在任意时间点都有着大量的可行动作供选择）令极大极小只能搜索一棵非常浅的树。另一个会从游戏角度上为极大极小的运作带来困扰的方面是它可能难以构建一个优秀的局面评估函数。棋盘游戏中的围棋是一个具有确定性的完备信息博弈，也是这两种现象的一个典型例子。围棋有着接近 300 的分支因子，而国际象棋通常有大约 30 个动作供选择。围棋游戏中对位置的性质的理解全部都与包围对手有关，这导致一个给定棋盘局面的价值难以被正确地估量。在很长的一段时间内，大部分世界上最好的围棋程序都基于极大极小，并且大多数不能超过人类初学者的游戏水

平。在 2007 年，**蒙特卡罗树搜索**（MCTS）被发明，极大地增强了最出色的围棋程序的游戏水平。

在围棋，国际象棋与国际跳棋这些复杂的完备信息确定性博弈之外，像海战棋（Battle-ship）、扑克（Poker）、桥牌（Bridge）这样的**不完备信息**博弈，以及/或者西洋双陆棋与大富翁（monopoly）之类的**非确定性**的博弈都由于算法自身的性质而无法被极大极小所解决，蒙特卡罗树搜索不仅克服了极大极小中对于树规模的限制，并且在给予充分计算的情况下，它也能逼近博弈中的极大极小树。

那么蒙特卡罗树搜索又是如何解决高分支因子，缺乏优秀的状态评估函数，以及缺少完备信息与确定性这些问题的呢？首先，它并不会将搜索树中的所有分支都搜索到某个相同的深度，而是会集中于在更有具前景的分支上进行搜索。这使得即便分支因子巨大，它也能够将某个分支搜索到一个相当大的深度。除此之外，为了绕过缺乏评估函数和确定性，以及不完备信息这些问题，标准蒙特卡罗树搜索方法使用**随机推演**（rollouts）来评估游戏状态的质量，从某个游戏状态随机地进行游戏直到游戏结束，以此得到一个期望的胜利（或者失败）结果。通过随机模拟所获得的效用值可以被有效地用于将策略（policy）调整为某种最佳优先的策略（也就是一个极大极小树的逼近）。

在开始执行一次蒙特卡罗树搜索的时候，树是由一个单独的、用于表示游戏当前状态的节点所组成的。通过添加及评估代表了游戏状态的节点，算法会迭代地建立一棵搜索树。这个过程可以在任意时刻进行中断，因此蒙特卡罗树搜索也是一个**任意时间**算法。蒙特卡罗树搜索在操作上只需要两部分的信息：能够依次生成游戏内的可行招式的游戏规则，以及对最终状态的评估——也就是是否已经胜利、失败、和局，或是否为某一游戏分数。蒙特卡罗树搜索的原生版本并不需要启发式函数，而这也是它强于极大极小的一个关键优势。

蒙特卡罗树搜索算法的核心循环可以被分为四个步骤：**选择**（Selection）、**拓展**（Expansion）〔前面这两个步骤也被称为树策略（tree policy）〕、**模拟**（Simulation）与**反向传播**（Backpropagation）。这些步骤也在图 2.7 中进行了描绘。

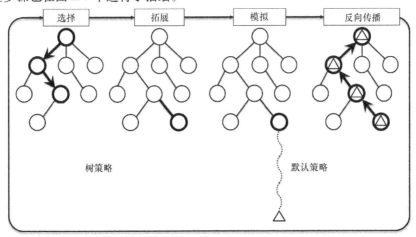

图 2.7 能够组成蒙特卡罗树搜索算法的一次迭代的四个基本步骤。该图是 Chaslot 等人对应的蒙特卡罗树搜索轮廓图的复现[118]

选择：这个阶段中，需要决定哪一个节点应当得到拓展。这个过程从树的根节点开始，并且一直持续到某个存在未拓展子节点的节点被选中。每当要从现有的树中选择一个节点（动作时），能够最大化 UCB1 公式的子节点 j 将被选中：

$$UCB1 = \overline{X}_j + 2\,C_p\sqrt{\frac{2\ln n}{n_j}} \tag{2.1}$$

式中，$\overline{X}_j$ 是这个节点下的所有节点的平均奖赏；C_p 是一个探索常数（通常被设为 $1/\sqrt{2}$）；n 是父节点已经被访问的次数；n_j 是子节点 j 已经被访问的次数。非常重要的是，尽管 UCB1 是最普遍的用于动作选择的公式，但它并不是唯一可以使用的公式。除了式（2.1），其他的可行选项包括小量贪婪（epsilon - greedy）算法、汤普森采样（Thompson sampling）以及贝叶斯匪徒（Bayes-ian bandits）模型。例如，汤普森采样会根据各个动作的最佳后验概率[692]来随机地进行选择。

拓展：当一个存在未拓展的节点被选中时——也就是说这个节点代表了一个状态，并且其存在能够被采用却尚未被尝试过的动作——这些子节点中的一个将被选中进行拓展，这意味着要从这个状态开始完成一次模拟。在选择要拓展哪一个节点的时候，经常都是通过随机选择来完成的。

模拟［**默认策略**（Default Policy）］：在一个节点被拓展之后，会从刚刚得到拓展的非终止状态开始进行一次模拟（也可以说是随机推演），并一直模拟到游戏结束为止，以此产生一个估计值。一般来说，这会通过随机地执行动作直到出现一个终止状态来完成，也就是一直进行到游戏胜利或失败。在游戏结束的状态（例如失败为 – 1，胜利为 1，但也可以更加细致一些）将被用作本次模拟的奖赏（Δ），并且向搜索树中进行传播。

反向传播：奖赏（模拟的结果）会被增加到新节点的总奖赏 X 中。并且它也会"向后回退"地被增加到它的父节点的总奖赏当中，还有它的父节点的父节点，直到到达树的根节点为止。

模拟步骤看起来可能有些违反直觉——采用随机动作似乎并不是一种玩游戏的好方法——但是它为游戏状态的质量提供了一个相对无偏的估计。从本质上来说，一个游戏状态越优秀，那么就可能有越多的模拟在游戏结束时赢得游戏。至少对围棋之类在一定数目的招式内必定会出现终止状态（在围棋上是 400）的游戏来说是成立的。而对类似国际象棋之类的其余游戏来说，理论上可以下无限的招式而不产生游戏的输赢。而对许多电子游戏来说，任何随机的动作序列都有很大可能无法结束游戏，除非某些计时器超时，这意味着大部分的模拟都会变得非常长（几万甚至几十万步）并且不产生有用的信息。举例来说，在《超级马里奥兄弟》（Nintendo，1985）上，使用随机动作很可能会导致马里奥在它的出生点附近跳舞，直到游戏计时结束[294]。因此，在许多情况下，为模拟步骤补充一个状态评估函数（就像在极大极小中普遍使用的那样）是非常有用的，这样模拟就可以在某个设定好的步长内完成，并且如果仍未出现终止状态，则会使用状态评估来替代一个非胜即负的评估。而在某些情况下，使用状态评估函数来完全代替模拟步骤也可能是有好处的。

值得注意的是，基础蒙特卡罗树搜索算法存在大量的变体——事实上，将蒙特卡罗树搜索视为一个算法家族或者框架而不是一个单独的算法可能会更准确一些。

2.3.4.1　用于吃豆小姐的蒙特卡罗树搜索

蒙特卡罗树搜索能够被应用在吃豆小姐智能体的实时控制上。很明显，可以使用很多种方法来对一个游戏状态进行表示（然后成为一个博弈树节点）以及为这个游戏设计一种奖赏函数，不过在这里我们将不会对它们进行细致的探讨。在这个章节中，我们会概述下面这个由 Pepels 等人所提出的方法[524]，因为其成功地在吃豆小姐中获得了一个很高的分数。它们名为 Maastricht 的智能体在 2012 年的 IEEE 计算智能与博弈会议中获得了超过 87 000 分，在 36 个智能体中名列第 1。

当蒙特卡罗树搜索被用于实时决策时，许多方面的挑战都会变得很重要。首先，算法已经限制了随机推演可使用的计算资源，而这增加了启发式知识的重要性。其次，动作空间可以变得极为精细，而这表明宏观行动（macro - actions）会是一种对博弈树进行建模的更有效的方式；否则智能体的规划将会变得非常短视。最后，视野内可能不存在末端节点，因此需要拥有优秀的启发式，并尽可能地限制模拟深度。Pepels 等人的蒙特卡罗树搜索智能体[524]通过使用一个受限的博弈树以及基于连接的游戏状态表示（见图 2.8），成功地应对了上述所有在实时控制中使用蒙特卡罗树搜索所面临的挑战。

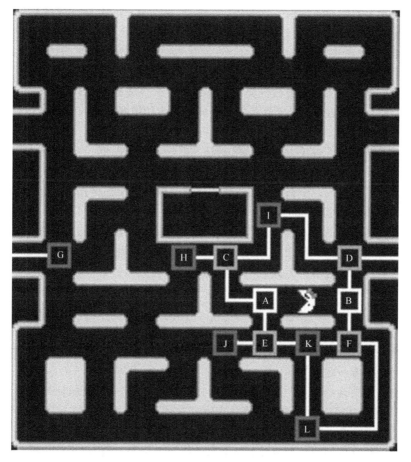

图 2.8   用于 Maastricht 蒙特卡罗树搜索控制器的一种基于交叉点的游戏状态表示[524]。所有的字母节点都指代吃豆小姐的节点（决策）。图片得到作者授权，来源于参考文献 [524]

2.3.5　进阶阅读

Russell 与 Norvig 的经典 AI 教材[582]中很好地囊括了各种基本搜索算法。A* 算法在 1972 年针对机器人导航而发明[247]；一个关于这个算法的丰富描述可以在参考文献［582］的第 4 章中找到。在如参考文献［546］这些专门的游戏 AI 书籍中，有着大量针对特定游戏问题的裁剪与优化的进阶材料。蒙特卡罗树搜索的各个不同组成部分[141]是在 2006 年与 2007 年时为了研究围棋而提出的[142]；Browne 等人在一份综述中对蒙特卡罗树搜索和它的一些变体做了一个很好的概括与介绍[77]。

2.4　进化计算

树搜索从表示了初始局面的根节点开始，并根据可选的动作逐渐地构建了一棵搜索树，而优化算法并不会构建搜索树；它们只考虑完整的解决方案，而不是通向那里的路径。正如先前在 2.1 节所提到的，所有的优化算法都假设会存在某些需要被优化的事物；于是这里必定要有一个**目标函数**，也可以称为**效用函数**（utility function）、**评估函数**（evaluation function）或**适应度函数**（fitness function），它可以为解决方案分配一个需要最大化（或最小化）的数值。给定一个效用函数之后，一个优化算法就可以被看作是一个在解决方案的搜索空间内寻找拥有最高（或最低）效用值的解决方案的算法。

一大类优化算法是基于解决方案的随机变异，在任意给定时间，一个或多个解决方案被保留，新的解决方案（或候选者、搜索点；不同的作者使用了不同的术语）通过随机改变或组合一些已有的解决方案而生成。根据与自然进化的类比，保留多个解决方案的随机优化算法，被称为**进化算法**（evolutionary algorithm）。

另一个在探讨优化算法（以及 2.1 节中提到的一般 AI）时出现的重要概念是它们的**表示**。所有的解决方案都可以通过某种方式表示，例如固定大小的实数向量，或是长度可变的字符串。相同的事物一般都能够通过多种方式表示；举例来说，在搜索一种可以解决某个迷宫的动作序列时，这个动作序列就可以被多种不同的方式所表示。在最直接的表示中，在时间步长为 t 处的字符决定在时间步长 $t+1$ 时需要采取什么动作。一个在某种程度上相对间接的动作序列表示是使用一个元组序列，其中在时间步长 t 处的字符将决定采取什么动作，而数字 $t+n$ 将决定在多少个时间步长 n 内采取该动作。表示的选择对于搜索算法的效率和有效性有着巨大的影响，在做出这些选择时，可能需要一定的权衡。

优化是一种非常普遍的概念，而优化算法可以被用于 AI 和更广泛的计算中的各类任务。在 AI 与游戏之中，像进化算法之类的优化算法也已经被用于各种角色。在第 3 章中我们将解释优化算法如何被应用于玩游戏的智能体的搜索当中，以及如何被用于对动作序列进行搜索（在玩游戏这种环境下，优化会同时拥有两种非常不同的使用方法）；而在第 4 章，我们将解释我们是怎样使用优化来创造诸如关卡之类的游戏内容的；在第 5 章中我们则讨论了如何使用优化来寻找玩家模型。

2.4.1 局部搜索

最简单的优化算法就是局部优化算法了。它们之所以被这样称呼是因为它们在任意时刻都仅仅在搜索空间的一小部分中"局部地"进行搜索。一个局部优化算法在任意时刻通常都只会保留单个解决方案候选，并且探索这个解决方案的各种变化。

最简单的优化算法可以说就是**爬山算法**（hill climber）了。在它最常见的定式，也就是我们称之为确定性定式中，它以下方列出的步骤运作：

> 1. *初始化*：通过在搜索空间中随机选择某个点来创造一个解决方案 s。并且评估它的适应度。
> 2. 生成 s 所有可能的邻居。邻居是指任意的与 s 至多相差一个确定的给定距离的解决方案（例如在某个单独位置上的一个改变）。
> 3. 使用适应度函数来评估所有的邻居。
> 4. 如果没有任何邻居比 s 拥有更高的适应度分数，退出算法并将 s 返回。
> 5. 否则，使用拥有最高适应度值的邻居替换 s，并返回步骤 2。

确定性的爬山算法只有在使用每个解决方案都只存在少数邻居的表示时才是可行的。在许多表示当中，会存在犹如天文数字一般的邻居数量。所以会更倾向于使用各种能够有效地引导搜索的爬山算法的变体。其中一种方法是**基于梯度的爬山算法**（gradient – based hill climber），其沿着梯度最小化一个代价函数。举例来说，这种方法可以用于训练人工神经网络（见 2.5 节）。我们在这里要提及的另一种方法是**随机爬山算法**（randomized hill climber）。而这则要依赖**变异**（mutation）这个概念：对解决方案进行的小规模随机更改。例如，字符串可以通过随机地翻转一两个字符到其他字符来进行变异（见图 2.9），而一个实数向量可以通过向其添加另一个具有小标准差的在零附近随机分布的向量来进行变异。如**基因倒置**（inversion）之类的宏观突变也可以如图 2.9 所示那样进行应用。在给定一个表示、适应度函数及变异操作的情况下，随机爬山算法的运作步骤如下：

a) 变异：一些基因被选中以某种小概率进行变异，例如 1%。被选中的基因在上方的染色体以红色标亮，而在下方的染色体中通过将它们翻转进行变异

b) 逆转：随机选择后代中的两个位置——也就是在上方的染色体中标亮的基因序列——并且在下方的染色体中通过它们之间的位置进行逆转（红色的基因）

图 2.9 用于变异一个二元染色体的两种方式。在这个案例中我们使用一个拥有 11 个基因的染色体。选择一些染色体（上方的比特串）并且进行变异（下方的比特串）

> 1. *初始化*：通过在搜索空间中随机选择某个点来创造一个解决方案 s。并且评估它的适应度。
> 2. *变异*：通过变异 s 来产生一个子代 s'。
> 3. *评估*：评价 s' 的适应度。
> 4. *替换*：若 s' 有着比 s 更高的适应度，则使用 s' 替换 s。
> 5. *返回步骤2*。

尽管非常简单，但随机爬山算法可能会令人惊讶地有效。它的主要限制是容易陷入局部最优。一个**局部最优值**（local optimum）是搜索空间中的一种"死路"，在那里将"无路可走"；也就是，一个点的附近区域中不存在更好的（更高适应度）点。这个问题有很多种处理方法。一种是简单地在遇到困难时在一个随机选中的新点上重新开始爬山算法。而另一种是**模拟退火**（simulated annealing），可以给定一个概率来允许移动到有着更低适应度的解决方案；而这个概率在搜索过程中会逐渐减小。一种更为普遍的对局部最优问题的应对方法是在任何时刻都不要仅保留一个单独的解决方案，而应该保留一个解决方案的**种群**（population）。

2.4.1.1 用于吃豆小姐的局部搜索

尽管我们可以想出几种方法来在吃豆小姐上使用局部搜索，但我们只会列出一个有关它在控制路径规划上的用途的例子。举例来说，局部搜索可以进化出更短的吃豆小姐局部规划（动作序列）。一个解决方案可以被表示为一个需要被应用的行动的集合，而其适应度可以通过这个动作序列被应用后所得到的分数来确定。

2.4.2 进化算法

进化算法是随机化的**全局**优化算法；它们之所以能够被称为是全局的而不是局部的，是因为它们会在搜索空间内同时搜索许多个点，尽管这些点可能相距甚远。它们完成这个目标的方法是在任意时候都会在内存中保留一个解决方案的种群。进化计算的总体思路是通过"培育"解决方案来进行优化：生成许多种解决方案，之后舍弃表现不佳的个体以及保留优秀的（或至少是不差的）个体，并从优秀的个体中创造出新的解决方案。

保留一个种群的想法源自于达尔文进化论中的自然选择，而进化算法也是从中得名。种群的规模是进化算法的关键参数之一；一个规模为1的种群将产生一个类似随机爬山算法的存在，而包含数以千计的解决方案的种群也并非闻所未闻。

另一种来源于自然界中的进化方法的思路是**交叉**（crossover），其也被称为**重组**（recombination）。这相当于自然世界中的有性生殖；两个或者两个以上的解决方案（称之为**父代**）通过将它们自身的元素进行结合来产生一个子代。这里的思路是，如果我们使用的是两个优秀的解决方案，那么两者相互结合的解决方案——或是它们的中间产物——也应当会是优秀的，甚至可能会比父代更加优秀。对子代进行的操作十分依赖于解决方案的表示方法。当解决方案被表示为一个字符串或一个向量时，可以使用像均匀交叉（uniform crossover）（其将公平地进行一次随机，并且子代上的每个位置都是随机地从所有父代的值中选择而来的）或单点交叉（one-point crossover）（在子代中选择一个位置 p，并且 p 之前的所有位置的值将从父代1中获取，而 p 之后的所有位置的值从父代 2 中获取）之类的操作方法。交叉可以被用于从字节串到实数向量在内的任何一种染色体表示方法。图 2.10 展示了这两种交叉操作。然而，在任何情况下，我们都无法保证交叉操作会产生一个在所有方面都跟其父代拥有相同适应度的子代。在许多情况中，交叉可能是非常具有破坏性的。如果使用交叉，那么在每个问题上对子代所进行的操作的选择都会是非常重要的。图 2.11 通过一个简单的包含两个维度的例子展示了这种可能性。

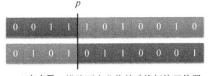

a) 1 点交叉：横跨两个父代的垂线标注了位置 p 上的交叉点

b) 标准交叉：为了选择用于组成子代的父代基因，操作器会在染色体的每个位置都丢硬币决定

图 2.10 在进化算法中普遍使用的两种交叉类型。在这个例子中，我们使用二进制表示以及 11 个基因的染色体规模。两个交叉操作中使用的两个字节串表示被选用于重组的两个父代。深色和浅色基因表示从每个交叉操作中出现的两个不同的子代。注意操作也可以直接用实数（浮点）表示

一个进化算法的基础模板如下：

1. *初始化*：种群将由 N 个随机创建的解决方案所组成，例如搜索空间中的多个随机点。当前已知的具有高适度性的解决方案也可以被添加到这个初始种群当中。

2. *评估*：使用适应度函数来对种群内的所有解决方案进行评估并为它们赋予适应度值。

3. *父代选择*：根据适应度及一些其他的准则，比如解决方案间的距离，来选择将要用于繁殖的种群成员。这里的选择策略可以包括那些直接或间接依赖解决方案适应度的方法，包括轮盘赌（roulette-wheel）（与适应度成比例）、排名（与种群内的排名成比例）以及锦标赛（tournament）等方法。

4. *繁殖*：子代通过父代之间的交叉进行生成，或直接简单地对父代解决方案进行复制来生成，或通过它们的一些相互组合而生成。

5. *变体*：在部分或全部的父代和/或子代上应用变异。

6. *替换*：在这个步骤中，我们将选择哪些父代和/或子代将会成为新的一代。普遍被用于替换当前种群的策略包括**世代法**（generational）（父代死亡，子代替换它们）、**稳态法**（steady state）（当且仅当子代更优秀时才会替换最糟糕的父代）与**精英法**（elitism）（世代，但是父代中最好的 x% 生存）。

7. *终止*：我们已经结束了吗？这要根据已经经过了多少代或已经经历了多少次评估（**次数耗尽**），是否找到获得最高适应度的解决方案（**成功完成**）和/或某些其他的终止条件来做出判断。

8. 返回步骤 2。

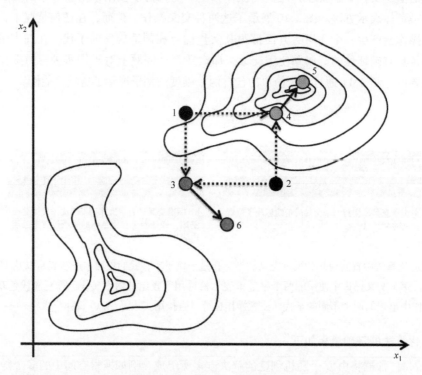

图 2.11　一张关于变异与交叉操作在简化过的二维适应度地形下的图示。这个问题由两个实数变量（x_1 与 x_2）表示，其定义了向量染色体的两个基因。适应度地形通过二维平面下的登高线进行表示。染色体 1 与 2 被选中作为父代。它们通过 1 点交叉（虚线箭头）交叉生成子代 3 与 4。这两个子代通过变异（实体箭头）产生了解决方案 5 与 6。产生拥有更低适应度的解决方案或是拥有更高适应度的解决方案的算子分别用浅色（4.5）和深色（3.6）圆圈表示

　　主循环的每一次迭代（也就是每次当我们进行到步骤 2 时）被称为一个**世代**（generation），与受到自然启发的方法中的术语保持了一致。对适应度进行的评估总次数通常会与种群规模乘以世代所得到的数字成正比。

　　这个站在全局角度上的模板可以使用多种不同的方式来实现和拓展；在这之外，还有着数以千计的进化算法或者类似进化算法的算法，并且它们中的许多种算法会重新安排整个流程，并且会添加一些新的步骤和移除一些已有的步骤。为了令这个模板更为形象化，我们将会在下面给出一个能够运作的进化算法的简单例子。这是某种形式的**进化策略**，其也是进化算法主要家族中的一员。尽管 $\mu + \lambda$ 进化策略是一个非常简单的、可以使用 10～20 行代码来实现的算法，但它依然是一个能够完整运作的全局优化器，并且非常有效。在这两个主要参数中，μ 象征着"精英"，也可以理解为每个世代中被保存下来的那部分种群的大小，而 λ 是每个世代中会被重新生成的那部分种群的大小。

> 1. 为种群添加 $\mu+\lambda$ 个随机生成的解决方案。
> 2. 评估所有解决方案的适应度。
> 3. 将种群按照适应度降序排列，因此最小编号的解决方案会拥有最高的适应度。
> 4. 移除适应度最小的 λ 个个体。
> 5. 使用最优秀的 μ 个个体替换将被移除的那些个体。
> 6. 对子代进行变异。
> 7. 如果成功完成或次数耗尽，则停止算法。否则返回步骤 2。

上面这类 $\mu+\lambda$ 进化策略算法只是进化策略的一个简单例子，其特点是依赖变异而不是交叉来创造变体，并且使用自我适应来调整各个变异参数（虽然这并不是上面描述的这个简单算法的一部分）。它们通常也非常适合用于优化各种以实数向量作为表示方法的人造物，也就是所谓的连续优化（continuous optimization）。而一些最为出色的连续优化算法，例如协方差矩阵自适应进化策略（covariance matrix adaptation evolution strategy，CMA-ES）[245]与自然进化策略（natural evolution strategy，NES)[753]则是这个算法家族概念上的继承者了。

另一个著名的进化算法家族是**遗传算法**（GA）。它们的特征是依赖交叉，而不是各个变体上的变异（某些遗传算法中根本不存在变异）及根据适应度进行一定比例的选择，并且其解决方案经常被表示为比特串或者其他离散类型的串。然而，要注意的是，不同类型的进化算法之间的区别主要是基于它们的历史起源。在当前，已经存在太多的变体与非常广泛的混合使用，这使得将一个特定的算法分类到某个算法家族中的行为通常没有什么意义了。

还有一种进化算法的变体来源于需要满足特定约束的需求，在这里解决方案不仅要适合并且还要**可行**。当在约束优化中使用进化算法时，我们将面临许多方面的挑战，比如变异和交叉操作并不能保持或保证一个解决方案的合格性。一次变异或两个父代之间的结合非常有可能会产生一个不合格的子代。一种用于解决约束处理的方法是**修复**（repair），这可以是任意地将不合格的子代变为可行的子代的过程。第二种方法是修改遗传算子（genetic operators），使出现一个不合格个体的概率变得更小。一种普遍的方法是仅通过为子代赋予低适应度值，或是根据子代违反约束的次数来按比例对那些不合格的解决方案的出现进行惩罚。但这个策略很可能会过度惩罚一个解决方案的实际适应度，从而导致它们被迅速地从种群中消除。这种属性很有可能是我们所不期望出现的，并且它也经常被认为是进化算法在处理约束上表现不佳的原因[456]。为了应对这种限制，**feasible-infeasible 2-population**（FI-2pop）算法[341]会进化两个种群：一个包含合格的解决方案，而另一个包含不合格的解决方案。不合格的种群会不断优化它的成员，以减少其与合格个体之间的差距。当不合格的种群最终收敛至合格的边缘时，发现新的合格个体的可能性就会增加。不合格的父代产生的合格子代将会被转移至合格种群，以提高它的多样性（对于不和的子代，也会反过来做通用的处理）。FI-2pop 在游戏上已经被用于那些我们需要适合并可用的解决方案的情况当中，例如设计优秀并具备可玩性的游戏关卡[649,379]。

最后要说的是，另外一种混合的进化算法会尝试在为一个问题寻求解决方案时考虑多个目标。在许多问题中，将所有的需求及规范结合到同一个目标尺度下是非常困难的。因为这些目标经常都是互相冲突的。例如，如果我们的目标是购买运行速度最快并且最便宜的笔记本电脑的话，我们马上就会意识到这两个目标是部分冲突的。比较符合直觉的解决方法是只增加不同目标的价值——来作为一个权重总和——并在优化中将这个作为你的适应度。然而，这样做存在一些缺点，例如在目标之间的各个权重上复杂的特定设计，缺少对目标间的相互作用的理解（例如对运行速度更快的计算机来说，什么样的价格门槛才不算贵?），还有就是，事实上，一个使用权重总和的单目标方法是无法接触到那些在各个权重目标上都达到最佳妥协的解决方案的。应对这些限制的方法是被称为**多目标进化算法**（multiobjective evolutionary algorithms）的算法族。一个多目标进化算法至少需要考虑两个目标函数——它们可能是部分矛盾的——并搜索这些目标的**帕累托前沿**（Pareto front）。帕累托前沿会包括那些无法在改善一个目标的同时又不伤害另一个目标的解决方案。有关进化算法在多目标优化中的使用方法的更多细节见参考文献［126］。这个方法在游戏 AI 中被应用于那些我们所尝试解决的问题会与多个目标相关联的情况中：例如，我们可能希望同时优化一张战略游戏地图的平衡性和对称性[712,713]，或是设计在各自的行为空间中拥有多种多样的差异性的非玩家角色[5]。

2.4.2.1　用于吃豆小姐的进化算法

一个简单的在吃豆小姐中使用进化算法（EA）的方法如下：可以根据多种吃豆小姐为了在下一步移动中采取正确决策而必须考虑的一些重要参数来设计一个效用函数。举例来说，这些参数可以是鬼魂当前的位置，是否存在能量药丸，或是这个移动方向上存在的豆子数量等等。而下一步就是要设计一个效用函数来作为这些参数的权重总和。在每一个拐角，吃豆小姐都需要使用效用函数为它所有可行的移动方法做一个参考，并且选出效用最高的移动方向。当然，效用函数的权重是未知的，而这就是一个进化算法可以通过演化效用的各个权重，并对吃豆小姐的分数进行优化而产生一定帮助的地方。换句话说，每个染色体（也就是效用的权重向量）的适应度是根据吃豆小姐在多个模拟步骤或游戏关卡中所获得的分数而确定的。

2.4.3　进阶阅读

我们推荐三本书作为进化算法的进阶阅读：Eiben 和 Smith 的《*Introduction to Evolutionary Computing*》[184]，Ashlock 的《*Evolutionary Computation for Modeling and Optimization*》[21]，以及 Poli 等人的《*A Field Guide to Genetic Programming*》[536]。

2.5　监督学习

监督学习是一个用于逼近标记数据（labeled data）与它们对应的属性或特征的潜在函数的算法过程[49]。一个易于理解的监督学习例子是，一个机器被要求通过像水果的颜色和尺寸之类的**特征**（features）或者**数据属性**（data attributes）的集合，来在苹果与梨之间做一个区分（**标记数据**）。在一开始，机器通过观察多个已有的水果案例来学习对苹果与梨进行分类，这些案例一方面会包含每个水果的颜色与尺寸，而在另一方面也会包含它们相对应的标记（苹果或梨）。在学习完成之后，在理想情况下，机器应当可以只需要颜色和尺寸就能够判断一个新出现并且从未观察过的水果是否为一个梨或是一个苹果。除了苹果与梨之间的区分，监督学习当前页已经被应用于包括金融服务、医疗诊断、欺诈检测、网页分类、图像和语音识别，以及（在群体中为）使用者建模在内的大量应用之中。

很显然，监督学习需要一组标记过的训练案例；所以才是有监督的。更具体地说，训练信号就是数据上的一组监督标记（例如，这一个是苹果，而那一个是梨），而这些数据则是这些标记的一组表征（例如，这个苹果的颜色是红色，尺寸是中等的）。因此，每个数据样例都是一组标记（也可以说是输出）及其对应特征（也可以说是输入）的组合。监督学习的最终目标不仅仅是在输入–输出组合中进行学习，而是要获得一个能够逼近（更好地模仿）它们之间的关系的函数。所获得的函数应当能够非常好地对新出现并且从未见过的输入输出组合例子进行映射（比如在我们例子中未见过的各种苹果与梨），这种属性也被称为**泛化性**（generalization）。下面是一些可以在游戏中见到并且与监督学习相关的输入–输出案例：｛玩家的健康值，自身的健康值，与玩家的距离｝→｛动作（开枪，逃离，闲置）｝；｛玩家之前的位置，玩家当前的位置｝→｛玩家的下一个位置｝；｛杀人及爆头的数目，子弹的消耗｝→｛技巧等级｝；｛分数，探索过的地图，平均心率｝→｛玩家的挫败程度｝；｛吃豆小姐及幽灵的位置，当前存在的豆子｝→｛吃豆小姐的移动方向｝。

在形式上，给定一组大小为 N 的训练样本 ｛(x_1, y_1), …, (x_N, y_N)｝，监督学习会尝试得到一个函数 f: $X{\rightarrow}Y$。其中 X 与 Y 分别是输入与输出的空间；x_i 是第 i 个样本的特征（输入）向量，而 y_i 是其对应的标记。一个监督学习任务拥有两个核心步骤，在第一个**训练**步骤当中，训练样本——也就是各种属性及其对应的标记——会被逐个观察，并且获得属性与标记间的函数 f。正如我们将在下面的算法列表中看到的那样，f 可以被表示为各种各样的分类规则、决策树或数学公式。在第二个**测试**步骤当中，f 可以被用于预测各个已经给定属性的未知数据的标记。为了验证 f 的泛化性并且避免对数据过拟合[49]，一种普遍的做法是在一个全新的独立（测试）数据集上进行性能评估，例如对准确度进行评估，也就是被我们所训练的函数正确地预测的样本的百分比。如果这个准确度是可接受的，那我们就可以使用 f 来预测新的数据样本了。

但我们如何获得这个函数 f 呢？一般来说，一个算法过程会不断修改这个函数的各个参数，以使我们所尝试逼近的函数与给定数据样本中的标记拥有更高的匹配度。有许多种方法可以用于找到并表示这个函数，每一种都对应一种不同的监督学习算法。这些算法包括人工神经网络（artificial neural networks）、基于案例的推理（case–based reasoning）、决策树学习（decision tree learning）、随机森林（random forests）、高斯回归（Gaussian regression）、朴素贝叶斯分类器（naive Bayes classifiers）、k 最近邻（k–nearest neighbors）和支持向量机（support vector machines）[49]。在某种程度上来说，可以使用的监督学习算法的多样性，正是因为不存在一种能够在所有的监督学习问题上都拥有最佳表现的学习算法。而这就是众人皆知的"天下没有免费的午餐"定理[756]。

在开始探讨具体算法的细节之前，我们需要强调的是，标记的数据类型不仅决定了输出的类型，也反过来决定了可以使用的监督学习方法的类型。根据标记（输出）的数据类型，我们可以定义三种主要的监督学习算法类型。第一种是**分类**（classification）[49]算法，其尝试预测不同种类的类型标记（离散数据或定类数据），例如先前案例中的苹果和梨，以及玩家能够达到最高分数的关卡。第二种，若输出数据是一个区间——例如某个游戏关卡的完成时间或者保持时间——则监督学习的任务就是指标上的**回归**（regression）[49]。最后，**偏好学习**（preference learning）[215]则会预测各种有序输出，例如等级与偏好，并尝试得出能够表征这些有序标记的潜在全局排序。有序输出的各种例子包括对不同相机视角的偏好等级，或是对某个特定的声效在相较其他声效时的偏好程度。在偏好学习例子中的训练信号将提供有关我们所尝试逼近的某种情况的案例间的相对关系的信息，而回归及分类则分别提供了关于这种情况的强度及类别的信息。

在本书中，我们将重点讨论最具有潜力以及最为普及的监督学习算法在游戏 AI 任务上的一个子集，例如游戏体验（见第 3 章），玩家行为模仿或者玩家偏好预测（见第 5 章）。本章节其余部分所概述的三种算法是人工神经网络、支持向量机以及决策树学习。所概述的三种监督学习算法都能够被用在分类、预测或者偏好学习任务上。

2.5.1 人工神经网络

人工神经网络（ANN）是一种受到了生物学启发的计算智能和机器学习方法。一个人工神经网络是一组相互关联的处理单元（称之为神经元），其从一开始就被设计用于模拟一个生物大脑——其中包含超过 10^{11} 个神经元——在一些任务中处理信息、操作、学习、执行的方式。生物神经元拥有一个细胞体，一些将信息带入神经元的树突和在神经元外部传递电化学信息的轴突。人工神经元（见图 2.12）与生物神经元类似，因为它也有着多个**输入 x**（对应神经元的树突），每一个输入都有相关的**权重**参数 w（对应突触强度）。它也有一个将输入与它们对应的权重通过内积（权重的总和）进行结合的处理单元，并会添加一个**偏置**（bias）（或者阈值）权重 b 以得到如下的权重总和：$x \cdot w + b$。这个值接下来将被传入一个**激活函数**（activation function）g（细胞体），其会生成神经元的输出（对应一个树突终端）。人工神经网络本质上就是简单的数据模型，定义了一个函数 $f: x \rightarrow y$。

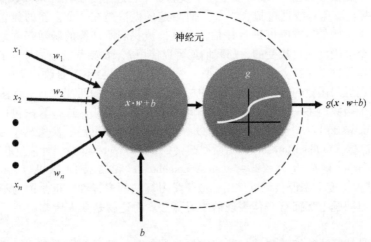

图 2.12　一个神经网络的图示。输入向量 x 通过 n 个带有对应权重 w 的连接被提供给神经元。神经元通过计算输入以及对应连接权重的总和，并添加一个偏置权重（b）来处理输入：$x \cdot w + b$。由此产生的公式会被提供给某个激活函数（g），其值将会决定神经元的输出

各种形式的人工神经网络可以被用于回归分析、分类以及偏好学习，甚至无监督学习中［例如，通过赫布学习（Hebbian learning）[256] 和自组织映射（self-organizing maps）[347]］。其核心应用领域包括模式识别、机器人与智能体控制、游戏、决策、姿势、语言和文本识别、医疗与金

融应用、情感建模以及图像识别。人工神经网络相比其他监督学习方法的好处在于，其能够在给予足够规模的人工神经网络结构与足够大的计算资源时逼近任何连续的实数函数[348,152]。这个能力使得人工神经网络被认作是通用的逼近器[279]。

2.5.1.1　激活函数

在一个人工神经网络中应当使用哪一种激活函数？ McCulloch 和 Pitts[450] 在 1943 年提出的神经元原始模型使用一个赫维赛德阶跃激活函数（Heaviside step activation function），其可以让神经元要么**激活**要么**不激活**。当这样的神经元被使用并连接在一个多层人工神经网络时，产生的网络只能解决线性可分的问题。用于训练这种人工神经网络的算法在 1958 年被发明[576]，并被称为 Rosenblatt 的感知机算法。一些非线性可分的问题，例如异或门直到 1975 年**反向传播**算法被发明后才得到解决。现在，已经有许多种激活函数被用于人工神经网络的连接及其训练中。在另一方面，对激活函数的使用也产生了多种不同类型的人工神经网络。例如在径向基函数（radial basis function，RBF）网络[71]中使用的高斯激活函数（Gaussian activation function）以及可以在组合型模式生成网络（compositional pattern producing network，CPPN）[653]中使用的多种激活函数。在人工神经网络训练中被最普遍应用的函数是 S 形 logistic 函数，其函数为（$g(x) = 1/(1 + e^{-x})$），其具有如下性质：①它有界，单调并且非线性；②它是连续并且平滑的；③它的导数是易于计算的，$g'(x) = g(x)(1 - g(x))$。鉴于上述属性，logistic 函数能够与基于梯度的优化算法结合使用，例如下面所描述的反向传播算法。其他常见的用于训练神经网络的**深度**结构的激活函数包括 **rectifier**——其被用于神经元时叫作**修正线性单元**（rectified linear unit，ReLU）——以及它的平滑逼近，即 **softplus** 函数[231]。与 S 形激活函数相比较，（从经验上来说）ReLU 可以更快并且更为有效地训练深度人工神经网络，其通常会被用于在大型数据集中进行训练（更多内容，请参阅 2.5.1.6 节）。

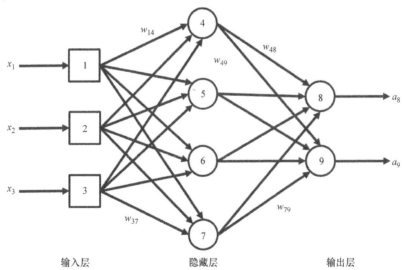

图 2.13　一个拥有三个输入、一个隐藏层（包含四个隐藏神经元）以及两个输出的多层感知机案例。这个人工神经网络拥有标注过的拥有顺序的神经元以及示例的连接权重标注。偏置权重 b_j 没有展示在这个例子之中，但是会与这个人工神经网络的每一个神经元 j 连接

2.5.1.2　从一个神经元到一个网络

为了形成一个人工神经网络，大量的神经元需要被结构化并进行连接。尽管在各类文献中已经提出了非常多的方法，但最常见的那些方法全都是将神经元结构化为各个层次。在它最简单的，也被称之为**多层感知机**（multi - layer perceptron，MLP）的形态当中，一个人工神经网络中的神经元会被划分为一个或者多个层级，并且不会连接到同一层中的其余神经元（图 2.13 展示了一个典型的多层感知机结构）。每个层级中的每一个神经元的输出都会被连接到下个层级中的所有神经元。要注意的是，一个神经元的输出值只会被馈送到下个层级中的神经元，并成为它们的输入。因此，最后一层中的神经元的输出将会是人工神经网络的输出。人工神经网络的最后一层也被称为**输出层**（output layer），而输出层与输入层之间的所有中间层级都是**隐藏层**（hidden layer）。值得注意的是，人工神经网络的输入 x 会与第一层中的所有神经元相连接。我们会使用一个额外的，称之为**输入层**（input layer）的层级来展示这一点。输入层并不包含任何神经元，因为它只是将输入分配到第一层中的各个神经元而已。总的来说，多层感知机是：①分层级的，因为它们根据层级来分组；②前馈的，因为它们的连接是单向的，并且总是朝向前方（从前一层到下一层）；③全连接的，因为每个神经元都会被连接到下个层级中的所有神经元。

2.5.1.3　前向操作

在先前的章节中我们定义了人工神经网络的各个核心组件，而在这个章节中我们将会看到，当一个输入特征出现时，我们是如何计算人工神经网络的输出的。这个过程被称为**前向操作**（forward operation），并且会将人工神经网络的输入贯穿它的隐含层来产生输出。前向操作的基础步骤如下：

> 1. 为神经元进行标记与排序。我们通常从输入层开始编号，向输出层递增数字（见图2.13）。注意输入层并不包含神经元，只是出于编号上的便利而做同样的处理。
> 2. 假设 w_{ij} 是从神经元 i（突触前神经元）到神经元 j（突触后神经元）的连接权重，为这些连接权重进行标记。并将连接到神经元 j 的偏置权重（bias weight）标记为 b_j。
> 3. 提交一个输入特征 x。
> 4. 对于每个神经元 j，计算它的输出：$\alpha_j = g(\sum_i \{w_{ij}a_i\} + b_j)$，其中 α_j 与 α_i 分别是神经元 j 的输出与输入（注意在输入层中 $\alpha_j = x_i$）；g 是激活函数（通常是 logistic sigmoid 函数）。
> 5. 输出层的神经元的输出就是人工神经网络的输出。

2.5.1.4　人工神经网络如何学习？

我们应当如何逼近 $f(x; w, b)$ 以使得人工神经网络的输出能够与我们的数据集 y 所期望的输出（标记）相匹配呢？我们需要一个能够调整权重（w 与 b）的训练算法令 $f: x \to y$。像这样的一个训练算法需要两个组件。首先，它需要一个代价函数来评估任意一组权重的质量。其次，它需要一种在可行解空间（例如权重空间）中进行搜索的策略。我们会在下面进行阐述。

1. 代价（误差）函数

在我们尝试通过调整权重来逼近 f 之前，我们需要一些用于衡量多层感知机性能的方法。对于在某种监督方式下训练人工神经网络来说，最为普遍的性能衡量方法是人工神经网络（α）的实际输出向量与所期望的标记输出 y 之间的二次方欧氏距离（误差）［见式（2.2）］。

$$E = \frac{1}{2} \sum_j (y_j - \alpha_j)^2 \tag{2.2}$$

其中的总和取决于所有的输出神经元（最终层的所有神经元）。要注意 y_j 标记都是常数值，而更要注意的是 E 是一个有关人工神经网络所有权重的函数，因此实际输出是取决于它们的。正如我们会在下面看到的，各种人工神经网络训练算法在很大一部分上建立于这种误差与权重之间的关系之上。

2. 反向传播

反向传播（Backpropagation 或 Backprop）[579] 是基于梯度下降的方法，并且它可以说是最普遍的用于训练人工神经网络的算法了。反向传播代表着误差的向后传播，因为它计算了能够将输出层与输入层之间的误差函数最小化的权重更新——也就是我们之前所定义的式（2.2）。简单来说，反向传播会计算误差函数 E 对人工神经网络中的每一个权重的偏导数（梯度），并沿着能够最小化 E 的梯度（的相反方向）来对人工神经网络进行调整。

正如前面所提到的，式（2.2）的二次方欧式误差取决于所有权重，因为人工神经网络输出在本质上就是 $f(x; w, b)$ 函数。因此，我们可以计算 E 对神经网络中的任意权重的梯度 $\left(\frac{\theta E}{\theta w_{ij}}\right)$ 及其对任意偏置权重的梯度 $\left(\frac{\theta E}{\theta b_j}\right)$，它们也会反过来决定在我们改变权重值时误差变动的程度。然后我们可以通过一个称为**学习率**（learning rate）的参数 $\eta \in [0, 1]$ 来决定我们需要多少这种程度的改变。在缺乏任意有关误差与权重之间函数的一般形状的信息而只有关于它的梯度信息时，很明显**梯度下降**（gradient descent）将会是一个很好的用于尝试寻找 E 函数全局最小值的方法。由于缺乏有关 E 函数的信息，搜索可以从权重空间中的某些随机点（例如随机初始化的权重值）开始，并沿着梯度来不断接近更低的 E 值。这个过程被迭代地重复，直到获得我们觉得满意的 E 值，或是耗尽了计算资源。

更正式地来说，**反向传播**算法的基本步骤如下：

1. 将 w 与 b 初始化为随机值（通常比较小）。

2. 对于每个训练特征（输入-输出组合）：

（a）表示输入特征 x，最好规范化（normalized）到一个范畴（例如 $[0, 1]$）。

（b）使用前向操作计算人工神经网络的实际输出 α_j。

（c）根据式（2.2）计算 E。

（d）在输出层到输入层的所有路径上，计算误差对于人工神经网络中的每个权重的导数 $\frac{\theta E}{\theta w_{ij}}$ 以及每个偏置权重的导数 $\frac{\theta E}{\theta b_j}$。

（e）分别更新权重与偏置权重为 $\Delta w_{ij} = -\eta \frac{\theta E}{\theta w_{ij}}$ 与 $\Delta b_j = -\eta \frac{\theta E}{\theta b_j}$。

3. 如果 E 已经很小或是你已经耗尽了计算预算，停止！否则返回步骤 2。

要注意我们并不希望去具体描述步骤 2（d）中的导数计算，因为这样做将会超出本书的范畴。作为一种替代，我们为有兴趣的读者提供了最早的反向传播论文[579]以供获取其余的公式，或是参考本章节结尾处的阅读列表。

3. 一些限制与解决方法

值得注意的是，鉴于反向传播的局部搜索（爬山法）属性，其并不能保证找到 E 的全局最小值。除此之外，由于它在本质上是基于梯度的（局部）搜索，该算法无法克服在误差函数范畴内潜在的高原区域。由于这些地区有着接近零的梯度，穿过它们将会产生接近零的权重更新并进一步导致算法的**过早收敛**。该算法用于克服在局部最小值处的收敛的典型解决方法与提高方案包括：

● **随机地重新开始**：人们可以使用新的随机连接权重值重新运行算法，来期望人工神经网络不要过分地依赖运气。没有一个过于依赖运气的人工神经网络模型是优秀的——例如，它在超过十次的运行中只有一次或者两次表现良好。

● **动态的学习率**：人们可以修改学习率参数并观察人工神经网络在性能上的改变，或是引入一个动态的学习率参数，当收敛慢的时候增加，并且在收敛到更低的 E 值的速度过快的时候减少。

● **动量**（Momentum）：或者，人们也可以如下所示，添加一个总动量到权重更新规则中：

$$\Delta w_{ij}^{(t)} = m\Delta w_{ij}^{(t-1)} - \eta \frac{\theta E}{\theta w_{ij}} \tag{2.3}$$

式中，$m \in [0, 1]$ 是动量参数；t 是权重更新的迭代次数。先前权重更新的动量值（$a\Delta w_{ij}^{(t-1)}$）的加入是为了尝试帮助反向传播克服一些潜在的局部最小值。

上述解决方案可以直接用于小规模的人工神经网络，然而，在现代（深层次）的人工神经网络架构上的实践智慧和经验证据已经表明，上述这些缺点在很大程度上已得到了克服[366]。

4. 批量与非批量训练

反向传播可以使用批量或者非批量的学习模式。在**非批量模式**（non - batch mode）下，在每一次向人工神经网络提供样本时，权重都会得到更新。而在**批量模式**（batch mode）下，权重会在所有训练样本都被提供给人工神经网络之后再进行更新。在这种情况下，误差将在权重更新之前于批量处理的样本上产生累计。非批量模式更加不稳定，因为它迭代地依赖于一个个单独的数据点；然而，这可能有利于避免收敛到一个局部最小值。另一方面，批量模式本质上是一种更加稳定的梯度下降方法，因为权重更新是由该批中的所有训练样本的平均误差所产生的。为了充分利用这两种方法的优点，经常在比较小的批量规模上使用随机选择的样本来进行批量学习。

2.5.1.5 人工神经网络的类型

除了标准的前馈式多层感知机，还有多种其他类型的人工神经网络被用于分类、回归、偏好学习、数据处理与筛选以及聚类等任务。要注意的是，**递归神经网络**（recurrent neural network）［例如 Hopfield 网络[278]、玻尔兹曼机（Boltzmann machine）[4]与长短时记忆模型（Long Short - Term Memory）[266]］允许在神经元之间的连接形成有向循环，从而使一个人工神经网络能够捕捉到动态现象以及时间上的现象（例如时间序列处理与预测）。除此之外，还有一些主要用于聚类与数据降维的人工神经网络类型，例如 Kohonen 自组织映射[347]和自动编码器（Autoencoder）[41]。

2.5.1.6 由浅到深

对人工神经网络的训练来说，一个至关重要的参数就是人工神经网络的规模。所以说，我们的人工神经网络结构应该有多宽与多深才能够在某个特定的任务上表现良好呢？虽然这个问题还没有正式和明确的答案，但被人们普遍接受的经验法则则建议说，网络的规模应当与问题的复杂度相匹配。按照 Goodfellow 等人在他们的深度学习书籍[231]中提出的那样，一个多层感知机本质上就是一个深度（前馈式）神经网络。它的深度取决于它所包含的隐藏层的数量。Goodfellow 等人指出："正是由于这个术语，才产生了**深度学习**（deep learning）这个名字"。在此基础上，（至少）包含了一个隐藏层的人工神经网络结构的训练能够被视为一个深度学习任务，而单一的输出层结构只可以被视为浅层。近年来有许多种方法都被引入来训练含有多个层级的深度结构。这些方法在很大程度上都依赖于梯度搜索，对于有兴趣的读者来说，可见参阅参考文献［231］中的详细介绍。

2.5.1.7 用于吃豆小姐的人工神经网络

正如本章中的其他方法一样，我们将尝试在吃豆小姐游戏中应用人工神经网络。一种直接在吃豆小姐中使用人工神经网络的方法是尝试模仿游戏的精英玩家。因此，可以请一些专家玩这个游戏，并记录下他们的游戏过程，从中可以提取许多特征，并用作人工神经网络的输入。人工神经网络输入的清晰程度可以是简单的游戏统计数据——例如鬼魂与吃豆小姐的平均距离——也可以一直延伸到具体游戏关卡中的图像上的每个像素的 RGB 值。而在另一方面，输出数据可以包括吃豆小姐在游戏中的每一帧上所选择的动作。在给定输入与期望输出的组合后，通过反向传播训练人工神经网络，以预测在当前游戏状态（人工神经网络输入）中会被精英玩家所选择执行的动作（人工神经网络输出）。人工神经网络的规模（宽度与深度）同时取决于已有的来自吃豆小姐精英玩家的数据的总量以及需要面对的输入向量的规模。

2.5.2 支持向量机

支持向量机（SVM）[139]是一种可供选择并且非常流行的监督学习算法，其可以被用于分类、回归[179]以及偏好学习[302]任务。一个支持向量机是一个二元线性分类器，其被训练来最大化数据中不同类型（例如苹果与梨）的训练样本之间的间隔（margin）。和其他所有的监督学习算法一样，全新的并且未曾见过的属性会被输入到能够预测它们所属类型的支持向量机。支持向量机在其他许多领域当中已经被广泛地用于文本分类、语音识别、图像分类与手写字符识别等任务中。

与人工神经网络类似，支持向量机构造了一个能够将输入空间切分开的超平面，并表示在输入与目标输出之间产生映射的函数 f。跟沿着误差的梯度隐式地尝试最小化模型的实际输出与目标（就像反向传播那样）不同，支持向量机构建了一个超平面，其与最接近的任何其他种类的训练数据点都保持着最大的距离。这个距离被称为**最大间隔**（maximum - margin），并且它所对应的超平面在一个总共拥有 n 个样本的数据集中会将带有标记（y_i）1 的点（x_i）同那些带有标记 -1 的点区分开来。换句话说，在推导出的超平面与来自其他种类的点 x_i 之间的距离将得到最大化。给定一个训练集 x 的输入属性，那么一个超平面的通常形式可以定义为 $w \cdot x - b = 0$，

其中，就跟在反向传播训练中一样，w 是超平面的权重向量（法向量），$\frac{b}{\|w\|}$ 则从原点出发确定了超平面的偏移量（或是权重阈值/偏差）（见图 2.14）。因此，在形式上，一个支持向量机是一个函数 $f(x; w, b)$，其预测了目标输出（y）并尝试：

$$\text{最小化 } \|w\| \qquad\qquad\qquad\qquad\qquad (2.4)$$

$$\text{以使 } y_i(w \cdot x_i - b) \geqslant 1, \ i = 1, \cdots, n \qquad\qquad (2.5)$$

权重 w 与 b 对支持向量机分类器起决定性作用。距离推导出超平面最近的向量 x_i 则被称为**支持向量**（support vector）。如果训练数据是线性可分的［也被称为是一个**硬间隔**（hard‐margin）分类器任务；见图 2.14］，则上述问题是可解的。如果数据不是线性可分的［**软间隔**（soft‐margin）］，那支持向量机将转而尝试：

$$\text{最小化 } \left[\frac{1}{n} \sum_{i=1}^{n} \max(0, 1 - y_i(w \cdot x_i - b)) \right] + \lambda \|w\|^2 \qquad (2.6)$$

如果式（2.5）的硬性约束得到了满足——也就是如果在间隔右侧的所有数据点被正确地分类，则其也等同于 $\lambda \|w\|^2$。式（2.6）的值与误分类数据到间隔的距离成正比，并且 λ 被设计成从能够定性地决定间隔规模需要增加的程度，以确保 x_i 会处于间隔正确的一侧上。很显然，如果我们为 λ 选择一个较小的值，那么我们就会接近于线性可分数据的硬间隔。

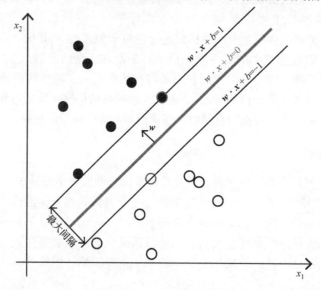

图 2.14　一个最大间隔超平面（红线）以及一个训练自两个类别的样本的支持向量机的间隔（黑线）的例子。实心以及空心的圆分别对应拥有标签 1 与 −1 的数据。在这个案例中，分类被映射到了一个二维输入向量（x_1, x_2）上。间隔上的两个数据样本——描有红边的圆——是支持向量

用于训练软间隔的标准方法是将学习任务视为一个二次规划问题，并且对 w 和 b 进行搜索来寻找最宽的、能够匹配全部数据点的间隔。其余的方法还包括子梯度下降（sub‐gradient descent）以及坐标下降（coordinate descent）。

除了线性分类任务之外，支持向量机还可以通过使用多种不同的非线性**核函数**（kernels）

来支持非线性分类，其会将输入空间映射到高维的特征空间。支持向量机的任务没有产生什么变化，除了每一个点积都要被一个非线性的核函数所替代以外。这让算法能够在一个变换的特征空间中去拟合最大间隔的超平面。常见的用于与支持向量机进行结合的核函数包括多项式函数（polynomial function）、高斯径向基函数（Gaussian radial basis function）或双曲正切函数（hyperbolic tangent function）。

虽然支持向量机一开始是被设计用于处理**二元**分类问题的，但是仍然有几种支持向量机变体可以处理多类别分类[284]、回归[179]以及偏好学习[302]，有兴趣的读者可以进一步学习。

支持向量机相比其他监督学习方法有着许多优点。它们在处理大而稀疏的数据集时，可以非常高效地寻找解，因为它们仅依赖支持向量来构造超平面。它们也能够很好地处理巨大的特征空间，因为学习任务的复杂性不依赖于特征空间的维度。支持向量机也可以被视为一个简单的凸优化问题，并且其可以保证收敛到某个单一的全局解。最后，过拟合可以很容易地通过软间隔分类器方法来进行控制。

2.5.2.1　用于吃豆小姐的支持向量机

与人工神经网络类似，支持向量机可以被用于模仿吃豆小姐的精英玩家的行为。有关特征（输入）空间与动作（输出）空间的考量依然是相同的。除了输入与输出向量的设计，从精英玩家处获取的数据的规模与质量也会决定支持向量机在控制吃豆小姐并最大化它的分数时的表现。

2.5.3　决策树学习

在**决策树学习**[67]中，我们所尝试导出的函数使用了一种决策树形式的表示方法，其会将各个数据观测的属性分别映射到它们的目标值上。前者（输入）会被表示为节点，而后者（输出）则被表示为叶节点。每个节点（输入）的可行值都将由该节点的多个分支所表示。与其他的监督学习算法一样，决策树可以按照它们所尝试学习的输出数据类型来进行分类。特别是，如果目标输出是有限的一组值、一组连续的（有间隔）值或一组观察值（observations）之间的有序关系，决策树可以分别区分为分类树、回归树以及排序树。

一个决策树的例子如图 2.15 所示。树节点与输入属性相对应；对于每种输入属性的每个可行值，都会存在连向子节点的分支。而更深一层的叶节点则表示输出的值——在这个案例中是车的类型——给定输入的值，根据根节点到叶节点的路径来做出决定。

决策树学习的目标是构建一个映射（一个树模型），其基于大量的输入属性以预测目标输出的值。最基本并且最普遍的用于从数据中学习决策树的方法是使用一个自顶向下的**递归**树归纳策略，其具备了一个贪婪过程的特点。这个算法假设输入属性与目标输出这两者都是有限的离散域，并且都具有可分类性。如果输入或者输出是连续值，那它们可以在构建树之前进行离散化。一个树是通过将可用的训练数据集按照基于数据集所做出的选择来分割为子集来逐步构建的。这个过程以递归方式按照逐个属性进行重复。

存在几种上述方法的变体，它们分别产生了不同的决策树算法。但决策树学习最著名的两种变体是 **Iterative Dichotomiser 3（ID3）**[544]与它的继承者 **C4.5**[545]。基本的树学习算法有着下述的通用步骤：

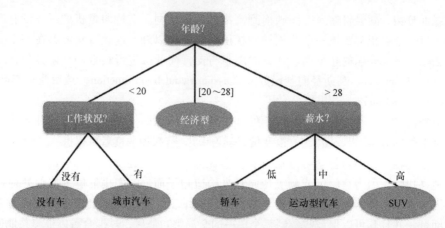

图 2.15　一个决策树案例：给定年龄、工作状况以及薪水（数据属性），决策树将会预测某人拥有的车辆类型（目标值）。树节点（矩形）代表了数据属性或是输入，而叶节点（椭圆形）代表了目标值或是输出。树分支代表了树中的对应父节点所对应的可能值

1. 在开始时，所有的训练样本都是树的根节点。

2. 基于某种启发式方法来选择一个属性，并且挑选出存在最高启发式值的属性。两种最为普及的启发式方法如下：

● **信息增益**（Information gain）：这种启发式方法被同时用于 ID3 与 C4.5 树生成算法。信息增益 $G(A)$ 基于源自信息论中的熵的概念，并且能够衡量数据集 D 在属性 A 上进行分割之前与之后的熵 H 的差异。

$$G(A) = H(D) - H_A(D) \tag{2.7}$$

式中，$H(D)$ 是 D 的熵（$H(D) = -\sum_i^m p_i \log_2(p_i)$）；$p_i$ 是 D 中的任意一个样本属于类别 i 的概率；m 是类别的总数；$H_A(D)$ 是对 D 进行分类所需的信息（在使用属性 A 将 D 分为 v 部分后），并且计算为 $H_A(D) = -\sum_j^v(|D_j|/|D|)H(D_j)$，其中 $|x|$ 是 x 的大小。

● **信息增益率**（Gain ratio）：C4.5 算法使用信息增益率启发式方法来减少信息增益在拥有大量值的属性上的偏差。信息增益率通过在对某种属性进行选择时考虑分支的大小来对信息增益进行规范化。信息增益率也就是信息增益与属性 A 的内在值 IV_A 之间的比率：

$$GR(A) = G(A)/IV_A(D) \tag{2.8}$$

式中

$$IV_A(D) = -\sum_j^v \frac{|D_j|}{|D|} \log_2\left(\frac{|D_j|}{|D|}\right) \tag{2.9}$$

3. 基于从步骤 2 选择的属性，构建一个新的树节点，并且根据所选择的属性的各个可行值将数据集分为多个子集。属性的各个可行值也称为节点的分支。

4. 重复步骤 2 与 3 直到如下之一的情况发生：
● 给定节点的所有样本都属于同一类别。
● 没有剩余属性可以用于进一步划分。
● 没有数据样本剩余。

2.5.3.1 用于吃豆小姐的决策树

与人工神经网络及支持向量机一样，决策树学习也需要数据来进行训练。假设这些来自吃豆小姐精英玩家的数据的质量与数量都很出色，那么决策树可以得以构建，并根据多种游戏状态中特意设计的属性来对吃豆小姐的策略进行预测。图 2.16 展示了一个假想的简化过的用于控制吃豆小姐的决策树。在这个例子中，如果附近存在鬼魂，那么吃豆小姐将会检查在较近的距离上是否存在可以获得的能量药丸，并以其为目标；否则，它将采取动作来逃避鬼魂。另外，如果鬼魂不在视野内，那么吃豆小姐将会对豆子进行检查。如果它们处于附近或者在某个可以接受的距离，那么吃豆小姐将会以其为目标；否则，它将会以水果为目标，前提是它们在这一关卡中存在。需要注意的是，在我们的案例中，树的叶节点所表示的是吃豆小姐的控制策略（宏观行动），而不是实际的动作（上、下、左、右）。

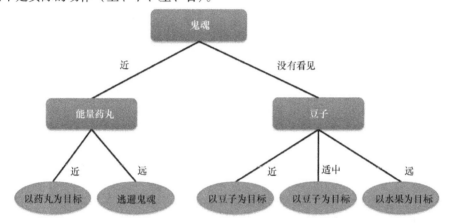

图 2.16 一个用于控制吃豆小姐的决策树案例。这个决策树通过源自专业吃豆小姐玩家的数据来训练。给定与最近的鬼魂、能量药丸以及豆子的距离（数据属性），决策树将会预测吃豆小姐接下来的策略

2.5.4 进阶阅读

核心的监督学习算法在 Russell 与 Norvig 的经典 AI 教材[582] 内有着具体的描述，包括决策树学习（第 18 章）与人工神经网络（第 19 章）。人工神经网络与反向传播的详细描述也可以在 Haykin 的书[253] 中找到。人工神经网络的深层结构在 Goodfellow 等人的深度学习书籍[231] 中得到了非常详细的叙述。最后，支持向量机被涵盖在 Burges 的指导论文[86] 中。

浅层与深层结构中的反向传播的偏好学习版本可以在参考文献［430，436］中被找到，而 RankSVM 则被包含在 Joachims 的原创性论文[86] 中。

2.6 强化学习

强化学习（RL）[672] 是一种机器学习方法，其受到行为心理学的启发，特别是人类与动物通过在环境中受到（正面或者负面的）奖赏而采取决策的方式。在强化学习中，通常不存在有着

优秀行为的样本（就像在监督学习中那样）；正相反，与进化（强化）学习类似，算法的训练信号是由环境，依据一个智能体与其互动的程度所提供。在一个特定的时间点 t 时，智能体处于一个特定的**状态** s 中，并且会在它当前状态的所有可用动作中采取一个**动作** a。作为一种回馈，环境将给予一个瞬时的**奖赏** r。通过智能体与它所在环境之间的连续互动，智能体将逐渐地学习到如何去选择能够最大化其奖赏总数的动作。强化学习已经从多种学科的角度上得到了研究，包括运筹学、博弈论、信息论以及遗传算法等，并且已经被成功应用在涉及长期奖赏与短期奖赏之间的某种平衡的问题上，例如机器人控制与游戏[464, 629]。一个强化问题的例子可以参见图 2.17中的一个迷宫导航任务。

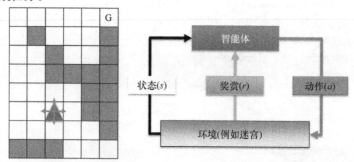

图 2.17 一个强化学习例子。智能体（三角形）尝试通过采取在当前状态（s）中的所有可行动作中的某个动作（a）到达目标（G）。智能体将会收到一个瞬时奖赏（r），并且环境会在智能体采用某个动作后提示它的新状态

更正式地说，智能体的目标是探索某种**策略**（policy）（π），这是为了选择一个能够将某种长期奖赏最大化的动作，例如将期望累计奖赏最大化。一个策略就是某种智能体在依据它当前所处的状态后来对动作进行选择时会遵守的方法。如果能够表征每个动作的价值的函数存在或是被学习得到了，那么最优策略（π^*）可以通过选择有着最高值的动作来得到。与环境的交互发生在离散的时序（$t = \{0, 1, 2, \cdots\}$）中，并且被建模为一个**马尔科夫决策过程**（Markov decision process，MDP）。MDP 被定义为：

• S：一组状态 $\{s_1, \cdots, s_n\} \in S$。环境状态是一个智能体所拥有的关于环境的信息（例如智能体的输入）的函数。

• A：一组动作 $\{a_1, \cdots, a_m\} \in A$ 在每种状态 s 中都是可能的。动作表示各种不同的智能体在环境中执行动作的方式。

• $P(s, s', a)$：给定 a 的情况下从 s 到 s' 的转移概率。P 给出了在状态 s 上挑选出动作 a 之后会结束于状态 s' 的概率，并且它遵循**马尔科夫性质**（Markov property），这暗示着这个过程中的未来状态仅取决于当前状态，而不依赖于先前发生的事件序列。因此，P 的马尔科夫性质令预测一步之后的动态成为可能。

• $R(s, s', a)$：在给定 a 的情况时从 s 到 s' 的奖赏函数。当一个智能体在状态 s 上挑选出一个动作 a 并且移动到状态 s'，它会从环境那里收到一个瞬时的奖赏 r。

P 与 R 定义了**世界模型**，并且为每种策略都分别表示环境的动态性（P）以及长期奖赏（R）。如果世界模型是已知的，那么就不再需要通过学习去评估转移概率与奖赏函数，因此我们

就能够使用**基于模型**的方法，例如动态规划[44]，来直接计算出最佳方法（策略）。而反过来，如果世界模型是未知的，那么我们需要通过对在状态 s 中选择动作 a 而获得的对未来奖赏的估计进行学习来逼近转移函数与奖赏函数。然后我们会基于这些估计来计算我们的策略。学习通过**免模型**（model - free）方法进行，例如蒙特卡罗搜索与**时序差分学习**[672]。在这个章节中，我们会将重点放在后一组算法上，特别是最常用的时序差分学习：Q - Learning。在深入研究 Q - Learning 算法的细节之前，我们首先要讨论一些较为核心的强化学习概念，并根据各类强化学习问题及用于解决它们的工具来提出一种高层级的强化学习分类方法。我们将使用这个分类方法来探讨 Q - Learning 在整个强化学习体系中的位置。

2.6.1　核心概念以及一种高层次的分类方法

各类强化学习问题中的一个核心问题是对当前已经学习到的知识的**利用**（exploitation）以及对搜索空间中完全陌生并从未见过的区域的**探索**（exploration）。随机地选择动作（没有利用）以及根据某个表现或者奖赏的估量来贪婪地选择最佳的动作（没有探索）这两种方法通常都会在随机环境中产生不良结构。尽管在各类文献中已经提出了许多种用于解决探索 - 利用平衡问题的方法，但对强化学习动作选择来说，一种十分普及并且相当有效的机制是被称为 ε - greedy 的机制，其由参数 $\varepsilon \in [0, 1]$ 所决定。根据 ε - greedy，强化学习智能体将会选择它认为能够以 $1 - \varepsilon$ 的概率返回最高的未来奖赏的动作；否则它将会一视同仁地随机选择某个动作。

各类强化学习问题可以被分为**情节性**（episodic）的或者**增量式**（incremental）的。在前一种类别中，算法的训练发生于离线状态下，并且是在一个存在多个训练样本的有限范畴内进行的。在这个范畴内所收到的有关状态，动作与奖赏信号的有限序列被称为一次片**段**（episode）。例如，依赖于重复随机采样的蒙特卡罗方法就是插曲式强化学习的一个典型案例。而相反的是，在算法的后一种类别中，学习是在在线状态下发生的，并且它不会被某种范畴所限制。我们将差分学习视为增量式强化学习算法。

另一种划分发生在**离线策略**（off - policy）以及**在线策略**（on - policy）强化学习算法之间。一个离线策略学习器只通过智能体的动作来逼近最佳策略。就像我们将在下面看到的那样，Q - Learning 就是一种离线策略学习器，因为它在假设某种贪婪策略的情况下，对状态 - 动作组合的奖赏进行估计。而一个同策略强化学习算法会将策略近似为一个与智能体的动作相关联的过程，并且探索步骤也会被包括在内。

自举（Bootstrapping）是强化学习中的一个中心概念，其基于各类算法优化状态值的方式来对算法进行分类。自举在估计一个状态有多出色时所依据的是我们认为下一个状态会有多出色。换句话说，通过自举，我们在对一个估计进行更新时是依据另一个估计的。差分学习与动态规划都使用自举来从访问的状态的经验中学习，并且更新它们的值。不过蒙特卡罗搜索方法没有使用自举，而是分别对每一个状态值都进行学习。

最后，**备份**（backup）的概念在强化学习中也是尤为关键的，并且是强化学习算法的一个独有特征。通过备份，我们可以从某个未来的状态 s_{t+h} 回溯到我们希望评估的（当前）状态 s_t，并同时一并考虑那些在我们的估计中处于中间位置的状态值。备份操作拥有两个主要的属性：它的**深度**，其差异可以从回退一步一直延伸到一个彻底的备份；它的**宽度**，其差异可以从一个在每次时序中都（随机）选择出的抽样状态数量延伸到一个拥有完整宽度的备份。

基于上述准则，我们可以确认出三种主要的强化学习算法类型：

1) **动态规划**。在动态中，需要有关世界模型的知识（P 与 R），并且最优策略可以通过自举而计算得到。

2) **蒙特卡罗方法**。蒙特卡罗方法不需要有关世界的知识。该种类的算法（例如蒙特卡罗树搜索）对于离线（插曲式）训练来说十分理想，因为它们通过与样本相同的宽度以及完全深度的备份来进行学习。不过蒙特卡罗方法不使用自举。

3) **时序差分学习**。就像蒙特卡罗方法一样，也不需要有关世界模型的知识，并且它会逐渐对世界模型进行摸索。这一类型的算法（例如 Q – learning）通过自举以及备份的各种变体来从经验中进行学习。

在接下来的章节中，我们将涉及在各种强化学习文献中最流行的时序差分学习算法，其也被广泛用于游戏 AI 研究中。

2.6.2　Q – Learning

Q – learning[749]是一种免模型的离线时序差分学习算法，其依赖于一个表格化过的对 $Q(s, a)$ 值的表示（并正因此而得名）。非正式地说，就是 $Q(s, a)$ 表示在状态 s 上选择动作 a 有多好。而从正式的角度来说，$Q(s, a)$ 就是在状态 s 上采取动作 a 的预期折扣强化。Q – learning 智能体通过挑选动作并经由自举来接受奖赏以从过去的经验中进行学习。

Q – learning 智能体的目标是通过在每一个状态上都挑选正确的动作以最大化它的期望奖赏。特别是，这个奖赏是一个经过折扣的对未来奖赏的期望值的权重总和。Q – learning 算法就是在某个迭代过程中于 Q 值上发生的一个简单更新。一开始，Q 表格有着由设计者所设定的任意值。之后每次智能体从状态 s 上选择某个动作 a 时，它就会访问状态 s'，并接受一个瞬时奖赏 r，按照如下的方式更新它的 $Q(s, a)$：

$$Q(s,a) \leftarrow Q(s,a) + \alpha\{r + \gamma \max_{a'} Q(s',a') - Q(s,a)\} \tag{2.10}$$

式中，$\alpha \in [0, 1]$ 是**学习率**；$\gamma \in [0, 1]$ 是**折扣因子**（discount factor）。学习率决定 Q 的新估计对旧估计的覆盖程度。而折扣因子则分配前期奖赏与后期奖赏的重要性；γ 越接近 1，就会给未来的强化带来越大的权重。正如式（2.10）中所见，这个算法会使用自举，因为它是根据其认为下一个局面将会有多好 [如 $Q(s', a')$] 来估计在某个状态 – 动作配对有多好的 [如 $Q(s, a)$]。它也使用一个单步深度、完整宽度的备份，并通过将新访问到的状态 s' 的所有可能动作 a' 的所有 Q 值都纳入考虑来对 Q 进行估计。已经得到证明的是，通过使用式（2.10）的学习规则，$Q(s, a)$ 将会收敛到所期望的未来折扣奖赏[748]。之后就能够基于 Q 值来计算最佳策略；在状态 s 上的智能体会选择有着最高 $Q(s, a)$ 值的动作 a。总而言之，算法的基本步骤如下：

对每个状态中的所有可行动作给予一个瞬时奖赏函数 r 以及一个 $Q(s, a)$ 值的表格：

1. 使用任意的 Q 值对表格进行初始化，例如 $Q(s, a) = 0$。

2. $s \leftarrow$ 初始状态。

3. 当未结束时* 执行：

> （a）基于从 Q 得到的策略，选择一个动作 a（例如 ε - greedy）。
>
> （b）应用这个动作，转移到状态 s'，并接受一个瞬时奖赏 r。
>
> （c）如式（2.10）那样，每次都对 Q（s，a）的值进行更新。
>
> （d）$s \leftarrow s'$。
>
> *最普遍使用的终止条件是算法的速度——例如，在一定次数的迭代后停止；或是收敛的质量——例如，如果你对已经获得的策略感到满意则停止。

2.6.2.1　Q – Learning 的限制

Q – learning 存在许多限制，主要是与它的表格化表示有关。首先，对所选中的状态 – 动作表示的依赖令状态 – 动作空间的规模在计算代价上十分高昂。随着 Q 表格的增长，我们对于内存分配与信息检索的计算需求也会增加。除此之外，我们可能还会遇到十分长久的收敛过程，因为学习时间与状态 – 动作空间的规模呈指数性关系。为了克服这些障碍并从强化学习学习器中获得适合的表现，我们需要设计一种减少状态 – 动作空间的方法。2.8 节概述了使用人工神经网络作为 Q 值函数逼近器的方法，其直接绕过了 Q 表格的限制，并为我们的强化学习学习器生成了经过压缩的表示。

2.6.2.2　用于吃豆小姐的 Q – Learning

只要我们定义一个适合的状态 – 动作空间，并且设计一个适当的奖赏函数，Q – learning 就可以被用于控制吃豆小姐了。一个吃豆小姐中的状态可以被直接地表示为游戏当前的快照——也就是，吃豆小姐在哪里和鬼魂在哪里，以及哪些豆子与能量药丸依然存在。然而，对于需要以此构建并进行处理的 Q 表格来说，这个表示会产生一个难以为继的游戏状态总数。因此我们可能会更倾向于选择一个更为间接的表示，例如附近是否存在鬼魂以及豆子。对于吃豆小姐来说，可能采取的动作可以是保持现在的方向，转向后方，转向左边，或是转向右边。最后，奖赏函数可以被设计为在吃豆子、鬼魂或者能量药丸时对吃豆小姐做出正面的奖赏，并在它死亡的时候对吃豆小姐做出惩罚。

值得注意的是，吃豆人与吃豆小姐都遵循马尔科夫性质，在这个情况下，任何未来的游戏状态都仅依赖于当前的游戏状态。然而这里存在一个根本的差别：当吃豆人中的转移概率由于游戏的确定性而得到确定的时候，在吃豆小姐中，由于在游戏中鬼魂的随机行为，转移概率在很大程度上依然是未知的。因此，吃豆人在理论上可以通过基于模型的方法（例如动态规划）来解决，而吃豆小姐的世界模型只能通过如时序差分学习之类的免模型方法来得到逼近。

2.6.3　进阶阅读

强烈推荐 Sutton 与 Barto 的强化学习书籍[672]，其全面地介绍了强化学习，包括 Q – learning（第 6 章）在内。这本书可以从网上免费获取⊖。并且这本书的最新版本（2017）的草稿版也已经能够获取了⊖。Kaelbling 等人的调查报告[316]是另一个有关先前所包含的几种方法的推荐阅读。

⊖　http：//incompleteideas. net/sutton/book/ebook/the – book. html

⊖　http：//incompleteideas. net/sutton/book/the – book – 2nd. html

最后，有关基于模型的强化学习方法的深入分析，可以参考 Bertsekas 的动态规划书籍[44]。

2.7 无监督学习

就像前面所提及的那样，效用类型（或者说训练信号）将决定 AI 算法的类别。在监督学习中，训练信号以数据标记（目标输出）的形式提供，而在强化学习中它衍生自一个来源于环境的奖赏。无监督学习则转而尝试在所有数据的属性之中搜索各种模式以探索输入之间的关联，并且不会产生某种目标输出——这也是一个受到了赫布学习[256]及自组织原则[20]的启发的机器学习过程。通过无监督学习，我们将主要关注数据的内在结构与关联，而不是尝试模仿或者预测目标值。我们涵盖了两种无监督学习任务以及对应的算法：聚类和频繁模式挖掘。

2.7.1 聚类

聚类是寻找大量数据点中的暂时未知的各个类别，以使在一个类别（或者是聚类）中的数据能够彼此相似并与其他类别的数据都互不相似的无监督学习任务。聚类已经被应用于检测多个属性之间的数据分组，以及例如数据压缩、噪声平滑、异常检测与数据集分区之类的数据缩减（data reduction）任务。聚类对游戏来说，在玩家建模、玩游戏与内容生成上起着关键性的作用。

就分类来说，聚类会将数据放入各个类别；然而，各个类别的标记都是未知的先验，而聚类算法的目的就是通过迭代地评估它们的质量来对它们进行探索。因为正确的聚类是无从得知的，所以相似性（以及不相似性）仅取决于所使用的数据属性。好的聚类具有两个核心属性：①簇内的相似度高，或者是紧密性（compactness）高；②簇间的相似性低，或者是有良好的分离性（separation）。一种普遍使用的用于衡量紧密性的方法是簇内的所有样本与最接近的表示点之间的平均距离——例如质心（centroid）——其就被用于 k - means 算法当中。单链（single link）与全链（complete link）是两种用于衡量分离性的方法的例子：前者是一个簇中的任意样本与其他簇中的任意样本之间的最小距离；而后者是一个簇中的任意样本与其他簇中的任意样本之间的最大距离。尽管紧密性与分离性是对簇的有效性的客观衡量方法，但值得注意的是它们并不是与聚类的意义有关的指标。

除了上述的有效性度量方法，聚类算法还由一个成员函数与一个搜索过程所定义。成员函数定义了与数据样本相关的簇的结构。搜索过程则是一个我们在给定了成员函数及有效性衡量方法的情况下对我们的数据进行聚类时会遵循的策略。这种策略的例子包括，将所有的数据点一次性分成各个簇，或是递归地合并（或分裂）各个簇［就像在层次聚类（hierarchical clustering）中那样］。

聚类可以通过多种算法实现，包括层次聚类、k - means[411]、k - medoids[329]、DBSCAN[196]与自组织映射[347]。这些算法在定义什么是聚类，以及如何形成聚类上的方式各自不同。选择一个适当的聚类算法以及它所对应的参数，例如使用什么距离函数或所期望的簇的数目，则取决于研究的目的以及可用的数据。在这个章节的剩余部分，我们将概述我们所认为的对 AI 在游戏中的研究最有用的几种聚类算法。

2.7.1.1　k - means 聚类

k - means[411] 是一种矢量量化方法，被认为是最普及的聚类算法，因为它在简单性与有效性之间提供了一个很好的平衡。它遵循一种简单的数据划分方式，依据这个方式，它将对象的数据库分割为一个拥有 k 个簇的集合，令数据点与它们所对应的簇中心（质心）之间的二次方欧氏距离的总和被最小化——这个距离也被称为**量化误差**（quantization error）。

在 k - means 中，每个簇都由一个点所定义，也就是簇的质心（centroid），并且每个数据样本都会被分配到最接近的质心。质心是该簇内的数据样本的平均值。用于衡量 k - means 的簇内有效性的指标是到质心的平均距离。一开始，数据样本会被随机地分配到某个簇，之后算法会在将数据重新分配到各个簇与更新所产生的新质心之间交替来进行。算法的基本步骤如下：

> 给定 k
> 1. 随机地将数据点分成 k 个非空的簇。
> 2. 计算当前分割的各个簇的质心的位置。质心是簇的中心（平均点）。
> 3. 将每个数据点分配到拥有最接近的质心的簇上。
> 4. 当分配没有产生任何改变的时候，停止。否则，则回到步骤 2。

尽管 k - means 因为它的简单性而非常普及，它仍然存在许多客观的缺点：第一，它只适用于在一个连续空间中的数据对象；第二，需要提前指定簇的数字 k；第三，它不适合用于探索有着非凸形状的簇；因为它只能找到各种超球形的簇；最后，k - means 对于异常值非常敏感，因为存在极大（或者极小）值可能会不断地扭曲数据的分布，并影响算法的表现。正如我们会在下面看到的，层次聚类方法设法克服了上述缺点中的一部分，为数据聚类提供了一种有效的替代方法。

2.7.1.2　层次聚类

尝试构建多个簇的某种层级关系的聚类方法属于**层次聚类**方法。通常来说，存在两种可行的策略：聚集（agglomerative）以及分裂（divisive）。前者是通过将数据点逐渐合并到一起，并自底向上地构建层次结构，而后者是通过在一个自顶向下的方式中逐渐地分割数据点来构建层次结构。这两种聚类策略都是贪婪的。层次聚类使用一个距离矩阵来作为聚类策略（无论是聚集还是分裂）。这个方法并不需要将簇的数目 k 作为一个输入，但需要一个终止条件。

在陈述中，我们将聚集聚类算法的基本步骤表示如下：

> 给定 k
> 1. 为每个数据样本创造一个簇。
> 2. 寻找两个最接近的数据样本——也就是，寻找两个点之间最短的欧式距离（单链）——并且它们不在同一个簇中。
> 3. 合并包含有这两个样本的簇。
> 4. 如果已有 k 个簇，则停止；否则，回到步骤 2。

而在分裂层次聚类中，所有的数据一开始都处于同一个簇内，其将被不断分割直到每个数据点都处于它自己的簇中，这是通过某种分割策略——例如 DIvisive ANAlysis 聚类（DIANA）[330]；或是另一个聚类算法来将数据分割为两个簇——例如，2 - means。

一旦数据的簇被迭代地合并（或是分割），就可以通过将数据分解为相互嵌套的不同层级分块来对簇进行可视化。换句话说，可以观察到一个对簇的树形表示，其也被称为**树形图**（dendrogram）。数据的聚类通过在期望二次方欧氏距离这个层面中对树形图进行分割来获得。对于有兴趣的读者来说，可以参阅第 5 章中的树形图案例。

层次聚类将簇表示为那些被包含在它们之中的数据样本的集合，因此，一个数据样本就会像它最接近的样本那样属于相同的簇。而在 k-means 中，每一个簇都是通过一个质心来表示的，因此数据样本将属于最接近的质心所表示的簇。除此之外，对于簇的有效性指标来说，聚集聚类使用的是某个簇的任意样本与另一个簇中的某个样本间的最短距离，与此同时，k-means 使用的是到质心的平均距离。由于这些算法属性上的不同，层次聚类能够对来自一个任何形式连续形状的任意数据进行聚类；另一方面，k-means 则仅限于超球形的簇。

2.7.1.3　用于吃豆小姐的聚类

一种用于控制吃豆小姐的可能方法是对鬼魂行为进行建模，并将这个信息作为吃豆小姐控制器的一种输入。无论是 k-means 还是层次聚类，算法都可以将鬼魂行为的各个不同属性纳入考量之中——例如关卡探索、行为分歧、鬼魂间的距离等——并将鬼魂聚类到行为特征或资料当中。然后吃豆小姐的控制器会将在某个特定关卡中的鬼魂资料考虑为一个额外的输入，用来更好地对智能体进行引导。

可以说，除了智能体控制之外，我们还可以考虑一些聚类在这个游戏中更好的用处，例如分析吃豆小姐的玩家并为它们生成适合的关卡或挑战以使游戏得到平衡。然而，正如我们前面提到的，这个吃豆小姐例子的关注点是在于对玩游戏的智能体所施加的控制，而这是为了使用一个相同的案例来贯穿全章。

2.7.2　频繁模式挖掘

频繁模式挖掘是一个由各种尝试得到数据中的频繁模式与结构的技术所组成的集合。这些模式包括序列与项目集（itemsets）。频繁模式挖掘首先被提出用于挖掘关联规则[6]，其目的在于识别多种彼此相互频繁关联的数据属性，然后在它们之间形成条件规则。有两种类型的频繁模式挖掘对于游戏 AI 来说特别有意义：**频繁项目集挖掘**（frequent itemset mining）与**频繁序列挖掘**（frequent pattern mining）。前者的目标是在不存在特定内部序列的数据属性之间寻找结构，而后者旨在基于某个固有的时间顺序来在数据属性之间寻找结构。尽管与无监督学习的一些例子有所关联，但频繁模式挖掘在目标及它所遵循的算法过程上都有所不同。

常见并且可拓展的频繁模式挖掘方法包括用于项目集挖掘的 **Apriori** 算法[6]，以及用于序列挖掘的 SPADE[793] 与 **GSP**[652, 434, 621]。在本章节的剩余部分，我们分别将 Apriori 与 GSP 作为频繁项目集挖掘与频繁序列挖掘的代表性算法进行了概述。

2.7.2.1　Apriori 算法

Apriori[7] 是一个用于频繁项目集挖掘的算法。这个算法适合用于挖掘包含各种案例（也称为事务）的集合的数据集，每个案例或事务都对应一组项目或一个**项目集**。事务的案例可以包括一个亚马逊用户购买的书籍或是一个智能手机用户购买过的 APP。这个算法非常简单，其描述如下：给定一个预先决定的阈值，称为**支持度**（support）（T），Apriori 将检测在数据集中至少存在 T 个事务的子集的项目集。换句话说，*Apriori* 会尝试识别所有至少拥有一个最小支持度的项目集，最小支持度是一个项目集在数据集中存在的最小次数。

为了展示在一个游戏案例中的 Apriori，在下面我们将陈述性地列出来源于某个在线角色扮演游戏中的四个玩家的事件：

- < 完成超过 10 个关卡；解锁大部分成就；购买法师之盾 >
- < 完成超过 10 个关卡；购买法师之盾 >
- < 解锁大部分成就；购买法师之盾；找到巫师的紫帽 >
- < 解锁大部分成就；找到巫师的紫帽，完成超过 10 个关卡；购买法师之盾 >

在上述的案例数据集中，如果我们假设支持度为 3，那么如下的 1 – 项目集（只有一个项目的集合）可以被找到：< 完成超过 10 个关卡 >、< 解锁大部分成就 >、< 购买法师之盾 >、< 找到巫师的紫帽 >。而如果我们使用一个支持度阈值 3 去寻找 2 – 项目集，则我们可以找到 < 完成超过 10 个关卡；购买法师之盾 >，因为上述的各个事务中的三个同时包含了这两个条目。在支持计数为 3 的情况下，无法使用更长的项目集（不频繁）。这个过程可以被重复用于任意支持度阈值，只要我们希望为其检测频繁项目集。

2.7.2.2   广义序贯模式

如果事件的顺序是我们希望从一个数据集中挖掘出的关键信息，那么频繁项目集挖掘算法是不足的。数据集可能会包含一个有序的序列集合，例如时序数据或时间序列。然而，我们需要选择一种频繁序列挖掘方法。序列挖掘问题可以被简单地描述为，给定一个序列或者一组序列，寻找频繁发生的子序列的过程。

更正式地说，给定一个数据集，其中每个样本都是一个事件序列，也称为一个**数据序列**（data sequence），序贯模式被定义为一个事件子序列，如果它会周期性地在数据集的样本中发生，那么它就是一个**频繁序列**（frequent sequence）。一个频繁序列可以被定义为某种至少被一个最小数据序列总数所支持的序贯模式。这个总数由一个称为最小支持度值的阈值所决定。一个数据序列，当且仅当它在一个相同的顺序中包含所有出现在模式中的事件时，才算是支持一个序贯模式。例如，数据序列 $<x_0, x_1, x_2, x_3, x_4, x_5>$ 支持模式 $<x_0, x_5>$。就像频繁项目集挖掘那样，支持某个序列模式的数据序列的总数被称为**支持计数**（support count）。

广义序贯模式（Generalized Sequential Pattern，GSP）[652] 是一种常见的用于挖掘数据中的频繁序列的方法。GSP 首先使用一个单独的事件，也称为 1 – 序列来提取频繁序列。这组序列将会自连接以生成所有的 2 – 序列备选，对于这些备选，我们将会计算支持计数。这些频繁序列（也就是它们的支持计数大于一个阈值）在之后会自连接以生成 3 – 序列备选集。这个算法在每个算法步骤中都会逐渐地增加序列的长度，直到下一组备选为空。算法的基本原则是，如果一个序列模式是频繁的，则其连续子序列也是频繁的。

2.7.2.3   用于吃豆小姐的频繁模式挖掘

可以抽取各个序列事件的模式来协助对吃豆小姐的控制。在给定一个特定支持计数时，项目集可以借由吃豆小姐的精英玩家的各类成功事件来确定。例如，一个 Apriori 算法运行在几个不同的精英玩家的事件之间，可能会发现一个如下的频繁的 2 - 项目集：＜玩家首先进入左上角，玩家首先吃了右下角的能量药丸＞。这样的信息对于设计用于控制吃豆小姐的规则是明显有用的。

除了项目集之外，对吃豆小姐游戏来说，还可以考虑鬼魂事件的频繁程度。例如，通过运行 GSP 来提取鬼魂的属性，可能会发现在吃豆小姐吃下一个能量药丸时，Blinky 鬼魂很可能会向左移动（＜能量药丸，Blinky 左转＞）。这样的频繁序列可以作为任意吃豆小姐控制器的额外输入——例如一个人工神经网络的额外输入。第 5 章详细描述了某个 3D 捕食游戏中与这种频繁序列挖掘有关的一个案例。

2.7.3　进阶阅读

参考文献［6］提供了一份有关频繁模式挖掘的通用导论。而 Apriori 算法在 Agrawal 与 Srikant 的原创性文献[7]中有着详细的叙述，广义序贯模式则在参考文献［652］中有着细致彻底的描述。

2.8　知名的混合算法

各种 AI 方法可以通过许多方式交织在一起，以产生新的复杂算法并增强它们组合部分的能力，这也经常会伴随着一种**完形**效果的发生。例如，你可以让遗传算法来进化你的行为树或有限状态机；你也可以借助用于树剪枝的人工神经网络评估器来增强蒙特卡罗树搜索；或者你还可以在之前提到的每个搜索算法中都添加一个局部搜索组件。我们将因此产生的 AI 方法组合命名为**混合**算法，并且在这个章节中，我们描述了两种在我们的观点中最具影响力的混合游戏 AI 算法：神经进化（neuroevolution）以及带有人工神经网络函数逼近器的时序差分学习。

2.8.1　神经进化

人工神经网络的进化，也可以称为**神经进化**，是指在人工神经网络的设计中——它们的连接权重，它们的拓扑，或这两者——都使用进化算法[786]。神经进化已经被成功用于人工生命、机器人控制、生成系统以及计算机游戏领域。这个算法的广泛应用性主要是由于两个关键性的原因：首先，许多 AI 问题可以被视为函数优化问题，其隐含的通用函数可以通过一个人工神经网络来逼近；其次，神经进化是一种基于生物学中的隐喻以及进化论的方法，受到了大脑进化方式的启发[567]。

这种进化（强化）学习方法适合用于在已有误差函数不可微分时，或是目标输出不可用时。举例来说，前者可能发生在人工神经网络中使用的激活函数不连续并因此不可导时［这是一种非常突出的现象，例如在组合模式生成网络（compositional pattern producing network）[653]中］。而后者可能发生在一个我们对其不存在有关好（或者坏）的行为的样本，或是无法定义什么会是一个好行为的领域当中。神经进化通过元启发式（metaheuristic）（进化）搜索来对人工神经网络进行设计，而不是基于梯度搜索来反向传播误差并且调整人工神经网络。与监督学习相反，神经进化并不需要一个数据 - 输出组合的数据集来对人工神经网络进行训练。正相反，它只需要一种用于衡量人工神经网络在被研究问题上的表现的方法，例如被人工神经网络所控制的某个游戏智能体的分数。

神经进化的核心算法步骤如下：

> 1. 一个代表人工神经网络的染色体种群会得到进化，以优化一个适应度函数，其表征人工神经网络的效用（质量）。染色体（人工神经网络）种群通常是随机初始化的。
>
> 2. 每种染色体都会被编码为一个人工神经网络，然后其将在优化后在任务中进行测试。
>
> 3. 测试过程会为种群中的每个人工神经网络都赋予一个适应度值。
>
> 4. 一旦当前种群中所有基因类型的适应度值都得到确定，那么一个选择策略（例如轮盘赌、锦标赛）就将被用于为下一代选择父代。
>
> 5. 通过在选定的人工神经网络编码染色体上应用基因操作，来产生一个新的子代种群。变异与/或突变的应用与任意进化算法中的方式一致。
>
> 6. 使用某个替换策略（例如稳态方法、精英方法、多世代方法）来决定新种群的最终成员。
>
> 7. 与一个典型的进化算法类似，生成循环（步骤 2 ~ 6）将会不断重复，直到我们耗尽计算预算或我们对当前种群所获得的适应度感到满意。

通常存在两种类型的神经进化方法：一种仅考虑单个网络的连接权重的进化；另一种则同时考虑网络的连接权重与拓扑（包括连接类型与激活函数）。在前一类神经进化中，权重向量被编码并基因化地表示为一个染色体；而在后一类中，基因表示还会包括一个有关人工神经网络拓扑的编码。除了简单的多层感知机，已经被考虑用于进化中的人工神经网络类型还包括增强拓扑的神经进化（NeuroEvolution of Augmenting Topologies，NEAT）[655]算法以及组合模式生成网络[653]。

神经进化已经在游戏领域中得到了广泛的应用，例如评估某个游戏的状态 – 动作空间、选择一个合适的动作、在各个可行策略中进行抉择、为对手的策略进行建模、生成内容，以及为玩家体验建模[567]。这个算法的有效性、可拓展性、广泛的应用性以及开放式的学习都是让神经进化在多种游戏 AI 任务中成为一个优秀的通用方法的原因[567]。

2.8.1.1 用于吃豆小姐的神经进化

一种简单的在吃豆小姐中实现神经进化的方式是，先为吃豆小姐设计一个以游戏状态作为输入并输出动作的人工神经网络。之后这个人工神经网络的权重可以使用某种典型的进化算法，并按照上面所描述的神经进化的逐个步骤来进化。种群中的每个人工神经网络的适应度都是通过为其分配吃豆小姐并亲自玩一会游戏来获得的。在模拟时间中智能体的表现（例如分数）可以决定人工神经网络的适应度值。图 2.18 展示了人工神经网络编码的每个步骤，以及在这个假设的吃豆小姐神经进化实现中的适应度赋值过程。

2.8.2 带有人工神经网络函数逼近器的时序差分学习

强化学习通常使用表格化的表示来存储知识。正如之前在强化学习章节所提到的，以这种方式表示知识可能会耗尽我们所有可用的计算资源，因为查找表的规模与动作 – 状态空间相比

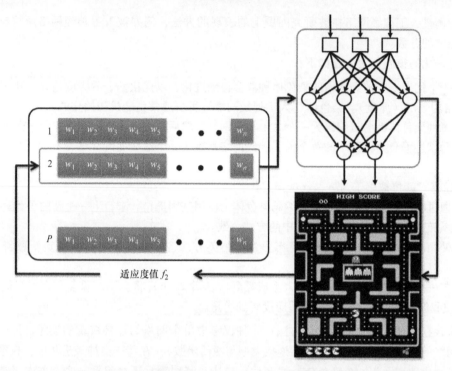

图 2.18　吃豆小姐中的神经进化。图片将步骤 2（人工神经网络的编码）可视化，而算法的步骤 3（赋予适应度）被用于为（规模为 P）的种群中的染色体赋予一个适应度值。在这个例子中，只会进化人工神经网络的权重。染色体的 n 个权重首先会在人工神经网络中编码，然后这个人工神经网络会在吃豆小姐中通过多次模拟步骤（或是玩游戏关卡）进行测试。游戏模拟的结果将决定人工神经网络的适应度值（f_2）

将会呈指数性增长。最普遍的应对这个挑战的方式就是使用一个人工神经网络来作为一个值（或 Q 值）逼近器，从而替换掉表格。这一做法让我们可以将算法应用到动作 – 状态表示的巨大空间中。除此之外，将一个人工神经网络作为一个 Q 函数逼近器，还能够处理有着无限大的连续状态空间的问题。

在这个章节中，我们将概述在时序差分学习中借助人工神经网络的通用逼近能力的两个里程碑式的算法案例。TD – Gammon 算法以及深度 Q 网络（deep Q network）已经被分别用于精通西洋双陆棋游戏和以超越人类的水平来玩雅利达 2600 游戏。这两个算法都适用于在这些特定游戏之外的任意强化学习任务，但是这两个让它们得以扬名的游戏将在下面被用来对这两个算法进行描述。

2.8.2.1　TD – Gammon 算法

可以说 AI 应用于游戏的最成功的故事之一就是 Tesauro 那个能够以游戏大师的水平玩西洋双陆棋的 TD – Gammon 软件了[689]。这个学习算法是一个多层感知机以及一个称为 TD（λ）的时序差分变体的混合组合；更为细致的 TD（λ）算法的描述，见参考文献［672］的第 7 章。

TD – Gammon 使用一个标准的多层神经网络来逼近值函数（value function）。多层感知机的输入是一个对棋盘当前状态的表示（Tesauro 使用 192 个输入），而多层感知机的输出则是在给定当前状态后所预测的胜利概率。奖赏在所有棋盘状态中都被定义为零，除了那些在游戏中获得胜利的状态。然后多层感知机通过与自己对弈来迭代训练，并且基于其估计的胜利概率来为动作做出选择。每场游戏被视为一个训练片段，其包含一个位置序列，并通过反向传播它的输出的差分误差来对多层感知机的权重进行训练。

TD - Gammon 0.0 自我对弈了大约 300 000 局游戏，并在之后与当时最佳的西洋双陆棋计算机达到了相同的水平。尽管 TD - Gammon 0.0 并没有赢得表演赛，但是它给我们带来一种迹象，也就是即便没有任何专家知识被集成到 AI 算法中，强化学习也能够实现一些东西。这个算法的下一个迭代（TD - Gammon 1.0）非常顺利地通过特定的西洋双陆棋特征与专家知识进行了结合，改变了多层感知机的输入并在实质上达到了更高的性能。从那时候开始，隐藏层的数量以及自我对弈的游戏次数就极大地决定了算法的版本以及它所产生的能力。从 TD - Gammon 2.0（40 个隐藏的神经元）到 TD - Gammon 2.1（80 个隐藏的神经元），TD - Gammon 的表现逐渐增强，而到了 TD - Gammon 3.0（160 个隐藏神经元），它达到了最强大的人类玩家在西洋双陆棋上的游戏水平[689]。

2.8.2.2 深度 Q 网络（Deep Q Network）

尽管强化学习与人工神经网络造就了非常强大的混合算法，但算法的表现依然十分传统地依赖于在人工神经网络输入空间上的设计。正如我们前面所看到的，即便最强大的强化学习应用，例如 TD - Gammon 智能体，也要通过在输入空间中集成游戏的特定特征，从而添加关于游戏的专家知识来达到人类级别的游戏表现。一直到近期，强化学习与人工神经网络的组合才能不再需要考虑特定设计的特征，而几乎只需要通过学习就能够发现它们，并在一个游戏中达到人类的水平。一个来自谷歌 DeepMind 的团队[464]开发了一个称为深度 Q 网络（DQN）的强化学习智能体，其通过 Q - learning 训练了一个深度卷积人工神经网络。DQN 在它得到训练的街机学习环境（Arcade Learning Environment，ALE）[40]中的 46 个街机（雅利达 2600）游戏中的 29 个上达到或超越了人类级别的游戏水平[464]。

DQN 受到了 TD - Gammon 的启发，因为它也是通过梯度下降来将一个人工神经网络用作差分学习的函数逼近器。就像在 TD - Gammon 中那样，梯度通过反向传播差分误差来计算。然而，DQN 使用 Q - learning，而不是 TD（λ）来作为基本的强化学习算法。除此之外，人工神经网络也不是一个简单的多层感知机，而是一个深度卷积神经网络。DQN 在 ALE 中的每一个游戏上都玩了巨量的帧数（5000 万帧）。对每个游戏来说，这个游戏时间总和大约是 38 天[464]。

DQN 同时分析了一个包含四个游戏屏幕的序列，并根据当前状态来逼近每一种可行动作的未来游戏得分。特别是，DQN 使用了四个最新的游戏屏幕中的像素作为它的输入，并产生了 84 × 84（像素的屏幕大小）× 4 的人工神经网络输入规模。除了屏幕像素信息，没有为 DQN 提供任何其他的游戏特定知识。被用于卷积人工神经网络的结构拥有三个隐藏层，其会分别产生 32 20 × 20、64 9 × 9 以及 64 7 × 7 的特征映射。DQN 的第一层（最低层）会处理游戏屏幕的像素，并抽取特定的视觉特征。在卷积层之后跟着一个完全连接的隐藏层以及一个输出层。每个隐藏层都跟着一个非线性修正单元。在给定一个由网络的输入所表示的游戏状态时，DQN 的输出是对应的状态 – 动作组合的预期最优动作值（最优 Q 值）。通过在游戏环境中受到瞬时奖赏，

DQN 将被训练来逼近 Q 值（游戏的实际分数）。特别是，如果分数在两个连续的时间步骤（帧）之间增加，那么奖赏会是 +1，如果分数减少，那么它将是 -1，否则为 0。DQN 在动作 - 选择策略上使用了一个 ε - greedy 策略。值得一提的是，在编写本书时，出现了一些更新并且更有效的深度强化学习概念实现，例如异步优势动作评价（Asynchronous Advantage Actor - Critic，A3C）算法[463]。

2.8.2.3   用于吃豆小姐的带有人工神经网络函数逼近器的时序差分学习

我们可以设想一种用于控制吃豆小姐的 DQN 方法，其与训练 ALE 智能体的方式[464]相似。一个深度卷积神经网络将以像素级别为基础来对关卡的图片进行扫描（见图 2.19）。图片经过多个卷积与完全连接层之后，最终会提供多层感知机的输入，并输出四种吃豆小姐可以使用的动作（保持方向、向后移动、向左转、向右转）。一旦应用了某个动作，游戏的分数就将被用作瞬时奖赏来对深度网络（卷积人工神经网络与多层感知机）的权重进行更新。通过足够的游戏时间，控制器将会获得一定的经验（截图、动作以及对应的奖赏），其可以用于训练深度人工神经网络，来逼近一种能够将吃豆小姐的分数最大化的策略。

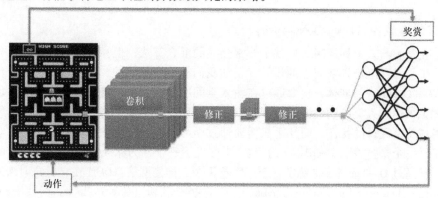

图 2.19　一个用于吃豆小姐的 Q 学习方法。依据参考文献［464］，网络的第一部分包含一组卷积层，之后跟随着一些非线性修正。我们展示在这个例子中的深度 Q 网络的最后一层使用 ReLU，就像在参考文献［464］中那样

2.8.3　进阶阅读

若要寻找一份有关近期神经进化在游戏中的应用的深入综述，读者可以阅读参考文献［567］。而要寻找神经进化的完整评价，可以阅读 Floreano 等人的著作[205]。CPPN 与 NEAT 在参考文献［653］与［655］中分别进行了详细的描述。TD - Gammon 与 DQN 则在参考文献［689］与［464］中分别得到了细致的描述。而它们在即将出版的参考文献［672］所示图书（第二版）中都被包含在更为广泛的强化学习领域之中。有关 A3C 算法的细节可以在参考文献［463］中找到，并且算法的实现已经被直接作为 TensorFlow 的一部分了。

2.9　总结

本章覆盖了那些我们认为本书的读者需要熟悉的 AI 方法。然而，我们期望读者在阅读本书之前就已经拥有一个基本的 AI 背景或已经完成了一门 AI 的基础课程。因此，这些算法并没有被详细地介绍，因为本书的重点是 AI 在游戏领域中的应用，而不是 AI 本身。在这个基础上，我们使用了游戏吃豆小姐来作为本章所有算法的统一应用测试平台。

我们所探讨的算法家族包括传统的特定行为编辑方法（例如有限状态机与行为树），树搜索（例如最佳优先搜索、极大极小与蒙特卡罗树搜索），进化计算（例如局部搜索与进化算法），监督学习（例如神经网络、支持向量机以及决策树），强化学习（例如 Q - learning），无监督学习（例如聚类与频繁模式挖掘），以及几种混合算法，例如进化人工神经网络以及用作期望奖赏逼近器的人工神经网络。

在这一章中我们到达了本书的第一个部分，也就是背景部分的结尾。下一部分将会从一个与游戏中的 AI 最传统并最广泛的探索的任务有关的章节开始：玩游戏！

第二部分 在游戏中使用 AI 的方式

第 3 章　玩　游　戏

大多数人在想到游戏中的 AI 的时候，他们总是会想到一个在玩游戏，或是为你在游戏中遇见的那些非玩家角色施加控制的 AI。这可能是由于 AI 与自动行动这个概念之间的联系，或是由于游戏角色与机器人之间的关联。虽然玩游戏并非是游戏中的 AI 唯一引人注目的应用，但它依然是一个非常重要的应用，并且也是历史最悠久的一个应用。许多用于内容生成（第 4 章）以及玩家建模（第 5 章）的方法也依赖于玩游戏的方法，因此涉及在内容生成以及玩家建模之前先讨论玩游戏是非常具有意义的。

本章主要介绍了用于玩游戏的 AI 方法，也包括各种用于在游戏中创造有趣的非玩家角色的方法。在赢得游戏的同时，表现的类似人类与提供娱乐是两个有着巨大差别的目标，但它们也面临着许多共同的挑战。事实上，人们为什么愿意去使用 AI 方法来玩游戏可能会有着许多不同的理由。我们将首先讨论这些千变万化的动机（3.1 节）。无论你是出于什么原因而想要使用 AI 来玩一个游戏，你能够使用什么方法来高效地玩游戏依然是由游戏所拥有的多样化特性所决定的，而这反过来也会影响对 AI 方法的选择与设计。所以本章的下一个章节（3.2 节）将依据几种标准来对游戏与 AI 算法的特征进行描述。一旦你已经充分地理解了你的游戏，那么你就可以做出一个明智的、关于使用哪种算法的选择了。接下来的章节（3.3 节）主要探讨了可以用于玩游戏的各类方法，以及正确地选择这些方法又是怎样地取决于游戏的特性的。这里所探讨的大部分方法在第 2 章中都已经有简要并且略微抽象的探讨，但本章将会继续深入地探讨这些方法在玩游戏中的应用。

接下来，一个长章节（3.4 节）将根据游戏种类来对游戏领域进行划分，并探讨 AI 方法要如何在各种各样的游戏类型中得到应用。这个章节将会包含大量源于文献的案例，以及一些来自于已经发布的游戏的案例。这个章节也会介绍几种常被使用到的基于游戏的框架，以及一些用于测试 AI 游戏算法的竞赛。在本章中，我们将主要探讨 AI 方法在**赢得**游戏方面的应用，但也会大量涉及与玩游戏时的**体验**创造有关的内容。

3.1　为什么使用 AI 来玩游戏

关于为什么你想要部署某种形式的 AI 来玩一个游戏的问题可以被精简为两个更具体的问题：
AI 玩游戏是为了取胜吗？

这里的问题是，在游戏中取得尽可能高的性能是否就是 AI 方法的首要目标。这里的高性能所指的是获得高分、战胜对手、长时间地存活或其他类似的目标。并非每次都能定义出"高性能"以及"在游戏中获胜"到底代表了什么——例如，《模拟人生》（Electronic Arts，2000）就没有明确的胜利状态，而《我的世界》（Mojang，2011）中的胜利条件与玩家玩的如何也不存在紧密的联系——但非常多的游戏，从《俄罗斯方块》（Alexey Pajitnov and Vladimir Pokhilko，1984）到《光环》（Microsoft Studios，2001～2015）系列，都直接地定义了怎样才算是拥有更加出色的游戏表现。然而，并不是所有的玩家都志在取胜的，而且很少有玩家能够在每一个游戏中都取得胜利。玩家可以通过玩游戏消磨时间、放松、测试新的战略、探索游戏、角色扮演、维护他们的朋友团队等（第 5 章中会有一个在这个主题上更细致的探讨）。一个 AI 算法除了玩游戏玩得好之外，还可能被用于许多角色。例如，智能体就可能以某种与人类相似的方式来玩游戏，或以某种有趣的方式来玩游戏，或是表现出可预测性。非常值得注意的是，为了在游戏中取胜而对一个智能体进行优化，可能会出现与其他人玩游戏的方式不太一样的情况：许多高性能的 AI 智能体是以完全非人类、枯燥以及/或者无法预测的方式来玩游戏的，正如我们将在一些案例研究中所看到的那样。

AI 是否扮演了一个人类玩家的角色？

某些游戏是单人游戏，而某些游戏是所有玩家都为人类的多人游戏。这一点对于传统的棋盘游戏来说更突出。但许多，也可能是大多数的视频游戏都包含各种各样的非玩家角色。这些都被计算机软件以某种形式控制着——事实上，对于许多游戏开发者来说“游戏 AI”就是指控制 NPC 的程序代码，无论这个代码是多么的简单或是多么的复杂。很明显，在不同的游戏间，以及不同的游戏之内，NPC 间的差异非常巨大。在本章的讨论中，我们将非玩家角色指为那些人类无法胜任，或者不希望扮演的角色。所以在像《反恐精英》（Valve Corporation, 2000）这种特定的多人第一人称射击游戏（FPS）中，所有的角色都是玩家角色，而在典型的单人角色扮演游戏（RPG）中，只存在一个玩家角色，剩下的都是非玩家角色，例如《上古卷轴 5：天际》（Bethesda Softworks, 2011）。一般来说，非玩家角色与玩家角色相比有着更受限制的可能性。

总的来说，AI 玩游戏的目的可以是为了**赢得**某个游戏，或是为**游戏体验**做出贡献，而无论其是通过扮演**玩家**角色还是**非玩家**角色来实现的。如图 3.1 所示，这将产生四种将用于 AI 玩游戏目的的核心用途。在将这些差异谨记在心的同时，让我们现在来更细致地看一下构建用于玩游戏的 AI 的四种关键动机。

3.1.1　扮演玩家角色来追求胜利

在学术环境中最常见的与游戏相结合的 AI 用途可能就是在游戏中追求胜利了，并同时扮演一个人类玩家的角色。这在将游戏作为一个 AI 测试平台时尤为普遍。游戏已经在很长的一段时间内被用于测试 AI 算法的能力与性能，就像我们先前在 1.2 节中所讨论的那样。许多在 AI 以及游戏研究上的里程碑都是通过某种类型的 AI 程序在一些游戏中击败世界上最出色的人类玩家的形式来达成的。例如 IBM 的深蓝在国际象棋上战胜加里·卡斯帕罗夫，谷歌 DeepMind 的 AlphaGo 在围棋上战胜李世石[629]及柯杰，以及 IBM 的 Watson 在 Jeopardy！中取胜[201]。这些事件全都是十分公开的事件，并且被看作是对 AI 方法日益增强的能力的肯定。正如第 1 章所讨论的那样，AI 研究者正在逐渐地转向视频游戏来为他们的算法寻找合适的挑战。与 IEEE CIG 以及 AIIDE 会议相关的活跃竞赛的数目就是在这一点上的证明，就像 DeepMind 与 Facebook AI Research 将选择《星际争霸 II》（Blizzard Entertainment, 2015）来作为他们研究的测试平台那样。

就像 1.3 节所描述的那样，出于许多种原因，游戏是 AI 不可多得的优秀测试平台。其中一个很重要的理由就是，游戏是被创造来测试人类智能的。精心设计的游戏能够锻炼我们的多种认知能力。在玩游戏时我们所获得的许多乐趣源于在游戏的同时去学习游戏[351]，这意味着精心

	玩家	非玩家
胜利	**动机** 作为AI测试平台的游戏，挑战玩家的AI，基于模拟的测试 **例子** 棋盘游戏(TD-Gammon、奇努克、深蓝、AlphaGo，冷扑大师)，Jeopardy!(Waston)，星际争霸	**动机** 扮演人类不希望扮演的角色，游戏平衡 **例子** 弹性速度
体验	**动机** 基于模拟的测试游戏展示 **例子** 游戏图灵测试(2kBot Prize/马里奥)，人格建模	**动机** 拟真智能体以及类人智能体 **例子** 扮演敌人的AI，提供协助的AI，能够情绪化表达的AI，阐述故事的AI……

图3.1　为什么使用 AI 来玩游戏？这里有两种 AI 可能希望达成的目标（胜利、体验），以及两种 AI 能够在游戏玩法设置上扮演的角色（玩家、非玩家）。我们为这四种 AI 在游戏过程中的用途提供了动机以及某些指导性案例的总结

设计的游戏也能够是优秀的教导者。而这反过来也意味着它们能够提供一种逐步推进的技能进步，使得可以在不同的能力水平上对 AI 进行测试。

除了 AI 基准之外，还存在一些原因让人们愿意在游戏中某个本应当由一个人类去取得胜利的地方使用一个 AI。例如，在某些游戏中你需要一些强大的 AI 来为玩家提供一种挑战。这包括许多完美信息的策略游戏，例如国际象棋、国际跳棋与围棋之类的传统棋盘游戏。然而，对于存在隐藏信息的游戏，直接通过"作弊"来提供挑战通常更容易，例如，通过允许 AI 玩家访问游戏的隐藏状态甚至是修改隐藏状态来让它们对于人类来说变得更加难以应付。举例来说，在策略游戏《文明》（MicroProse，1991）中，所有的文明都可以被人类玩家操控。然而，按照与人类相同的条件去玩任何一局文明的游戏都是非常具有挑战性的一件事情，并且据我们所知，没有 AI 能够将这些游戏玩的如同人类一般出色。因此，在和几个计算机控制的文明对战时，游戏一般会通过各种方式为它们提供优势条件来进行作弊。

以胜利为目的的 AI 的另一种使用场景是扮演一名玩家角色来对游戏进行测试。当设计出一个新的游戏，或一个新的游戏关卡时，你可以使用一个会玩游戏的智能体来测试这个游戏或关卡是否具有可玩性，这也被称为**基于模拟的测试**（simulation - based testing）。然而在许多情况下，你都希望智能体也能够以一种与人类相似的方式来玩游戏，以确保测试更加具有相关性；具体参见下面的"为体验而玩"的部分（见3.1.3节和3.1.4节）。

在历史上，让 AI 扮演一个玩家角色来获得胜利一直在学术工作中占据着主导地位，一些研究者甚至从未考虑过 AI 在玩游戏上能够扮演的其他角色。而在另一方面，在游戏开发界，用于玩游戏的 AI 的独特理由更少见；在现有的游戏中的大部分用于玩游戏的 AI 都专注于非玩家角色

上，以及/或是为了游戏体验而去玩游戏。这种不匹配在很长的一段时间内都造成了游戏产业中的工业界以及学术界互相缺乏对彼此的理解。然而在近几年内，人们对用于玩游戏的 AI 的多种动机上的理解已经呈现了一定的提升。

3.1.2　扮演非玩家角色来追求胜利

非玩家角色常以避免提供最困难的挑战的形式进行设计，或是被设计成尽可能地高效运作，而不是变得有趣或是与人类相似；具体请参见下面的"以体验为目标来扮演玩家角色玩游戏"部分（见 3.1.3 节）。然而，也有在某些情况下你会希望一个非玩家角色能尽可能出色地去玩游戏。就像前面提到的，如《文明》（MicroProse，1991）这样的策略游戏就对高性能的无作弊对手存在一种（不言而喻的）需求，尽管在这里我们所探讨的是那些从原则上来说其他人类玩家也能扮演的游戏角色。而其他策略游戏，例如《幽浮：未知敌人》（2K Games，2012），也有一些人类无法扮演的游戏角色，为以获得胜利为目标的 NPC AI 创造出了一种需求。

在其他时候，针对游戏体验而创造 NPC 的一个必要前提条件就是要创造一个能够赢得胜利的 NPC。例如，在一个赛车游戏中，你可能希望实现"橡皮圈 AI"，在这其中 NPC 车辆将依据人类玩家的表现来对它们的速度进行调节，所以它们就永远不会过于落后或是超前了。这做起来看着很容易，但其实只有在你已经拥有了一个可以很好地玩这个游戏的 AI 控制者时才是可行的，无论它是真正地玩游戏还是通过不易被发现的方式来进行作弊。控制者的表现可以在有需求时降低，以此来匹配玩家的表现。

3.1.3　以体验为目标来扮演玩家角色玩游戏

为什么你希望让一个智能体扮演人类玩家的角色，却又不关注能否取胜呢？举个例子来说就是，在你希望拥有一个**类人智能体**（human - like agent）的时候。这一类的智能体最重要的原因可能就是上面所提到的那样：基于模拟的测试。这无论是在手动设计游戏与游戏内容时，还是在程序化地生成内容时都是非常重要的；在后一种情况中，游戏内容的质量经常会在某个玩游戏的智能体的协助下自动进行评估，就像第 4 章所讨论的那样。在尝试去了解人类会如何玩一个游戏时，以与人类相似的方式来玩游戏的智能体就显得格外重要，因为这意味着它会拥有能与人类相媲美的表现，有着与人类相似的反应速度，会像人类一样犯相同类型的错误，并且也会像一个人类那样产生好奇并去探索同样的区域等等。如果 AI 智能体的玩法与人类的玩法存在非常显著的区别，那么它可能会给出错误的信息，例如某个游戏是否是可以通关的（它可能是可以通关的，但是只在你拥有超越人类的反射的时候），或是某个游戏机制是否会被用到（可能一个人类会用到它，但一个尝试发挥最佳玩法的 AI 不会）。

另一种不能缺少与人类相似的玩法的情况是在你希望向一个人类玩家展示如何玩某个关卡的时候。一个各种类型的游戏都普遍拥有的功能是某种类型的**演示模式**，其会手把手地展示这个游戏。某些游戏甚至拥有一个建立在核心游戏模式之中的演示功能。举例来说，如果你在任天堂 Wii 上的《新超级马里奥兄弟》（Nintendo，2006）中的某个关卡的某些特定部分不断地失败，那么游戏就会为你演示要如何去玩这个部分。游戏会简单地接管控制权，并为你玩上 10 ~ 20s，之后再让你继续。如果所有的关卡内容都是事前就能够知晓的，并且不存在其他玩家，那么像这样的演示可以使用硬编码。如果游戏的某些部分是由用户设计的，或是程序化地生成的，那么这个游戏就需要由它自己去生成这些演示了。

以一种"类人"的方式进行游戏似乎是一个有些模糊和主观的目标，并且实际上就是这样的。一个典型的 AI 智能体与一个典型的人类玩家在玩法上存在非常多的不同。人类与 AI 会出现什么差异同时取决于用来玩游戏的算法、游戏本身的性质及其他多种因素。为了进一步研究这些差异，并且促进能够以某种与人类相似的方式来玩游戏的智能体的发展，已经举办了两种不同的类似于图灵测试的竞赛了。2K BotPrize 于 2008 ~ 2013 年举办，其要求参赛者开发能够玩 FPS 游戏《虚幻竞技场 2004》（Epic Games，2004）的智能体，并且还要让人类参与者认为这些机器人其实是人类[263, 262, 647]。同样地，马里奥 AI 竞赛中的图灵测试赛也要求人们提交《超级马里奥兄弟》（Nintendo，1985）的游戏智能体，而人类观众将会判断它们是人类还是非人类[619, 717]。虽然在这里逐一遍历所有这些竞赛的结果将会占据过多的时间，但还是要提及的是，许多类型的 AI 智能体在游戏过程中仍然会出现一些非常明显的非人性化的信号。这包括拥有极端迅速的反应，比人类更快地在动作间进行切换，不会尝试失败的动作（因为拥有了一个过于优秀的有关动作将会产生的结果的模型），不会做出没有必要的动作（例如，在人们可以只跑步时进行跳跃），并且不会犹豫或是停下来进行思考。

当然，并不是所有的玩家都是以相同的方式来玩游戏的。事实上，正如第 5 章所进一步探讨的那样，如果对任何游戏中的一组玩家轨迹进行分析，那么就可以频繁地找到多种玩家"原型"或"人格"，例如，各种有着明显不同的游戏方式的玩家聚类可以通过攻击性、速度、好奇性与技巧来进行划分。在以与人类相似的风格来玩游戏的 AI 有关的工作中，既有同时学习与模仿单个玩家游戏风格的工作[422, 423, 511, 328, 603]，也有学习以一种或多种人格的风格来玩游戏的工作[267, 269]。

3.1.4 以体验为目标来扮演非玩家角色玩游戏

几乎可以肯定的是，游戏工业界中对用于玩游戏的 AI 最普遍的目标就是让非玩家角色行动起来，并且大多不将击败玩家或是"取胜"放在首位（许多 NPC 甚至都没有被定义获得胜利对它们而言究竟是什么）。游戏中的 NPC 可能是为了多种目标而存在的，并且这些目标在某些时候甚至会产生重叠：扮演敌人、提供协助与引导、作为某个难题的组成部分、叙述一个故事、为游戏的行为提供一个背景、产生情绪化的表现力等等[724]。NPC 的复杂性与行为复杂度也存在巨大的变化，可以从《太空侵略者》（Midway，1978）中常规左右移动以及《超级马里奥兄弟》（Nintendo，1985 ~ 2016）系列中的库巴，一直延伸到《生化奇兵：无限》（2K Games，2013）中的非玩家角色那些细微多样的行为和《异形：隔离》（Sega，2014）中的外星人角色上。

根据 NPC 角色的不同，控制它的 AI 算法也会被要求执行各种差异巨大的任务（可以肯定的是，许多用于控制 NPC 的脚本无论以什么方式都无法被真正地描述为 AI，但我们会继续在这里使用这个缩写，因为它在游戏工业界中被普遍用于指代所有控制非玩家角色的代码）。在许多情况中，游戏设计者所追求的是**拥有智能的幻象**：即使控制 NPC 的代码非常简单，也要让玩家相信它们在某种程度上是拥有智能的。从这一方面来说，先前章节所探讨的类人性可能是也可能不是这里的目的，具体得取决于它是一个什么类型的 NPC（一个机器人或是一只龙很有可能不应当表现的过于类人)。

在其他情况下,一个 NPC 最重要的特性就是它的**可预测性**。在一个典型的潜入游戏中,在玩家挑战上的一个重要部分就是要记住与预测守卫以及其他应当避免的角色的规律。在这种情况中,完全有规律的巡逻也是有意义的,这样玩家才能一点点地收集它们的时间表。同样的,许多游戏中的 BOSS 怪物也被设计为以某种固定序列重复地移动,并且只有在动画循环中的某些固定阶段可以被玩家的攻击所伤害。在这些案例中,过于“智能”并且拥有适应性的行为将会与游戏的设计不兼容。

要注意的是,即使是在你期望 NPC 能够拥有灵活并且复杂的动作的情况下,一个以取胜为目标的游戏智能体也可能会出现非常多的问题。许多表现优异的策略被玩家视为非常**无趣**,也是各种“不光明正大”行为的主要案例。举例来说,在一个为某回合制策略游戏构建高性能 AI 的实验中,就发现了其中一个解决方案(基于神经进化)在对抗过程中显得非常无趣,因为它非常简单地占据了一个防御位置,并且使用远距离袭击来攻击任何接近的单位[490]。与此类似的,扎营行为(camping)(固定在一个受保护的位置并等待敌人将其自身暴露在火力之中)在FPS 游戏中也是一个让人普遍反感并且经常被禁止的行为,但它对 AI 来说经常是非常有效并且容易学习的(顺带一说,现实生活中的军事训练经常强调一些类似扎营行为的战术——有效的往往都不有趣)。另一个有趣的案例是 Denzinger 等人的工作[165],在这里进化算法发现在《FIFA 99》(Electronic Arts,1999)中进球的最佳方式就是强迫进行一次罚球。这个进化过程找到了适应度上的一个局部最优值,其代表了游戏机制中的某个甜蜜点或优势点,产生了高度有效并且能够预测,但却极度无趣的游戏体验。利用游戏的漏洞来取胜是一种不仅会被 AI 利用,也被人类玩家利用的创造性战术[381]。

3.1.5 关于 AI 在游戏过程中的目标与角色的总结

我们在先前曾经讨论过,在游戏中以获胜为目标去扮演玩家角色获得胜利在许多学术研究中已经被过分强调到了某种忽略其他视角的地步。与此同时,工业界在 AI 上的工作也逐渐地过度强调以游戏体验为目标去扮演非玩家角色玩游戏,并且也到了已经忽略其他视角的地步。这导致了工业界对于各种行为编辑方法的重视,例如有限状态机以及行为树,因为基于搜索、优化与学习的 AI 方法已经被认为是不利于游戏体验了;一种普遍的意见是这些方法在可预测性以及行为控制上都存在着十分明显的短板。不过在更好地理解 AI 在游戏中能够扮演怎样的角色之后,这种对各种方法以及不同视角的忽略有望在学术界与工业界中都得到一种终结。

3.2 游戏设计与 AI 设计上的各种考量

在选择使用某个 AI 方法(以 3.1 节探讨过的任意角色)来玩一个特定的游戏时,了解你将要面对的游戏的特性以及你希望设计的算法的特性是非常至关重要的。这共同决定了什么样的算法才是高效的。在这个章节中,我们会首先探讨由于游戏本身的特点而遇到的挑战(3.2.1节),然后我们会探讨 AI 算法设计的各个方面,其需要在我们所面对的游戏之外进行独立考量。

3.2.1　各种游戏的特性

在这个章节中，我们将探讨多种游戏的特性，以及它们在各种 AI 方法上可能会受到的冲击。所有涉及的特性都与游戏的设计相关，但也有少部分［例如，输入表示以及前向模型（forward model）］是取决于游戏的技术实现的，并且经常有所变化。我们讨论中的很大一部分受到了 Elias 等人的书籍《*Characteristics of Games*》的启发[192]，其从游戏设计的角度探讨了所有因素中的很大一部分。为了更好地理解，图 3.2 将多种核心游戏示例置于**可观察性**、**随机性**与**时间粒度**（time granularity）的三维空间中。

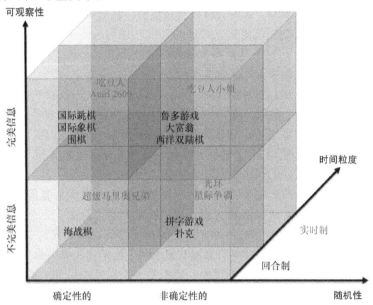

图 3.2　各种游戏的特性：交互在随机性、可观察性以及时间粒度维度的游戏案例。注意每个立方体内所显示的游戏例子是按照复杂度排列的（动作空间以及分支因子）。极大极小算法理论上可以解决任何确定性的、完美信息的回合制游戏（图片中的红色方块）——在实践上，通过极大极小算法仍然无法解决拥有非常庞大的分支因子与动作空间的游戏，例如围棋。任何最终都会逼近极大极小树的 AI 方法（例如蒙特卡罗树搜索）可以被用于处理不完美信息、非确定性以及实时制的决策（参见图片中的蓝色方块）。严格来说，《超级马里奥兄弟》（Nintendo，1985）只在玩家协助生成一个特定场景时会涉及某种程度上的非确定性；因此我们可以放心地将这个游戏分类为确定性的[163]

3.2.1.1　玩家数目

一个很好的切入点就是游戏所拥有的玩家数目。Elias 等人[192]将其区分为：

- **单人游戏**，例如解密与计时竞速。
- **一个半玩家**的游戏，例如一个带有比较复杂的 NPC 的 FPS 游戏的战役模式。
- **双人游戏**，例如国际象棋、国际跳棋以及《太空大战》（Russell，1962）等。
- **多人游戏**，例如《英雄联盟》（Riot Games，2009），《马里奥赛车》（Nintendo，1992 ~

2014）系列以及大多数 FPS 游戏的在线模式。

　　单人游戏与一个半玩家的游戏之间的区分并不是非常明显——并不存在明显的界限来明确怎样高级的 NPC 才应当被计算为"半个玩家"。在各种多人游戏的例子中，也有许多是可以只需要两个玩家就能进行的，就这点来说它们也可以说是双人游戏。其他的玩家并非总是会敌对并企图阻止玩家的——也有很多种相互协作的游戏，或是玩家间的关系错综复杂且同时存在竞争与合作因素的游戏。不过，将玩家的数目刻在脑海中对于思考用于玩游戏的算法非常有用。

　　在使用树搜索算法玩游戏的时候，一些算法非常适合某些特定的玩家数量。标准的单智能体搜索算法，例如宽度优先、深度优先以及 A* 就特别适合单人的情况（这也包括那些存在 NPC，但 NPC 非常简单并易于预测，能够直接作为环境的一部分来对待的游戏）。在这一类游戏中，游戏中会发生什么完全取决于玩家所采取的动作以及任何可能出现的随机影响；而不存在其他"存在意识"的玩家。这与基于**马尔科夫性质**，也就是下一个状态完全取决于先前状态以及当时采取的动作的单智能体树搜索算法非常匹配。

　　一种特殊的情况是**双人零和对抗游戏**（two-player zero-sum adversarial games），也就是正好存在两个玩家；其中一个玩家会胜利，而另一个会失败（也有可能会成为平局）。我们并不知道其他玩家会做什么，但是我们可以肯定地认为她将会尽其所能来追求胜利，以及阻止你取得胜利。极大极小算法（无论是否使用 $\alpha-\beta$ 剪枝）非常完美地适合这样的情况，并且在给定了充足的计算时间后，它能够得出最佳的玩法。

　　但是在我们拥有**许多玩家**时，或是唯一的玩家被极为复杂的非玩家智能体包围时要如何去解决这个挑战呢？尽管在理论上可以将极大极小算法拓展到多人玩家上，但这只能在玩家间不存在任何形式的合谋（或者任何类型的联盟）并且游戏的零和性质仍然存在时（通常并不会）起作用。除此之外，极大极小算法的计算复杂度在多于两个玩家时会很快地变得无法处理，因为你所采取的每个移动都要考虑全部玩家的反制，而不是单个玩家的反制。所以这个方法很少能起作用。

　　在多人环境下，更普遍的做法是将游戏视为一个单人游戏，但是使用某种类型的有关其他玩家会怎样行动的模型。这既可以是一种对其他玩家会如何对抗当前玩家的猜想，也可以是一种基于观察过的行为的学习模型，甚至还可以是一种随机模型。在拥有了有关其他玩家将会做什么的模型之后，许多标准的单人游戏方法就可以在多人的情况下使用了。

3.2.1.2　随机性

　　变得具有**随机性的**（或是非确定性的）是许多游戏用以违背马尔科夫性的普遍做法。在许多游戏中，将要发生的某些事情是随机的。不过就像标准的电子计算机架构不允许"真正的"随机性那样，起作用的随机性也是由伪随机数生成器所提供的。"随机（stochastic）"这个词被用于表示无法被实际预测的过程，无论它们是来自真正的随机性还是复杂的计算。游戏可以具备不同的随机性规模，从像国际象棋这样完全确定性的游戏，可以一直延伸到某些完全由随机性所支配的游戏，例如轮盘赌、鲁多游戏（Ludo）、快艇骰子（Yahtzee）甚至大富翁。具备部分或者完全确定性的游戏经常会与一些随机因素相结合，通过抽牌、扔骰子或是一些类似的机制来降低提前规划的可能性。然而在本质上，随机性可以出现在游戏中的任何部分。

　　在一个存在随机性的游戏中，游戏的结果并不完全由玩家采取的动作所决定。换句话说，即便你在同样的游戏中经历了多次游戏过程，并且在同样的时间点采用同样的动作，你也无法保证得到同样的结果。这也会影响到 AI 算法。对于**树搜索**算法来说，这意味着我们无法确定一个动作序列将会产生的状态，因此我们也无法保证算法的结果。这导致了在使用各类树搜索算法的规范形式时会出现许多问题，因此我们需要添加一些修改来应对在前向模型中的不确定性。举例来说，在使用各种蒙特卡罗树搜索的改良方法时，例如在使用**确定化**（determinization）时，每个动作的所有不同结果都会被单独地探索[77]。尽管这些算法变体能够发挥作用，但它们通常会增加基础算法的计算复杂度。

对于**强化学习**方法，也包括进化强化学习（evolutionary reinforcement learning）来说，它意味着我们已经降低了对准确地评估某种给定的战略/策略是有多么优秀的肯定性——由于游戏中的随机事件，一个好策略也可能会出现坏结果，而一个坏策略也可能会有好结果。这种结果不确定性可以通过为每种策略都进行多次评估来减轻，尽管这样做会存在十分明显的计算开销。而在另一方面，在对策略进行学习时，随机性在某些时候实际上可以成为一种优势：一个从随机游戏中学习到的策略可能会比一个从具备确定性的游戏中学来的策略更为健壮，因为在后者中我们很可能会学习到一个非常脆弱的策略，其只适用于某种特定的配置。例如，会学习到一个在特定时间于特定位置攻击敌人的策略，而不是能够在任意时间上应对任意角度的敌人的策略。

尽管各种电子游戏普遍会包含有某种形式的随机性，但一个有趣的情况是，在早期的游戏硬件中，例如 1977 年的雅利达 2600，其并不存在用于实现伪随机数生成器的功能（主要是因为它们缺乏一个系统时钟）。如果一个玩家在完全相同的时刻采取完全相同的动作（包括开始游戏时按下的按键），那么就会出现完全相同的结果。街机学习环境（Arcade Learning Environment）是一个得到了广泛使用的基于多种游戏的 AI 基准，其围绕着雅利达 2600 的模拟器而构建[40]。在为不带有随机性的游戏训练 AI 智能体的时候，完全有可能会学习到能够有效绕过全部游戏复杂性的脆弱策略（无论这是否真的会发生，或者大多数智能体是否会学习到更通用的策略，这仍然是一个开放性的问题）。正如我们已经在第 2 章中看到的许多例子那样，《吃豆小姐》（Namco，1982）可以说是那个时代最流行的具有非确定性的街机游戏了。

3.2.1.3 可观察性

可观察性是一个与随机性密切相关的特征。它是指会有多少有关游戏状态的信息供玩家使用。在一个极端上，我们可以看到例如国际象棋、围棋与国际跳棋之类的经典棋盘游戏，其中完整的棋盘信息对玩家来说一直都是可用的，除此之外，还有像数独游戏以及单词解谜之类的猜谜游戏。这些游戏拥有**完美信息**（perfect information）。而在其他的方向上，我们可以考虑经典的文字冒险，例如《魔域帝国》（Personal Software，1980）或者《巨穴历险》，在其中只有极少部分的世界及其状态会在刚开始时被透露给玩家，而游戏中的许多部分就是关于探索这个世界是怎样的。这些游戏拥有**隐藏信息**（hidden information），并因此具有**部分可观察性**。即便不是绝大部分，但也有很多的计算机游戏存在着明显的隐藏信息：思考一个典型的平台游戏，例如《超级马里奥兄弟》（Nintendo，1985），或者像《光环》系列（Microsoft Studios，2001～2015）这样的 FPS 游戏，在其中的任何时刻你都只能感知到游戏世界中的一小部分。在计算机策略游戏，例如《星际争霸 II》（Blizzard Entertainment，2015）或《文明》（MicroProse，1991）中，被普遍用于描述隐藏信息的术语是战争迷雾。甚至在许多经典的非电子游戏中也包含有隐藏信息，这包括大部分玩家能够保证他们的手牌是私密的卡牌游戏（card games）（例如扑克），也包括像海战棋之类的棋盘游戏。

在为一个存在隐藏信息的游戏开发 AI 智能体时，能够遵循的最简单的方法就是完全忽略隐藏信息，在每一个时间点，都只为智能体提供已有的信息，并且使用它们来决定接下来的动作。在某些游戏中，这种做法实际上会表现得非常出色，特别是那些含有线性关卡并且以动作为中心的游戏；例如，在简单的《超级马里奥兄弟》（Nintendo，1985）关卡中，只需要依据一瞬间的可用信息就能够表现得很出色[706]。然而，如果你只依据已有的信息来玩一个像《星际争霸 II》（Blizzard Entertainment，1998）这样的策略游戏，那么你甚至可能会在局势变得无法挽回之前还没见过敌人——优秀的玩法也涉及积极的信息收集。即便在《超级马里奥兄弟》（Nintendo，1985）中，具有回溯部分的复杂关卡也需要去记住在屏幕之外的关卡部分[322]。在扑克之类可以进行欺骗的游戏中，实际上已有的信息（你自己的手牌）相对来说并没有那么重要，因为这个游戏的核心是为隐藏信息（你对手的手牌与思路）进行建模。

因此，在带有部分可观察性的游戏上的高性能 AI 经常需要某种形式的**对隐藏信息的建模**。对于一些游戏，特别是像双人有限注德州扑克（Heads–up limit hold'em）这样扑克的变体来说，在特定的为包括对手玩法在内的各类隐藏信息建模的游戏方法中已经存在为数不少的研究了[63]。也有一些更通用的、能够将隐藏状态建模以某种形式添加到现有的算法中的方法，例如信息集蒙特卡罗树搜索（Information Set Monte Carlo tree search）[146]。就像用于解决随机性的那些方法一样，这些方法比起基础算法一般会增加十分可观的计算复杂性。

3.2.1.4 动作空间与分支因子

当你玩极简主义甚至可以说是自虐主义的手游《Flappy Bird》（dotGEARS，2013）时，你在任意时刻点都只会面临一种选择：飞还是不飞。（飞通过触摸屏幕来完成，并且使得主角小鸟在空中升起。）《Flappy Bird》以及类似的单键游戏，例如《屋顶狂奔》（Beatshapers，2009），可能是拥有最低的**分支因子**的游戏了。分支因子就是在任意决策点时你可以采取的不同动作的数量，Flappy Bird 的分支因子是 2：飞或不飞。

作为比较，《吃豆人》（Namco，1980）拥有一个为 4 的分支因子：上、下、左和右。《超级马里奥兄弟》（Nintendo，1985）拥有大约 32 的分支因子：8 个方向键上的方向乘以两个按钮（尽管你可能会认为这些组合中的一部分是毫无意义的，并且实际上不应该被纳入考虑范围当中）。国际象棋平均拥有 35 的分支因子，而国际跳棋拥有一个稍低的分支因子。围棋在第一步拥有高达 400 的分支因子；随着棋盘被填充，分支因子减少，但在落每个子时通常都还会有数百个可能的位置。

尽管比起 35 或者 2 来说，400 是一个非常高的分支因子，但它比起许多在每个回合中都可以移动多个单位的计算机策略游戏来说仍然是小巫见大巫。如果将每种由每个个体单位的移动所组成的组合考虑为一种动作的话，这意味着这个游戏的分支因子就是个体单位的分支因子的乘积。如果你拥有 6 个不同的单位，每个单位在某个给定时间上可以采取 10 种不同的行动——一个相比各种典型游戏，例如《星际争霸》（Blizzard Entertainment，1998）或《文明》（Micro-Prose，1991）来说可能比较保守的估计——那么你的分支因子将会是 100 万！

不过事情变得更糟了。许多游戏甚至无法枚举出所有的动作，因为输入空间是**连续的**。想想任何我们在现代的计算机或主机上玩的第一人称游戏。尽管计算机的确无法真正有效地捕捉到无限的信息，并且这种"连续的"输入，例如计算机鼠标、触摸屏和摇杆（例如在 Xbox 与 Play-station 控制器上）实际上就是返回了一个电子数字，但这个数字拥有很高的精度，其事实上就是连续的。唯一可以在实践上创造能够枚举的动作集合的方法就是在某种程度上离散这个连续的输入空间，在压倒性的分支因子或是大量减少输入空间导致无法有效地进行游戏这两者之间找到一种妥协。

分支因子是**树搜索**算法的有效性的一个关键性决定因素。宽度优先算法（用于单人游戏）以及极大极小算法（用于对抗性双人游戏）在搜索到深度 d 的复杂度是 b^d，其中 b 就是分支因子。换句话说，一个非常大的分支因子会让搜索几乎无法超过几步。这一事实对那些可以使用树搜索玩的游戏来说有着非常明显的后果；例如，围棋拥有一个比国际象棋高了一个数量级的分支因子，而这也可以说是在过去数十年间所有类型的围棋 AI 算法的不佳表现的主要原因（与此同时，相同的方法在国际象棋上就表现得十分出色）。蒙特卡罗树搜索很好地解决了高分支因子的问题，因为它能够构建不平衡的树，但这不意味着它就此对这个问题免疫。一旦分支因子变得足够大（例如说，100 万，也可能是 10 亿，具体取决于模拟器的速度），甚至列举出所有在深度 1 处的动作也会变得难以实现，并因此完全无法使用树搜索。

高分支因子对于各种**强化学习**算法来说也是一个很大的问题，也包括进化强化学习。这其中很大部分是与控制器/策略表示有关。如果你正在使用一个神经网络（或是某些其他的函数逼近器）来表示你的策略，你可能要为每个动作都提供输出；还有就是，如果你使用网络来为所有动作进行赋值，那么你就需要完全遍历它们。在这两种情况下，可行动作的庞大数目就会带来一种成本。另一个问题是探索 – 开发困境（exploration – exploitation dilemma）：可行动作的数目越大，在学习时全部探索它们所要花费的时间就越久。

最后一个有关分支因子的评论是，对于许多游戏来说它们并非是一成不变的。在国际象棋中，游戏的开始阶段，你拥有较少的可用招式，此时你的大部分棋子都被挡住了，而接近游戏中局时这个数目会更大，然后在终局时这个数目再次减少，这时候大部分棋子也可能被挡住了。在一个典型的 RPG，例如在《最终幻想》系列（Square Enix, 1987～2016）中的历代游戏中，可用动作的数目会随着玩家角色累积物品、法术以及其他可能性而不断增加。而就像上面所提到的那样，围棋中的可用动作的数目会随着你的游戏过程而不断减少。

3.2.1.5 时间粒度

在讨论上述的分支因子时，我们谈到了在任意"时间点"能够执行的可行动作的数目。但是这有多频繁？玩家可以多频繁地执行一个动作？一个基础的差别就存在于**回合制**与**即时游戏**之间。大部分经典的棋盘游戏是回合制游戏，在这类游戏中，玩家轮流进行，并且每个回合中一个玩家能够执行一个动作，或是执行某个特定数目的动作。回合之间消逝的时间总量在游戏中通常并不重要（尽管竞赛与职业玩家通常会包括某种形式的时间限制）。即时游戏包括各种流行的计算机游戏类型，例如 FPS、竞速游戏以及各个平台游戏。但即便在即时游戏中，一个游戏中的动作在实践上应当有多频繁地得到执行也存在十分可观的差异。在一个极端上，就是以屏幕刷新频率进行；当前世代的视频游戏通常都会争取拥有一个每秒 60 帧的刷新频率来确保在感受上的平滑移动，但由于各种渲染复杂场景的复杂度，许多游戏通常是维持在一半，甚至更低的刷新频率下的。在实践中，一个玩家角色每秒能够执行的动作数目（或者任意其他游戏中的角色）通常比这个更有限。

为了举两个在时间粒度规模上相距甚远的案例，让我们考虑两个对抗性游戏：国际象棋与《星际争霸》（Blizzard Entertainment，1998）。在熟练玩家之间进行的一局国际象棋对弈平均持续40回合⊖。而在《星际争霸》（Blizzard Entertainment，1998），一个高度竞技性的即时策略类（RTS）游戏中，职业玩家通常每秒会执行3~5个动作（每个动作通常是通过一次鼠标点击或一个快捷键来执行的）。一场典型的游戏会持续10~20min，这意味着一局游戏中会执行数以千计的动作。但一局《星际争霸》（Blizzard Entertainment，1998）游戏中比起一局国际象棋来说，并不存在许多更明显的事件——局势并不会更频繁地变化，并且也不会更频繁地做出宏观策略上的决策。这意味着《星际争霸》（Blizzard Entertainment，1998）中各个明显事件之间存在的动作数量比在国际象棋中的更巨大。

时间粒度通过限制你可以向前看多远来影响AI玩游戏的方法。根据游戏的时间粒度，一个给定的搜索**深度**可能会意味着非常不同的情形。国际象棋中的10个回合已经足够执行一个完整的策略；而《星际争霸》（Blizzard Entertainment，1998）中的10个动作可能只是几秒钟，并且在这之中游戏可能没有产生任何显著的改变。为了使用树搜索来很好地玩《星际争霸》（Blizzard Entertainment，1998），人们可能需要一个优秀的，包含成百或是上千动作的搜索深度，而这在计算性上显然是不可行的。解决这个挑战的方式之一就是考虑**宏观行动**（就像参考文献［525，524］中那样）、其是更小的、拥有出色细粒度的动作序列的集合。

3.2.2 AI算法设计的各种特性

在接下来，我们将探讨在将AI算法应用到游戏中时可能会遇到的一些重要问题。这些是与游戏设计（包含在前面的章节之中）关联并不大的设计选择，而与AI算法设计以及算法的使用约束有关。这个章节在侧重于用于游戏的AI的情况下对第2章中关于表示与效用的讨论进行了进一步拓展。

3.2.2.1 游戏状态是如何表示的

各个游戏在它们向玩家所展示的信息，以及如何展示上是不同的。文字冒险输出文本，经典棋盘游戏的状态则可以通过所有棋子的位置来描述，而图形视频游戏不仅提供了图像，还伴随着声音以及某些偶然的输出，例如手柄的振动。对各类数字游戏来说，游戏实现时的硬件技术限制也会影响它如何被表示；随着处理速度以及内存容量的增加，视频游戏的像素分辨率与场景复杂度也会成比例地增加。

非常重要的是，同一个游戏可以使用不同的方式来表示，而它使用哪一个方式来表示对于玩这个游戏的算法来说非常重要。以竞速游戏作为一个例子来说，算法既可以得到一个在3D渲染下的赛车挡风玻璃上的第一人称视图，也可以得到一个以2D渲染的赛道及多个车辆的俯视图。它既可以简单地接受所有车辆在赛道参考系中的位置及速度的列表（并连同赛道的模型），也可以接受在赛道参考系中相对其他车辆的角度与距离（以及赛道边缘）的集合。

⊖ http://chess.stackexchange.com/questions/2506/

　　与输入表示相关的选择在设计一个游戏时意味着许多东西。如果你希望学习一个用于在某条赛道上进行驾驶的策略，并且策略的输入是三个与速度以及到赛道左右边缘的距离有关的连续变量，那么学习一个合适的策略会是一件相对简单的事情。然而，如果你的输入是一个未处理过的视觉反馈——例如，成千上万的像素值——那么找到一个合适的策略可能会更加困难。在后一种情况中，不仅策略搜索空间更巨大，与拥有适当表现的策略相对应的搜索空间的比例也很可能会小得多，因为可能会存在更多的无意义策略（例如，偶数像素比奇数像素更亮，则左拐；这个策略不会以任何具有意义的方式与游戏局面产生映射，即便它起作用了也只能说是侥幸而已）。为了基于视觉输入来学习驾驶——至少是在照明、路边景色等拥有明显变化的情况下——你可能需要先学习某些类别的视觉系统。鉴于此，大部分被应用在完整的视觉输入上的原生策略很可能不会有非常好的表现。接下来让我们回到车辆竞速的案例，即使是在输入非常少的案例中，其应当如何表示也可能会存在一些问题；举例来说，如果输入是借由车辆的参考系而不是赛道的参考系来表示，将会更容易学习到一个出色的驾驶策略[707, 714]。对一种在某种程度上更容易理解的向神经网络表示低维度输入的方法的讨论可以在参考文献［567］中找到。

　　近年来，一些研究人员聚焦于学习以完整视觉作为输入的策略。例如，Koutnik 等人通过高分辨率的视频来训练神经网络玩开源赛车竞速模拟器（The Open Racing Car Simulator, TORCS）[353]，Kempka 等人使用屏幕像素作为一个深度 Q 网络的输入，其被训练用来玩某个版本的《毁灭战士》（GT Interactive, 1993）[333]，还有就是，Mnih 等人训练深度网络以使用 Q - learning 方法玩雅利达 2600 游戏[464]。使用原始像素输入的目的通常是为了给予 AI 与人类所拥有的条件相同的条件，从而实现人与 AI 之间的公平竞争。另一个目的则是，如果你希望使用你的算法来玩一个"盒子之外"的游戏，并且没有任何 API 或是额外的工程能够暴露游戏的内部状态，那么你很有可能会寻求使用原始的视觉反馈。然而，在你拥有游戏的源代码或者一个有效的 API 的情况下——就像你在为一个新游戏开发 AI 时所面临的大部分情况那样——没有理由不去使用那些无论在什么情况下都会让 AI 算法的任务更简单的"消化过的"游戏状态。而是否呈现人类玩家无法获取的信息，也就是"作弊"，则是一个单独的问题。

3. 2. 2. 2　是否存在一个前向模型

　　在设计一个 AI 来玩某个游戏时一个非常重要的因素就是是否拥有一个游戏的模拟器，也就是是否拥有一个所谓的**前向模型**。一个前向模型就是一个在给定某种状态 s 以及某个动作 a 之后，就像在真实游戏中的状态 s 给定动作 a 后会出现的那样到达状态 s' 的模型。换句话说，就是通过模拟来玩游戏的方式，所以各种连贯的动作会产生的结果可以亲自地在真实游戏中执行这些动作中的一部分之前得到探索。若要使用任意一种基于树搜索的方法来玩一个游戏，拥有一个游戏的前向模型是不可或缺的，因为这种方法十分依赖于模拟多个动作将产生的结果。

　　一个正向模型值得夸耀的特性，除了它的存在本身之外，就是它最好是**十分迅速的**了。为了能够有效地使用一个树搜索来控制一个实时游戏，通常需要能够比真实时间快至少 1000 倍来对游戏进行模拟，而最理想的数字则是快数万或者数十万倍。

　　为棋盘游戏，例如国际象棋或者围棋构建一个前向模型是非常简单的事情，因为游戏状态直接就是棋盘局面，并且规则十分易于编码。而对于许多视频游戏来说，构建一个前向模型可以通过简单地复制（或是重用）那些用于控制游戏本身的相同代码来完成，而不用等待用户输入或是去显示图像，并且也不需要执行所有涉及图像渲染的计算。对于一些视频游戏来说——特别是一些最早实现于更为久远的硬件上的游戏，例如非常经典的实现于 8 位或者 16 位处理器上的街机游戏——前向模型的实现时间比真实时间快很多，因为核心游戏循环在计算上并不复杂。（不过这也可能发生在某些现代游戏上，只要通过在能够将图形循环置换为替换代码的模拟器中运行它们就行。）

然而，许多游戏是完全不可能或至少是非常困难来获得一个快速的前向模型的。对于大部分商业游戏来说，源代码是不对外开放的，除非你在开发这个游戏的公司工作。即便源代码是开放的，当前游戏工业界中的软件引擎实践也使得从游戏代码中抽取前向模型非常困难，因为核心控制循环与用户界面管理、渲染、动画，在某些时候还有网络代码，是非常紧密地捆绑在一起的。通过软件引擎实践中的改变，将核心游戏循环更为纯净地从多种输入/输出功能中剥离出来，让前向模型被更容易地构建，将会是视频游戏中的高级 AI 方法最重要的推力之一。然而，在某些情况下核心游戏循环的计算复杂度仍然可能过高，令任何构建于核心游戏代码之上的前向模型变得太慢因而无法使用。在一部分这类情况中，实际上也许是能够构建和/或学习一个简化过的或是接近的前向模型的，这个时候在前向模型中一系列动作导致的结果并不能保证与在实际游戏中采取相同的动作序列所导致的状态相等。是否能够接受一个**近似的前向模型**取决于 AI 实现上的特定用处与本意。要注意的是，一个准确度稍微低一些的前向模型仍然可以是令人满意的。例如，在存在明显的隐藏信息或随机性时，AI 设计者可能不希望为 AI 智能体提供一个可以让隐藏信息变得可观察的预测以及告诉智能体哪一个随机动作将会发生。使用一个像这样的设计决策可能导致不合常理的优秀表现和作弊的出现。

在无法生成一个前向模型时，**树搜索**算法也就无法得到应用。但仍然可以手动地构建智能体，并且也能够通过某种形式的**监督学习**或**强化学习**来学习智能体，例如使用时序差分学习或者进化强化学习。然而请注意，虽然强化学习方法通常不需要一个完整的前向模型，也就是不要求任何状态下采取任何动作的结果都能够得到预测，但它们仍然需要使用某种方式来比真实时间更快地运行游戏。如果游戏无法明显地超越它在自然游戏情况下的速度，那么这将导致算法需要一个极为漫长的时间来对玩法进行学习。

3.2.2.3 你是否拥有时间进行训练

在 AI 中有一种较为粗糙但极为有用的划分，第一种是通过检查可能的行动和未来状态来决定**在一个给定的情况下应当如何做**的算法——大概就是各种类型的树搜索——另一种就是随着时间流逝而**学习一个模型**（例如一个策略）的算法——例如机器学习。同样的划分也存在于用于玩游戏的 AI 之中。既有成熟的、不需要学习任何有关游戏的知识，但需要一个前向模型的算法（树搜索），也有不需要前向模型，而是学习了一个能够从状态映射到动作的策略的算法（基于模型的强化学习）；并且也存在同时需要前向模型以及训练时间的算法（基于模型的强化学习以及带有自适应超参数的树搜索）。

你希望使用什么类型的算法在很大程度上取决于你使用 AI 来玩游戏的动机。如果你正在使用游戏来作为你的 AI 算法的测试平台，那么你的选择将会由你正在测试的算法类型所决定。如果你是使用 AI 来在你开发的游戏中解决玩家体验——例如，扮演一名非玩家角色——那么你很有可能会希望 AI 在游戏正在进行时不要表现出任何的学习能力，因为这需要冒着扰乱制作者已经设定好游戏体验的风险。还有一些情况就是你正在寻找一种可以很好地玩一定范畴内的多种游戏的算法，并且没有时间去为每个游戏重新训练智能体。

3.2.2.4 你要玩多少种游戏

AI 设计者期望达成的一个目标可能就是**通用对弈游戏**了。在这里，我们不是在寻找一种可以用于某个单独游戏的策略，而是在寻找一个更为通用的智能体，其可以玩它所代表的任意游戏——或者至少是任何来自某个特定的分布或种类中的游戏，并且其都会使用到一个给定的接口。通用对弈游戏通常是基于一种使用游戏来推进人工通用智能发展的理念，也就是开发不局限在擅长单件事情，而是能够擅长许多不同事情的 AI[598, 679, 744]。这个思路就是要避免过拟合（overfitting）某个给定的游戏，并且要设计出能够很好地适应多种不同游戏的智能体；这是一种在为某个特定的游戏开发智能体时十分普遍的现象，例如，就一个基于游戏的 AI 竞赛来说，许多特定的解决方法在设计上无法很好地转换到其他游戏当中[701]。

出于这个原因，我们通常是在从未见过的游戏上来对通用对弈游戏进行评估的，也就是那些它们在其之上从未得到训练，并且智能体的设计者在开发智能体时也并不知晓的游戏。也存在一些用于通用对弈游戏的框架，包括通用对弈游戏竞赛（General Game Playing Competition）[223]、通用视频游戏 AI 竞赛[528, 527]以及街机学习环境（Arcade Learning Environment）[40]。这些将于本章稍后的部分中进行探讨。

通用的视频游戏策略是针对 AI 在多个游戏（理想的是在所有游戏中）中以玩家身份所表现出的水平来进行开发的，可以看出这与在商业游戏开发中普遍使用的用于玩游戏的 AI 截然不同，在商业游戏中 AI 是以体验为目的来扮演一个非玩家角色的，并且其也被细心地针对某个特定游戏进行了调整。然而，用于通用对弈游戏的各种 AI 方法的发展最终肯定也会让商业游戏 AI 有所受益。即便是在作为游戏开发中的一部分来开发游戏 AI 时，开发这些在某种程度上可以得到重用的方法也是非常好的工程实践。

3.3 AI 可以怎样地玩游戏

在第 2 章，我们回顾了许多重要的 AI 方法。这些方法中的大部分都能以某种方式来应用于玩游戏。这个章节将会关注各种核心的 AI 方法，并且针对每种算法族来介绍如何使用它们来玩各种游戏。

3.3.1 基于规划的方法

通过在一个状态空间中规划一组未来动作来选择动作的算法对游戏来说通常都是可行的，并且通常也不需要任何训练时间。如果是在游戏的状态空间中搜索，而不是直接使用它们在物理空间（路径规划）上进行搜索，它们就需要一个快速的前向模型。树搜索算法在玩游戏上有着十分广泛的应用，无论是就它们自身来说还是就它们在玩游戏的智能体架构中所扮演的支撑角色来说。

3.3.1.1 传统的树搜索

传统的、拥有少量或根本没有随机性的树搜索方法，从 AI 以及游戏的早期研究阶段已经开始被用于担任玩游戏的角色了。就像本书的导论部分所介绍的那样，极大极小算法以及 $\alpha - \beta$ 剪枝从发明之初就是为了玩经典的棋盘游戏，例如国际象棋与国际跳棋[725]。尽管对抗性树搜索的基本概念从那之后就没有真正地改变过，但是现在的算法以及各种新的算法已经有了大量的调整。一般来说，传统的树搜索方法可以被非常直接地应用到那些拥有完全可观察性、较低的分支因子以及快速前向模型的游戏中。从理论上来说，它们可以解决任何对于玩家来说拥有完全可观察性的确定性游戏（参见图 3.2 的深色方块）；但在实践中，它们仍然会在包含了巨大状态空间的游戏中失败。

最佳优先搜索，特别是各类 A* 算法的变体，在现代视频游戏中被普遍用于**路径规划**。在一个现代 3D FPS 或 RPG 游戏中，当某个 NPC 需要决定如何从 A 点到达 B 点时，通常都会使用某种版本 A* 来完成。在这种情况中，搜索通常完成于（游戏中的）物理空间而不是状态空间，所以并不需要前向模型。但由于空间是伪连续的，搜索通常会在覆盖于需要被穿越的区域上的某种网格或点阵中的各个节点上完成。请注意，最佳优先搜索仅仅被用于导航，而不被用于为智能体制定完整的决策；像行为树或有限状态机之类的方法（通常是被手动编写的）用来决定需要前往何处，而 A*（或是它的某些变体）则被用于决定如何到达那里。事实上，在那些玩家通过移动并且点击位置来输入目的地的游戏中——想想某种头顶的指针，例如《暗黑破坏神》（Blizzard Entertainment，1996），或者像《星际争霸》（Blizzard Entertainment，1998）之类的 RTS——在执行玩家命令时通常也会涉及某种路径规划算法。最近加入到最佳优先算法族中的成员包括跳点式搜索（JPS），其在恰当的环境下比起 A* 算法能够以多个数量级的水平来改善性能[662]。分层式寻路（hierarchical pathfinding）是它自身的一个小型研究方向，基于将一个区域分割为数个子区域并且使用单独的算法来决定在区域间以及区域内如何到达的想法。为一个现代视频游戏选择一个路径规划算法通常是一个要选出在给定了 NPC 穿越的环境的形状和某个覆盖于这个空间顶部的网格或移动图形，以及动画算法的需求时会有最佳表现的算法的问题。通常来说，没有什么一劳永逸的方法；某些致力于面向工业界的游戏 AI 的教科书更佳深入地探讨了这个问题[461]。

除了路径规划，如 A* 之类的最佳优先算法也可以被用于**控制** NPC 在所有方面的行为。而要达成这个目标的关键之处是在游戏状态空间中进行搜索，而不只是在物理空间中进行搜索（很明显，这需要一个十分迅速的前向模型）。举个例子来说，2009 年的马里奥 AI 竞赛的冠军就是完全基于在状态空间中的 A* 搜索的[705]。这个竞赛要求选手开发一个能够玩经典平台游戏《超级马里奥兄弟》（Nintendo，1985）的 Java 克隆版的智能体——其在之后成为一个十分多元化的竞赛[322]。尽管最初的竞赛软件并没有提供前向模型，但竞赛的冠军 Robin Baumgarten，通过调整部分核心游戏代码来创造了一个前向模型。他接下来搭建了一个 A* 智能体，其在任何时间点都只是简单地尝试到达屏幕的右边缘（这个智能体的一个示例图可以在图 3.3 与图 2.5 中看到）。其表现得非常出色：产生的智能体似乎能够以最优方式来表现，并且设法到达了所有竞赛软件包含的关卡的尽头。一个展示了智能体是如何在其中的一个关卡中进行导航的视频在 Youtube[⊖] 上收到了超过 100 万次浏览；而在观看智能体玩游戏时，最引人注目的部分就是智能体用于在多

⊖ https：//www.youtube.com/watch? v = DlkMs4ZHHr8

个敌人之间进行导航的极端技巧了。

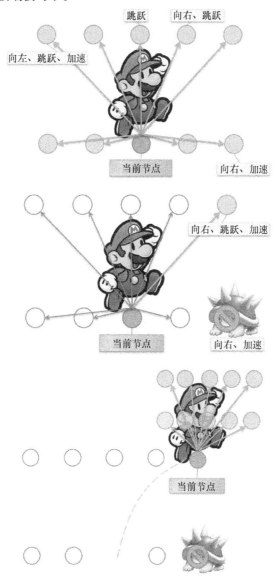

图 3.3 用于玩《超级马里奥兄弟》（Nintendo，1985）的 A* 搜索的各个关键步骤的图示。这个智能体在游戏的每一帧都会考虑 9 个可能动作的最大值，也就是跳跃以及加速按键，加上向右或是向左（上图）的组合。之后这个智能体会跳出有着最高启发式值的动作（中图）。最后，马里奥智能体会采用这个动作（在这个例子中也就是向右、跳跃、加速），移动到一个新的状态并且在这个新状态中对新的动作空间进行评估（下图）。更多有关赢得了 2009 马里奥 AI 竞赛的 A* 智能体的细节可以在参考文献［705］中找到

但值得注意的是，这个智能体的成功是基于几个因素的。一个就是关卡几乎都是线性的；这

个竞赛之后的一个版本引入了存在死路，并需要进行回溯的关卡，其成功地挫败了纯粹的 A^* 智能体[322]。其余两个因素就是，《超级马里奥兄弟》（Nintendo，1985）是确定性的，并且还拥有局部的完美信息（当前屏幕的信息在任何时刻都是完全知晓的），因此能够拥有一个出色的前向模型：如果 A^* 无法使用一个完整的、包括敌人的移动在内的游戏模型，那么它也就无从规划这些敌人的路径。

3.3.1.2 随机的树搜索

蒙特卡罗树搜索算法在 2006 年步入了围棋研究领域的舞台[141, 77]，也预示了围棋游戏 AI 在表现上的飞跃。传统的对抗搜索在围棋上的表现不佳，一部分是由于分支因子实在过高（比国际象棋整整高一个数量级），一部分则是因为围棋的性质使得它非常难以从算法角度上来对一个棋盘状态的价值做出判断。蒙特卡罗树搜索通过构建一棵不平衡的、不需要将所有招式都探索到相同的深度的树（降低了有效的分支因子），并且不断使用延续到游戏结局的随机推演（降低了对局面评估函数的需求），从而在一定程度上克服了这些挑战。在 2016 年和 2017 年战胜了世界上最出色的围棋选手中的两位的 AlphaGo[629] 程序，就是围绕着蒙特卡罗树搜索算法建立的。

蒙特卡罗树搜索在围棋上的成功让许多研究人员与开发者开始探索它在玩其他的多种类型的游戏上的用处，包括交易卡牌游戏[746]、平台游戏[294]、即时战略游戏[311, 645]、竞速游戏[203] 等等。当然，这些游戏与围棋相比拥有许多差异。虽然围棋是一个确定性的完美信息博弈，但像是《星际争霸》（Blizzard Entertainment，1998）之类的即时战略游戏，或是像《万智牌》之类的交易卡牌游戏，甚至是任意一个扑克牌的变体都会同时含有隐藏信息以及随机性质。像信息集蒙特卡罗树搜索（Information Set Monte Carlo tree search）之类的方法是一种解决这些问题的途径，但这也会增加它们自身的计算开销[146]。

另一个问题则是，在时间粒度较为细微的游戏中，一次随机推演可能会需要一个令人望而却步的超长时间来到某个末端局面（失败或胜利）；并且在许多视频游戏中，是有可能会在做出任意数量动作之后仍然无法接触到游戏的胜利或失败结局的，甚至有可能无法在实质意义上对游戏的结果造成影响。举例来说，在《超级马里奥兄弟》（Nintendo，1985）中，大部分随机产生的动作序列甚至无法让马里奥离开一开始的屏幕范围，基本上就是来回地摆动，直到时间在成千上万的时步之后被完全耗尽。一种用于应对这个问题的方式就是使用某种状态评估函数[77]。除此之外的思路还包括为动作选择进行剪枝，让算法能够搜索得更深[294]。鉴于各种各样的方法对蒙特卡罗树搜索算法的各个组件做出的修改，将蒙特卡罗树搜索视为一种通用的算法框架而不是一个单独的算法可能会更具有实际意义。

许多游戏可以使用蒙特卡罗树搜索、非启发式搜索（例如宽度优先搜索）或者启发式搜索（例如 A^*）来玩。决定使用哪一种方法在很多时候都不是一件非常直观的事情，但幸运的是这些方法的实现与测试都相对简单。一般来说，极大极小算法只能被用于（双人）对抗性游戏，而其余形式的非启发式搜索最适合被用于各种单人游戏。最佳优先搜索需要某种形式的对到目标状态的距离的估计，但这个目标状态并不局限于游戏中的物理位置或是游戏的最终目的。蒙特卡罗树搜索的各类变体既能够被用于单人游戏也能够被用于双人游戏，并且在分支因子很高的时候经常能表现出超越无启发式搜索的性能。

3. 3. 1. 3　进化规划

很有趣的是，通过规划来做出决策并不是一定要基于树搜索的。相反，人们也是可以使用优化算法来进行规划。其基本思路是，你可以对整个动作序列进行优化，而不只是从某个初始点开始来对某一种动作序列进行搜索。换句话说就是，你是在所有完整动作序列的搜索空间内搜索那些拥有最大效用的动作序列。评估某个给定的动作序列的效用的方法就是通过在模拟中直接执行序列中的所有动作，或是观察在采取所有这些动作之后得到的状态的价值。

这个思路吸引人的地方在于，优化算法可能会以一种与树搜索算法非常不同的方式来对规划空间进行搜索：所有的树搜索算法都是始于树的根节点（初始状态）的，并且会从这个节点开始构建一棵树。而进化算法直接将规划视为一个序列，并且可以在串上的任意位置处执行变异或交叉。这可以帮助在规划空间的不同区域中为搜索进行引导，而这个规划空间也是树搜索算法在面临相同问题时所探索的空间。

尽管可以使用许多种不同的优化算法，但为数不多的能够在文献中找到的有关在游戏中的基于优化的规划上的研究都应用到了进化算法。Perez 等人提出在单人动作游戏中使用进化规划，并称这个方法为 "旋转水平进化（rolling horizon evolution）"[526]。而在物理旅行商问题（Physical Traveling Salesman Problem）（一个经典旅行商问题与某种竞速游戏的混合问题）的特定实现中，一个进化算法被用于在每个时步上时都生成一种规划。这种规划被表示为一个包含 10 ~ 20 个动作的序列，并且使用一个标准的进化算法来对规划进行搜索。在某种规划被找到之后，这种规划马上就像在树搜索中会出现的那样得到执行。基于进化规划的智能体在通用视频游戏 AI 竞赛中通常都表现得极其富有竞争力[528]。

进化规划作为一种用于解决极大分支因子的技术十分具有潜力，而这也是我们在拥有大量独立单位的游戏中将会遇到的。Justesen 等人[309] 在回合制策略游戏《英雄学院》Hero Academy（Robot Entertainment, 2012）中应用进化计算来对动作进行选择，并称这个方法为 "在线进化（online evolution）"。考虑到玩家所控制的单位数目以及每个单位可用的动作的数量，这其中分支因子大约为 100 万；因此，只会向后进行单个回合的规划。在这个游戏中，进化规划在表现上被证明能够以比较大的优势胜过蒙特卡罗树搜索。Wang 等人[745]，以及 Justesen 和 Risi[310] 在这之后将这个技术的变体应用到了《星际争霸》（Blizzard Entertainment, 1998）的战术中。鉴于游戏在空间上的连续性质，如果所有单位的所有可能移动方向都被考虑成为一个单独的动作，那么分支因子将会变得非常极端。因此，得到演化的并非是一个动作序列，而是在某个给定时刻每个单位将要使用哪一种简单的脚本（战术）（这个思路借鉴于 Churchill 与 Buro，他们将一个脚本 "文件夹" 与简单的树搜索进行了结合[123]）。Wang 等人[745] 表明，在这个简单的《星际争霸》（Blizzard Entertainment, 1998）场景中，进化规划比起几种树搜索算法的变体表现得更为出色。

游戏中的进化规划是一个较为近期的发明，并且截止目前仍然只有十分有限的有关这项技术的研究。因此暂时还无法很好地了解它会在什么条件下表现得比较出色，更无法了解它为什么会在这些时候表现非常出色。一个尚未解决的主要问题是如何表现进化对抗规划（evolutionary adversarial planning）[586]；而基于树搜索的规划在拥有一个对手的情况下仍然有效（例如说极大极小算法），并且也暂时不清楚如何将这整合为一种属型（genotype）。也许可以通过不同参与者所采取的动作的竞争性来共同进化？换句话说就是，在这个领域中依然存在大量的可供研究的余地。

3.3.1.4　带有符号化表示的规划

尽管在游戏内的动作这个层次上的规划需要一个快速的前向模型，但还存在其他在游戏中使用规划的方法。特别要说的就是，人们可以借助一个游戏的状态空间的抽象表示来进行规划。自动规划领域在符号化表示这个层级上的规划已经进行了几十年的研究[228]。尤其是使用基于某种用来表示事件、状态和动作，以及树搜索方法的一阶逻辑语言来寻找从当前状态到某个结束状态的路径。这种风格的规划来源于世界上第一个数字化移动机器人 Shakey 所使用的 STRIPS 表示[494]；符号化规划也已经被广泛地应用于多个领域之中。

恐怖主题第一人称射击游戏《极度恐慌》（Sierra Entertainment，2005）由于使用规划来对 NPC 行为做出调整从而在 AI 社区中得以扬名。这个游戏的 AI 也在游戏媒体上得到了十分出色的评价，并且因为玩家能够听到 NPC 互相沟通攻击计划，从而提升了沉浸感。在《极度恐慌》（Sierra Entertainment，2005）中，一种类似 STRIPS 的表示被用于规划每个 NPC 如果想要要打败玩家角色的话需要表现哪个动作（侧翼、掩护、压制、设计等）。这种表示是建立在单个房间这种层级之上的，在这其中，从一个房间到下一个房间之间的移动通常都只是一个单独的动作[507]。比起在单个游戏动作这种规模上进行规划，使用这种高层级的表示能够更为向前地进行规划。然而，这样的表示需要手动地定义状态与动作。

3.3.2　强化学习

正如第 2 章所讨论的那样，强化学习算法就是任何一种解决了某个强化学习问题的算法。这其中既包括来自时序差分或是较为接近的动态规划类别的算法（为简单起见，我们将这些算法称为经典强化学习方法），也包括某些进化算法在强化学习上的应用，例如神经进化和遗传编程（genetic programming），以及其他的一些方法。在这个章节中，我们将会同时探讨被用于玩游戏的各种经典方法（包括那些涉及深度神经网络的方法）以及各类进化方法。在这之外用于描述这些方法之间的差异的一种方式，是通过个体发育（ontogenetic）（其在“生命期”内学习）方法与系统发育（phylogenetic）（其在“生命期”之间学习）方法之间的差异来进行区分。

强化学习算法适合用于能够拥有学习时间的游戏：为了精通游戏，大部分强化学习方法需要将游戏反复地玩上成千上万次，甚至成百万次。因此，拥有一种能够以比真实时间快得多的速度来玩游戏的途径（或是拥有一个非常庞大的服务器集群）将会是非常有用的。部分强化学习算法也是需要一个前向模型的，但并非全部强化学习算法都有这个需求。一旦训练结束，一个通过强化学习得到的策略通常可以被非常快速地运行。

非常值得注意的是，那些用于玩游戏的基于规划的方法（见先前的章节）无法直接地与本章所阐述的强化学习方法进行比较。因为它们解决的是不同的问题：规划在每个时步上都需要有一个前向模型以及非常明显的时间需求；而强化学习虽然也需要学习时间，但可能需要也可能是不需要一个前向模型的。

3.3.2.1　经典以及深度强化学习

正如本书的导论中已经介绍的那样，经典强化学习方法很早在游戏上得到了应用，并且在某些案例中已经获得了十分可观的成功了。Arthur Samuel 在 1959 年设计了一种算法——其可以说是第一种经典强化学习算法——来创造一个能够自我学习的国际跳棋玩家。尽管当时计算资源极度有限，但这个算法仍然将游戏掌握到了已经足以打败它的制作人的水平[591]。经典强化学习算法在游戏上的另一个成功案例出现在数十年之后，在当时 Gerald Tesauro 使用现代形式的时序差分学习来教一个简单的名为 TD - gammon 的神经网络去玩西洋双陆棋；在一开始不包含任何信息，并且仅与自身对弈一段时间之后，它学会了非常好地去玩游戏[689]（TD - gammon 在第 2 章有着更为详细的描述）。在 20 世纪 90 年代与 21 世纪初期时，这个成功极大地激发了人们对强化学习的兴趣。

然而，这里的进展由于缺乏优秀的值函数（例如 Q 函数）的逼近器而受到了限制。尽管像 Q - learning 这样的算法在正确的条件下很可能会收敛到最佳策略，但适用的条件在实际上限制很大。举例来说，它们将分开存储的所有状态值或 ｛状态，动作｝值包含在一个表中。然而，对于大多数比较有意思的游戏来说，可行状态可能会非常庞大——几乎任何视频游戏都至少存在数以亿计的状态。这意味着表格将会变得过于巨大而无法被容纳在内存当中，并且大部分状态在学习时永远都不会被访问到。很明显，在这里有必要使用一个压缩过的值函数来进行表示，其可以占用更少的内存并且在计算它的值的时候也不需要每个状态都是被访问过的。而是可以基于相近的已经被访问过的状态来对它进行计算。换句话说，这里所需要的就是一个**函数逼近器**，例如一个神经网络。

然而，同时使用神经网络与时序差分学习并不容易。它非常容易遇到"灾难性的遗忘"，在这种情况下，复杂的策略未能得到学习过，并且还会偏向某些降级策略（例如总是采取相同的动作）。这其中的原因十分复杂，并且已经超出了本章的讨论范畴。然而，为了更直观地理解所涉及的机制，不妨思考一下，对一个玩某个游戏的强化学习智能体来说，什么是会频繁发生的。奖赏是非常稀疏的，并且智能体经常会在长时间内没有奖赏，或者得到负奖赏。当长时间碰到相同的奖赏时，反向传播算法将只会被这个奖赏的目标值所训练。就监督学习来说，这等同于在一个单一的训练样例中进行了一次长期训练。可能出现的结果就是，无论输入是什么，网络只学习到了这个目标值的输出。更多有关使用人工神经网络来对一个值函数进行逼近的方法的细节可以在 2.8.2.3 节中找到。

时序差分变化与函数逼近器相结合的强化学习在应用上的一个重要成就出现在 2015 年，在当时谷歌 DeepMind 公布了一篇论文，在论文中它们尝试训练深度神经网络来玩多种源自雅利达 2600 游戏主机的不同游戏[464]。每个网络都被训练来玩某个单独的游戏，而输入则是游戏在显示上的原始像素以及得分，而输出则是控制器的方向与开火按钮。用来训练深度网络的方法是深度 Q 网络，其在本质上是被应用到了拥有多个层级的神经网络上（在这个结构中所使用的某些层是卷积的）的标准 Q - learning。最为关键的是，它们设法通过一种称为经验回放（experience replay）的技术克服了时序差分学习和神经网络进行结合的问题。在这其中，各种游戏玩法的短序列会得到保存，并且以不同的顺序重放到网络，以打破相似状态与奖赏的漫长连环。这可以被视为类似于监督学习中的基于批次的训练方法，其同样使用小的批次。

3.3.2.2　进化强化学习

另外一个主要的强化学习方法家族就是进化方法。特别是使用进化算法来演化神经网络

（**神经进化**）或者程序的权重以及/或者拓扑结构，尤其是结构化为表达树（**遗传编程**）的那些。适应性评估函数则来自于使用神经网络或者程序来玩游戏，并且使用结果（例如，分数）来作为一个适应度函数。

这个基本思路已经出现很长时间了，但是在很长一段时间内却令人吃惊地被人低估了。John Koza，一位遗传算法的知名研究者，在他 1992 年出版的书中使用了一个用于玩吃豆人的进化程序案例[356]。而在几年之后，Pollack 和 Blair 表明进化计算可以用于训练西洋双陆棋玩家，如同 Tesauro 在他的时序差分学习实验中那样使用相同的配置，并且也具有类似的结果[537]。而在游戏之外，一个在 20 世纪 90 年代中逐渐成形的研究者社区探索了使用进化计算来为小型机器人学习控制策略的结果；这个领域逐渐地被称为进化机器人学（evolutionary robotics）[496]。训练机器人来解决例如导航、避障以及条件学习这样简单的问题与训练 NPC 来玩游戏非常相似，尤其是在一些二维的类街机游戏当中[567, 767, 766]。

从 2005 年左右开始，应用神经进化来玩不同种类的视频游戏出现了很大的提升。这其中包括在车辆竞速上的应用[707, 709, 392, 353]、第一人称射击游戏[518]、策略游戏[79]、即时战略游戏[654]以及经典的街机游戏，例如吃豆人[766, 403]。从这项工作中获得的主要收获是，神经进化十分通用，能够被应用到各种类型的游戏上，并且对每种游戏来说通常都只有少数几种不同的方法。例如，对于一个简单的车辆竞速游戏来说，用于状态评估的进化神经网络，即便只结合了一个简单的单步向前搜索，通常也能展示出超越那些用作动作评估器（Q 函数）的进化神经网络的表现[408]。除此之外，输入特征也是一个问题；就像在 3.2.2.1 节中所讨论的那样，一般来说会强烈倾向于使用以自我为中心的输入，但对某些特定的游戏类型也存在一些额外的考量，例如如何表示多个对手[654]。

神经进化已经在为那些状态可以被相对少的维度（比如，在神经网络的输入层少于 50 个单位）所表示的问题进行策略学习上取得了巨大的成功，并且比起时序差分变化的传统强化学习算法来说，其更易于调整和工作。然而，神经进化在扩大到那些存在极大的输入空间，需要使用巨大并且深层的神经网络来解决的问题时似乎存在一些问题，例如那些使用高维度像素作为输入的问题。这个问题的可能原因是，其在权重空间中随机搜索遇到了一种在梯度下降搜索（例如反向传播）中所没有的维度灾难（curse of dimensionality）。目前，尽管也存在将神经进化与无监督学习结合的方法，让控制者能够去学习使用一个视觉反馈的压缩表示来作为输入[353]，但几乎所有能够从高维度像素输入中直接进行学习的成功案例都使用 Q-learning 或者类似的方法。

关于更多的神经进化的通用方法与文献指引，读者可以参阅 2.8.1 节，以及近期关于游戏中的神经进化的综述文献[567]。

3.3.3 监督学习

游戏也可以使用**监督学习**来玩。或者说，用于玩游戏的策略或控制器可以通过监督学习来学得。这其中的基本思路是，记录人类玩家玩某个游戏的轨迹，并且训练某些函数逼近器来做出类似人类玩家的行为。这个轨迹被记录在元组 < 特征，目标 > 的列表中，其中特征代表了游戏状态（或者某种智能体可以获取到的对游戏状态的观察），而目标是人类在这个状态下做出的动作。一旦函数逼近器被充分地训练，那么游戏就可以玩了——以它所训练的人类的风格——通过简单地应用训练过的函数逼近器在输入当前游戏状态时返回的任意动作。还有就是，即便不去学习预测什么动作会被采用，也可以去尝试学习预测状态的值，并且将训练过的函数逼近器与某种搜索算法相结合来玩这个游戏。有关可以在游戏中被使用的监督算法的更多细节见第2章。

3.3.4 嵌合式游戏玩家

尽管规划、强化学习与监督学习是从基础上说起来就不同的用于玩游戏的方法，并且在不同的限制下解决了玩游戏的问题，但这并不意味着它们无法进行结合。事实上，存在许多种来自这三个种类的方法的成功**混合**或是**嵌合**的案例。一个案例是**动态脚本**（dynamic scripting）[650]，其可以被视为某种形式的**学习分类系统**（learning classifier system）[363]，在这其中它牵涉了基于规则（这里称为基于脚本）的表示以及强化学习。动态脚本通过强化学习在运行期调整各个脚本的重要性，并且是基于当前游戏状态以及获得的瞬时奖赏的。动态脚本在游戏中已经存在为数不少的应用了，包括格斗游戏[417]以及即时战略游戏[409, 154]。这个方法主要用于需要自适应玩家技能的 AI，因此目标在于玩家的体验，而不一定要获得游戏的胜利。

另一个很好的案例则是 AlphaGo。这个性能卓越的围棋游戏智能体实际上是结合了搜索、强化学习与监督学习以及规划[629]。这个智能体的核心是一个蒙特卡罗树搜索算法，其在状态空间中进行搜索（规划）。然而，随机推演与某个对状态值进行估计的神经网络的评估进行结合，而节点选择则由一个位置评估网络所启发。状态网络与位置网络最初都是在包含围棋大师之间的对局的数据库上训练的（监督学习），其后又通过自我对弈进行进一步训练（强化学习）。

3.4 AI 可以玩什么游戏

对于玩游戏的 AI 来说，不同的游戏存在着不同的挑战，就像这些游戏对人类来说也是不同的挑战一样。这里不仅是 AI 玩家与游戏的连接方式上的不同，也是游戏类型之间的不同：一个用于玩国际象棋的策略几乎不可能在《侠盗猎车手》（Rockstar Games，1997～2013）系列中有效地进行游戏。这个章节是根据游戏种类所组织的，并且针对每个游戏种类，它都会探讨该特定种类的游戏通常拥有的特定的在认知、感知、行为以及动觉上的挑战，并在之后给出一个有关 AI 方法已经如何被应用于玩这个特定游戏种类的概述。它同时也包括一些拓展案例，给出了有关特定实现的一些细节。不过再一次强调的是，这个列表并不包含所有潜在的 AI 能够扮演一个玩家或者非玩家角色的游戏种类；这里的抉择是根据各个游戏种类的流行度为基础，以及在每个种类中已经存在的用于玩游戏的 AI 的公开工作之上而做出的。

3.4.1 棋盘游戏

就像本书的导论所介绍的那样，最早的在游戏 AI 上的工作是在传统棋盘游戏上完成的，并且很长一段时间内其也是在玩游戏上应用 AI 的唯一方式。特别要说的是，国际象棋被非常普遍地用作 AI 研究，也被称为 "AI 的果蝇"[194]，其暗指在基因研究中将普通的果蝇用作一种模范生物。这里的原因似乎是由于棋盘游戏易于实现，实际上，完全可能是由于它们是在早期 AI 研究时有限的计算机硬件上易于实现，并且那些游戏还被认为需要某些类似"纯粹思维"的东西。而像国际象棋或是围棋真正需要的其实是**对抗性规划**（adversarial planning）。传统的棋盘游戏通常对感知、反应、运动技能或是对连续移动的评估能力没有任何要求，这意味着它们的技能要求十分狭隘，特别是与大多数视频游戏相比较。

大部分棋盘游戏有着非常简单的离散状态表示以及确定性的前向模型——游戏的完整状态经常可以被表示为小于 100 字节，并且计算游戏的下一个状态就像应用一组小规则以及合理的小的分支因子一样简单。这使得它非常容易应用树搜索，并且几乎所有成功的棋盘游戏智能体都使用某种形式的树搜索算法。就像第 2 章中对树搜索的讨论那样，极大极小算法最初是在国际象棋的背景下发明的。而几十年下来集中于在国际象棋上的研究（而在国际跳棋与围棋上的研究较少），以及致力于这类研究的特定会议，产生了许多算法上的进步，改善了极大极小算法在一些特定棋盘游戏上的性能。但这其中的许多算法在它们得到发明的特定游戏之外都拥有有限的应用性，而深入了解这些算法的变体将会花费我们太多的时间。对于国际象棋的研究的一个概述，读者可以阅读参考文献 [98]。

在国际跳棋中，卫冕的人类冠军在 1994 年已经被 Chinook 程序所击败[594]，并且这个游戏在 2007 年得到了解决，这意味着已经找到了双方玩家的最佳招式集（如果你使用最佳策略，那么它会是一个和局）[593]；而在国际象棋上，Garry Kasparov 在 1997 年被深蓝众所周知地击败了[98]。而直到 2016 年，谷歌 DeepMind 才使用它们的 AlphaGo 程序击败了一位人类围棋冠军[629]，这主要是由于必要的算法上的提升。尽管国际象棋和国际跳棋可以使用极大极小算法结合相对简单的状态评估来有效地进行，但围棋的巨大分支因子仍然刺激并使得蒙特卡罗树搜索（MCTS）的发展[77]成为必要。

尽管蒙特卡罗树搜索可以被用于玩棋盘游戏而不使用状态评估函数，但为这个算法补充状态以及动作评估函数仍然可以极大地提高性能，就像在 AlphaGo 的例子中看到的那样，其使用深度神经网络作为状态与动作评估。换句话说，在使用了一些极大极小的变体时，必须要使用状态评估函数，因为所有具有意义的棋盘游戏（比井字棋更复杂的）要在可接受的时间内一直搜索到游戏的结尾的话，会存在过于庞大的状态空间。尽管可以手动构造这些评估函数，但使用某种形式的学习算法来学习它们的参数通常不失为一个好主意（尽管算法结构是由算法设计者所特化的）。就像上面所讨论的那样，Samuel 是第一个使用某种形式的强化学习来在一个棋盘游戏（或任何类型的游戏）中学习一个状态评估函数的人[591]，并且 Tesauro 之后在西洋双陆棋中也使用差分学习取得了非常好的效果[689]。进化计算也可以被用于学习评估函数，例如，Pollack 展示了在使用与 Tesauro 非常相似的设置时的共同进化能够表现得非常出色[537]。值得注意的基于进化评估函数的棋盘游戏玩家案例是 *Blondie*24 [207] 以及 *Blondie*25[208]，它们分别是一个国际跳棋程序以及一个国际象棋程序。其评估函数基于 5 层的深度卷积网络，并且 *Blondie*25 在对抗各个非常强大的国际象棋玩家时表现得非常出色。

尽管传统的棋盘游戏，例如国际象棋与围棋，已经存在数百年甚至数千年了，但过去的几十年已经见证了一个棋盘游戏设计的复兴。许多更为近期设计的棋盘游戏将传统棋盘游戏的公式与来自其他游戏种类的设计思考相结合。一个很好的案例是《车票之旅》（Days of Wonder，2004），其是一个包含卡牌游戏元素的棋盘游戏，例如可变的玩家数目、隐藏信息以及随机性

（在卡牌的抽牌阶段）。由于这些原因，其难以基于标准的树搜索方法来构建性能出色的 AI 玩家；最知名的包括实质性的领域知识的智能体与人类玩家相比也表现不佳[160]。为这种类型的游戏创造表现出色的智能体也是一个有趣的研究挑战。

考虑到使用树搜索来进行棋盘游戏的简便程度，就不会奇怪我们目前为止已经讨论过的每种方法都是基于某种或另一种树搜索算法之上的。然而，也可以不使用前向模型来玩棋盘游戏——这通常会出现"有趣"而不是良好的结果。例如，Stanley 和 Miikkulainen 开发了一个用于玩围棋的"游走目光"方法，在其中，一个进化神经网络会自我扫描围棋棋盘并且决定在哪里摆放下一个棋子[656]。与此有关的是，据报道 AlphaGo 的局面评估网络也可以只依靠自身来进行一场高质量的围棋博弈，但很自然的是它结合搜索将会表现得更强大。

3.4.2 卡牌游戏

卡牌游戏是以一副或几副卡牌为中心的游戏；这可能是也可能不是标准 52 张的被普遍用于传统卡牌游戏的法国套牌。大部分卡牌游戏都涉及玩家将持有不同的，能够在玩家间，或玩家与某副牌间，或是桌上的其他位置间转移所有权的卡牌。而大部分卡牌游戏的另一个重要元素则是某些卡牌对持有它们的玩家是可见的，但对其他玩家是不可见的。因此，几乎所有的卡牌游戏都具有很大程度的**隐藏信息**。事实上，卡牌游戏可能是隐藏信息最为主导游戏玩法的游戏类型了。

用传统的卡牌游戏扑克举例来说，现在它的德州扑克（Texas hold 'em）变体十分受欢迎。其规则也相对简单：在几轮结束之后持有最佳牌面（也就是"最佳手牌"）的玩家获胜。在回合之间，玩家可以交换多张牌以从桌上抽取新牌。如果存在完美信息，也就是所有玩家可以看见其他人的手牌，这会变成一个索然无味的游戏，可以通过查表来玩游戏。让德州扑克——以及类似的扑克变体——变得充满挑战性并且有趣的是每个玩家并不知道其他玩家拥有什么牌。玩这类游戏的认知挑战涉及在信息匮乏的情况下做决定，这意味着从不完美的证据中推测游戏状态，并且可能影响其他玩家对真实游戏状态的感知。换句话说，一场扑克游戏在很大程度上关系到了猜测与虚张声势。

在玩扑克以及类似的游戏时一个重要的进步是虚拟遗憾最小化（Counterfactual Regret Minimization，CFR）算法[797]。在 CFR 中，算法通过自我对弈以一个与差分学习以及其他强化学习算法在西洋双陆棋和国际跳棋这样的完美信息博弈上得到应用相类似的方式来进行学习。基本原理是在每个动作之后，当某些隐藏信息被揭露，根据新揭露的信息，它转而计算之前所有其余能够采用的动作的奖赏。在被实际采用的动作与之前本可以采用的最佳动作的奖赏之间的差异被称为遗憾（regret）。策略在之后会进行调整以让遗憾最小化。这是迭代地完成的，并会缓慢地收敛到某种最佳策略，也就是大量的游戏之后，它会失去的遗憾将越来越少。然而，对于像德州扑克这样的复杂的博弈，为了在实践中使用 CFR 算法，不得不做出一些简化。

DeepStack 是一个近期发布的智能体，其在德州扑克上达到了世界级别的表现[467]。与 CFR 类似，DeepStack 使用了自我对弈以及递归推理来学习策略。但是，它在开始游戏前并没有计算一个明确的策略。相反，它使用树搜索结合一个状态值估计来在每轮中选择动作。从这个意义上来说，它更像是 AlphaGo 那样的启发式搜索（但是是在大量不完美信息的情况下）而不像是

TD - gammon 那样的强化学习策略。

　　另一个更为近期并且从研究社区吸引了越来越多兴趣的卡牌游戏是《炉石传说》（Blizzard Entertainment，2014），见图 3.4。这是一种有着《万智牌》传统的收集类卡牌游戏，但是拥有在某种程度上说来更为简单的规则，并且只能在计算机上进行游戏。一场炉石传说的游戏发生在两个玩家之间，而每个玩家的牌组中有 30 张卡牌。每张卡牌代表一个随从或者一个法术。每个玩家手中都只有几张牌（<7，对其他玩家不可见），每个回合抽取一张新的卡牌，并且可以选择使用一张或者更多的卡牌。随从卡牌将被转换为放置在玩家一方桌上的随从（对双方玩家可见），并且随从可以被用于攻击敌人的随从或者玩家角色。法术拥有许多不同的效果。游戏中存在的数以百计的卡牌，每个回合选择多种动作的可能性，玩一场游戏所需要消耗的漫长时间（20~30 回合是普遍的）、随机性以及自然而然的隐藏信息的存在（主要是对手的手上有什么牌），糅合在一起让《炉石传说》（Blizzard Entertainment，2014）成为一个对人类和机器来说都很难玩的游戏。

图 3.4　一张来自《炉石传说》（Blizzard Entertainment，2014）的游戏截图，展示了多种游戏中可用的不同的生物卡牌或法术卡牌。图片来源于维基百科（正当使用）

　　可能最简单的用于玩《炉石传说》（Blizzard Entertainment，2014）的方法就是直接忽略隐藏信息并且以某种贪婪方式来进行每个回合，也就是搜索在一个单独回合内的所有可行动作的空间，并且只根据已有的信息来选择能够最大化某些指标的那一个动作，例如在回合结束时的生命值优势。实现了像这样的贪婪策略的智能体被包括在某些开源的炉石传说模拟器中，例如 Metastone⊖。而标准的树搜索算法，例如极大极小算法或者蒙特卡罗树搜索，在这里由于极高程度的隐藏信息，一般是无效的（就像它们在扑克中那样）。还有一种用于构建高性能智能体的方法是转而手动编写领域知识，例如，建立卡牌的本体（ontology）并且在一个抽象的符号化空间中进行搜索[659]。

　　⊖　http：//www.demilich.net/

不同于玩家不能控制将会被发到什么牌的扑克，在《炉石传说》（Blizzard Entertainment，2014）中，玩家也可以构建一副牌并且使用其来进行游戏。这为这个游戏的玩法增加了另一种层面上的挑战：除了在每回合要选择采用什么动作之外，成功的玩家还必须构建能够让她的策略得以实现的牌组。牌组的组成有效地限制了能够被选择的策略，以及之后通过动作选择所能实现的战术。这两个层次会相互影响——一个强大的玩家在选择一个招式时会将卡牌的组成以及它所提供的策略一同纳入考虑，而反之亦然——牌组构建与动作选择的问题在某种程度上的确可以被分别对待，并且在不同的智能体中实现。一种构建牌组的方式就是使用进化计算。牌组会被视为基因组，而适应度函数则牵涉到使用这个牌组来进行游戏的简单启发式智能体[218]。一种类似的方法也已经被用于多人卡牌游戏《皇舆争霸》[416]。

3.4.3　传统街机游戏

传统街机游戏，也就是那类出现于 20 世纪 70 年代初与 80 年代早期的街机游戏机、家用视频游戏主机以及家用计算机，已经在过去的几十年中被普遍地用作 AI 基准。这类游戏最具有代表性的平台是雅利达 2600、任天堂 NES、Commodore 64 以及 ZX Spectrum。大部分传统街机游戏的特点是在一个二维空间中的移动（某些时候被等体积地表示来提供三维移动的错觉），图形逻辑的大量使用［其中游戏规则由精灵（sprites）或者图像的交集而触发］，连续时间的进度，以及连续空间或离散空间的移动。

玩这类游戏在认知上的挑战因游戏而异。大部分游戏需要快速的反应与精确的计时，并且少数游戏，特别是如《田径》（Konami，1983）以及《十项全能》Decathlon（Activision，1983）这样早期的运动游戏几乎完全依靠速度与反应（见图 3.5a）。非常多的游戏需要为几个同时发生的事件分出先后，而这需要某种能够在游戏中预测其他实体的行为轨迹的能力。例如在《轻敲者》（Bally Midway，1983）中，这种挑战就是显而易见的——见图 3.5b——但是在部分平台游戏

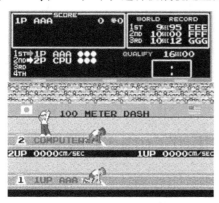

a)《田径》(Konami,1983)是一个关于运动
竞赛的游戏。这个游戏截图展示了100m冲
刺的开始。图片来源于维基百科(正当使用)

b) 在《轻敲者》(Bally Midway,1983)中,
玩家控制一名为顾客服务酒水的招待
员。图片来源于维基百科(正当使用)

图 3.5　《田径》（Konami，1983）、《轻敲者》（Bally Midway，1983），以及大多数的传统街机游戏需要快速的反应与感知

中也会有不同的方式，例如《超级马里奥兄弟》（Nintendo，1985），以及《打鸭子》（Nintendo，1984）或《导弹指挥官》（Atari Inc.，1980）这样的射击场游戏，还有如《防卫者》（Williams E-lectronics – Taito，1981）或《异型战机》（Irem，1987）这样的滚动式射击游戏。另一个普遍的需求是导航迷宫或者其他复杂的环境，这不仅被像《吃豆人》（Namco，1980）、《吃豆小姐》（Namco，1982）、《青蛙过河》（Sega，1981）以及《推石小子》（First Star Software，1984）等游戏突出地进行了例证，并且在许多平台游戏中也是极为普遍的。一些游戏，例如《蒙特祖玛的复仇》（Parker Brothers，1984），则需要长期的规划，并涉及对暂时无法观察的游戏状态的记忆。一些游戏具有不完整的信息与随机性，而其他游戏则是完全确定性并且可以充分观察的。

3.4.3.1 吃豆人以及吃豆小姐

经典的《吃豆人》（Namco，1981）游戏的多种版本以及克隆已经被频繁地用于 AI 的研究与教学，这是由于它不仅是一个有深度的挑战，而且它的概念的简洁并且易于实现。在这个游戏的所有版本中，玩家角色在躲避追逐的鬼魂的同时要移动贯穿一个迷宫。当所有分布在关卡各处的豆子被收集之后，则会获得这个关卡的胜利。特殊的能量药丸短暂地给予玩家角色能力来消灭鬼魂而不是被它们所消灭。就像在第 2 章所看到的那样，原版的《吃豆人》（Namco，1981）以及它的后继者《吃豆小姐》（Namco，1982）之间的差异看起来很小，但实际上却是根本性的不同；最重要的一点是在《吃豆小姐》（Namco，1982）中的鬼魂拥有非确定性的行为，这让学习一个固定的动作序列并作为游戏的一个解成为不可能的事情。这个游戏对研究群体的吸引力能够被一份近期的调查所佐证，其涵盖了 20 多年来使用这两种游戏作为测试平台的活跃 AI 研究[573]。

基于吃豆人的实验具有多种框架，其中一些与竞赛有关。吃豆人屏幕捕获竞赛（Pac – Man Screen Capture Competition）是基于原始游戏的微软街机复刻版的，并且没有提供任何用来加速游戏的前向模型或是工具[404]。吃豆小姐对鬼魂团队竞赛（Ms Pac – Man vs Ghost Team Competition）框架则由 Java 编写，并且包括一个前向模型以及为游戏明显地加速的能力；它也包括一个界面用于控制鬼魂团队而不是玩家角色的吃豆小姐[574]。《吃豆小姐》（Namco，1982）的雅利达 2600 版本已经可以被用作 ALE 框架[⊖]的一部分。在加州大学伯克利分校还有一个用于教授 AI 的基于 Python 的吃豆人框架[⊖]。

就像预期的那样，AI 玩家的表现根据前向模型的可用性而有所不同，也就是是否允许对鬼魂行为的模拟。没有提供任何前向模型的基于屏幕捕捉的竞赛被启发式方法所主导（其中一些涉及在迷宫中进行寻路而不将鬼魂的移动考虑在内），其表现出初学人类玩家的水平[404]。已经观察到的是，即便只向前搜索一步，并且使用一个基于某种进化神经网络的局面评估器，都能够成为用来玩这个游戏的有效方法[403]。当然，搜索的比单层更深会产生额外的好处；然而，在《吃豆小姐》（Namco，1982）中被引入的随机性使得即便在存在前向模型的情况时也会面临不小的挑战。蒙特卡罗搜索树已经被证明能够在这种情况下有着很好的表现[590, 524]。而强化学习中的免模型方法也已经被用于玩这个游戏，并且取得了一些成功[57]。一般来说，在吃豆小姐对鬼魂团队竞赛中最好的选

⊖ www. arcadelearningenvironment. org

⊖ http：//ai. berkeley. edu/project _ overview. html

手是以中级人类玩家的水平来玩这个游戏的[574]。不过在编写这本书的时候，微软 Maluuba 团队报告说《吃豆小姐》（Namco，1982）已经在实践上被解决了（达到了最高的可能分数 999 990 分）。这个团队使用一个被称为混合奖赏架构（hybrid reward architecture）的强化学习技术[738]，其将环境的奖赏函数分解为不同的、需要由对应数目的智能体所解决的强化学习问题（一组奖赏函数）。每个智能体根据所有智能体对每个动作的 Q 值的汇总来选择它的动作。

《吃豆人》（Namco，1980）也可以针对体验而不是表现来进行游戏。在一系列的试验中，在游戏的复制版中控制鬼魂的神经网络的进化使得游戏对人类玩家来说更有趣味性[766]。这个实验在概念上基于 Malone 对游戏中乐趣的定义，也就是挑战、好奇，以及幻想维度[419]，并且尝试寻找让这些特性最大化的鬼魂行为。特别是，适应度被分解为三个因素：①挑战的适合程度（也就是在游戏不太难也不太简单时）；②鬼魂动作的多样性；③鬼魂空间的多样性（也就是在鬼魂的行为是探索性而不是静态的时候）。这个用于发展有趣的鬼魂行为的适应度函数通过用户研究得到交叉验证[770]。

3.4.3.2 超级马里奥兄弟

任天堂的标志性主机游戏《超级马里奥兄弟》（Nintendo，1985）对于 AI 研究来说已经是非常流行的了，其包括在进行游戏、内容生成以及玩家建模上的研究（使用这个游戏的研究在本书的其他部分进行阐述）。这其中很大的一个原因是从 2009 年开始的马里奥 AI 竞赛，并且包括几个不同的方向，分别聚焦于游戏表现、以人类方式进行游戏以及生成关卡上[322, 717]。用于这个竞赛⊖的软件框架基于《无限马里奥兄弟》（Notch，2008），一个基于 Java 并带有简单的关卡生成的《超级马里奥兄弟》（Nintendo，1985）克隆版[706, 705]。这个竞赛软件的不同版本通常被称为马里奥 AI 框架或者马里奥 AI 基准，目前已经被用于多个研究项目。接下来，我们简单地将用于玩《超级马里奥兄弟》（Nintendo，1985）、《无限马里奥兄弟》（Notch，2008）或者马里奥 AI 框架/基准的多个版本的方法统称为玩"马里奥"。

马里奥 AI 的第一个版本可以比真实时间快数千倍地进行模拟，但并不包含一个前向模型。因此，学习一个马里奥兄弟智能体的第一次尝试是从对马里奥动作的直接状态观察中学习到某种函数[706]。在这个计划中，神经网络被用于引导马里奥通过简单的程序化生成的关卡。输入则是在以马里奥为中心的一个粗糙矩形中存在或不存在某些环境特征或是敌人，而输出被解释为在任天堂手柄（上、下、左、右）上的按下按钮动作。状态表示见图 3.6。一个标准的前馈多层感知机架构被用于这个神经网络，而适应度函数则被简单地表示为这个控制器能够在每个关卡上前进多远的距离。通过使用这种设置以及一种标准的进化策略，神经网络进化到了可以在部分关卡，但不是全部关卡中获得胜利的程度，并且通常会以一个人类初学者的水平进行游戏。

然而，正如以往一样，拥有一个前向模型将会产生一个巨大的不同。2009 年，Robin Baumgarten 赢得第一次马里奥 AI 竞赛，其通过重新使用部分开源游戏引擎代码来为这个游戏构建一个前向模型[705]。使用这个模型，他构建了一个基于在状态空间中进行 A* 搜索的智能体。在每个时间帧，智能体都会搜索到屏幕右边的最短路径，并且执行在产生的规划中最前列的动作。正因这个搜索利用了前向模型并且因此发生在状态空间中而不只是物理空间中，它可以在它的规

⊖ http：//julian. togelius. com/mariocompetition2009/

划中包含预测过的敌人移动（确定性的）。这个智能体能够完成在 2009 马里奥 AI 竞赛中使用的所有关卡，并且在完成关卡的时间上产生显然最佳的记录（它并不关注收集金币或是杀死敌人）。关于这个算法的解释以及一个展示它如何在马里奥上使用的图片，可以参见 2.3.2 节。

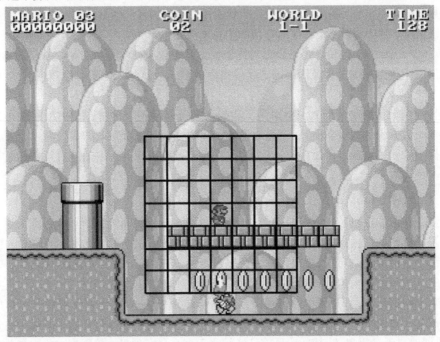

图 3.6　用于玩马里奥的神经网络的输入被结构化为一个以马里奥为中心的 Moore 邻域。如果对应的砖块是马里奥不能通过的砖块，那么其输入为 1，否则为 0。在另一个试验的版本中，添加了第二组输入，其中对应砖块存在敌人的话则为 1。图片来自参考文献［706］

鉴于 2009 马里奥 AI 竞赛中基于 A* 的智能体的成功，这个竞赛下一年的版本更新了关卡生成以使它产生更有挑战性的关卡。重要的是，新的关卡生成器创造了包括"死路"的关卡，马里奥在其中可能会采取错误的路径，并且一旦发生了就要回退去选择其他路径[322]。图 3.7 展示了一个像这样的死路的案例。这些结构有效地"困住"了依赖简单的最佳优先搜索的智能体，因为它们的搜索将会大量地终止于接近当前位置的路径，并且在找到一条回溯到结构开始的路径之前将会超时。而 2010 马里奥 AI 竞赛的胜利者是 REALM 智能体[56]。这个智能体使用一个进化形成的基于规则的系统来在关卡的当前部分中决定子目标，并且在之后使用 A* 导航到这些子目标。REALM 在 2010 马里奥 AI 竞赛中成功地解决了存在于部分关卡中的死路，并且它也是我们所知的当前拥有最佳表现的马里奥智能体。

除了 A* 以外其他已经被用于玩马里奥的搜索算法中，自然也包括蒙特卡罗树搜索[294]。已知的是，蒙特卡罗树搜索的标准模式表现得并不好，因为算法搜索得不够深，并且还会因为分支平均回报的方式会导致出现厌恶风险的行为。然而，经过一定的修改来解决这些问题后，一个蒙特卡罗树搜索变体被证明可以将马里奥玩的与纯粹的 A* 算法一样出色。在后续的实验中，一定的噪声被添加到马里奥 AI 基准中，并且发现蒙特卡罗树搜索能够比 A* 更好地解决这个添加的噪声，这可能是因为蒙特卡罗树搜索依赖于回报的统计平均，而 A* 则假设一个确定性的世界。

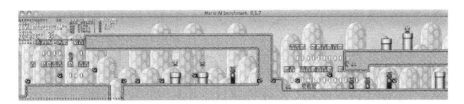

图 3.7　为了 2010 马里奥 AI 竞赛而生成的一个示例关卡。注意在截图中的悬挂结构，为马里奥创造出了一条死路；如果他选择在悬挂平台下面前进，那么在他遇到结构末端的墙之后，他将会需要回溯到平台开始的地方，并且选择上方的路径。基于简单 A* 搜索的智能体就无法做到这点

所有上述工作都集中于以游戏表现为目标而进行游戏。在为游戏体验而玩马里奥游戏上的工作则主要集中于模仿人类玩家风格，或者是创造类似人类玩家玩马里奥的智能体。马里奥 AI 竞赛的一个图灵测试方向被创造出来用于深入开展这项研究[619]。在这个方向中，参赛者提交智能体，并将它们在多个关卡中的表现记录下来。智能体玩不同关卡的视频在这里会与其他人类玩家玩相同关卡的视频一同被展示给人类观众，然后观众被要求指出视频中哪一个是人类玩家。智能体的得分基于它们可以频繁地欺骗人类，这与原始图灵测试的设置相同。结果指出，包含硬编码活动［例如有些时候静止不动（给出一种"思考下一个动作"的印象），或是偶尔误判一个跳跃］的简单的启发式解决方法可以非常有效地呈现人类的游戏风格。而提供类人类行为的另一种方式则是从游戏轨迹中进行学习来显式地**模仿**人类。Ortega 等人描述了一种用于创造以特定人类玩家风格来玩马里奥游戏的智能体的方法[511]：生成神经网络，在其中适应度函数将基于智能体在面临相同状况时能否与人类玩家表现出相同的动作。比起生成一个有更直接的适应度函数的神经网络架构，其被证明能够产生更类人的行为。而在类似的创造类人马里奥 AI 玩家的工作中，Munoz 等人[469]同时使用玩家轨迹以及玩家在屏幕上的眼睛位置的信息来作为一个人工神经网络的输入，其被训练来逼近在每个游戏步骤中哪一个键盘动作将会被执行。它们的结果产生一个很高的对玩家行为的预测准确性，并且显示基于信息的类人马里奥控制者有可能会超越基于游戏玩法数据的类人马里奥控制者。

3.4.3.3　ALE 框架

街机学习环境（Arcade Learning Environment，ALE）是一个用于通用游戏研究的环境[40]，其基于对经典的视频游戏主机雅利达 2600 的模拟（虽然这个环境在技术上也可以适应其他模拟器，但雅利达 2600 模拟器是一个已经在实践中被使用的模拟器，以至于 ALE 框架有时候被简单地称为"雅利达"）。雅利达 2600 是一种主机，带有 128B 的 RAM，最大每个游戏 32KB 的 ROM，并且没有屏幕缓存，因此对系统上可以实现的游戏类型有着严重的限制[466]。ALE 提供一个接口供智能体通过标准操纵杆对游戏进行控制，但是不提供任何内部状态的处理版本；而是向智能体提供一个 160×210 像素的屏幕输出，智能体将需要在某种程度上解析这种视觉信息。这其中也存在一个正向模型，但它相对较慢并且一般不被使用。

早期一些使用 ALE 的工作使用神经进化；特别是一份在 61 个雅利达游戏上比较了几种神经进化算法的研究[251]。研究人员发现可以使用流行的神经进化算法 NEAT 为每种游戏生成质量不错的玩家，前提是那些算法可以得到由某个计算机视觉算法识别的各种游戏内目标的位置。HyperNEAT 算法，一种非直接编码的神经进化算法，其可以创造任意大小的网络，并且可以基于原始像素输入学习出一个能够玩游戏的智能体，甚至在三个被测试的游戏上有着超越人类的表现。在这篇论文中，神经进化方法在表现上通常比经典的强化学习方法要好得多。

之后 ALE 被 Google DeepMind 用于深度 Q - learning 的研究，在 2015 年一篇入选了《自然》的论文对其进行了介绍[464]。就像第 2 章所仔细阐述的那样，这项研究展示了通过训练一个深度神经网络（5 层，其中最初的 2 层是卷积的）并结合 Q - learning，再增加经验回放，在 49 个被测试的雅利达游戏中，有 29 个在表现上能够达到人类的游戏水平。这项研究之后激发了一系列尝试改进这篇论文中提出的核心深度强化学习的实验。

值得注意的是，几乎所有的 ALE 工作都集中于为多个单独游戏学习神经网络（或是偶然混杂的其他智能体表示）。也就是说，网络架构与输入表示在所有游戏中都是相同的，但是针对单个游戏学习而来的参数（网络权重）不同，并且只能被用于玩这个游戏。这似乎与通用对弈游戏的思想有一些不一致，后者的思想是，你学习得到的智能体应该不限于玩单个游戏，而是能玩你给予它们的任意游戏。需要注意的是，比起用于通用对弈游戏上的研究，ALE 自身更适合用于那些玩单独游戏的研究，因为只存在数量有限的雅利达 2600 游戏，并且为这个平台创造新游戏也非常不容易。这有可能会出现将架构甚至智能体特化到这些单一的游戏上的情况。

3.4.3.4　通用视频游戏 AI

通用视频游戏 AI（GVGAI）竞赛是一个基于游戏的 AI 竞赛，从 2014 年开始举办[528]。它的创立部分是为了应对许多当前基于游戏的 AI 竞赛所呈现的趋势，例如那些于 CIG 与 AIIDE 会议上组织的竞赛，由于包含越来越多的领域知识，提交的作品越来越具有游戏特化。因此，GVGAI 的一个中心思想是竞赛的各个作品将会在未见过的游戏上进行测试，换句话说，就是之前尚未公布给选手的游戏，因此其不可能为作品做出特化调整。在编写本书时，GVGAI 仓库包括大约 100 种游戏，并且每次竞赛时都会添加超过 10 种的游戏（其中的示例游戏见图 3.8）。

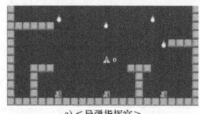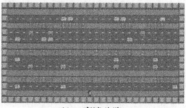

a)≤导弹指挥官≥　　　　　　　　　　　　b)≤高速公路≥

图 3.8　已经被用于 GVGAI 竞赛中的两个示例游戏

为了简化 GVGAI 中的游戏开发，人们开发了一种称为视频游戏描述语言（Video Game Description Language，VGDL）的语言[181, 597]。这个语言允许使用一种类似 Python 的语法来简洁地描绘游戏；一种特定的游戏描述为 20 ~ 30 行，并在不同的文件中指定关卡。考虑到 2D 移动以及图像逻辑的潜在猜测，在 GVGAI 语料库中的大部分游戏是由经典街机游戏所改造（或所启发）而来的，例如《青蛙过河》（Sega, 1981），《推石小子》（First Star Software, 1984）或《太空侵略者》（Taito, 1978），但也有一些是现代的独立游戏，例如《雪人难堆》（Hazelden and Davis, 2015）。

GVGAI 竞赛的首个方向是单人规划方向，其大部分结果是已知的。在这里，智能体将被给定一个游戏的快速前向模型，以及 40ms 来使用它为下一个动作做出规划。考虑到这些条件，各种类型的规划算法成为主流也情有可原。在这个方向上有着突出表现的大部分都是基于蒙特卡罗树搜索上的变体或者类蒙特卡罗树搜索算法，例如开环最大期望树搜索（Open Loop Expectimax Tree Search）算法[528] 或者带有选择性搜索的蒙特卡罗树搜索[161]。一个令人惊讶的高性能智能体使用迭代宽度（Iterative Width）算法，其中的核心思想是为所有事实建立一个命题数据库，然后使用它将一个宽度优先搜索算法剪枝到只会探索那些有着一定新奇性的分支，并以第一次看到的事实的最小集合的大小来进行衡量[389]。基于进化规划的智能体也表现得非常好，但在表现上没有像那些基于随机树搜索或是带有新奇性剪枝的搜索那么好。

尽管一些智能体总体上比其他的更好，但在排名中却有着很明显的非传递性，也就是针对一个特定游戏的最佳算法对另一个游戏来可能并非最好——事实上，似乎存在一些模式，某种算法家族在某种游戏家族上表现得更好[213, 59]。考虑到这些模式，一种取得更好的游戏表现的方法自然就是使用**超启发式**（hyper - heuristics）或者**算法抉择**（algorithm selection）来选择在运行时哪一个算法被用于哪一个游戏，到目前为止，有一个方法已经取得了一定的成功[453]。

另外两个 GVGAI 方向与游戏玩法有关，即双人规划方向与学习方向。双人规划方向类似单人规划方向，但是具有一定数量的双人游戏，其中一些是合作性的，而另一些是竞争性的。在编写本书的时候，在这个方向中的最佳智能体是单人方向智能体的轻微修改版本，其对其他玩家的行为会做出简单的猜想[216]；可以预计那些有更复杂的玩家模型的智能体最后会表现得更好。相比之下，学习方向以单人游戏作为特征，并且为玩家提供时间去学习一个策略，但没有提供一个前向模型。预计深度强化学习以及神经进化等算法将会在这里取得良好的效果，不过目前暂时还没有结果；可以想象的是，学习到一个前向模型并执行树搜索的算法将会占据主导地位。

3.4.3.5 其他环境

除了 ALE 和 GVGAI，还有其他一些能够被用于包含有街机风格游戏的 AI 实验的环境。怀旧学习环境（Retro Learning Environment）是一个在概念上与 ALE 类似的学习环境，不过其是基于对超级任天堂主机的模拟的[45]。一个更通用，但关注度更少的系统是 OpenAI Universe[⊖]，其可以作为大量不同游戏的统一接口，无论是简单的街机游戏还是复杂的现代冒险游戏。

3.4.4 策略游戏

策略游戏，特别是**计算机策略游戏**，是指玩家能够控制多个角色或单位的游戏，并且游戏的目标是赢得某种形式的征服或是冲突。尽管不是必然，但通常游戏的叙述与图像都是映射某场军事冲突，而参与的单位可能是骑士，也可能是是坦克或者战舰。在策略游戏中最重要的区分可能就是**回合制**战略游戏与**即时**战略游戏了，其中前者会为玩家留下充足的时间来决定在每个回合要采取什么动作，而后者则为玩家施加一定的时间压力。著名的回合制策略游戏也包括一些史诗策略游戏，例如《文明》（MicroProse, 1991）以及《幽浮》（MicroProse, 1994）系列，但也有一些更短的游戏，例如《英雄学院》（Robot Entertainment, 2012）。而突出的即时战略游戏则包括《星际争霸》（Blizzard Entertainment, 1998）与《星际争霸 II》（Blizzard Entertainment,

---

⊖ https：//universe. openai. com/

2010)、《帝国时代》（Microsoft Studios，1997～2016）系列以及《命令与征服》（Electronic Arts，1995～2013）系列等。除此之外的区分还在于它是集中于探索的单人游戏，例如《文明》游戏，还是像《星际争霸》（Blizzard Entertainment，1998～2015）这样的多人竞技游戏。大部分，但并非全部的策略游戏都会含有隐藏信息。

策略游戏在认知上的挑战就是需要制定与执行会涉及多个单位的复杂计划。这个挑战比起在其他传统棋盘游戏中的规划挑战通常更困难，例如国际象棋，而这主要是由于在每个回合中都存在多个必须被移动的单位；一个玩家控制的单位数量可以很容易就会超过短期记忆的极限。而规划范畴也可能会变得非常漫长，例如在《文明V》（2K Games，2010）中，你所做出的关于建立单个城市的策略将会在几百个回合内对游戏进程产生影响。单位被移动的顺序也可以非常明显地影响一次移动的结果，特别是某个单独的动作有可能会在某次移动中揭露出新的信息，从而产生一个在先后顺序的挑战。除此之外，还有在预测一个或多个对手的招式上的挑战，并且它们还经常会拥有许多个单位。对于即时策略游戏来说，额外还有与游戏速度相关的感知以及肌肉运动上的挑战。这种认知上的复杂性也反映在智能体在玩这些游戏的计算复杂度上——就像在3.2.1.4节中所探讨的那样，一个策略游戏的分支因子可以轻松地达到上百万甚至更大。

策略游戏的海量搜索空间与巨大的分支因子对于大多数搜索算法来说都是十分严重的问题，因为仅向前搜索单个回合可能都已经无法完成了。处理这个问题的一种方法将这个问题进行分解，让每个单位各自为政；但这也会为每个单位都创造出一个搜索问题，并且这个问题的分支因子等同于每个单位的分支因子。这个方法的优点是易于处理，但缺点是会阻止单位间的协调。尽管如此，分开处理单位的启发式方法仍然被用于许多策略游戏内置的AI。但不巧的是，许多策略游戏的内置AI通常也都被认为是不够完善的。

在策略游戏的研究中，一些解决方法也涉及如何巧妙地对回合空间进行子采样，以便使用标准的搜索算法。这类方法的一个案例就是基于使用朴素采样（Naive Sampling）来进行分解的蒙特卡罗树搜索变体[503]。另一种方法则是非线性的蒙特卡罗，其被应用在《文明II》（MicroProse，1996）中，并且有着非常出色的结果[65]。这个方法的基本思路是随机地在回合空间中抽样（其中每个回合都由所有单位的所有动作所组成），并且通过一次一直执行到某个特定点的随机推演（采取随机动作）来为每个回合生成一个估计。基于这些估计，训练一个神经网络来预测回合的值；在之后回归就可以被用来搜索拥有最高预测值的回合了。

不过训练并不一定需要基于树搜索。Justesen等人将在线进化规划应用到了《英雄学院》（Robot Entertainment，2012）中，这是一个存在完美信息并且每回合的招式数量相对较少（在标准设置下为5个）的双人竞争性策略游戏[309]。每个染色体是由要在单个回合内执行的各个动作所组成的，而适应度函数则是在回合结束时的材料差异。可以看到的是，这个方法极大地超越了蒙特卡罗树搜索（以及其他树搜索算法），尽管它们只有单个回合的浅搜索深度，但这可能是由于分支因子让树搜索算法甚至完全无法有效地对这一个回合的空间进行探索。

进化方法也可以被用于创造玩策略游戏的智能体。例如，基于NEAT的宏观管理控制器被训练来玩游戏《Globulation 2》（2009）。然而，在这个研究中，NEAT控制器的目标并不是赢得胜利，而是游戏中的体验；特别是，它被演化为通过采取宏观行动（例如，建立计划、战斗规划）以便为所有玩家提供一个平衡的游戏[499]。基于人工进化的AI方法也已经被用来为许多其他的策略游戏做游戏测试机制[588, 297]。

3.4.4.1　星际争霸

最早的《星际争霸》由暴雪娱乐于 1998 年发行，至今仍被广泛地用作竞技游戏，这也是它强大的游戏设计，特别是不同寻常的挑战深度（见图 3.10）的一种证明。这个游戏通常会配合《母巢之战》拓展包来玩，并被称为 SC：BW。母巢之战 API（Brood War API，BWAPI）⊖，也就是一个允许使用智能体来玩这个游戏的接口，已经造就了一个繁荣的、共同致力于创造用于玩《星际争霸》（Blizzard Entertainment，1998）的 AI 的研究爱好者的社区。每年都会有几个基于 SC：BW 与 BWAPI 的竞赛⊖被举办，这其中包括在 IEEE CIG 与 AIIDE 会议[87]上的竞赛。TorchCraft 则是一个建立于 SC：BW 与 BWAPI 之上，用于促进使用《星际争霸》的机器学习研究的环境，特别是深度学习[681]。与此同时，最近也发布了一个相似的 API，用来将 AI 智能体与游戏续作《星际争霸 II》（Blizzard Entertainment，2010）进行连接，其在机制与概念上都非常相似，但也存在许多技术上的不同。在现有的 API 与竞赛中，几乎所有现有的研究都是使用 SC：BW 来完成的。

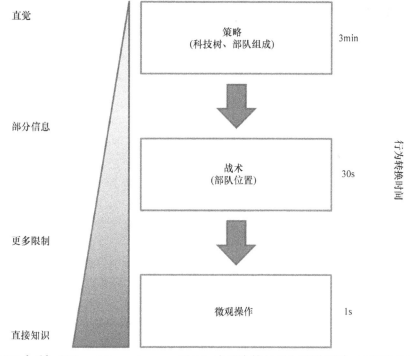

图 3.9　《星际争霸》（Blizzard Entertainment，1998）中的决策的三个不同级别。三角形的宽度代表了信息的总量，而它的灰度渐变展示了部分观察性的水平。例如，在最高的策略级别，玩家的可观察性以及可用信息的级别都相对较低。而在三角形的另一端，也就是在最低的微观操作级别上，玩家必须考虑他所控制的每个单位的类型、位置以及其他的动态属性；这些信息几乎都是可观察的。作为参考，一场完整的《星际争霸》（Blizzard Entertainment，1998）游戏经常需要 20min 左右，但也有较大的变化范围。图片是在 Gabriel Synnaeve 的授权下重绘而来

⊖　https：//github.com/bwapi/bwapi

⊖　http：//www.starcraftai.com/

图 3.10　《星际争霸：母巢之战》（Blizzard Entertainment，1998）中的一张截图，展示游戏中可以使用的多种不同单位。在编写本书的时候，精通这个实时策略游戏被认为是 AI 研究最巨大的挑战之一。图片来源于维基百科（正当使用）

正因为 SC：BW 是如此复杂的一个游戏，并且试图精通它的挑战十分巨大，所以大部分研究都是关注在这个问题的一部分上的，最常见的就是通过某种层次的抽象来进行游戏。这通常会将 SC：BW（以及类似的即时战略游戏）中的不同层次的决策化依据时间规模划分成三个等级：策略、战术以及微观操作（见图 3.9）。不过到目前为止，尚且还没有智能体甚至能够以一个人类中级玩家的水平来完成一场完整的游戏；不过，在玩这个游戏时存在的几个相当棘手的问题的某些子问题上已经拥有相当明显的进步。

关于玩 SC：BW 游戏的 AI 研究的完整概述，读者可以参阅一份近期的综述[504]。接下来，尽管无法做到完整的覆盖，但我们将通过一些例子来阐述在这个领域中已经完成的一些研究。

在微观层次上，AI 通常会在小于 1min 的时间范畴内进行游戏，在这其中每次采取动作相间隔的时间通常是在 1s 上下。在关注这个 SC：BW 战役的最低级形式时，就没有必要去考虑基地建筑、研究、战争迷雾、探索以及完整 SC：BW 游戏的许多其他方面了。通常来说，这会是两个阵营相互对峙，其中每一边都会有一组的几个或几十个单位。目标就是去摧毁敌人的单位。这种游戏模式也可以在实际游戏中进行，其不允许进行明显的加速，而且没有提供前向模型，不过这也可以在提供前向模型的模拟器 SparCraft[123] 中进行。（还存在一个 SparCraft 的 Java 版本，称之为 *JarCraft*[311]。）

在免模型的场景中，没有额外的前向模型，智能体必须基于手动定制的策略，或是通过强化学习或监督学习学习得到的策略。手动定制的策略能够基于势场（potential field）等方法来实现，在这其中，为了创造有效的战斗模式，不同的单位会被其他单位所吸引或排斥[242]，还可以通过

模糊逻辑 (fuzzy logic)[541] 来实现。对于免模型场景下的机器学习方法，标准[622] 和深度强化学习[729] 已经被用于学习策略，并小有成效。在通常情况下，问题会被分解，以便学习独立的 Q 函数，而其之后会被分别用于各个单位[729]。

使用 SparCraft 模拟器，由于前向模型的可用性，我们能够做更多的事情。Churchill 与 Buro 提出了一种称为项目组合贪婪搜索 (Portfolio Greedy Search) 的简单方法来处理巨大的分支因子[123]。其核心思想是，不为每个单位选择动作，而是使用数量不多的 [一个项目组合(portfolio)] 被称为脚本的简单启发式方法，并且使用一个贪婪搜索算法来将这些脚本分配给各个单位。这种方法取巧性地进行剪枝，但将可以探索的策略空间限制到了能够被描述为脚本组合的策略空间中。在这之后，还发现脚本的项目组合思想可以与蒙特卡罗树搜索相结合，并产生出色的结果[311]。而通过进化规划来完成项目组合选择甚至还能获得更好的结果[745]；这些想法很可能会由于它们能同时控制多个单位从而被推广到多种策略游戏或是其他存在高分支因子的游戏中。

回头看向微观操作 – 战术 – 策略连续体的另一端，大规模的**策略**适应仍然是一个非常困难的问题。现有的 SC：BW 机器人很少能实现多种策略，更不用说根据游戏的进度来调整它们的策略了。为了完成这一点，必须创造一个能基于有限线索来得出对手正在尝试做什么的模型。在这个方面，Weber 与 Mateas 完成的前沿工作关注于挖掘 SC：BW 竞赛的记录，以便从游戏早期的行动中预测出一个玩家将要采用哪种策略[750]。

还有一些更为雄心壮志的尝试，致力于创造完整的、能够以一种原则方式处理策略、战术与微观操作的智能体。例如说，Synnaeve 与 Bessière 构建了一个基于贝叶斯编程的智能体，其有合理优秀的表现[680]。

3.4.5　竞速游戏

竞速游戏是玩家要负责控制某种形式的车辆或角色，以便在最短时间内到达某个目标或是在一个给定时间内沿着赛道尽可能远地移动的游戏。通常这个游戏使用第一人称视角，或是处于玩家控制的车辆之后的一个便利位置。大部分竞速游戏都使用一个连续的输入信号作为转向输入，就类似于一个方向盘。某些游戏，例如《竞速飞驰》（Microsoft Studios，2005～2016）或《真实赛车》（Firemint and EA Games，2009～2013）系列还允许使用包括变速杆、离合器与手制动器在内的复杂输入，而像《极品飞车》（Electronic Arts，1994～2015）系列那样更为街机化的游戏中，输入集合通常比较简单，因此拥有更低的分支因子。像《反重力赛车》（Sony Computer Entertainment Europe，1995～2012）与《马里奥赛车》（Nintendo，1992～2017）系列等竞速游戏还引入了额外的元素，例如可以被用来短暂瘫痪对手车辆的武器。

尽管在玩竞速游戏时面临的认知挑战看起来可能很简单，但大多数竞速游戏实际上需要同时执行多个任务，并且有着明显的技巧深度。在最基本的关卡中，智能体需要根据车辆的位置进行控制并调整加速或制动，凭借使用良好调整的连续输入，从而尽可能快地通过赛道。而要将这一点做到最优则至少需要短周期的规划，例如向前一或两圈（赛道）。如果在游戏中还存在要被管理的资源，例如燃油、损伤或者速度提升，则这还需要长周期的规划。当其他车辆出现在赛道上，在尝试或阻止超车时，还需要加入一个对抗性规划的角度；这个规划经常需要在存在隐藏信息（在赛道不同部分的其他车辆的位置与资源）的情况下完成，并且有着不小的时间压力，能从对手驾驶员的建模中获利。

一个相对早期但比较突出的商业游戏应用是用于《竞速飞驰》（Microsoft Studios，2005）上的 AI，其以 Drivatar 的名字进行推广[259]。Drivatar 智能体通过有监督的某种形式的惰性学习（lazy learning）进行创建。为了训练这个智能体，人类需要亲自驾驶去体验许多赛道，而其被分解为多个部分；游戏中的所有赛道需要由来自相同"字母表"的部件组成。在驾驶时，智能体会选择最接近玩家在这些部分完成的比赛线路的驾驶指令。这个方法成功地实现了个性化的驾驶智能体，也就是能够以经过训练的人类玩家的风格驾驶新赛道的智能体，但对赛道的设计也提出了一定的要求。

借助强化学习，也存在多种能够在无监督的情况下训练智能体去学会驾驶的方法。多篇论文展示了神经进化是如何在缺乏其他车辆以及优秀的人类驾驶员的情况下训练能够驾驶某个单独赛道的智能体的[707]，而渐进式进化（incremental evolution）又是如何训练拥有各种通用驾驶技巧的智能体在从未见过的赛道去行驶的[709]，以及具有竞争性的共同进化又是如何在缺乏其他车辆的情况下对抗性地训练智能体在驾驶上带有更多或更少的进攻性的[708]。在所有这些实验中，一个相对小的固定拓扑网络的所有权重都是由某种进化策略训练而来的。这个网络的输入是车辆的速度以及少量能够返回与赛道边缘距离的测距传感器数据。由此产生的网络的低维度令人们能够相对容易地找到高性能的网络。

模拟车辆竞速锦标赛（Simulated Car Racing Championship）自 2007 年以来每年举办一次，其部分基于这项工作，并且使用一种类似的传感器模型。在第一年，这个竞赛基于简单的 2D 竞速游戏，并且竞赛的胜利者是一个基于模糊逻辑的控制者[710]。在 2008 年竞赛软件则围绕着 TORCS，一个拥有合理的随机物理模型的 3D 竞速软件进行了重构[393]（见图 3.11）。在接下来的几年中，许多选手向这个竞赛提交了许多基于多种不同架构的智能体，其中包括进化计算、差分学习、监督学习与简单硬编码的基于规则的系统[393]。在竞赛过程中可以观察到了一种普遍趋势，那就是胜利的智能体会以硬编码的形式包含越来越多的领域知识。最出色的智能体，例如 *COBOSTAR*[90] 或 *Mr. Racer*[543] 在一条赛道上单独行驶时通常能够与一名优秀的人类驾驶员旗鼓相当甚至表现得更出色，但在超车以及其他形式的对抗性驾驶上仍处于苦苦挣扎的阶段。

如上所述，模拟车辆竞速锦标赛以一种相对容易映射到驾驶指令的形式提供了信息，至少使得学习基本驾驶策略（但并非出色调整过的）变得相对容易。然而，某些作者已经尝试从原始数据中学习驾驶。在这其中的早期工作包括 Floreano 等人的工作，他们开发了一个带有某种可移动的"视网膜"的神经网络来在一个简单模拟环境中进行驾驶。这个神经网络的输出会同时包括驾驶命令以及如何移动视网膜的命令，并且只有视网膜中相对不多的像素会被用作网络的输入[206]。在这之后，Koutnik 等人尝试在压缩过的权重空间中通过演化网络来开发能够使用高维度输入的控制者；从本质上来说，是对网络连接中 JPEG 编码参数进行演化，令进化搜索能够在巨大的神经网络空间中有效地运作[353]。深度网络的监督学习也已经被应用于视觉驾驶中，产生了能够从案例中进行学习的高性能 TORCS 驾驶者[795]。

上面的例子并没有使用任何类型的前向模型。然而，汽车移动在模型上来说相对简单，并且竞速游戏很容易就能创造出一个足够快并且接近的模型。在给定这样的一个模型后，树搜索算法很容易能够被应用到汽车控制上。例如说，Fischer 等人就表明了蒙特卡罗树搜索加上一个简

图 3.11　TORCS 中的一张截图，其在模拟车辆锦标赛中被大量使用。图片来源自
https：//sourceforge. net/projects/torcs/（正当使用）

单的前向模型能够在 TORCS 中产生很不错的表现[203]。

3.4.6　射击与其他第一人称游戏

自从《毁灭战士》（GT Interactive，1993）以及《德军总部 3D》（Apogee Software and Form-Gen，1992）在 20 世纪 90 年代早期获得成功之后，**第一人称射击游戏**（FPS）就成为视频游戏中的一种重要类别。虽然 FPS 的一个基本准则似乎是得通过某种第一人称视角来对世界进行观察，但在此之外的某些游戏也被认为是 FPS，例如相机位置略微地在玩家之后和/或之上的《战争机器》（Microsoft Studios，2006~2016）系列。类似地，"射击"这个词也意味着这个游戏要以某种武器的子弹射击为主。在这个基础上，像《传送门》（Electronic Arts，2007）这样的游戏也可以被视为一个 FPS，尽管玩家的工具是否真的是一个武器还存在争议。

射击往往被视为快节奏的游戏，在这其中感知与反应的素质是至关重要的，并且在一定程度上也是十分正确的，尽管游戏过程的速度在不同的射击类型中各自不同。但很明显的是，快速的反应对计算机程序来说通常不会是一个问题，而这意味着一个 AI 玩家在默认情况下比起一个人类就会拥有确定性的优势。不过也存在其他的认知挑战，包括在一个复杂的三维环境中的定位以及移动，并且某些游戏模式中也存在基于团队的合作。如果使用视觉作为输入，还有一个额外的有关从像素中提取相关信息的挑战。

早期已经存在一些为了提高智能体的效率而对其参数进行优化的工作[127]，但针对 FPS AI 的大量工作是由两个竞赛所启发的：一个是 **2K BotPrize**，另一个是更为近期的 **VizDoom**。

3.4.6.1　虚幻竞技场 2004 与 2K BotPrize

《虚幻竞技场 2004》（UT2k4）（Epic Games，2004）是发行于 2004 年的 FPS，拥有当时最先进的图像技术与游戏玩法。尽管游戏本身并没有被开源，但位于布拉格查理大学的一个团队创造了 Pogamut，一个基于 Java 的 API，其允许对游戏进行简单的控制[222]。Pogamut 为智能体提供了基于目标的信息界面，其中智能体能够查询目标与角色的位置，并且也为执行向特定地点发射子弹之类的动作提供了便利的函数。

某些使用 UT2k4 的工作试图通过使用像神经进化之类的技术为一个或多个游戏内的任务获得高性能的智能体。例如，van Hoorn 等人将玩 UT2k4 的任务细分为三个子任务：射击、探索以及路径跟踪[734]。通过使用一种更早期的、将神经进化与 Rodney Brooks 的包容结构[70]相结合的方法[698]，他们在这之后为这些任务中的每一个都生成了神经网络。并且产生的智能体能够相对有效地在这些游戏场景中进行游戏。

然而，UT2k4 基准的主要使用是在 **2K BotPrize**（见图 3.12）中。这个竞赛从 2008 年举办至 2014 年，并在基于游戏但却不集中于游戏表现而是游戏体验的 AI 竞赛中脱颖而出。特别要说的是，它也是图灵测试的一种形式，在这其中被提交的智能体不是根据它们在与其他智能体的交火中生存的有多好来评定的，而是根据它们是否可以欺骗人类的判断（它们在之后的比赛设置中也会参与游戏）来误认为它们是人类来评定的[262, 263, 264]。

a) 评定者的房间   b) 玩家的房间

图 3.12   2008 年 12 月 17 日举办于悉尼珀斯的第一届 2K BotPrize 竞赛，作为 2008 IEEE 计算智能与游戏专题研讨会（IEEE Symposium on Computational Intelligence and Games）的一部分

2014 年最后一场 2K BotPrize 的胜利者是超过一半的人类裁判都认为它们（机器人）是人类的团队。第一个胜利的团队 UT2，来自得克萨斯大学奥斯汀分校，主要基于借助多目标进化的神经进化[603]。它由多个独立的控制器所组成，其中大部分是基于神经网络的；在每一帧，它会遍历循环所有这些控制器，并且使用一组优先级来决定哪些控制器的输出会对智能体的多个方面提出命令。除了神经网络之外，某些控制器也使用了不同的方法进行构建，特别是人类追踪控制器，其使用人类玩家的轨迹来帮助智能体走出被卡住的位置。而第二个胜利者，Mihai Polceanu 的 *MirrorBot*，则是围绕着观察游戏中的其他玩家并且模仿他们行为的思路构建的[535]。

3.4.6.2   原始屏幕输入与可视化 Doom AI 挑战

VizDoom 框架是围绕着经典的《毁灭战士》（GT Interactive, 1993）FPS 的一个版本搭建的，其允许研究者开发只使用屏幕缓存来进行游戏的 AI 机器人。VizDoom 被波兹南理工大学计算机科学学院的一个研究者团队开发为一个 AI 测试平台（见图 3.13）。这个框架包括几个不同复杂度的任务，从生命包收集和迷宫导航一直到需要全力以赴的死亡竞赛。一个基于 VizDoom 的年度竞赛自 2006 年开始于 IEEE CIC 会议中举办，并且这个框架也被包括在 *OpenAI Gym*⊖ 中，其是一个能够被用于 AI 研究的游戏集合。

⊖   https：//gym. openai. com/

图 3.13　一张 VizDoom 框架的截图，其——在编写本书时——被用于 Visual Doom AI 挑战赛。这个框架给出了关卡的深度（允许 3D 视觉）。图片经允许获取于 http：//vizdoom. cs. put. edu. pl/

　　VizDoom 的大部分已发展的工作都是基于卷积神经网络的深度强化学习，因为该方法在学习基于原始像素输入的行为方面得到了证明。例如，*Arnold*，一个在首届 VizDoom 竞赛中表现出色的智能体，就是基于两个不同的神经网络的深度强化学习的，一个用于探索，一个用于战斗[115]。

　　不过也可以使用进化计算来训练神经网络控制器。因为非常巨大的输入空间需要巨大的网络，而其通常在进化优化上表现不佳，所以必须要在某种程度上对信息进行压缩。这可以通过在玩游戏时使用在视频流上训练的自动编码器来完成；然后，自动编码器的瓶颈层的激活可以用作某个能够决定动作的神经网络的输入，并且这个神经网络的权重可以进行演化[12]。之前在相关游戏《雷神之锤》（GT Interactive，1996）中对作用在视觉输入之上的控制器进行演化的尝试只取得了比较有限的效果[519]。

3. 4. 7　严肃游戏

　　严肃游戏或具有超越娱乐目的的游戏类型已经成为游戏 AI 最近研究的一个焦点领域。人们可能会说，大部分已有的游戏在本质上就是严肃的，因为它们在游戏过程中为玩家提供了某种形式的学习。例如，像 *Minecraft*（Mojang，2011）这样的游戏，并没有特意设计出具体的学习目标；但尽管如此，它们也已经在教学中被广泛地用于科学教育。除此之外，也有人认为严肃游戏并不具有自己的特定类别；游戏可能拥有一种不限于它们被设计的类别的目的。严格地说，严肃游戏的设计涉及一组特定的学习目标。学习目标可能是教育目标，例如那些在 STEM 教育中被考虑的教育目标——这类游戏的一个著名案例就是《龙箱》（WeWantToKnow，2011）系列，其能够教小学生各种等式的解决技巧，以及各类基本的加减技巧［在基于游戏的 STEM 教育上的一项重要的学术努力就是以叙事为中心的《*Crystal Island*》游戏系列，其被用于有效的科学训练[577,584]］。然而，这个学习目标可以是社交技能的训练，例如通过游戏解决冲突或是社会融入；《*Village Voices*》[336]（见图 3.14a）、《*My Dream Theater*》[100]（见图 3.14b），以及《*Prom Week*》[447]就是这些技能训练游戏的典型例子。还有就是，这个目标也可以是训练那些遭受创伤后应激障碍的战争老兵在游戏中面临应激物时去协调他们的认知 - 行为表现，就像是在《*Startle Mart*》[270,272]和《*Virtual Iraq*》[227]这样的游戏中。这个学习目标也可以是为科学家募集集体智慧。许多科学游戏在近期已经通过群体游戏（crowd playing）［或者也可以说人类计算（human computation）］探索到了新的知识；可以说最受欢迎的科学探索游戏就是《*Foldit*》[138]了，通过这个游戏玩家们可以共同探索一种新的蛋白质折叠算法。

a)《*Village Voices*》（截图来源于参考文献[336]）　　b)《*My Dream Theater*》（截图来源于参考文献[99]）

图 3.14　用于冲突消解的《*Village Voices*》以及《*My Dream Theater*》。《*Village Voices*》实现了在社交、多玩家情况下的冲突的体验式学习，而《*My Dream Theater*》提供了单人的冲突管理体验。在第一个游戏中 AI 承担为矛盾建模以及为玩家生成恰当任务的角色，而——与本章的目的更为贴近的——在《*My Dream Theater*》中 AI 承担了控制表达性智能体（NPC）的角色

玩一个严肃游戏所需要的认知与情绪技巧很大程度上取决于游戏本身以及潜在的学习目标。一个有关数学的游戏通常需要计算以及解决问题的能力。而一个有关应激接种与暴露疗法的游戏将需要认知行为应对机制、认知评估的元认知和自我控制。玩家所需的认知与情绪技巧的广度与一款认知游戏能够融入其设计的不同学习目标的数量一样宽广。

许多严肃游戏拥有 NPC，以及能够帮助这些 NPC 变得更拟真、类人、社交化及具有表达性的 AI。在严肃游戏中的 AI 通常对 NPC 行为建模与以 NPC 身份进行游戏来说非常有用，但这并不是为了赢得游戏，而是为了游戏的体验。无论这个游戏是用于教育、健康还是出于模拟的目的，为了提高学习或游戏的参与度，NPC 需要拟真并且情绪化地行动。多年来在情感计算与虚拟智能体领域的各个活跃研究一直聚焦于这项任务。其遵循的常见方法是构建自上到下（被特定设计）的智能体结构，其代表了多种认知、社交、情绪与行为能力。在传统上，关注点一般同时在对智能体行为的建模以及在特定情况下它的适当表达之上。构建一个智能体行为的计算模型的一种常见方法是将其基于某种理论认知模型，例如 OCC 模型[512,183,16,189,237]，其依据一组接收到的刺激来尝试影响人类的决策，评估以及应对机制。对于有兴趣的读者来说，Marsella 等人[428]从头到尾地归纳了大部分常见的用于智能体的情绪计算模型。

类似 *Greta*[534] 与 *Rea*[105] 这样的有表达性以及拟真性的对话智能体，或是展示出情感表现的虚拟人类[674]都可以被考虑在严肃游戏设计当中。像这样的对角色模型的使用已经在用于教育与健康目的的智能辅导系统[131]、实体对话系统[104,16]以及情感智能体[238]中占据了主导地位。类似的智能体架构系统的知名案例包括 Lester 团队在《*Crystal Island*》系列游戏的工作[578,577,584]，《*Prom Week*》[447]与《*Façade*》[441]的表达性智能体，《*World of Minds*》[190]游戏的智能体，以及产生了《*My Dream Theater*》[100]中的智能体的 FAtiMA[168]。

3.4.8 互动小说

尽管存在某些变体，但**互动小说**类型中的游戏通常会包含一个由类似房间这样的小型区域组成的幻想世界；不过，这个模拟环境并不是不可或缺的。重要的是，玩家需要使用文本命令去玩这个游戏。玩家通常会与各个对象以及存在的游戏角色进行交互，收集对象并将它们存储在他的物品栏中，并且解决多种难题。这个系列的游戏也被称为文字冒险游戏或是文字角色扮演游戏。著名的案例包括《魔域帝国》（Infocom，1979~1982）系列游戏以及《*Façade*》[441]。

在这个游戏种类中，AI 可以扮演理解在自然语言格式下来自玩家的文本的角色。换句话说，AI 作为玩家的同伴或是敌人进行游戏时可以拥有**自然语言处理**（NLP）能力。进一步的 NLP 则可以被用作与玩家的互动小说中的一段对话、一段文本或是一个故事的输入。通常情况下，基于文本的输入被用来驱动一个故事（交互式叙事），其经常通过具体的对话智能体来交流，并且通过某个虚拟摄影机的镜头来进行表现。与传统的电影摄制类似，摄影机的机位以及所展开的叙事都会为观众的体验做出贡献。然而与传统的电影摄制相反的是（但与交互式戏剧相似），游戏中的故事可以被玩家自身所影响。不言而喻，基于文本的游戏中的研究很自然地会与拟真的交谈智能体（就像在前面章节提及的那样）、计算与**交互式叙事**[693,441,562,792]以及**虚拟电影摄影**[252,193,300,84,15,578]中的研究有所交织。交互式叙事以及虚拟电影摄影之间的相互作用的探讨在第 4 章进行拓展，特别是致力于叙事生成（narrative generation）的章节。

在游戏中，基于文本的 AI 上的工作从早期与 Eliza[751]的互动，以及被用于像《魔域帝国 I》（Infocom，1980）这样的文字冒险游戏的 Z - Machine 开始，一直持续到《*Façade*》[438,441]和近期用于玩 Q & A 游戏[340]以及文字冒险游戏[352]的 word2vec[459]方法（例如它的 TensorFlow 实现[2]）。要注意的是，除了 AI 在理解自然语言上的用途，我们还可以使用 AI 来玩基于文本的游戏，近期一个值得注意的与同时处理这两个任务有关的案例是一个由 Kostka 等人开发的智能体[352]，称为 *Golovin*。*Golovin* 智能体使用相关的语料库，例如奇幻书籍来创造适合这个游戏领域的语言模式（借助 word2vec[459]）。为了玩这个游戏，智能体使用 5 种类型的命令生成器：战役模式、收集物品、物品栏命令、一般行动与移动。*Golovin* 可以用于 50 个互动小说游戏，并且其展现出了与顶尖水平能够一较高下的水平。另一个案例则是 Narasimhan 等人的智能体[475]，其被用于玩多人地下城游戏，也就是多人或是团体互动小说的一种形式。它们的智能体使用长短时记忆（LSTM）网络来将文本表示转化为状态表示。这些表示将会被提供给一个深度 Q 网络，其学习了在给定的游戏状态中的每个动作的接近评估值[475]。它们的方法在小型甚至中型游戏中就完成的任务来说有着超出其他基准的表现。对于有兴趣的读者，一个专门的在文字冒险游戏 AI 上的年度竞赛与 2016 年的 IEEE CIG 会议一同启动[⊖]。竞赛的参与者需要提交针对 Z – Machine 来玩游戏的智能体。

针对基于文本的游戏的可用开发工具的例子包括 *Inform* 系列的设计系统与编程语言，其受到了 Z – Machine 的启发，并促进了几种基于文本的游戏以及基于自然语言的互动小说的发展。值得注意的是，*Inform 7*[⊜]被用于《*Mystery House Possessed*》（Emily Short，2005）游戏的设计。

3.4.9　其他游戏

AI 能够玩的游戏列表并不局限于上面所覆盖的这些种类。尽管在我们的观点中，这些被具体描述的类别是最具有代表性的。不过也存在一些关注其他类别游戏的 AI 游戏，我们在下面概述了其中的一些。

一种人气逐渐上升的游戏类型是**休闲游戏**，这是由于它们在近几年中的流行度不断增长，并且还能够通过移动设备访问而造成的。休闲游戏通常很简单，并且被设计为较短的游戏篇章（关卡），以允许在游戏时间上的灵活性。这个特性允许玩家能够在短时间内结束一个篇章而不需要保存游戏。其结果就是，玩家既能够在短时间内专注于单个关卡，也可以在一整天的时间内玩多个关卡，甚至在多达几个小时的游戏时间内反复地玩新关卡。玩休闲游戏所需的游戏技巧取决于休闲游戏的类型，从像《宝石迷阵》（PopCap Games，2001）、《愤怒的小鸟》（Chillingo，2009）和《割绳》（Chillingo，2010）这样的解谜游戏，再到《梦之旅》（KatGames，2007）这样的冒险游戏，甚至到如《美女餐厅》（PlayFirst，2004）这样的策略游戏，《植物大战僵尸》（PopCap Games，2009）与《吞食鱼》（PopCap Games，2004）这样的街机游戏，《探索博彩岛》（funkitron，Inc.，2006）这样的棋牌游戏，其类型存在着巨大的差异。

在休闲游戏上值得注意的学术工作包括 Isaksen 等人的工作[288,289]，在这其中，一个 AI 智能体被创建来测试《*Flappy Bird*》（dot – GEARS，2013）关卡的难度。基准的 AI 玩家会遵循某种简单的寻路算法，并且其在完成《*Flappy Bird*》关卡上的表现十分优秀。然而，为了模仿人类的玩法，这个 AI 玩家被赋予了某些人类在运动技巧方面的元素，例如精确度、反应时间以及每秒的动作数目。关于这个工作的另一个案例则是在《割绳》（Chillingo，2010）的某个变体中使用 AI 智能体去测试游戏关卡的生成。*Ropossum* 创作工具中包含的这个 AI 智能体不但展示了自动化测试，同时也会使用一阶逻辑来优化关卡的可玩性[614]。*Ropossum* 的关卡生成元素在之后的章节会有着进一步的讨论。另一个在近期吸引了游戏 AI 研究兴趣的休闲游戏是《愤怒的小鸟》（Chillingo，2009）。这个游戏已经搭建了一个 AI 竞赛[560]，名为愤怒的小鸟 AI 竞赛（Angry Birds AI Competition）[⊜]，其始于 2012 年，主要与国际人工智能联合会议（International Joint Conference on Artificial Intelligence，IJCAI）一同举办。《愤怒的小鸟》（Chillingo，2009）中的 AI 方法到目前主要集中于规划及推理技术。例如某种定性的空间推理方法，其能够评估关卡结构属性以及游戏规则，并且推测在这些中的哪一个能够满足这个关卡中的每个建筑块[796]。每个建筑块的有

用性（例如，击中它会有多好）在之后会根据这些需求进行计算。其他的方法模拟了关于《愤怒的小鸟》（Chillingo，2009）当前游戏状态的离散知识，之后基于回答集编程（answer set programming）[69]的拓展来尝试满足建模得到的世界的各种约束[92]。

　　除了休闲游戏**格斗游戏**类型也引起了学术界和工业界玩家相当大的兴趣。格斗游戏需要的认知技能主要与动觉控制以及空间导航有关，但也与反应时间以及决策有关，这两者都需要十分迅速[349]。比较流行的用于格斗游戏的方法包括经典的强化学习——特别是，用于在线学习凭借线性或人工神经网络函数逼近器表示的 Q 值的 SARSA 算法——就像被微软研究组应用于《道风：莲花之拳》（Microsoft Game Studios，2003）游戏[235]中那样。强化学习在几种格斗游戏中的自适应难度调节上的应用也获得了不同程度的成功[158,561,27]，也就是针对玩家体验的 AI。进化强化学习变体也针对这个任务进行了研究[437]。一个值得注意的在格斗游戏 AI 研究上的工作是由格斗游戏 AI 竞赛（Fighting Game AI Competition）⊖[402]（见图 3.15）所提供的基于 Java 的格斗游戏 *FightingICE*。这项竞赛由日本的立命馆大学所组织，始于 2013 年，旨在推出最强的格斗机器人，也就是以赢得游戏为目的的 AI。用于 *FightingICE* 的方法包括动态脚本[417]、k - 近邻[760]、蒙特卡罗树搜索[790]、神经进化[357]以及其他的一些方法。到目前为止，基于蒙特卡罗树搜索的方法似乎最有利于在格斗游戏中获得胜利。

图 3.15　一张来自用于格斗游戏的基于 Java 的 *FightingICE* 框架的截图

　　该章节要介绍的最后一个游戏是《我的世界》（Mojang，2011），这是因为它拥有一种能够被用作游戏 AI 研究测试平台的独特属性。《我的世界》（Mojang，2011）是一个在某个玩家可以游历的 3D 程序化生成世界中进行的**沙盒游戏**。这个游戏赋予了让玩家从立方体开始建筑施工的

⊖　http：//www.ice.ci.ritsumei.ac.jp/~ftgaic/

游戏机制（见图 3.16），但它并没有一个特定的目标来让玩家去达成。除了探索和建筑，玩家也可以收集资源、制作物品以及与对手战斗。这个游戏在所有平台上已经卖出了超过 1.21 亿份[51]，让它成为有史以来第二畅销的视频游戏，仅次于《俄罗斯方块》（Alexey Pajitnov and Vladimir Pokhilko，1984）⊖。《我的世界》（Mojang，2011）的 3D 开放世界形式以及缺少具体目标为玩家提供了以多种不同方式去畅玩以及探索世界的终极自由。玩《我的世界》（Mojang，2011）的有益之处似乎有很多，并且其中的一些已经得到了教育研究社区的报道[479]。例如，在游戏中，可以使用的方块能够被用于生成一个玩家所能想象到的任何物品，并因此培养了玩家的创造性[479]与图式水平思考方法[774]。除此之外，方块能够被组合与拓展的功能可以导致玩家能够逐渐地获取新知识。还有就是，游戏简单的三维像素风格图像使得玩家可以在一个简单却美观的环境中集中于游戏体验以及探索任务。总的来说，让《我的世界》（Mojang，2011）能够吸引成百上千万用户的诸多理由也是让这个游戏成为一个优秀的 AI 及 AI 研究测试平台的理由。特别是，这个游戏为 AI 玩家提供了一个准备去探索的开放世界，存在不受限的游戏时间以及多种多样的可能性。除此之外，对一个 AI 智能体来说，游戏内的任务也千变万化，从探索以及寻找财富到制作物品、建筑施工，单独或作为智能体团队。

图 3.16   一张来自《我的世界》（Mojang，2011）的截图，展示了一个由 MCFRArchitect 建筑团队搭建的市政厅结构。图片来源于维基百科（合理使用）

在《我的世界》（Mojang，2011）AI 上一项值得注意的近期工作是由微软研究院所支持的 *Project Malmo*[305]。*Project Malmo* 是一个基于 Java 的 AI 实验平台，其作为原始游戏的一个游戏 mod，被设计来支持在机器人、计算机视觉、机器学习、规划和多智能体系统，以及通用游戏 AI 领域的研究[305]。要注意这个开源平台能够通过 Github⊖ 获取。在 *Project Malmo* 中的早期 AI 实验

⊖ https：//en. wikipedia. org/wiki/List_of_best – selling_video_games
⊖ https：//github. com/Microsoft/malmo#getting – started

包括用于在 3D 迷宫中导航的深度神经网络[465]以及与游戏中的对手进行对战[726]。除了 *Project Malmo*，还有一点值得注意的是，这个游戏的许多 mod 已经被直接用于教授机器人学[11]——包括用于迷宫导航与规划的算法——以及教授一些常见的 AI 方法[37]。

3.5 进阶阅读

用于玩游戏的方法在各个文献中有着更详细的拓展，它们在第 2 章以及本章中都得到了详细的描述。我们在这个章节概述的不同游戏种类也包含了相对应的文献，有兴趣的读者可以在它的基础上进一步探索。

3.6 练习

在转到关于内容生成的下一章之前，在这里我们提供了一个通用的练习，能够让你将第 2 章中包含的任意算法应用到一个单独领域中。练习的目的是让你在更为麻烦与复杂的领域与任务中测试这些方法之前先熟悉它们。

如上所述，吃豆小姐对鬼魂团队竞赛是一个在全球多个 AI 会议上举行的比赛，其中用于吃豆小姐以及鬼魂团队的 AI 控制者互相争夺最高的排名。在这个练习中，你必须**开发多个吃豆小姐 AI 玩家**来和包含在软件包中的鬼魂团队控制者进行对抗。这是一个完全由 Java 编写的模拟器，有着良好文档化的接口。尽管在一个学期内选择 2~3 个不同的智能体已经被证明是一种良好的教育实践，但我们仍将留下由你或是你的课程指导者所开发的吃豆小姐智能体的最终数目。

本书的配套网站包含了用于游戏的代码以及许多不同的 Java 示例代码类来帮助你开始。所有第 2 章中介绍的 AI 方法都能被用于控制吃豆小姐的任务中。不过你可能会发现，其中的某一些比起其他的来说可能是更为贴近并且有效的。所以哪个方法将会运行的最好？就表现而言，它们如何相互比较？你应当使用哪一种状态表示？哪一个效用函数会是最适合的呢？你认为你能否做出正确的实施决策，来让你的吃豆小姐表现出职业级的水平？而又如何表现出世界冠军，甚至超越人类的水平呢？

3.6.1 为什么是吃豆小姐

我们的某些读者可能会反对在这个游戏上的选择，并且认为应该有更有趣的 AI 能够玩的游戏。尽管《吃豆小姐》（Namco，1982）非常老，但它可以说是一款经典的游戏，其仍然十分有趣并且在游戏内容上充满挑战，而且也是一个简单的用于开始尝试本章以及先前章节所介绍的各种 AI 方式与方法的测试平台。《吃豆小姐》（Namco，1982）易于理解与上手，但并不容易精通。游戏在简单程度上的传统元素与问题复杂度的结合令《吃豆小姐》（Namco，1982）成为用于控制主角的不同 AI 方法的理想测试平台。这个游戏另一个令人兴奋的特点是它的非确定性。随机性不只是增加了游戏的娱乐元素，并且也为任何能够考虑到的 AI 方法增加了挑战性。就像前面所说的，选择《吃豆小姐》（Namco，1982）的另一个依据是，这个游戏及其变体已经在文献中得到了很好的研究，被几个游戏 AI 竞赛所检验，并且在过去多年中被全球各地的各个大学包括在 AI（或是游戏 AI）课程当中。读者也可以参考近期一份由 Rohlfshagen 等人所写的综述[573]，其概述了 20 年来在吃豆人中的研究，还可以参考一个关于吃豆人在游戏 AI 研究中的重要性的 YouTube 视频⊖。

3.7　总结

在本章中，我们讨论了 AI 可以扮演的不同角色，以及游戏与 AI 方法拥有的不同特征，多种可以用于进行游戏的方法以及它可以玩的不同游戏。特别是，AI 既可以将获得胜利作为目标，也可以将为一个人类玩家或者观察者创造一种特殊的体验作为目标。前一种目的涉及将某种映射到游戏表现上的效用最大化，而后一种目的则涉及在单纯的胜利之外的一些目标，例如参与度、拟真度、平衡性以及有趣性。AI 作为一个参与者可以扮演游戏中存在的玩家角色或是非玩家角色。一个 AI 方法在进行游戏时需要考虑的游戏**特性**包括玩家数量、游戏的随机程度、可用的观察程度的大小、动作空间与分支因子，以及时间粒度。除此之外，在我们设计一个算法来玩某个游戏时，我们也需要站在算法的角度进行考虑，例如状态表示、前行模型的存在与否、可用的训练时间，以及 AI 可以进行的游戏数量。

上面的角色与特性我们在这一章的第一部分有着详细的阐述，因为无论应用何种 AI 方法，它们都是非常重要并且相关的。在设计到本章所包含的**各类方法**时，我们集中于用于玩游戏的树搜索、强化学习、监督学习以及混合方法。从某种意义上来说，我们将第 2 章中列出的各种方法定制为了游戏过程中的任务。本章最后对基于游戏类型的研究以及相关方法进行了详细回顾与总结。特别是，我们阐述了 AI 是如何玩棋盘游戏、卡牌游戏、街机游戏、策略游戏、竞速游戏、射击游戏和严肃游戏，以及文字冒险游戏，多种其他的游戏种类，例如休闲游戏与格斗游戏的。

⊖　https：//www.youtube.com/watch? t＝49&v＝w5kFmdkrIuY

第 4 章 生 成 内 容

程序化内容生成（PCG）[616] 是游戏 AI 的一个领域，在关注度上拥有爆炸性的增长。尽管结合了程序化内容生成的游戏自 20 世纪 80 年代早期以来就已经存在——特别要说的就是作为早期开拓者的地下城探索游戏《Rogue》（Toy and Wichmann，1980）以及空间交易模拟器《Elite》（Acornsoft，1984）——学术界的研究兴趣也在过去的 5 年中极大地提升。

简而言之，PCG 所指的是用于生成游戏的内容的方法（无论它们是完全自主的还是存在有限的人类输入）。游戏**内容**就是被包含在游戏中的内容，如关卡、地图、游戏规则、贴图、情节、物品、任务、音乐、武器、载具、角色等。通常，NPC 行为与游戏引擎本身不被认为是内容。PCG 当前最常见的用途可能就是用于生成关卡与地形了，但是在未来我们可能会看到广泛的对所有内容的生成，甚至可能是完整的游戏。

从 AI 的角度看 PCG 的话，内容生成问题其实是一个 AI 问题，其解就是能满足各个确定约束（例如，可以正常进行游戏，存在两个出口）和/或最大化某些指标（例如长度、不同策略之间的结果差异）的内容物件（例如各种关卡）。正如我们接下来将要看到的那样，许多在第 2 章讨论过的 AI 方法都能够被用于 PCG 中，包括进化算法与神经网络。但仍然有许多被普遍用于 PCG 中的方法通常不被认为是 AI，而这其中的某些也将会在本章中介绍。

本章致力于各种用来生成游戏内容的方法，以及那些如何将其与游戏相结合的案例。我们将从探讨为什么你希望要使用 PCG 开始——就像那些用于玩游戏的方法一样，生成内容上也存在着多种迥然不同的动机。之后在 4.2 节，我们将展示一种用于 PCG 方法的通用分类方法以及它们在游戏中可能扮演的角色。接下来，4.3 节总结了各种最为重要的用于内容生成的方法。而4.4 节则转而关注 PCG 在游戏中可以扮演什么角色，探讨了不同的让设计者与玩家参加生成过程的方式。4.5 节则从内容类型的角度出发，展示了生成某些常见或是不常见的游戏内容类型的案例。在最后，4.6 节探讨了如何评价各类 PCG 方法。

4.1 为何生成内容

生成内容最明显的原因可能是它可以消除让人类设计师或艺术家创建内容的需求。人类既昂贵又迟缓，并且我们似乎总是需要越来越多的人手。自从计算机游戏发明以来，参与一款成功的商业游戏的开发的人 - 月数目一直在或多或少的增加。现在对一款游戏来说⊖，由几百人在数年时间内进行开发是很常见的。这因此导致了更少的游戏能够盈利，并且也只有少数的开发商能够负担得起去开发一款游戏，这也导致了游戏市场倾向于减少要承担的风险以及多样性的下

⊖　这一点至少对 AAA 游戏来说是成立的，它们是在全世界内以全价销售的盒装游戏。近年来手游的兴起似乎让个人开发者再次变为了可能，尽管在这一方面的平均开发成本也在上升。

降。而在这个过程中不可缺少的昂贵雇员中的大部分是设计师与美术师，而不是程序员。一个能够使用算法来替代某些美术师与设计师的游戏开发公司将会在竞争上获得优势，因为游戏将可以在保持质量的情况下被**更快地**并且**更便宜地**制作出来（这个观点是在 2005 游戏开发者大会时由传奇游戏设计师 Will Wright 在它的演讲"内容的未来"中着重提出的）。图 4.1 展示了 AAA游戏平均下来的成本分解，并且展示了美术工作与营销在这个过程中的主要地位。美术、编程以及调试构成了一款 AAA 游戏中大约 50% 的成本。从本质上来说，PCG 可以在美术与内容制作过程中提供帮助，从而直接地为减少大约 40% 的游戏成本做出贡献。

当然，威胁说要把他们从他们的工作中解脱出来并不是把 PCG 卖给设计师与美术师的好办法。可以说在目前的技术阶段，我们距离替代一位设计师或者美术师能做的所有事情还十分遥远。因此我们可以改一下这个观点：内容生成，特别是嵌入到智能设计工具中的内容生成，可以增强个体创作者的**创造力**。而人类，即便那些有着"创造性"风格的人，也倾向于彼此模仿，甚至模仿他们自己。通过为一个已有的内容生成问题提供一个意想不到但是能够见效的解决方法，算法化的方法可能能够产生一些与人类所创造的内容完全不同的内容。关于这个观点的一些证据已经在参考文献［774］中提出。这可以让没有大公司资源的小团队，甚至爱好者，能够在保持对游戏的整体管理时，将他们自身从对细节的担忧以及重复性的工作中解脱

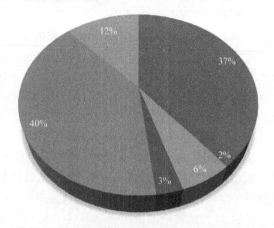

图 4.1　AAA 游戏开发的平均成本分摊。数据来源：http：//monstervine.com/2013/06/chasing－an－industry－the－economics－of－videogames－turned－holly-wood/

出来，从而去创造内容更丰富的游戏。PCG 在这之后可以通过为每个人提供可靠并且能够理解的方法，从而在更短的时间内制作出更好的游戏，来为游戏设计平民化提供一种途径。

这两种观点都假设了我们想要的就是那些类似我们今天所拥有的游戏的东西。但是 PCG 方法也能够实现**全新的游戏类型**。首先，如果我们拥有能够以它被"消耗"（玩）的速度生成游戏内容的软件，那么原则上就没有了为什么游戏需要结束的理由了。对于每一个曾经对喜爱的游戏没有更多的关卡能够清理、更多的角色能够相遇、更多的区域能够探索等感到失望的玩家，这将是一个令人激动的前景。

更让人兴奋的是，新产生的内容可以根据进行游戏的玩家的需求而量身定制。通过将 PCG与玩家建模相结合，例如通过测量以及使用神经网络来为玩家对单个游戏元素的反应进行建模，我们可以创造**自适应玩家的游戏**（player－adaptive game），从而最大化玩家的乐趣（见 4.4 节中的 PCG 角色）。相同的技术也可以被用于最大化一个严肃游戏的学习效果，或者是一款"休闲"游戏的受欢迎性。

最后，一个完全不同但是同样重要的有关开发 PCG 的理由是为了**理解设计与创造力**。计算

机科学家喜欢说你并不真正了解一个过程，直到你在代码中实现了它（并且程序顺利运行）。创
造能够胜任生成游戏内容的软件可以帮助我们理解我们自身"手动"生成内容的过程，并且弄
清楚我们正在处理的设计问题的可供性（affordances）与约束。这是一个迭代的过程，通过更好
的 PCG 方法可以更好地理解设计过程，而其反过来也可以产生更好的、允许设计师与算法之间
的共同创意过程的 PCG 算法[774]。

4.2　分类方法

　　随着多种多样的内容生成问题以及可以使用的各种各样的方法的出现，拥有某种能够突出
它们之间的差异性以及相似性的结构将会是对人有所启发的。接下来，我们将介绍最初由 Togeli-
us 等人提出的 PCG 分类标准[720]的一个修改版。它由多种维度所组成，在其中单个方法或解决方
法通常被认为应当处于各维度末端间的某个连续区间中的某个位置。除了根据**内容**类型（4.2.1
节）以及我们包含在 4.3 节的对 PCG **方法**的属性的分类方法之外，我们还提供了 PCG 算法能够
承担的**角色**的概括，并且在 4.4 节中对它进行了更详细的介绍。

4.2.1　根据内容的分类方法

　　在这个分类方法中，我们将生成结果的类型作为与内容有关的单一维度（也可以参见
图 4.2）。

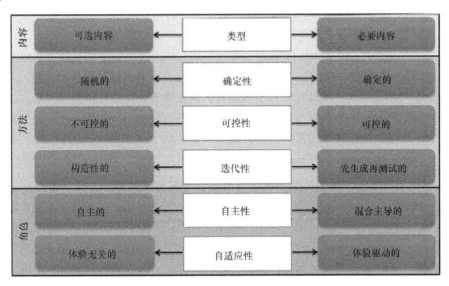

图 4.2　4.2 节讨论的 PCG 分类方法图示

4.2.1.1　类型：必要的与可选的

　　PCG 可以被用于生成完成某个关卡所需要的**必要**游戏内容，但它也可以被用于生成可以放
弃或是由其他内容替代的**可选**内容。在必要内容与可选内容之间的主要区别特征是必要内容应

当始终正确，但这个条件对可选内容来说则是不需要的。必要元素需要被消耗或被通过，因为玩家需要用某种方式贯穿游戏，而可选内容则可以被避免或是绕过。可选内容的一个例子就是生成第一人称设计游戏中的武器[240]，或是《超级马里奥兄弟》（Nintendo，1985）中的辅助奖励物品。必要内容则可以是《超级马里奥兄弟》（Nintendo，1985）中的关卡的主要结构，或是通过到下一个关卡所需要收集的某些固定物品。

4.2.2　根据方法的分类方法

PCG算法可以根据多种属性来进行分类，例如它们在控制能力上的水平、确定性等。这个章节列出了3种PCG方法可以借此分类的维度。图4.2则提供了有关我们在这个章节所讨论的分类方法的一个例子。

4.2.2.1　确定性：随机的与确定的

我们关于PCG方法的第一个区别涉及在内容生成中的随机性的大小。在具有相同参数的算法的多次不同运行结果间的适当差异量是一个设计决策。**随机性**⊖允许一个算法（例如某种进化算法）提供极大的差异，而对许多PCG任务来说是不可或缺的，但又需要以可控性作为代价。尽管内容多样性以及表达性是生成器的理想属性，但随机性在最终结果上的影响只有在事后才能得到观察与控制。另一方面，完全**确定**的PCG算法也可以被视为某种形式的数据压缩。一个很好的关于具有确定性的PCG的案例是第一人称射击游戏《毁灭杀手》（.theprodukkt 2004），这个游戏成功地在96KB的存储空间中压缩了它所有的贴图、物体、音乐、关卡及其游戏引擎。

4.2.2.2　可控性：可控的与不可控的

通过PCG生成的内容能够以不同的方法进行控制。使用随机种子是获得对生成空间的控制的一种途径；另一种途径则是使用一组参数，其在多个维度上对内容生成进行控制。随机种子被用于《我的世界》（Mojang，2011）中的生成世界，这意味着如果使用相同的种子，就能够重新生成相同的世界[755]。在参考文献［617］中，一个内容特征的向量就被用于为《无限马里奥兄弟》（Persson，2008）生成能够满足某组特征规格的关卡。

4.2.2.3　迭代性：构造性的与先生成再测试的

最后一个在各个算法之间的区别是那些可以被称为**构造性**的算法，以及那些可以被描述为**先生成再测试**的算法。一个构造性的算法只会对内容进行一次生成，并且就此结束。然而，它需要确保在生成的时候内容是正确的或至少是"足够优秀的"。这个方法的一个例子是使用分型或者元胞自动机（cellular automata）来生成地形或用于生成关卡的语法（这也涉及之后与之对应的PCG方法章节）。而一个先生成再测试的算法，则同时包含一次生成机制以及一个测试机制。在某个候选的内容实例被生成之后，它会依照某些准则（例如，在地下城的入口与出口间是否存在一条路径，或是树的比例是否处于一定范围内）来进行测试。如果测试失败，则全部或者部分的候选内容将被抛弃并重新生成，并且这个过程将不断持续，直到内容足够优秀为止。一种比

⊖　严格来说，在随机游戏与一个**非确定性**过程之间是存在区别的，其中前者有着一个定义好的随机分布，而后者没有。然而从本书来说，我们可以互换地使用这两个术语。

较普及的基于先生成再测试情况的 PCG 框架是 4.3 节中介绍的基于搜索的方法[720]。

4.2.3 根据角色的分类方法

在这个章节我们阐明并且简短地描述了一种 PCG 算法在游戏设计过程中可以承担的 4 种角色，并根据自主性及基于玩家的自适应性而分类。各种 PCG 的角色如图 4.2 所示，并在 4.4 节中进行了进一步的拓展探讨。

4.2.3.1 自主性：自主的与混合主导的

不考虑任何来自人类的输入的生成过程被定义为**自主的** PCG，而**混合主导的**（mixed - initiative）PCG 则是指在创造任务中混合了人类设计者的过程。这两个角色都会在 4.4 节中得到进一步的讨论。

4.2.3.2 自适应性：体验无关的与体验驱动的

体验无关的（experience - agnostic）内容是指不将玩家行为或是玩家体验考虑在其中的 PCG 样式，这与会分析玩家与游戏的互动并根据玩家的先前行为来生成内容的**体验驱动的**（experience - driven）[783]、自适应的、个性化或者说以玩家以中心的内容生成正相反。尽管体验驱动的 PCG 在学术界中受到了越来越多的关注，但大部分商业游戏仍然以一种通用的、与体验无关的方式来处理 PCG。较为近期的有关使用于自适应玩家的游戏中的 PCG 的评论可以在参考文献 [783，784] 中被找到。

4.3 如何生成内容

有许多种不同的用来为游戏生成内容的算法。尽管这些方法中的大部分通常都被认为是 AI 方法，但也有一些来自于图形学、理论计算机科学甚至生物学中。各种方法在适合生成什么类型的内容上也存在着许多不同。在这个章节中，我们将讨论多种我们认为比较重要的 PCG 方法，包括基于搜索的、基于求解器的与基于文法的方法，并且还包括元胞自动机、噪声与分型。

4.3.1 基于搜索的方法

近年来，**基于搜索的** PCG 方法在学术 PCG 研究中得到了深入的研究。在基于搜索的 PCG 中，一种进化算法或某些其他的随机搜索或优化算法会被用于搜索拥有所期望质量的内容。从隐喻来说，就是将设计视为一个搜索过程：对设计问题来说某个足够优秀的解决方案存在于某种解决方案空间中，并且如果我们保持迭代，而且对一个或者多个可能的解决方案做出调整，保留那些使得解决方案更为优秀的变化，并放弃那些有害的变化，那么我们最终将能够得到所期望的解决方案。这个比喻已经在许多学科中被用于描述设计过程，例如，Will Wright——《模拟城市》（Electronic Arts，1989）以及《模拟人生》（Electronic Arts，2000）的设计师——在他于 2005 年游戏开发者大会上的演讲中就将游戏设计过程描述为搜索。其他人也曾经认为，在常见的领域，还有像建筑学这样的某些特定领域中的设计过程可以被概念化为搜索问题并作为一个计算机程序来得到实现[757,55]。

用于解决内容生成问题的基于搜索的方法的各个核心组件如下所示：

- 一个**搜索算法**。这将是某种基于搜索的方法的"引擎"。相对简单的进化算法在很多时候就表现得足够优秀，但在某些时候也会使用更复杂的算法，像是将各项约束纳入考虑，或是专门用于特定的内容表示，而这也会带来很多实质的好处。

- 一种**内容表示**。这是对你所希望生成的内容的表示方法，例如，关卡、任务或是有翅膀的小猫。内容表示可以是从一个实数数组一直到某个图、某个字符串的任何东西。内容表示将定义（因此也会限制）什么内容能够被生成，并且将决定有效的搜索是否是可行的，这也可以参见第 2 章中关于表示的讨论。

- 一个或者多个**评估函数**。评估函数就是能从某个物件（内容的一个单独部分）得出某个能够指示物件质量的数字的函数。这个评估函数的输出能够明确像是一个关卡的可玩性、一个任务的复杂性或一只有翅膀的小猫的美学魅力之类的东西。而制定一个能够可靠地评价游戏质量的评估函数通常是开发一个基于搜索的 PCG 方法中最困难的任务之一。这里也可以参照第 2 章中有关效用的讨论。

下面介绍**内容表示**的一些选择。举一个非常知名的例子——《超级马里奥兄弟》（Nintendo，1985）中的一个关卡可以被表示为如下方式中的任意一种：

1）直接做成一个关卡地图，其中基因类型内的每个变量都会对应各个表型（例如，砖块、问号标志块等）中的某个"块"。

2）更间接地做成一个位置及不同游戏实体，例如敌人、平台、间隙以及山丘的列表（一个使用这种方法的案例可以在参考文献［611］中找到）。

3）甚至更间接地，做成一个包含多个不同但能被重用的特征的仓库（例如硬币与山丘的集合），还有一个它们在关卡地图中是如何分布（可以伴随着多种变形，例如旋转及缩放）的列表（一个使用这种方法的案例可以在参考文献［649］中找到）。

4）非常间接地，做成一个包含像间隙，敌人或硬币的数目，裂缝宽度等期望属性的列表（一个使用这种方法的案例可以在参考文献［617］中找到）。

5）最间接地，做成一个随机数种子。

尽管演化随机数种子很明显没有任何意义（它就是一种没有任何局部细节的表示），但其他等级的抽象在某些情况下都是有意义的。最基本的权衡就是想要更直接并可能拥有更高的局部细节（在搜索空间中相邻点之间更高的适应度相关性）的更加细粒度的表示，还是想要更简洁、更粗糙的细粒度表示，其可能拥有更少的局部细节但也拥有更小的搜索空间。更小的搜索空间通常更易于搜索。然而，更大的搜索空间（而所有其他东西都相同）也允许表示更多不同类型的内容，换句话说，这会增加生成器的表达范围。

在设计基于搜索的 PCG 解决方案时的第三个重要选择就是**评估函数**，其也被称为适应度函数。评估函数将评估所有的候选解决方案，并为每个解决方案赋予一个分值（一个适应度值或一个评估值）。这对搜索过程至关重要。如果我们没有一个优秀的评估函数，那么进化过程将无法按照期望进行，并且也无法找到表现优异的内容。可以说，要设计一个完全准确的内容质量评估是"AI 完全"的，因为要真正理解一个人类的乐趣所在，实际上你必须是一个人或者对人性有着深刻的了解。然而，就像 AI 领域中的许多其他问题一样，我们可以通过精心设计的领域特化的启发式方法来取得很不错的效果。一般来说，评估函数应当被设计来衡量物件的某些期望质量，例如，它的可玩性、规律性、娱乐价值等。一个评估函数的设计在很大程度上取决于设计者以及他认为的应当优化的重要方面，以及要如何制定它们。

在基于搜索的 PCG 中，我们可以将其区分为三类评估函数：直接型评估函数、基于模拟的评估函数以及交互型评估函数。

- **直接型**评估函数将生成的内容（或者从它抽取出的一些特征）直接地映射到一个内容质量值，从这个意义上来说，这些函数是将它们的适应度计算过程直接地建立在内容的显性表示之上的。并且在映射过程中是不会对游戏内容进行模拟的。某些直接型评估函数是手动编码的，而另一些直接型评估函数则是从数据中学习而来的。直接型评估函数在计算上十分迅速，并且实现起来相对简单，但某些时候为游戏内容中的某些方面设计出一个直接型评估函数会是十分困难的。例如即时战略游戏中基地与资源的布局[712]、策略游戏中的规则集的大小[415]或是基于视觉注意理论（visual attention theory）的游戏场景中的当前情绪[185]。特征与适应度之间的映射可能将取决于对游戏风格、玩家的偏好或是情感状态的建模。有关这种形式的适应度函数的一个案例可以参考由 Shaker 等人针对玩家体验而做出的研究[617,610]，其通过对玩家建模来为内容质量给出一个衡量。在这个研究中，作者训练了一些神经网络，并以某种游戏风格以及一个关卡的特征作为输入来预测玩家的体验（例如挑战度、挫败感以及乐趣程度）。这些训练过的神经网络之后可以在某些情况下被用作适应度函数，例如搜索能够最大化预测到的享受并最小化挫折的关卡。当然如果你愿意的话，也可以反过来使用。

- **基于模拟的**评估函数使用能够完整经历整个生成内容的 AI 智能体来评估这些内容的质量。这其中的统计数据是通过智能体的行为以及游戏风格计算而来的，并且这些统计数据在之后会被用来为游戏内容进行打分。评估任务的类型将决定 AI 智能体的熟练程度。如果这些内容是基于可玩性来进行评估的，例如某个迷宫或是某个 2D 平台游戏是否存在一条从起点到终点的路径，那么 AI 智能体就应该被设计为擅长于寻找游戏的终点的样子。换句话说，如果内容被优化为最大化某种特定的玩家体验，那么通常应该采用某种能够模仿人类行为的 AI 智能体。一个实现了类人智能体以评价内容质量的研究样例见参考文献 [704]，其训练了一个基于神经网络的控制器，以在一个汽车竞速游戏中操控类似人类的玩家，并在之后用于评估一些生成出来的赛道。每个生成出来的赛道都将根据 AI 控制器在游戏中计算得到的统计数据而得出一个适应度值。另一个基于模拟的评估函数的例子则是在某个第一人称设计游戏中评估机器人的平均战斗时间[103]。在这个研究中，选中关卡的直截理由就是为了最大化机器人在这个关卡内消灭所有其他人之前所耗费的总时间。

- **交互型**评估函数是基于与某个人类的交互来对内容进行评估的，所以它们需要某个人类"处于循环之中"。这种方法的案例可以在 Hastings 等人的工作[250]中找到，其依据玩家会有多频繁及会在多长时间内使用个性化武器来隐式地对这些武器的质量做出评价，并以此实现了这个方法。图 4.3 则呈现了两个来自不同玩家所发展的武器的例子。Cardamone 等人[102]也使用这种类型的评估，并根据玩家报告的偏好来为竞速赛道进行打分。Ølsted 等人则使用相同的方法来设计第一人称射击游戏的关卡[501]。第一个案例是一种隐式的数据收集，也就是玩家并不会直接地回答有关他们偏好的问题，而在第二种案例中玩家的偏好则被显式地收集。显式数据收集的问题是，如果与游戏集成得不够好，它会需要打断游戏过程。不过这个方法能够提供一个拟真并且准确的对玩家体验的估计，而不像隐式数据收集，其会经常混杂着噪声并且是建立在假设之上的。在某些时候也可以采用混合方法来减少这两种方法的缺点，例如将玩家行为与眼睛的凝视和/或皮肤的点传导相结合，并通过多种方法来收集信息。这类方法的应用案例可以在基于生物反馈的相机视角生成[434]、关卡生成[610]以及在物理交互游戏内的视觉效果生成[771]中找到。

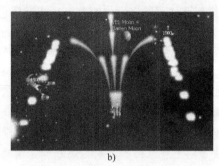

图4.3   《银河系军备竞赛》中进化出的武器的案例。图片来源于 www. aigameresearch. org

基于搜索的方法具有非常广泛的适用性，因为进化计算可以被用于构建几乎所有类型的游戏内容。然而，这种普遍性也带来了许多缺点。首先它通常都是一种非常慢的方法，需要对数量巨大的候选内容条目进行评估。进化到一个优秀的解决方法所需要的时间也无法被精确地评估，因为进化算法并不存在运行时间上的保证。这可能使得基于搜索的 PCG 解决方案并不适合那些对时间要求比较严格的内容生成问题，例如说你在某个游戏中只有几秒钟来生成一个新的关卡时。还应该注意的是，在涉及具体的搜索算法、表示以及评估函数的时候，各个成功的基于搜索的 PCG 方法应用在很大程度上是需要依靠明智的设计选择的。

正如我们将会在下面所看到的那样，有几种算法一般能够比进化算法更适合生成某些特定类型的游戏内容。然而，它们都不具有基于搜索的方法的**多功能性**，也就是有着能包含所有类型的目标与约束的能力。正如我们将看到的，许多其他的被用于内容生成的算法也能够与基于搜索的解决方法相互结合，所以进化算法也可以被用于对其他算法的参数空间进行搜索。

4.3.2   基于求解器的方法

虽然基于搜索的内容生成方法意味着使用一个或多个目标函数，并有可能会结合各种约束来为某个随机化的搜索算法制定目标，就像进化算法寻找目标那样，不过还存在另外一种基于将内容生成视为在某种物件空间中进行搜索的想法的 PCG 方法。用于 PCG 的**基于求解器的方法**使用了约束求解器（constraint solver），它们就像被用于逻辑编程（logic programming）中的那些约束求解器一样，用于搜索那些能够满足多种约束的内容物件。

约束求解器允许你在一门专用语言中指定一些约束；某些求解器需要你以数学方式来规范那些约束，而其他的一些求解器则使用逻辑语言来进行规范。而在这背后，它们能够以多种方式来获得实现。尽管是存在某些基于进化计算的求解器，但使用规范化的方法更普遍，例如将问题简化为一个 SAT（satisfiability，可满足性）问题并且使用一个 SAT 求解器来寻找解。许多这样的求解器并不会完全评估整个解，而只是在部分解的空间中进行搜索。这样做有着能够迭代修剪搜索空间的效果：重复地消除一部分解决方法，直到只剩下那些可行的解。这与基于搜索的范例看起来有着十分巨大的差别，并且这些差别也表明了这种类别的算法在使用上的某些不同。例如，尽管进化算法是一种**任意时长算法**，也就是它们可以在任意时刻被停止并且总会存在某种可以使用的解（不过如果你让算法运行得更久，很大可能会得到一个更好的解），但在约束满足方法中这种情况并不一定——尽管到找到某个可行解之前的时间花费可以非常少，但这也取决于需要找到多少约束。与进化算法不同的是，SAT 求解器以及那些依赖于它们的算法在最坏情况下的复杂度上限是可以被证明的。然而，尽管在最坏情况下的复杂度通常都会非常高，但在实践中（明智地）应用这些算法时也可以是非常快的。

基于求解器的方法的一个案例是 Smith 与 Whitehead 的 Tanagra 混合主导平台关卡设计工具[642]。这个工具的核心就是一个基于约束的平台游戏关卡生成器。这个约束求解器使用多种构成了可解的平台关卡的约束（例如，最大的跳跃长度，以及从跳跃点到敌人的距离）以及一些基于美学考量的约束，例如关卡的"节奏"，来生成新的平台游戏关卡或者关卡的分段。这种生成运行得非常迅速并且能够产生很好的结果，但是仅限于那些非常线性的关卡。另一个例子则是 El - Nasr 等人在照明程序化生成上的工作[188,185]。在这些研究中开发的系统通过使用约束非线性优化来选择最佳的照明配置，并根据这些配置来持续地调节场景中的照明，以增强玩家体验。

一种由于其通用性而对 PCG 特别有用的约束解决方法就是回答集编程（Answer Set Programming, ASP）[638]。ASP 构建在 AnsProlog 之上，其是一种与 Prolog[69]类似的约束编程语言。各种复杂的约束集合可以在 AnsProlog 中得到规范，并且在这之后一个 ASP 求解器能够被用于寻找所有能够满足这些约束的模型（也就是所有的变量配置）。对于 PCG 来说，这个模型（参数集合）可以被用于描述某个世界、某段故事或者类似的事物，而且这些约束还能够指定可玩性或是多种在美学上的考量。一个用于关卡以及拼图生成的 ASP 应用案例就是 *Refraction* 游戏（见图 4.4）。而关于在 PCG 中使用 ASP 的优秀介绍以及概述见参考文献 [638，485]。

当整个问题能够在约束求解器的语言中编码时（例如 AnsProlog），一般来说，基于求解器的方法可能就会是适合于这个问题的。在约束满足程序中包含基于模拟的测试或其他任何的对游戏引擎的调用通常都会很复杂。如果需要执行基于模拟的测试，一种替代方法就是使用进化算法，其也可以被用于解决约束满足问题。这可以与适应度值以及约束相结合来推动进化[376,382,240]。

4.3.3 基于文法的方法

文法是计算机科学中的基本结构，其在程序化内容生成中也存在着许多应用。特别是，它们经常被用于生成树木之类的植物，其在多种不同的游戏类型中也会被普遍地使用。然而，文法也能被用于生成任务和地下城[173,174]、岩石[159]、水下环境[3]和洞穴[424]。在这些案例中，文法被用作一种构建方法，并且不需要任何评估或者反复生成就能够生成内容。不过文法方法也可以与基于搜索的方法共同使用，例如文法的扩展就被用作某种从基因型到表型的映射。

一种（正式的）**文法**是一组用于重写字符串的**产生规则**（production rules），也就是将一个字符串转换为另一个字符串。每条规则的形式都是（符号（s））→（其他符号（s））。这里是

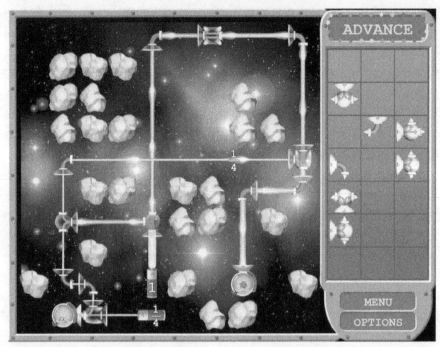

图 4.4　一张来自《*Refraction*》教育游戏的截图。一种基于求解器的 PCG 方法（ASP）被用于为这个游戏生成关卡以及谜题。有关《*Refraction*》中的 ASP 应用的更多细节见参考文献［635，89］

一些产生规则的样例：

1）*A→AB*

2）*B→b*

扩展一个语法与遍历一个字符串一样简单，并且每当找到某条规则左侧的单个符号或符号序列时，这些符号就会被替换为规则右侧的符号。例如，如果一开始的字符串是 *A*，在第一次的重写步骤中 *A* 将会根据规则 1 被替换为 *AB*，而产生的字符串将会是 *AB*。在第二次重写步骤，*A* 将再一次被转换为 *AB*，并且 *B* 也将会使用规则 2 进行转换，从而生成字符串 *ABb*。第三步产生了字符串 *ABbb* 等。文法中的一个惯例是大写符号是非终止符号，其处于规则的左边，因此会被进一步重写，而小写符号则是不会被进一步重写的终止符号。

从公理（axiom）A 开始（在 L‐system 中，种子字符串被称为公理），最初的几个扩展如下所示：

A

AB

ABA

ADAAB

ABAABABA

ABAABABAABAAB

ABAABABAABAABABAABABA

ABAABABAABAABABAABABAABAABABAABAAB

这个特殊的语法是一个 **L‑system** 的案例。L‑system 是一类定义特征为平行重写的语法,在 1968 年由生物学家 Aristid Lindenmayer 为了明确地对像植物或者藻类这样的有机系统的生长进行建模而引入[387]。随着时间的推移,它们对于在游戏以及理论生物学中生成植物变得越来越有用。

使用 L‑system 的功能来生成 2D(以及 3D)物件的一种途径是将生成的字符串解释为**海龟绘图**(turtle graphics)中的海龟的指令。想象海龟拿着一只画笔在某个平面上移动,并且只画出一条跟随它的路径的线条。我们可以给出命令来让海龟向前移动,或是向左向右转。例如,我们可以定义 L‑system 字母表 {F, +, −, [,]},并使用以下键来解释生成的字符串:

- F:向前移动一段固定的距离(例如,10 个像素)。
- +:向左转 30°。
- −:向右转 30°。
- [:将当前位置以及方向入栈。
-]:将位置以及方向出栈。

带有括号的 L‑system 可以产生出人意料的类植物结构。思考由单个规则 $F \to F[-F]F[+F][F]$ 所定义的 L‑system。图 4.5 展示了这个 L‑system 分别经过 1、2、3、4 次从单个符号 F 开始进行重写之后的图像解释。在这个系统中规则的微笑编号产生了不同但依旧类似植物的结构,并且基本原则通过引入代表沿着图形轴线的旋转的符号,可以被轻松地拓展到三个维度。出于这个原因,许多用于在游戏中生成植物的标准软件包都是基于 L‑system 或类似的语法。由 L‑syetem产生的植物的多个优秀案例,可以参考 Prusinkiewicz 与 Lindenmayer 的《*The Algorithmic Beauty*》一书[542]。

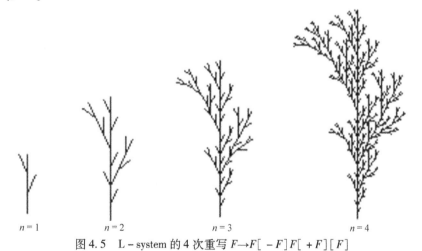

图 4.5 L‑system 的 4 次重写 $F \to F[-F]F[+F][F]$

基本的 L‑system 的形式存在很多种扩展,包括可以帮助增加生成的内容的多样性的非确定性 L‑system,以及可以产生更复杂的特征的上下文敏感的(context‑sensitive)L‑system。形式化地规范 L‑system 可能会是一项很艰难的任务,一方面是因为公理与规则之间的映射,还有就是扩展之后的结果会是非常复杂的。然而，可以使用基于搜索的方法来寻找优秀的公理或规则，例如在评估函数中包含对植物的期望高度或复杂度[498]。

4.3.4　元胞自动机

元胞自动机是在计算机科学、物理、复杂科学甚至生物学的某些分支中被广泛研究的离散计算模型，并且可以从计算角度为生物以及物理现象进行建模，例如生长、发育、模式甚至诞生。尽管元胞自动机（CA）已经成为拥有广泛研究的学科，但其基本概念实际上非常简单，甚至可以用一两句话进行解释：元胞自动机是放置在网格上的一组细胞，其按照一组规则在多个离散时步内进行改变；那些规则取决于每个细胞的当前状态及其相邻细胞的状态。这个规则可以按照我们所期望的次数而被迭代地执行。元胞自动机背后的概念思路早在20世纪40年代就由Stanislaw Ulam 与 John von Neumann 所提出[742,487]，然而花了大约30多年的时间，我们才看到了元胞自动机的一个应用，其展示了它们在基础研究之外的潜力。这个应用就是设计在Conway的《生命游戏》（Game of Life）[134]中的二维元胞自动机。《生命游戏》是一个无玩家游戏，它的结果不会被玩家在游戏中的输入所影响，并且它仅仅依赖于它的初始状态（其由玩家所决定）。

一个元胞自动机包含多个以任意维数表示的细胞；然而，大部分元胞自动机不是一维（向量）就是二维（矩阵）。每个细胞都可以拥有有限数量的**状态**；例如，这个细胞可以是打开或者是关闭的。围绕每个细胞的一组细胞被定义为它的**邻域**（neighborhood）。邻域定义了哪些围绕着某个特定细胞的细胞将会影响这个特定细胞的未来状态，并且它的大小可以被任何大于1的整数所表示。例如，对于一个一维的元胞自动机来说，邻域就是由这个细胞向左或是向右的细胞数目所定义的。而对于二维元胞自动机来说，两种最常见的邻域类型是**Moore** 和 **von Neumann** 邻域。前一种邻域类型是一个围绕某个细胞的由多个细胞组成的正方形，这也包括那些在对角线上包围了它的细胞；例如，一个大小为1的Moore邻域包含每个细胞旁围绕着的8个细胞。而后一种邻域类型，则是形成了一个由细胞组成的以被考虑到的那个细胞为中心的十字形。例如，一个大小为1的von Neumann邻域由围绕这个细胞的4个细胞所组成，包括上下左右4个方向的细胞。

在实验开始时（在时间 $t=0$ 时），我们通过为每一个细胞分配一种状态来对它们进行初始化。在每个时步 t，我们根据某种规则或是某个数学函数来创造新一代的细胞，其能够在时间$(t-1)$时以细胞的当前状态及其邻域状态来为每个细胞指定一个新的状态。通常来说，用于更新细胞状态的规则在所有细胞上与所有时步中都会保持不变（即它是静态的），并且应用于整个网格当中。

元胞自动机已经被广泛地用于为环境系统建模，例如热量与火焰、雨水与液体流动、压力与爆炸[209,676]，并且能够与影响地图（influence map）相结合以供智能体制定决策[678,677]。另一种元胞自动机的用途则是在程序化地形生成中用于热力与水力侵蚀[500]。与这个章节的思路特别相关的是 Johnson 等人使用元胞自动机来生成无止境的类似洞穴的地下城的工作[304]。这项研究的动机是创造一个无限的洞穴探索游戏，并且环境会向每个方向没有停顿地永久延伸。一个额外的设计限制是这个洞穴应当看起来具有系统性或是存在侵蚀，而不是存在直截突兀的边缘与角度。没有任何存储介质大到能够存储一个真正无穷的洞穴，所以这个内容必须在玩家选择探索新领域时于运行中得到生成。游戏并不会滚动，而是每一次都仅呈现一个屏幕大小的环境，在每次玩家离开某个房间时，都会提供几百毫秒的时间窗口，并在这时创建出一个新的房间。

由 Johnson 等人所提出的方法[304]使用如下 4 个参数来控制地图生成过程：

- 在过程开始时一定比例的岩石细胞（无法通行的区域）。
- CA 生成（迭代）的次数。
- 定义岩石的邻域阈值。
- Moore 邻域大小。

在参考文献［304］中呈现的地下城生成实现中，每个房间都是一个 50×50 的网格，其中每个细胞可以处于一个或两个状态：空白或岩石。在一开始，网格是空白的，单个房间的生成如下：

1）网格会被"撒"上岩石：对于每个细胞来说，其都有一定概率会转换为岩石。这将产生一个相对均匀的岩石细胞分布。

2）在这个初始的网格上应用一定次数的 CA 世代（迭代）。

3）在每一个世代中，所有细胞都将应用下方的简单规则：如果一个细胞的邻域中至少有 T 个（例如 5 个）是岩石，那么它在在下一次循环中将会变为岩石，否则它将会变为自由空间。

4）出于美学上的原因，与空白空间接壤的岩石细胞被设计为"墙"细胞，其在功能上与岩石相同但外观上不同。

上述的简单程序生成了一个令人惊讶的栩栩如生的洞穴空间。图 4.6 展示了一个随机地图（撒满岩石）与元胞自动机的几次迭代的结果之间的比较。但与此同时这个过程仅生成了一个单独的房间，而一个游戏通常需要多个有连接的房间。一个生成出来的房间可能在狭隘的岩石中不存在任何开口，并且也无法保证存在任何能够与相邻房间的入口相对齐的出口。因此，每当一个房间被生成时，它的直接邻居也会被生成。如果在这两个房间中最大的空白空间之间不存在

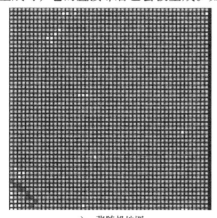 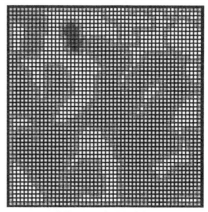

a）一张随机地图   b）一张使用元胞自动机生成的地图

图 4.6 洞窟生成：一个元胞自动机以及一个随机生成地图之间的比较。元胞自动机使用的参数如下：元胞自动机运行 4 次生成；Moore 邻域的大小为 1；元胞自动机规则的阈值为 5（$T=5$）；过程开始时的岩石细胞比例为 50%（两张地图都是）。岩石和墙细胞分别用白色和红色表示。彩色区域代表了不同的隧道（地面）。图片摘自参考文献［304］

连接，那么就在这些区域中被分离的最近的地方钻一个隧道。然后在所有 9 个相邻的房间中一同运行几次 CA 算法的迭代，来平滑所有尖锐的边缘。图 4.7 以 9 个房间无缝连接的形式展示了这个过程的结果。这个生成过程非常快，并且在一台现代计算机上可以在少于 1ms 内生成所有的 9 个房间。一种与 Johnson 等人的方法类似的方法被用于《Galak - Z》(17 - bit, 2016) 中的地下城生成[9]。在这个游戏中元胞自动机生成了关卡的单个房间，并通过一个希尔伯特曲线的变体来全部连接起来，其是一个连续的分型空间填充曲线[261]。《Galak - Z》(17 - bit, 2016) 展示了一种不同的将 CA 与其他方法相结合以达成期望的地图生成结果的方式。

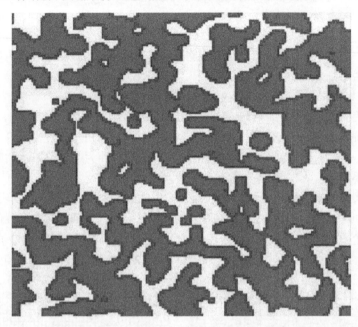

图 4.7　洞窟生成：一个使用元胞自动机生成的 3 × 3 基准网格地图。岩石与墙分别使用白色与红色表示；灰色代表了地面。Moore 邻域大小为 2，$T = 13$，元胞自动机迭代次数为 4 次，而初始阶段岩石百分比为 50%。图片摘自参考文献［304］

　　总的来说，CA 是非常快速的构造方法，其可以被有效地用于生成特定类型的内容，例如地形与关卡（像是在参考文献［304］中那样），但是它们也可能被用于生成其他类型的内容。一个 CA 算法可以为一个游戏内容生成器提供的最大好处就是它仅仅依赖于少量的参数，并且它很直观以及相对容易掌握与实现。然而，这个算法的构造性质也是其缺点的主要原因。对于设计者与程序员来说，完全理解单个参数在设计过程中可能造成的影响也无足轻重，因为每个参数都会影响生成输出的多个特征。尽管核心算法的少数参数允许一定程度的可控性，但这个算法仍然无法保证像关卡的可玩性或可解性之类的属性。除此之外，其也无法涉及那些存在特定需求的内容，例如某个要具有特定连接性的地图，因为游戏特征与 CA 的控制参数是没有关联的。因此，CA 生成方法与游戏特征之间的任何关联都必须通过实验与试错的方法来创建。换句话说，人们需要采取预处理或某种先生成再测试方法。

4.3.5　噪声与分型

　　一种经常被用于生成高度图以及纹理的算法类别就是**噪声**算法（noise algorithms），而其中非常大的一部分是**分型**算法（fractal algorithms），这意味着它们会展现出比例不变的性质。噪声算法通常快速并且易于使用，但是缺乏可控性。

　　纹理和地形上的许多方面都可以被有效地表示为实数的二维矩阵。矩阵的宽度与高度则会映射到某个矩形表面的 x 轴与 y 轴。在纹理的情况中，这被称为**强度图**，并且单元的值会直接对应到相关像素的亮度。而在地形的情况中，每个单元的值则对应在这个点上的地形（在某些基线之上）的高度，这被称为**高度图**。如果地形渲染的分辨率大于高度图的分辨率，可以简单地在地面上的各个中点中插入各个拥有高度值的点之间的值。因此，使用这种通用表示方法，任何被用于生成噪声的技术都可以被用于生成地形，反之亦然——尽管它们可能并不是同样适合。

　　要注意的是，在地形的情况中，其他表示方法也是可行的，在某些时候也会是十分合适甚至必需的。例如，人们可以通过将空间分割为体素（voxel）（立方体）并通过计算三维的体素网格来在三维中表示地形。一个例子就是流行的开放世界游戏《我的世界》（Mojang，2011），其使用了异常巨大的体素。体素网格允许表示那些无法通过高度图表示结构的事物，例如洞穴与悬崖峭壁，但它们也需要一个更巨大的存储空间。

　　像中点位移算法（midpoint displacement algorithms）[39] 之类的分型[180,500]，则通常会被用于实时地图生成。中点位移是一种通过简单地反复细分一条线来用于生成二维地形（从侧面看）的算法。这个程序如下：从一条水平线开始。找到这条线的中点，并且将这条线上下移动一个随机距离，从而将线分为两部分。为了达到充足的分辨率，现在对产生的两条线都执行相同的方法，并且重复执行所需要的次数。每一次递归地调用这个算法时，都要略微地降低随机数生成器的范畴（图 4.8 展示了一个例子）。

　　一种有效并且能够简单地将中点位移思路拓展到二维（从而创建能够被解释为三维地形的二维高度图）的方法是 **Diamond - Square 算法**［也称为"云分型（the cloud fractal）"或"等离子分型（the plasma fractal）"，因为它

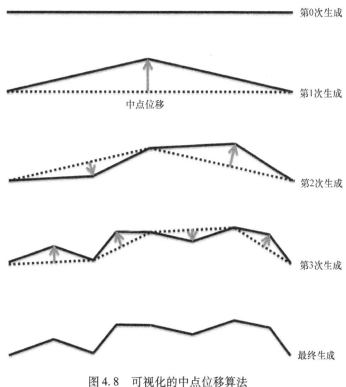

图 4.8　可视化的中点位移算法

经常被用于创建这样的效果][210]。这个算法使用一个宽度和高度均为 $2^n + 1$ 的正方形 2D 矩阵。为了运行这个算法，通常需要将所有单元的值设置为 0 以初始化这个矩阵，除了在某些选定范围（例如 [-1，1]）内被设为随机值的 4 个角值。然后执行以下步骤：

> 1）*Diamond* 步骤：找出 4 个角的中点，也就是在矩阵最中心的单元。将该单元的值设为各个角的平均值。为中间的单元添加一个随机值。
>
> 2）*Square* 步骤：找到在各个角之间的 4 个单元。将这里面的每一个都设为两个围绕它的角的平均值。为这些单元的每一个都添加一个随机值。

为矩阵的 4 个子方格中的每一个递归地调用这个方法，一直到达到矩阵的分辨率极限（3×3 的子方格）。每一次调用这个方法，都要略微地降低随机值的范围。这个过程如图 4.9 所示。

还有很多可以用于产生有不同性质的分型噪声的高级方法。最重要的方法之一就是**柏林噪声**（Perlin noise），其相较 Diamond Square 来说有一些优点[529]。这些算法在致力于从图形学角度讲述纹理与建模的书中有着详细的介绍[180]。

4.3.6 机器学习

在 PCG 研究中的一个新兴方向是在**现有内容**上对生成器进行训练，以便生成更多相同类型与风格的内容。这受到了近期在深度学习上的成果的启发，而在这其中，像**生成对抗网络**（generative adversarial network）[232]和**变分自编码器**（variational autoencoder）[342]之类的网络结构已经在学习生成如卧室、猫或人脸的图片上取得了优秀的成果，而早期的结果则表明，如马尔科夫链之类的简单机制以及循环神经网络之类的复杂机制在语料库中进行训练之后，也能够学会生成文本与音乐。

尽管基于机器学习的这些生成方法非常适用于某些类型的内容——特别是音乐与图像——但许多游戏内容仍然面临着额外的挑战。特别是，游戏内容生成与许多其他领域中的程序化生成的关键不同是大部分游戏内容为了保证可玩性有着严格的结构限制。而这些限制不同于文本或音乐的结构限制，因为需要实际玩游戏才能去体验它们。一个从结构上就阻止了玩家去通关的关卡就不会是一个好关卡，即便它在视觉效果上十分吸引人；而一个有着破坏策略性的缺点的策略游戏地图，即便有着吸引人的特性也不会被采用；可收集卡牌游戏中会破坏游戏性的卡牌也只能是奇物等。因此，游戏内容的生成面临着一些与其他生成领域所不同的挑战。可以产生"大部分正确"的卧室与马匹图片的方法，可能仍然有一些不可能存在的角度或残肢，因此并不适合用于生成那些必须拥有一个出口的迷宫。这就是为什么基于机器学习的方法到目前为止在用于游戏的 PCG 上只取得了有限的成功的原因之一。另一个主要原因是，对于许多类型的游戏内容来说，暂时还不存在足够的内容用于训练。然而，这是一个在未来几年内可能会有巨大进展的活跃方向。

通过机器学习的 PCG 与基于搜索的 PCG 之类的方法之间的核心区别在于，其内容是源自于在游戏内容上进行过训练的模型。尽管某些基于搜索的 PCG 方法使用了在游戏内容上进行过训练的评估函数——例如，Shaker 等人的工作[621]或 Liapis 等人的工作[373]——但实际的内容生成仍然是基于搜索的。下面，将展示一些通过机器学习的 PCG 案例，这些特定的 PCG 研究基于对 **n-grams**、马尔科夫模型与人工神经网络的使用。而更多关于这方面的早期工作的例子，则可

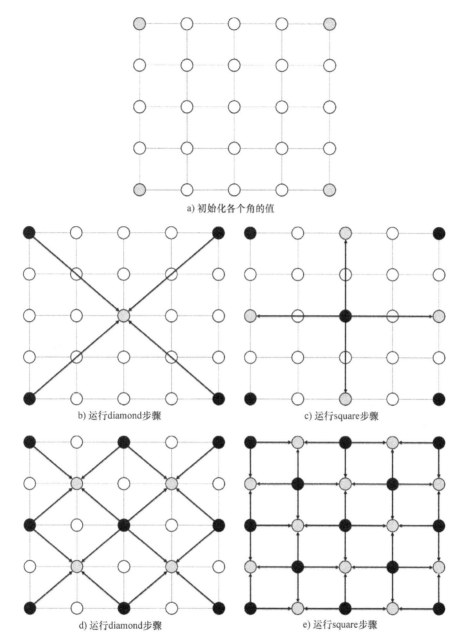

a) 初始化各个角的值

b) 运行diamond步骤

c) 运行square步骤

d) 运行diamond步骤

e) 运行square步骤

图 4.9 以 5 个步骤可视化的 Diamond – Square 算法。图片摘自 Christopher Ewin，遵循 CC BY – SA 4.0 协议以参考近期的综述论文[668]。

4.3.6.1 *n* – grams 与马尔科夫模型

对于可以表示为一维或二维离散结构的内容，像是许多游戏关卡，可以使用基于马尔科夫模型的方法。一种特别直截了当的马尔科夫模型就是 n - gram 模型，其被普遍用于文本预测。n - gram方法非常简单——本质上，可以从字符串中构建条件概率表，并且在构建新字符串时从这些表中抽样——而且也非常快。

Dahlskog 等人在原版《超级马里奥兄弟》（Nintendo，1985）的各个关卡上训练了 n - gram 模型，并且使用这些模型来生成新的关卡[156]。因为 n - gram 模型基本是一维的，所以这些关卡为了能够让 n - gram 理解需要被转化为字符串。这个过程通过将关卡分成多个垂直的"切片"来完成，其中大部分切片会在整个关卡中反复出现[155]。这种表示技巧是依靠关卡设计中存在的大量冗余，并且这在大部分游戏中都是成立的。模型使用 n 个关卡来进行训练，并且可以观察到，尽管在 $n=0$ 时会创造基本随机的关卡，$n=1$ 时会创造几乎不能玩的关卡，但 $n=2$ 和 $n=3$ 时却能够创造形状相当不错的关卡了。这个的例子如图 4.10 所示。

Summerville 等人[667]通过使用蒙特卡罗树搜索引导生成来对这些模型进行拓展。它们在随机推演（对整个关卡的生成）时使用了学习到的概率，然后根据由某个设计者特化的目标函数（例如，允许它们生成偏向更难或更简单的关卡）进行打分，而不仅仅依赖于学习到的条件概率。生成的关卡仍然只能来自观察到的配置，但是对蒙特卡罗树搜索的利用意味着可以做出在可玩性上的保证，并且比起单纯地对输入语料库进行编辑，这也可以允许设计者拥有更大的控制权。这也可以被视为一种基于搜索的方法与一种基于机器学习的方法间的混合体。与此同时，Snodgrass 与 Ontanón 训练了一个二维的马尔科夫链——一个更复杂的 n - gram 的近亲——来为《超级马里奥兄弟》（Nintendo，1985）以及其他类似的平台游戏，例如《淘金者》（Brøderbund，1983）生成关卡[644]。

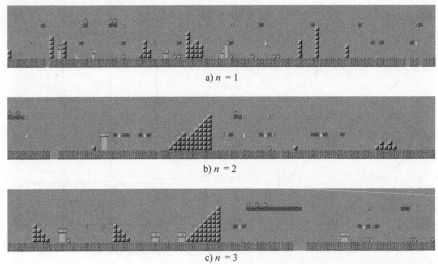

a) $n=1$

b) $n=2$

c) $n=3$

图 4.10　由 n 分别被设为 1、2、3 的 n - gram 重构的马里奥关卡

4.3.6.2　神经网络

考虑到**神经网络**在机器学习中的多种用途，以及各种不同的神经网络结构，神经网络对基于机器学习的 PCG 来说十分有用也就不足为奇了。在先前章节中关于《超级马里奥兄弟》（Nintendo，1985）的例子之后，Hoover 等人[277]通过拓展一个最初用于作曲的被称为音乐作曲功能架（functional scaffolding for musical composition，FSMC）的表示为同一个游戏生成了关卡。原始的 FSMC 表示中假设①音乐可以被表示为时间的函数以及②一个给定片段中的音乐声音算法是函数相关的[276]。通过一种用于进化神经网络的，被称为增强拓扑的神经进化[655]的方法，其将会产生额外的音乐声音并与原来人类作曲的声音一同播放。为了拓展这个音乐上的比喻并将《超级马里奥兄弟》（Nintendo，1985）的关卡表示为时间的函数，每个关卡都会被分解为一系列与砖块同宽的列。每一列的高度被拓展为屏幕的高度。虽然 FSMC 用八分音符的长度表示单位时间，但在这个方法中的单位时间是每列的宽度。在每个单位时间中，系统都会查询人工神经网络以决定在哪个高度放置一块砖块。FSMC 在这之后会将音符的音高与持续时间输入到人工神经网络中。而这个方法则将音高与持续时间转换为放置砖块的高度以及一个砖块类型在这个高度将重复的时间次数。对于一个给定的砖块类型或音乐声音，这个信息在这之后会被馈送到一个在全部的人类制作关卡的 2/3 集合上进行训练，以预测每一列的砖块类型的值的神经网络。这其中的思路是，神经网络将能够学习到由人类制作的关卡中的各个砖块类型之间的隐含关系，然后可以帮助人类从砖块类型的整体布局开始以尽可能少的信息来构建整个关卡。

当然，机器学习也可以被用于生成除了关卡之外的其他类型的游戏内容。一个很吸引人的例子就是 *Mystical Tutor*——一个用于万智牌的设计助手[666]。与其他旨在生成完整并且可玩的关卡的生成器相比较，*Mystical Tutor* 承认了它的输出在某些方面可能存在缺陷，因此它只是希望能够为卡牌设计者提供一些具有启发性的原材料。

4.4　PCG 在游戏中的角色

算法化地生成内容在游戏领域中可能扮演不同的角色。我们确定了放置两个 PCG 角色的坐标轴：玩家与设计者。我们设想了在生成内容时将设计者考虑在内的 PCG 系统，或是与设计者相互依赖的 PCG 系统，这同样适用于玩家。图 4.11 给出了游戏中的 PCG 在设计者主导与玩家体验的维度上扮演的关键角色。

无论使用什么样的生成方法，无论是何种游戏种类或内容类型，PCG 在设计过程中都可以是自主地或作为合作者行事。我们将前一种角色称为**自主**的生成（4.4.2 节），而后一种角色则称为**混合主导**的生成（4.4.1 节）。除此之外，我们也涵盖了**体验主导**的 PCG，其中 PCG 算法无论尝试生成什么都会考虑到玩家体验（4.4.3 节）。其结果就是，生成的内容与玩家及其体验有关。最后，如果 PCG 并不将玩家考虑在它的生成过程内，那么它就是**体验无关**的（4.4.4 节）。

PCG 技术可以被用于在**运行时**，也就是在玩家正在玩游戏的时候对内容进行生成，而这则允许生成无穷的变化，使得游戏能够无限重玩并且拥有生成自适应玩家的内容的可能性，或者是在游戏开发期间或游戏章节开始前的**离线**时间生成内容。用于离线内容生成的 PCG 的用途在生成像环境与地图这样的复杂内容时是十分有用的；关于这一点的几个案例在本章之初曾经探讨过。一个运行时内容生成的应用案例可以在游戏《求生之路》（Valve，2008）中找到，其是一个通过分析玩家在游戏中的行为并且使用 PCG 技术来转变游戏状态，从而为每个玩家提供动态体验的第一人称射击游戏[14,60]。与运行时内容生成相关的趋势是创建与共享玩家创造的内容。

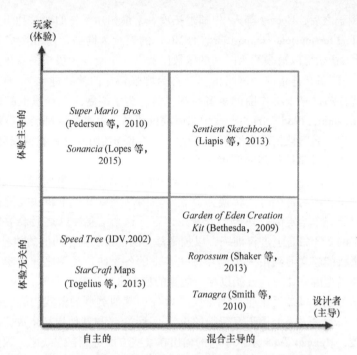

图 4.11　由设计者主导权以及玩家体验交错而来的 4 种 PCG 在游戏中的关键角色。对于每种角色间的结合，图片列出了几个已经包含在本章中的具有指导性的工具或研究例子

某些游戏，例如《小小大星球》（Sony Computer Entertainment，2008）以及《孢子》（Electronic Arts，2008）则提供了一个内容编辑器（也就是小小大星球中的关卡编辑器和孢子生物编辑器），其允许玩家编辑与上传完整的生物或关卡到某个中心化的在线服务器，在那里它们能够被其他玩家下载与使用。关于 PCG 在游戏中的 4 种角色，运行时生成既能以自主并且体验无关的方式进行，也能以体验主导的方式进行，但不能以混合主导的方式进行。另一方面，内容的离线生成既能够以自主的方式进行，也能够以体验无关的方式进行。除此之外，离线生成内容也是以一种混合主导方式对内容进行生成的唯一途径，并且其与体验主导的生成方式无关，因为根据定义这种类型的 PCG 需要发生在运行时。

下面 4 个子章节概述了 4 种 PCG 角色中的每一个角色的特征，并且特别强调了本章中尚未详细介绍的混合主导角色以及体验驱动方式。

4.4.1　混合主导的

AI 辅助游戏设计（AI - assisted game design）指使用 AI 驱动的工具来支持游戏设计以及开发过程。这可能是对开发更优秀的游戏来说最具前景的 AI 研究了[764]。特别是，AI 可以辅助创造从不同的关卡与地图到游戏机制与叙事在内的多种游戏内容。

我们将 AI 辅助游戏设计定义为通过人类主导的与计算主导某种形式上的交互来创造物件的任务。而计算主导就是一个 PCG 过程，因此我们才会在 PCG 的标题下探讨这种共同设计方式。

尽管术语**混合主导**缺乏一个明确的定义[497]，但本书中我们将其定义为同时允许人类主导以及计算主导为游戏设计做出内容贡献的过程，尽管这两种主导并不需要做出相同的贡献[774]。混合主导的 PCG 因此不同于其他类型的共同创作，例如多个人类创造者的合作或一个人类与一个非主动的计算机支持工具（例如拼写检查器或图像编辑器）或非计算机支持工具（例如美术板或创意卡片）之间的交互。计算主导的概念可以被视为从简单的执行人类设计者的命令到产生某种自主创作系统的**完全主导**状态之间的连续区域。我们将在下面的案例中看到这两者之间的任何状态，并且也在图 4.12 中做出了描绘。

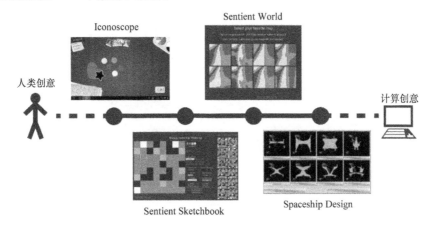

图 4.12　介于人类主导与计算主导之间的混合主导（或者说创意），涉及多个本章讨论的混合主导设计工具。《Iconoscope》是一个混合主导的绘画游戏[372]，《Sentient Sketchbook》是一个用于策略游戏的关卡编辑器[379]，《Sentient Word》是一个混合主导的地图编辑器[380]，而《Spaceship Design》是一个使用互动进化的混合主导（主要是计算机主导）工具。摘自参考文献［375］

4.4.1.1　游戏领域

尽管 AI 辅助游戏设计对游戏设计中的任何创意方面都有所贡献[381]，但关卡设计师是从中受益最多的。在商业标准的游戏开发中，我们可以找到许多基于 AI 的工具，其允许多级别的计算主导。在这个领域的一端，如《伊甸园创造工具包》（Bethesda，2009）这样的关卡编辑器或《虚幻开发工具包》（Epic Games 2009）这样的游戏引擎会将大部分创造性的过程留给设计者，但它们仍然会通过自动插值、寻路以及渲染来协助游戏开发[774]。而在计算主导领域的另一端，PCG 工具可以特化出植被——《SpeedTree》（IDV，2002）——或 FPS 关卡——《Oblige》（Apted，2007）——它们只需要设计者设置少量的生成参数，因而这些生成过程是几乎完全自主的。

在学术界中，AI 辅助游戏设计工具领域在近年来引起了很高的研究兴趣[785]，其主要贡献来自横跨多种游戏种类的关卡设计任务，包括平台游戏[641]、策略游戏[380,379,774,378]（见图 4.13a）、开放世界游戏[634]、竞速游戏[102]、休闲解谜游戏[614]（见图 4.13b）、恐怖游戏[394]、第一人称设计游戏[501]、教育游戏[89,372]、移动游戏[482]以及冒险游戏[323]。混合主导的游戏设计工具的范畴则被拓展到了像 MetaGame[522]、RuLearn[699]以及 Ludocore[639]工具等被设计来生成完整游戏规则集的工具，以及意图在游戏中生成叙事[480,673]以及故事的工具[358]。

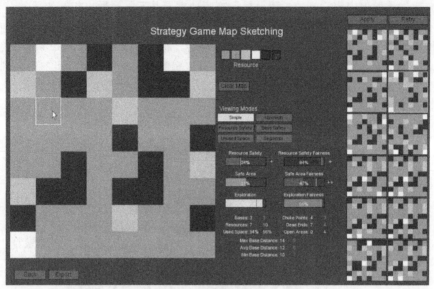

a)《Sentient Sketchbook》

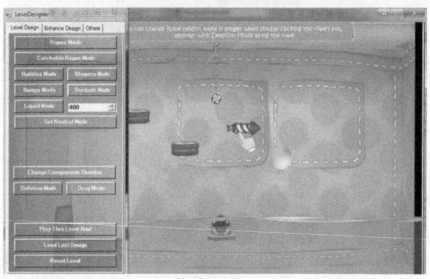

b)《Ropossum》

图 4.13　两个混合主导关卡设计工具的例子。a)《Sentient Sketchbook》通过人工进化为设计者提供地图草稿上的建议（见图片的最右边）；这些建议要么能够最大化地图的特定目标（例如平衡性），要么能够最大化地图的新奇度价值。b)《Ropossum》中，设计者可以选择设计《割绳》（Cut the Rope）（Chillingo, 2010）游戏关卡的元素；剩余部分的生成将会留给进化算法来设计

4.4.1.2 方法

任何 PCG 方法都可能被用于混合主导的游戏设计中。然而，目前主要使用的方法是遵循基于搜索的 PCG 范例的进化计算。尽管进化方法第一眼看上去似乎并非是在实时处理以及内容生成中最具吸引力的方法，但它仍然拥有巨大的优点，特别是人工进化的随机性、多样性维护以及平衡多个设计目标的潜力。进化可以被约束到生成那些具备可玩性以及可用性的内容，或者说是在期望的设计特化中拥有特定质量内容。而与此同时，为了最大化生成内容的多样性并对设计者的创新途径产生改变[774]，它也可以包含诸如新颖性[382]或惊讶性[240]这样的度量指标。然而，进化方法在计算性上可能是开销不菲的，因此交互式进化混合主导的基于进化的生成也是一种可行并且颇受欢迎的选择（见参考文献［102，380，377，501］）。

除了人工进化之外，与混合主导内容生成有关的另一类算法是约束求解器与约束优化。像回答集编程[383,69]之类的方法已经被用于多个 AI 辅助关卡设计工具，包括用于平台游戏的 *Tanagra*[641]以及用于教育解谜游戏的 *Refraction*[89]。人工神经网络也能够以混合主导的方式执行某些任务，例如使用像栈式自动编码器（stacked autoencoder）之类的深度学习方法来执行"自动完成"或关卡修复[296]。这里的目标是提供一种能够"填充"某个人类设计师不愿意或者没有时间去创造的关卡部分的工具，并且纠正其他部分以实现更高的一致性。

4.4.2 自主的

自主生成的角色可以说是 PCG 在游戏中最重要的角色了。本章的前面部分已经致力于详细探讨与研究在设计过程中不将设计者纳入考虑的 PCG 系统了。因此，我们在这里不会包含这种 PCG 方式。然而，很重要的是探讨混合主导与自主的 PCG 系统之间的那一条模糊界限。例如，将自主的 PCG 视为设计者角色通过使用某种离线算法设置的开始与结束的过程可能会有所帮助。比如，设计者只参与算法的参数化，就像《*SpeedTree*》（IDV，2002）中那样。然而，人们可能希望能够进一步推进自主与混合主导的生成之间的界限，并且认为只有当创造过程重新考虑并且能够适应那些驱动内容生成的效应函数——并从而变得富有创造力时，生成才是真正自主的。一个静态的、驱动了内容的效用函数在进化创意领域经常被认为仅仅是生成而已[381]。

尽管自主及与设计者合作之间的界限仍然是一个开放性的研究型问题，但就本书而言，我们可以放心地宣称，在设计者的自主权仅限于生成开始之前的算法参数化时，这个 PCG 过程就是自主的。

4.4.3 体验主导的

游戏是丰富多样的内容创造应用最具代表性的案例之一，能够激发独特的用户体验，因此**体验主导的** PCG（experience‒driven PCG，EDPCG）[783,784]将游戏内容视为游戏的建筑块，而生成的游戏则被视为是玩家体验的强化剂。基于上述原因，EDPCG 被定义为一种通用并且有效的通过对体验内容的适应来优化用户（玩家）体验的方法。就游戏中的 PCG 的体验主导方式而言，玩家体验就是在游戏过程中所激发出的情感特征、浮现出的认知过程以及行为特性的集合[781]。

通过将玩家体验与程序化内容生成相结合，体验主导的视角为 PCG 提供了一种全新的、以玩家为中心的方式。由于游戏是由游戏内容所组成的，因此当被特定的玩家玩的时候，就会引发各种各样的体验特征，人们需要评估生成的内容的质量（其与玩家的体验相关联），搜索可行的内容，并为玩家生成优化体验的内容（见图 4.14）。特别是，EDPCG 的核心组件如下：

- **玩家体验建模**：玩家体验被建模为游戏内容以及玩家的一个函数。
- **内容质量**：评估生成内容的质量并且与建模过的体验相关联。
- **内容表示**：相应地对内容进行表示来最大化搜索的效率与健壮性。
- **内容生成器**：生成器根据已有模型在生成空间中对优化玩家体验的内容进行搜索。

EDPCG 的每一个组成部分都有自己的专门性介绍文献，并且相应的细致讨论也已经被包含在本书的其他部分当中。特别是，玩家体验建模在第 5 章中介绍，而框架剩余的 3 个部分已经在本章进行介绍。关于 EDPCG 的一个详细综述与探讨见参考文献［783］。

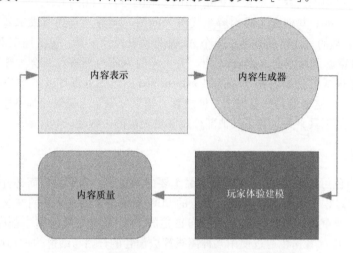

图 4.14　体验驱动的 PCG 框架的 4 个关键组件

4.4.3.1　实践中的由体验主导的 PCG

《求生之路》（Valve，2008）是一个在商业游戏内使用的由体验主导的 PCG 案例，在这其中一个算法被用于根据玩家的情绪强度来动态调整游戏难度。在这个例子中，适应性的 PCG 被用于调整游戏难度以保持玩家的忙碌[60]。适应性的内容生成也可以被用于其他目的，例如生成更多的玩家可能喜欢的内容。例如，这种方法被用于《银河系军备竞赛》[250]中，其中呈现给玩家的武器是根据他先前使用的武器与偏好进化而来的。这个案例中的 EDPCG 的实现如图 4.16 所示。第一步是以某种能够产生一个可以被简单地搜索的空间的形式来对这个关卡进行表示。一个关卡会被表示为一个简短参数向量，其描述了玩家可以穿过的缝隙的数量、大小和位置，以及是否存在某种切换机制。而下一步则是基于玩过的关卡以及玩家的游戏风格来为玩家体验创造一个建模。这些数据是从成百上千的玩家处收集而来的，他们需要体验有不同参数的两个关卡，并被要求根据下面的各种用户状态来决定哪一个关卡更好：有趣性、挑战性、挫折性、可预测性、焦虑性、无聊性。在游戏进行时，游戏也会记录一些玩家游戏风格的指标，例如跳跃、跑步以及射击的频率。这个数据在这之后会被用于通过进化偏好学习来训练神经网络以对所需要检查的玩家做出预测。最后，这些玩家体验建模会被用来为特定玩家优化游戏关卡[617]。两个有关这种关卡的例子如图 4.15 所示。值得注意的是——就像在第 5 章中讨论的——人们可能希望通过将玩家在游戏过程之外的数据[29]，例如她的头部姿势[610]或她的面部表情[52]包含在内来进一步改进马里奥玩家的体验模型。

a) 人类

b) 世界冠军AI

图 4.15　为两个不同的马里奥玩家生成的关卡例子。所生成的各个关卡针对每个玩家尝试都会最大化所建模出来的乐趣价值。上方的关卡是针对参与了参考文献［521］的一个实验主题而生成的，而下方的关卡是针对 2009 马里奥 AI 竞赛的冠军生成的

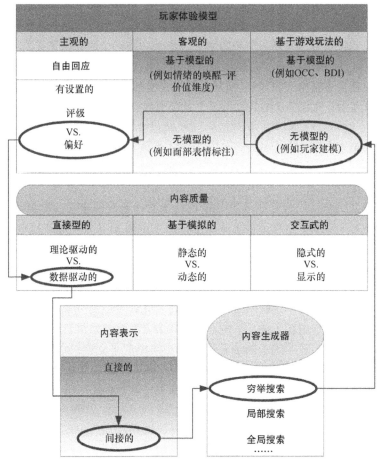

图 4.16　EDPCG 框架详情。逐渐变灰的格子表示在方块的两端之间可能存在的连续空间，其中白色的格子表示方块中离散且具有排他性的选项。箭头展示了用于《超级马里奥兄弟》案例研究[521,617]的 EDPCG 方法：内容质量通过一个直接的、数据驱动的方法评估函数进行评价，其基于一种基于游戏玩法（无模型）并且主观的（成对偏好）的玩家体验建模方法；内容通过间接方式进行表示，并且使用穷举搜索来生成更好的内容

4.4.4　体验无关的

对于与体验无关的 PCG，我们所指的是任何在内容生成中不考虑玩家角色的 PCG 方法。但我们应当将所涉及的边界放置于哪个地方呢？我们在什么时候将一个玩家认为是生成过程的一部分，而什么时候不这么认为呢？尽管在体验主导与体验无关之中的界限难以描绘，但我们将任何内容质量函数中不包含某种玩家（体验）模型或在生成中不以任何方式与玩家进行交互的 PCG 方法定义为是与体验无关的。就像自主的 PCG 方式那样，本章已经包含几个不涉及玩家或玩家体验模型的内容生成案例了。为了避免重复，我们将建议读者参考那些介绍过的、在体验驱动 PCG 定义之外的 PCG 研究。

4.5　有什么是可以被生成的

在本节中，我们将简短地概述一个 PCG 算法在游戏中能够生成的内容类型。简单地说，Liapis 等人[381]已经在游戏中确定了 6 个创意领域（也可以说是 6 个方面），并且它们也会在本节中进行讨论。它们包括关卡结构（设计）、听觉效果、视觉效果、规则（游戏设计）、叙事以及游戏玩法。在这个章节中，我们将会包含前面 5 个方面而有意地排除游戏玩法这个方面。这是因为创意性的游戏玩法与游戏直接相关，并且这些已经被包含在先前的章节中了。我们将以对完整游戏生成的讨论来结束本章。

4.5.1　关卡与地图

关卡生成到目前为止可以说是在游戏中的 PCG 最受欢迎的用途了。关卡可以说是游戏不可或缺的内容，因为每个游戏都拥有某种形式的空间表示或虚拟世界，在这其中玩家能够执行一系列动作。游戏关卡的这种属性与游戏规则一同构成了玩家与这个世界互动的方式，并且决定了玩家要如何从游戏中的一个点推进到另一个点。游戏的关卡设计也会影响游戏过程中玩家所面临的挑战。尽管各个游戏通常会拥有一套固定的机制，但关卡设计的方式仍然会影响游戏的玩法以及游戏的挑战程度。出于这些原因，一些研究人员认为，关卡加上规则是任何游戏绝对必不可少的建筑块；而从这个角度来说，下面列出的其余方面都只是可选的[371]。可以接受的关卡设计的变化是无穷无尽的：一个关卡的表示既可以是简单的平台和硬币的二维图像——就像在《超级马里奥兄弟》（Nintendo，1985）系列中那样——也可以是《糖果粉碎传奇》（King，2012）中的约束二维空间，《刺客信条》（Ubisoft，2007）以及《使命召唤》（Infinity Ward，2003）中三维并且巨大的城市空间，甚至还可以是《愤怒的小鸟》（Rovio，2009）中二维的精细结构，甚至《我的世界》（Mojang 2011）中以体素为基础的开放世界。

由于它们的一些相似之处，我们可以从程序架构的角度来看待游戏关卡的程序化生成。与架构相似，关卡设计都需要同时考虑设计于游戏世界中的所有事物的**美学**属性与**功能**需求。根据游戏种类，功能需求可能会是平台游戏中可以达到的终点，也可能是像《竞速飞地》（Turn 10 Studios 2005）这样的驾驶游戏中具有挑战性的游戏玩法，也可能是《吃豆人》（Namco，1980）、《求生之路》（Valve，2008）、《生化危机 4》（Capcom，2005）以及其他一些游戏中的游戏强度的波动。一个程序化关卡生成器也需要考虑内容的美学属性，因为关卡的美学外观不仅会影响它提供给玩家的视觉刺激，而且它在导航中也存在着明显的影响。例如，一系列相同的房间可以很容易地让玩家迷失方向——就像在《马克思佩恩》（Remedy，2001）的梦想序列中所预期的那样——而黑色区域，由于低能见度或是增加了玩家的兴奋程度，也可以被加到游戏挑战中，就像在《失忆症：黑暗后裔》（Frictional Games，2010）、《无须在意》（Flying Mollusk，2015）和《Sonancia》[394]中那样。当关卡生成器考虑更大的开放关卡或游戏世界时，它也会从城市规划中汲取灵感[410]，并且会存在边界来约束玩家的自由——也就是存在引导玩家并激励探索的界标[381]，例如在《侠盗猎车手》（Rockstar Games，1997）系列中用来打破世界单调性的各种区域，或是使用高对比度的颜色、植被和建筑风格来将世界分割为适合不同等级范围的区域的《魔兽世界》（Blizzard Entertainment，2004）。

　　正如在本章中已经被多次看到的那样，以程序化方式的关卡生成很显然是游戏工业中最受欢迎、也可能是最古老的 PCG 形式。我们已经提到了早期用于游戏中的自主关卡设计的 PCG 商业化应用，例如《Rogue》（Toy and Wichman，1980）以及由 Rogue 所启发的《暗黑破坏神》（Blizzard Entertainment，1996）系列（见图 4.17），以及更为近期的《文明 IV》（Civilization IV）（Firaxis，2005）与《我的世界》（Mojang，2011）中生成世界的例子。用于商业游戏中的关卡生成算法通常是构建型的，特别是在玩家可以通过操作来进行交互并且改变游戏世界的游戏中。例如，《洞穴探险》（Yu and Hull，2009）的玩家就被允许通过使用一个由游戏关卡所提供的炸弹来炸开阻挡的砖块来对一个不可玩的（也就是不能到达出口的）关卡进行修改。

图 4.17　《暗黑破坏神》（Blizzard Entertainment，1996）中的程序化生成关卡：在商业游戏中最具特色的关卡生成案例之一。暗黑破坏神是一个相对近期《Rogue》派生（也就是类 Rough）角色扮演游戏，特色就是基于地下城的程序化生成的游戏关卡。图片来源于维基百科（合理使用）

程序化关卡生成上的学术关注只有近期的[720,783,616]，但它也已经产生了大量的研究合集。学术研究中的大部分都已经在这个关注于关卡的章节中得到了阐述。感兴趣的读者可以参考像跨越了多种方法、PCG 方式与游戏种类的关卡生成之类的例子。

4.5.2 视觉效果

游戏，根据定义来说，就是视觉媒介，除非这些游戏被明确设计为不拥有视觉效果——例如冒险听觉游戏《真实之声：风的遗憾》（Sega，1997）。其显示在屏幕上的视觉效果信息根据图像风格、颜色搭配以及视觉贴图来向玩家传递消息。游戏中的视觉效果可以千变万化，可以是简单的抽象化和像素化表示，例如早期街机游戏的 8 – bit 风格，也可以是像《地狱边境》（Playdead，2010）（见图 4.18）中的漫画视觉效果，以及《FIFA》（EA Sports，1993）系列中的逼真图像。

图 4.18　游戏《地狱边境》中具有戏剧化效果并且高度情绪化的视觉效果。图片来源于维基百科（合理使用）

在游戏工业界中，PCG 已经被广泛地用于生成上述的任意视觉效果类型。可以说，期望得到的输出的分辨率与真实感越高，那么视觉效果生成任务的复杂度也就越高。也存在一些较常见的生成工具案例，例如用于植被的《SpeedTree》（IDV，2002）以及用于面部的《FaceGen》（Singular Inversions，2001），其可以成功地输出照片级别的 3D 视觉效果。在学术界中著名的视觉效果生成例子是游戏《Petalz》[565,566]（花朵生成）、《银河系军备竞赛》[250]（武器生成，也可以参见图 4.3）和《AudioInSpace》[275]（武器生成）。在所有的这三个游戏中，视觉效果是由通过交互进化发展而来的神经网络所表示的。而在武器粒子生成的领域中，另一个值得注意的例子是在游戏《虚幻竞技场 III》（Midway Games，2007）中所使用的**约束突击搜索**（constrained surprise search）[240]，其被用来生成令人惊讶却又平衡的武器。也有其他研究者受到了关于美的"普遍"属性的学说[18]的启发，生成了拥有高度吸引力与欣赏价值的视觉效果[377]。在这些研究中的 PCG 算法基于体积、简易程度、平衡性以及对称性来生成太空船，并通过交互进化使其视觉输出适应视觉效果设计者的口味。而被称为迭代细化（iterative refinement）[380]的 PCG 辅助设计过程则是一种主要通过与视觉生成器进行具有迭代性与创造性的对话，来增加设计者创造的视觉效果的分辨率的方法。除了生成游戏内的实体外，一个视觉效果的 PCG 算法也可以集中于视觉输出的通用属性，例如像素着色器[282]、光照[188,185]、亮度与饱和度，这些都可以影响任意游戏场景的整体表现。

4.5.3 听觉效果

尽管听觉效果可以被看作是选择性的效果,但它仍然可以直接地影响玩家,并且在大部分游戏中它对玩家体验的影响很明显[219,221,129]。游戏中的听觉效果已经达到了很高的成熟程度,这可以从评选最佳视频游戏配乐的两项 BAFTA 游戏大奖以及一项 MTV 视频音乐大奖中看出来[381]。人们在游戏中体验到的听觉效果可能千差万别,从《上古卷轴5:天际》(Bethesda,2011)中完全协调的(背景)配乐,到《吃豆人》(Namco,1980)中死亡或吃到豆子的音效,再到《辐射3》(Bethesda,2008)中栩栩如生的声音效果。在独立游戏开发中最值得注意的是《变形》(Key and Kanaga,2013),其具有一个在空间位置、视觉效果以及玩家互动之间的映射,并且会一同影响正在播放的声效。专业工具,例如 UDK(Epic Games,2004)的音乐中间件(sound middleware)以及常见的 *sfxr* 与 *bfxr* 声音生成工具,为听觉效果设计提供了程序化的音效部件,并且也显示出了在程序化地生成听觉效果这件事上的商业兴趣与需求。

乍看之下,生成游戏中的听觉效果、音乐以及声效似乎与生成游戏之外的任意其他类型的听觉效果没有什么特别的不同。然而,游戏是交互式的;并且这个特殊的特性使得生成听觉效果成为一个非常具有挑战性的任务。对于游戏中的程序化听觉效果的定义来说,一种渐进的立场是它的程序化性是由其与游戏的高度互动性而产生的(例如,造成了音乐声效的游戏动作可以被考虑为程序化的音频产物[220,128])。理想情况下,游戏音频必须能够适应当前的游戏状态与玩家行为。因此,自适应的音频对于作曲者来说将会是一个巨大的挑战,因为所有可能的游戏和玩家状态的结合在很大程度上是未知的。自适应音乐的自动化生成的另外一个困难,是它需要实时的作曲以及制作;而这两者都需要被嵌入到某个游戏引擎中。除了在这个方向⊖上的一些努力外,当前音乐生成模型在游戏中并没有设计得特别出彩。然而在过去十年间,程序化游戏音乐与音效上的学术工作已经有了持续不断的进展,例如程序化内容生成(Procedural Content Generation,PCG)与音乐元创作工作室(Musical Metacreation Workshop)系列。

一般来说,声音既可以是**剧情声**(diegetic)也可以是**非剧情声**。一个声音的来源如果是在游戏世界之中,那么它就是剧情声。剧情声的来源可以在屏幕上显示(屏幕内),或是隐式地在当前游戏状态中表达(屏幕外)。剧情声包括角色、语音、由屏幕内的物品或玩家互动而产生的音效,甚至包括用游戏中可用的乐器作为源头来表示的音乐。另一方面,一个非剧情声就是任何来源于游戏世界之外的声音,因为这种非剧情声不能在屏幕上显示,甚至也不能在屏幕外显示。这样的例子包括某个叙事者的旁白、与游戏动作无关的声效,以及背景音乐。

PCG 算法可以同时生成包括音乐、声效与旁白在内剧情声与非剧情声。游戏中生成非剧情声的例子包括 *Sonancia* 恐怖音生成器,其可以根据游戏关卡的属性来调整游戏的紧张程度,以适应设计者的期望[394]。而 *Sonancia* 中紧张度与声音之间的映射是通过众包而来的[396]。与 *Sonancia* 类似——并且也探索了听觉效果与关卡设计之间的创意空间——*Audioverdrive* 能够从听觉效果中生成关卡以及从关卡中生成听觉效果[273]。值得一提的是,在剧情声的案例中,Scirea 等人[606]也

⊖ 例如,即将到来的 melodrive 应用:http://melodrive.com。

探索了程序化地生成音乐与叙事之间的关系。各种研究还考虑到了屏幕中的游戏角色在游戏音轨作曲中的体现[73]，或是由游戏中的事件所驱动的短音乐片段的组合，并且这反过来也为策略游戏创造了响应式背景听觉效果[280]。

最后值得一提的是，某些游戏包含使用音乐作为输入来生成其他创意领域而不是音乐本身的 PCG。例如，像《音乐战机》（Fitterer，2008）与《Vib Ribbon》（Sony Entertainment，2000）这样的游戏虽然不会程序化地生成音乐，但是它们转而使用音乐来驱动关卡生成。而 AudioInSpace[275] 则是另一个滚动式空间射击游戏的案例，虽然其不生成音乐，但通过人工进化来使用背景音作为武器部件生成的基础。

4.5.4 叙事

许多成功的游戏都十分依赖于它们的叙事。然而，这种叙事与传统的故事之间的明显差异是由游戏所提供的互动元素。现在，游戏是否可以讲述故事[313]或游戏是否为一种叙事形式[1]在游戏研究中仍然是一个开放性研究问题，并且超出了本书的范畴。计算性（或者说程序化）叙事的研究集中在故事的表达与生成方面，也就是这些可以通过某个游戏来阐述。故事在一个故事的美学创造上扮演着一个至关重要的角色，其反过来，也可以冲击游戏体验的情感与认知范畴[510]。

通过将游戏叙事分解为游戏内容的多个子领域，我们可以找出核心的游戏内容元素，例如游戏的情节线[562,229]，还可以找到某个故事在游戏环境下的表现方式[730,83]。游戏的表示与**游戏故事**的结合对于玩家体验来说是至关重要的。故事与情节发生在某个环境中，并且通常通过一个**虚拟相机镜头**来阐述。虚拟相机的行为——被视为计算化叙事的一个可以参数化的元素——可以极大地影响玩家的体验。这可以通过如同《暴雨》（Quantic Dream，2010）中使用的基于情感的多相机的电影摄影表现来实现，或者通过如同弹球迷阵（Maze – Ball）游戏中使用的基于情感的自动相机控制器来实现[780]。选择最佳的摄影角度来突出一个故事的某个方面可以被视为一个多层次的优化问题，并且可以通过优化算法的组合来解决[85]。如《魔兽世界》（Blizzard Entertainment，2004）等游戏使用切割场景来提升故事的高潮，并引导玩家进入特定的玩家体验状态中。故事和叙事的创作以及半自动化生成属于交互式故事阐述领域，其可以被视为某种形式的基于故事的 PCG。故事可以根据玩家的动作进行调整，以达成个性化的故事生成（例如，见参考文献［568，106］等）。最终，游戏世界与情节点的故事表示可以被共同生成，就如同在近期的一些研究中所展示的那样（例如参考文献［248］）。

用于生成或调整故事阐述的计算化叙事方法通常建立于规划算法之上，因此**规划**对于叙事来说也是必不可少的[792]。故事空间可以以多种方式进行表示，并且这些表示反过来也可以用于不同的搜索/规划算法，包括传统的优化以及强化学习方法[483,117,106]。例如，Cavazza 等人[106] 提出了一个由虚幻游戏引擎搭建的交互式故事阐述系统，其使用分层任务网络规划（Hierarchical Task Network Planning）来支持故事生成以及在任意时刻上的用户干预。Young 等人[792] 则提出了被称为 Mimesis 的结构，主要被设计为在运行时生成智能的、基于规划的角色与系统行为，并在叙述生成中直接使用。最后，IDtension 引擎[682] 动态地基于玩家选择来生成故事路径；这个引擎被用于《Nothing for Dinner》⊖，其是一个 3D 的交互故事，旨在帮助青少年在家中体验有挑战性的日常生活状况。

⊖ http://nothingfordinner.org

与叙事以及文本生成的主导方法类似，游戏中的交互式故事阐述很大程度上依赖于已存储的关于（游戏）世界的知识。依赖于叙事的游戏——例如《暴雨》（Quantic Dream，2010）——可能包含成千上万行的对话，其通常是由多个作者所创作。为了实现交互式的故事阐述，游戏应当能够基于玩家将会做什么或说什么来选择响应（或是叙事中的路径），就像在《Façade》中那样[441]（见图 4.19）。为了在部分程度上减轻手动地表示世界知识的负担，可以采用数据驱动的方法。例如，人们可以将来自成千上万通过某个游戏中的虚拟代理进行交互的玩家的动作与话语数据众包起来，然后使用 $n-grams$ 训练虚拟智能体来以相似的途径进行回应[508]。或者，人们可以设计一个系统，在其中设计者可以与某个计算机通过在一个故事中轮流添加语句来进行协作；这个计算机能够通过将当前的故事与云端中已有的类似故事进行匹配来提供有意义的语句[673]。另一方面，一个设计者还可以使用来自各个网站的当日新闻、博客或维基百科，并生成可以在游戏过程中隐式地阐述这些新闻的游戏[137]。

在交互式叙事以及基于故事的 PCG 之上的研究，不仅会影响与玩家互动并交织在故事中的**拟真智能体**的使用，也能够从中受益。这个叙事可以为智能体产生更多（或更少）的拟真度，因此智能体之间的关系以及它们阐述的故事是很重要的[801,401,531,106]。从这个意义上来说，一个游戏的计算性叙事可能为拟真智能体设计定义出表现的舞台。基于故事的 PCG 上的研究也影响了游戏的设计与开发。从广为流传的单独尝试，像《Façade》[441]（见图 4.19）、《Prom Week》[448] 与《Nothing for Dinner》，一直到《上古卷轴 5：天际》（Bethesda Softworks，2011）、《暴雨》（Quantic Dream，2010）与《质量效应》（Bioware，2007）等商业上的成功，叙事从传统上来说一直是玩家的游戏体验与沉浸式体验的关键元素；尤其是在那些着力于叙事的游戏中，就像前面所提到的那些游戏。

从学术界跨越到商业标准产品的复杂计算叙事技术的例子之一是故事阐述系统 Versu[197]，其被用于制作游戏《血与桂冠》（Emily Short，2014）。对于有兴趣的读者来说，互动小说数据库⊖中包含一个详细的基于交互叙事与小说的游戏的列表，还有由 Chris Martens 与 Rogelio E. Cardona-Rivera 编写的 stoygen.org 资源库⊖也维护了现有的公开可用的计算性故事生成系统。最后要注意，第 3 章包含 AI 能够被应用于文字冒险游戏以及互动小说的多种方法。

4.5.5　规则与机制

游戏规则通过提供游戏条件——如胜利或失败条件——以及玩家可用的行动（游戏机制）为游戏体验确立了框架。规则是必不可少的内容，因为在某种意义上来说它们是任意游戏的核心，并且游戏规则在其中无处不在。

对大多数游戏来说，它们在规则集合上的设计在很大程度上定义了它们，并为它们的成功做出了贡献。一般来说，规则集会遵循在它的游戏类别中的某些标准设计特征。例如，平台游戏在部分程度上会根据奔跑以及跳跃机制进行定义，但这些在解谜游戏中却是极为少见的。很显然，游戏类别限制了游戏规则的可能性（设计）空间。尽管这种做法是有益的——因为规则集

⊖　http://ifdb.tads.org/

⊖　http://storygen.org/

图 4.19　来自游戏《*Façade*》[441]的一张截图，展示了它的主要角色：Grace 和 Trip。《*Façade*》的开创性设计以及 AI 技术拓展了交互式叙事领域的视野，并且推动了游戏中基于故事的 PCG 的发展

是基于先前的成功案例——但它仍可能对设计者的创意程度造成不利影响。在很多时候，玩家自身仅仅通过修改一个现有游戏的某些规则就能够创造新的成功游戏变体（甚至游戏的子类别）。一个著名的案例是《魔兽争霸 III》（Blizzard，2002）的修改版，其允许玩家控制一个单独的"英雄"单位，并反过来产生了一种新的、流行的称为多人在线战术竞技游戏（Multiplayer Online Battle Arenas，MOBA）的游戏类别。

　　大多数现有的用于规则生成的方法采用基于搜索的方法，并因此依赖于某些对一个规则集进行评估的方法[711,355]。然而，精确地评估一组游戏规则的质量是非常困难的。游戏规则不同于游戏内容的其他类别，在这里它们几乎不可能与游戏的其余部分分开进行评估。尽管关卡、角色、贴图以及许多其他类型的内容在某种程度上可以在游戏之外进行评估，但查看一组规则通常只会得到非常少的关于它们如何在游戏中表现的信息。对于一个人类来说，唯一一种真正地去体验某个游戏的规则的途径是去亲手玩这个游戏。而对于一个计算机来说，这将转化为以某些途径去模拟游戏过程以对这个规则做出评估。（从这个角度上看，可以说比起图片或者音乐之类的事物，规则更接近于程序代码。）

　　那么如何使用模拟的游戏过程来判断规则集的质量呢？关于怎样根据智能体如何进行游戏来判断一个游戏的几种方法已经介绍过了。首先是**平衡性**，特别是对于对称的双人游戏来说，两个玩家的胜利概率之间的平衡总体上是持平的[274]。其次是**结果不确定性**，意味着任何特定游戏应当尽可能晚地"被决定"[76]。再次是**学习性**：一个优秀的游戏，包括它的规则集，应当易于学习但难以精通。换句话说，对玩家来说它应当有着一个长期并且平滑的学习曲线，因为学习玩游戏也是让它变得有趣的一部分。这个概念可以在 Koster 的"乐趣理论"[351]中找到最清晰的表达，并且也可以说隐含在 Schmidhuber 的人造好奇心理论[602]和发育心理学的理论[204]当中。在游戏规则生成的工作中，已经有不同途径的尝试去实现这个概念。一种方法是使用一个强化学习智能体去尝试学习玩游戏，那些智能体能够在一段时间内取得最大进步的游戏会被得到最高的分数[716]；另一种实现这个想法的方式是使用多个不同水平的智能体去尝试玩游戏。当智能体间的表现差异被最大化的时候，游戏也会获得更高的分数[491]。这个想法也与游戏**深度**的概念相关，其可以被看作能够在一个游戏中获得的启发式链条的长度[362]。

学术研究中最成功的游戏规则生成的例子可能就是《Ludi》[76]了。《Ludi》遵循一个基于搜索的 PCG 方法，并且开发出表示了棋盘游戏的规则的语法（见图 4.20）。驱动规则生成的适应度函数由若干个评估了棋盘游戏中的优秀设计特征的指标构成，例如游戏深度与规则的简单程度。一个在设计上获得成功的来自 Ludi 生成器的游戏就是《Yavalath》[75]（见图 4.20）。这个游戏可以在一个 5×5 的六角形棋盘上由两个或三个玩家进行。《Yavalath》的胜利或失败条件非常简单：让四个棋子连成一线则赢得游戏，而如果你让三个棋子连成一线就会输掉游戏；如果棋盘被填满，则游戏和局。

更早的一个有关视频游戏规则生成的例子是 Togelius 与 Schmidhuber 生成简单的类吃豆人游戏的实验[716]。这个研究生成规则以最大化玩家智能体的学习性，并且其通过简单的模拟游戏过程来做出评价。另一个例子则是 Nielsen 等人的工作，在其中游戏规则使用视频游戏描述语言进行表示[492]。然而，使用回答集编程（一种基于求解器的方法）[69]而不是基于搜索的方法，已经能够为简单的 2D 游戏生成规则，并能够遵循如可玩性（即胜利条件是可以达成的）之类的限制[637]。但可以说，这些生成视频游戏的尝试中没有一个能够产生优秀的游戏，也就是每个人（除了游戏创造系统的制作者之外）都希望体验的游戏。这指出了在精确评估某个视频游戏规则集的质量上的巨大挑战。这是一个比起评估某个棋盘游戏的游戏规则集的质量来说更具挑战性的问题，原因之一就是时间维度，因为人类的反应时间和评估预测展开过程的能力在许多视频游戏的挑战中扮演了至关重要的角色。

关于规则以及机制生成的更多例子与深入分析，可以参考 PCG 书籍[486]中的"规则与机制"章节。

4.5.6 游戏

游戏生成是指使用 PCG 算法来计算化地设计新的计算机游戏。然而，迄今为止绝大多数的 PCG 研究都是针对特定的游戏方面或领域的，例如一个生成的关卡或某个关卡的听觉效果，但极少会同时涉及两者。与此同时，认为不同方面之间的关系是自然地交织在一起也可以说是令人惊讶的。游戏的各个方面之间的交织性质的一个典型例子在参考文献［381］中给出：玩家动作——视为游戏规则的一个表现——通常伴随着对应的声效，例如《超级马里奥兄弟》（Nintendo, 1985）中马里奥跳跃的声音。现在让我们思考一个向游戏中引入某条新的规则的 PCG 算法——一个新的玩家动作。这个算法根据多种因素，例如动作的持续时间、目的以及对游戏情节

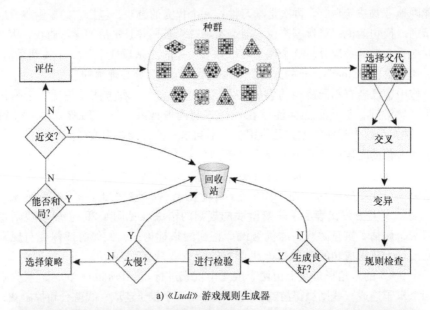

a)《Ludi》游戏规则生成器

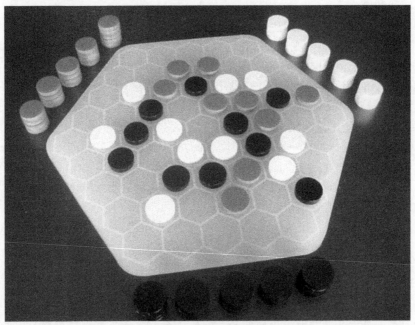

b)《Yavalath》游戏的豪华版

图 4.20　a)《Ludi》游戏规则生成器以及 b)它的游戏《Yavalath》。图 a 来源于参考文献［720］。图 b 在 Cameron Browne 和 Néstor Romeral Andrés 的授权下使用

的整体贡献，以此自动地限制那些能够与这个新动作结合的声效。动作与声音似乎拥有某种因果关系以及相互影响的（或者层次化的）关系，并且一个 PCG 算法通常都会优先创造动作，然

后再生成它的声音。然而，各个方面之间的大部分关系严格来说并不是层次化或单向的。例如，一个游戏关卡也可以因为它具有令人难忘的地标而获得成功，就像它所能够提供的游戏体验那样[381]。类似的，一个游戏的叙事也依赖于多个因素，包括相机的放置、视觉效果以及声音。

关于游戏生成的话题在近年来也吸引了越来越多的兴趣，尽管不同的游戏方面间的关系并没有被大量考虑到。大部分游戏生成计划只关注于某个游戏的单个方面，而不是研究不同方面之间的交织。例如，用于类吃豆人游戏的规则生成器[716]为不同颜色的智能体发展出了不同的规则，但它并不会发展智能体的颜色来指明不同的游戏策略。与《吃豆人》（Namco，1981）中的鬼魂相类似，我们可以想象红色代表了一种攻击行为，而橙色则代表了一种被动行为。

在游戏生成为数不多值得注意的尝试当中，Game - O - Matic[723]是一个创造了游戏表示思想的游戏生成系统。更具体地说，Game - O - Matic 包含一个创作工具，在其中用户可以通过概念图输入实体与其交互。实体以及各种交互会被分别翻译为游戏视觉效果以及游戏机制。然而，这个机制并不考虑它们所应用的游戏物体的视觉效果或语义。Nelson 和 Mateas[484]提供了关于多方面的整合会如何产生的初步探讨。在他们的论文中，他们提出了一个将精灵（视觉效果）与非常简单的 WarioWare 风格系统进行匹配的系统。他们的系统有点类似于 Game - O - Matic，但运作起来有一些不同：设计师不再指定她想要一个游戏变成怎样的动词与名词，而是赋予系统一些关于在游戏中动词与名词如何关联的限制（例如，一个追逐游戏需要一个"猎物"精灵，其可以做出如"逃离"或"被猎杀"等事情）。然后系统使用 ConceptNet⊖ 以及 WordNet⊖ 来生成适合这些限制的游戏。

可以说，游戏生成最精细的案例之一就是 ANGELINA[135,137,136]。ANGELINA⊖是一个在过去多年中不断发展的游戏生成器，并且现在能够产生游戏的规则与关卡，收集与合并各个视觉与音乐效果的片段（这些与游戏的主题以及情绪氛围有关），并为它所创造的游戏赋予名字甚至创造一些描述它们的简单评论。ANGELINA 能够生成不同流派的游戏，包括平台游戏（见图 4.21）和 3D 冒险游戏——其中一些甚至参加了游戏设计比赛[136]。

上述系统为游戏生成做出了一些初步但十分重要的步骤，并且它们尝试以某种富有意义的方式来交织游戏中的不同领域，主要是以分层方式。然而，PCG 最终需要面对以某种**精心策划**的方式来解决处理多个方面的复合生成的挑战[711,371]。关于游戏中多个生成方面（领域）的融合的早期研究是近期 Karavolos 等人的工作[324]。这个研究采用了基于机器学习的 PCG 来得出第一人称射击游戏中的游戏关卡和武器的常见生成空间——或常见特征。而在关卡设计以及游戏设计之间的设计过程的目的是生成相对平衡的关卡与武器的配对。在关卡表示与武器参数之间的未知映射则是通过一个卷积神经网络学习而来，其将会对某个给定的带有一组特定武器的关卡是否会是平衡的做出预测。而这个平衡是根据 AI 机器人在死亡竞赛场景中得到的胜负比例来衡量的。图 4.22 展示了用于融合这两个领域的结构。对设计过程感兴趣的读者，可以阅读本书最后一章中的进一步阐述；而关于这个愿景的一些早期探讨也可以在参考文献 [371] 中找到。

⊖　http：//conceptnet. io/

⊖　https：//wordnet. princeton. edu/

⊖　http：//www. gamesbyangelina. org/

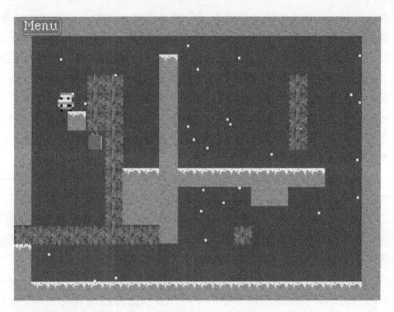

图 4.21　ANGELINA 的谜题展示游戏。这个游戏拥有一个可逆转的重力机制,其允许玩家克服左边的高障碍物然后完成这个关卡。图片来源于 http://www.gamesbyangelina.org/

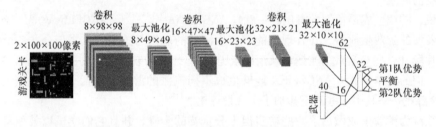

图 4.22　一个用于在第一人称射击游戏中融合关卡以及武器的卷积神经网络(CNN)结构。这个网络被训练来预测一个关卡与某个武器的结合是否能够产生一个平衡的游戏。这个卷积神经网络可以确定武器的情况对生成关卡的平衡进行调整,反之亦然。图片摘自参考文献〔324〕

4.6　为内容生成器进行评估

　　创造一个生成器是一回事;评价它则是另一回事。无论采用的方法是什么,所有的生成器应当根据它们达成设计者的期望目标的能力来评价。可以说,任何内容的生成都很简单;但另一方面,为手中的任务生成**有价值的**内容是一个更具挑战性的过程。(然而,人们可能会说,生成有价值的内容的这个过程就其自身来说也是很简单的,因为人们可以设计一个能够返回在手工制作的杰作中的某个随机样本的生成器。)除此之外,更具挑战的是生成不仅有价值,而且也足够新颖甚至带有激励的内容。

4.6.1 这为何很难

但又是什么让对内容的评估变得如此困难？首先是会体验到内容的**用户群体**十分多样、复杂并且还具有主观性。无论是玩家或者设计者，内容的用户都拥有不同的个性，以及在游戏过程中的目的与行为、情绪反应、意图、风格以及目标[378]。在设计一个 PCG 系统时，很关键的是记住我们能生成大量的内容以供设计者进行交互以及玩家进行体验。因此，最重要的是能够评估生成器的结果在互不相似的用户之间会有多成功：玩家以及设计者。尽管内容生成是一个依赖于算法的代价低廉的过程，但游戏设计以及游戏体验是代价高昂的需要依赖于那些无法承受不佳内容的人类的过程。第二，内容质量有可能被**算法**以及它们隐含的随机性所影响，例如在进化搜索中就会出现这样的情况。内容生成器通常表现出非确定性行为，这让事先预测某个特定生成系统会有怎样的结果变得非常困难。

4.6.2 函数与美学

内容的特定属性可以被**客观地**定义与测试，而其他属性只能被**主观地**评价。就性质来说，只有内容质量的功能属性能够被客观地定义，而它的美学性质中绝大部分只能被主观地定义。例如，一个关卡的可玩性是一个可以被客观衡量的功能特性——例如，某个 AI 智能体能够完成这个关卡；因此它具有可玩性。平衡性以及对称性也能够通过估计其偏离规范的程度来客观地定义到某个等级——它可以是一个分数（平衡性）或是到地图中点的距离（对称性）。然而，对某些游戏来说，它的内容平衡性、对称性以及其他功能属性并不是能够简单地做出衡量的。当然内容的某些方面还是无法客观衡量的，例如一个叙事的可理解性、一个色彩方案的愉悦性、对某个房间的建筑风格或图像风格的偏好，以及声效和音乐的体验。

从功能上客观定义的内容属性可以被表示为某种度量或某种生成器需要满足的约束。**约束**可以由内容设计者所特化，或是由已经存在的其他内容所施加。举个例子来说，让我们假设一个有着优秀设计的被生成的策略游戏关卡需要同时满足平衡性以及可玩性。可玩性可以形成一个简单的二元约束：当一个 AI 智能体能够完成它时，这个关卡具有可玩性；否则它就是不可玩的。平衡性可以形成另一种约束，通过这个约束所有玩家能够获取的物品、基地以及资源都处在相似的水平线上；如果公平获取性低于某个阈值，则这个限制没有被满足。接下来，假设我们希望为刚刚生成的地图生成一个新的解谜部分。很自然地，这个解谜部分需要能够与我们关卡共存。一个 PCG 算法需要将满足这些约束来看作是它的质量评估的一部分。如可行 – 不可行双种群遗传算法（feasible – infeasible two – population genetic algorithm）[379,382]这样的约束满足算法，不仅奖励了内容**价值**，还奖励了内容**新奇性**[382]或**意外性**[240]的约束发散搜索，还有就是像回答集编程这样的约束求解器[638]能够解决这个问题。生成的结果处于约束之中，因此它们对设计人员来说十分有价值。然而，价值也可能有着多种多样的成功级别，而这也是替代方法或启发式可以提供帮助的地方，正如我们将在下面所提到的那样。

4.6.3 如何评估一个生成器

通常来说，一个内容生成器可以使用三种方式进行评估：由**设计者**直接地进行评估，或由其他**人类玩家**或 **AI 智能体**间接地进行评价。设计者可以直接地观察生成内容的属性，并且基于**数**

据**可视化**方法做出决策。人类玩家能够体验并测试内容，并且/或者通过主观的报告提供关于内容的反馈。AI 智能体也可以这样做：执行内容或评估与内容相关的事物，并且以某种或多种质量指标的方式向我们报告。很明显，机器无法体验内容，然而它们可以模拟它并为我们提供内容体验的评估。在本章的剩余部分，我们更详细地介绍了数据可视化的方法、AI 自动化的游戏测试方法以及人工游戏测试方法。

4.6.3.1 可视化

内容质量评估的可视化方法与两点有关：①能够为内容赋予可衡量特征的具有意义的指标的计算以及②可视化这些指标的方式。指标设计任务可以被看成与适应度函数的设计如出一辙。因此，在一个特定方法中设计优秀的的内容生成质量指标也会在某种程度上涉及在实践上的巧思。举例来说，一些指标可以基于评估中的生成器的**表达范畴**，也就是所谓的表达性指标[640,608]。对一个生成器的表达性的分析让我们能够接触到生成器在它的生成空间的全部范围内潜在的整体质量。在这之后，生成空间可以被可视化为**热力图**或其他图形表示，例如 2D 或者 3D 散点图（见图 4.23 的案例）。一个关卡生成器能否创造一些具有意义或具有可玩性的关卡是一回事，而这个生成器是否足够强健并与所生成的关卡的可玩性保持一致又是另外一回事。除此之外，我们的生成器只能在它的表达范畴中的某个狭隘空间内一些非常特定的特征上生成关卡是一回事，而我们的关卡生成器能够表达多种多样的关卡属性并且生成均匀覆盖的表达范畴又是另外一回事。这些信息在所示的热力图或者散点图上是能够直接可见的。或者可以直接地对生成的内容使用**数据压缩**方法，并为我们提供 2D 或者 3D 生成空间表示，从而绕过对特定设计的指标的各种限制。这个方法的一个案例是使用自动编码器来压缩由 DeLeNoX 自动内容生成器产生的图像[373]。

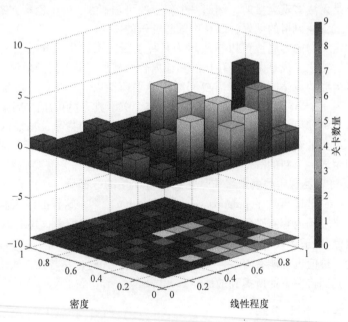

图 4.23 《*Ropossum*》关卡生成器中的表达范畴。使用了线性程度以及密度两个指标。摘自参考文献 [608]

4.6.3.2　人工智能

使用 AI **通过游戏来测试**我们的生成器是一种安全并且相对成本低廉的方法，能够在不依赖人类进行游戏测试的情况下为其快速地检测质量指标。与基于搜索的 PCG 在生成内容前使用 AI 来模拟它一样，AI 智能体可以通过一系列指标来测试一个生成器的潜力，并为我们返回有关它的质量水平的值。这些指标可以使用类别的形式，例如为了完成某个关卡的某个区域而执行的测试检查；也可以使用标量值，例如一个关卡的平衡度；甚至可以使用原始值，例如关卡在不对称性上的等级。这些指标与生成器的质量的相关性很显然取决于设计者的特定决策。再次强调的是，为我们的 AI 智能体设计适合的指标来进行计算可以与设计任何效用函数的挑战进行比较。一种有趣的用于基于 AI 的测试方法是对**程序化角色**（procedural personas）的使用[267,269]。这些是由数据驱动推测而来的游戏风格不同的模型，其可能能够模仿各种人类在玩游戏过程中的不同风格。从某种意义上来说，程序化角色为一个生成器在基于 AI 的测试上提供了一个更贴近人类风格的方法。最后，通过可视化特定的游戏物件或者通过对 AI 智能体的使用来模拟它们，我们将可以得到我们也许能够从某个游戏中提取的信息，我们也能够理解在我们的内容空间内有可能会发生什么，我们还能够推测规则以及功能在我们生成的任何内容中是如何运作的，并且我们也很可能能够理解我们可以提取到的这些信息将会怎样地与我们可以从人类游戏测试中提取到的数据相关联[481]。

4.6.3.3　人类玩家

除了用于评估某个内容生成器的数据可视化以及基于 AI 的模拟之外，设计者可能还希望使用依赖于定量的用户研究与游戏测试的补充方法。游戏测试被认为是一种开销不小的测试生成器的方式，但对于内容质量的保证有着极大的好处，尤其是对那些内容中无法得到客观衡量的方面——例如美学方面以及游戏体验。评估玩家在内容上的体验最明显的方法就是明确地向他们发问。一项游戏用户研究可以涉及少量的专有玩家，其将会体验一定数量的内容，除此之外，某种众包方法（crowdsourcing）也可以为机器学习内容评估函数提供足够的数据（见参考文献 [621，370，121] 等）。数据获取可以是任何格式，包括类别（例如，关于某个关卡质量的二进制答案）、分数（例如，某个声音的相似性）或等级（例如，关于某个特定关卡的偏好）。值得注意的是，内容的游戏测试可以通过来自游戏设计者或参与内容创建的其他专家的注释来补充。换句话说，我们的内容生成器可能会同时带有第一人称（玩家）以及第三人称（设计者）的注释。关于使用哪种问卷类型以及用户研究协议设计的建议的进一步指引可以在第 5 章中找到。

4.7　进阶阅读

本章中涵盖的大部分内容的拓展版本可以在《游戏中的程序化内容生成》一书[616]的专门章节中找到。特别是，所有游戏中的 PCG 的方法和类型都有着更详细的介绍（见参考文献 [616] 所提图书的第 1~9 章）。出于对 PCG 的角色的思考，PCG 的混合主导角色与经验主导角色分别在参考文献 [616] 所提图书的第 11 章与第 10 章中详细阐述。除了参考文献 [616] 所提图书的第 11 章外，名为混合主导共同创造的框架[774]也为混合主导互动在设计者和计算过程的创造能力上的影响提供了一个理论背景。除此之外，关于体验驱动的 PCG 框架的原始文章也可以在参考文献［783，784］中找到。最后，PCG 评估这一话题也在参考文献［616］所提图书的最后一章[615]中得到了介绍。

4.8 练习

PCG 为游戏中的不同创意领域以及这些领域的组合提供了无穷无尽的创造与评估机会。作为第一步，我们会建议读者从迷宫生成与平台关卡的生成（如下所述）开始试验。本书配套网站包含迷宫生成的进一步指导和练习。

4.8.1 迷宫生成

迷宫生成是一种非常流行的关卡生成类型，与多种游戏类型相关联。在第一个练习中，我们建议你同时使用一个构造性的 PCG 方法与一个基于搜索的 PCG 方法来开发迷宫生成器，并且根据你将会定义的一些有益的准则来比较它们的性能。读者可以使用 Unity 3D 开放式迷宫生成器框架，其可以从 http：//catlikecoding. com/unity/tutorials/maze/获取。关于迷宫生成的更多的指导与联系可以在本书的配套网站上找到。

4.8.2 平台关卡生成器

平台关卡生成器框架基于《无限马里奥兄弟》（Persson，2008）框架，其从 2010 年开始就被用作马里奥 AI（以及之后的平台 AI）竞赛的主要框架。该竞赛有几种不同的方向，包括游戏过程、学习、图灵测试与关卡生成。对于本章的练习，读者需要下载关卡生成框架并为平台关卡的生成应用构造性以及先生成再测试方法。这些关卡需要通过使用本书所涵盖的一种或多种方法来进行评估。关卡生成框架的更多的细节与练习可以在本书的配套网站中找到。

4.9 总结

本章将 AI 视为一种在游戏中生成内容的途径。我们将程序化内容生成定义为在游戏中为游戏创造内容的算法过程，并且我们探讨了这个过程的各种益处。我们之后提供了一个关于内容及其相关生成的通用分类法，并且探索了人们能够用于生成内容的多种方式，包括基于搜索的方式、基于求解器的方式、基于语法的方式、基于机器学习的方式以及构造性的生成方法。PCG 方法的使用当然取决于手中的任务以及你所希望生成的内容的类型。它更多取决于生成器在游戏中可能承担的角色。我们列出了一个生成器在游戏中能够承担的 4 种角色，其取决于它们在这个过程中涉及设计师的（自主的与混合主导的）和/或玩家的（体验无关的与体验驱动的）程度。本章结尾探讨了评估这个重要并且相对未得到探索的话题，以及它所带来的挑战，还有人们可以考虑的多种评估方法。

到目前为止，我们已经介绍了游戏中的 AI 最传统的用法（第 3 章）以及 AI 在生成部分的（或完整的）游戏上的用途（本章）。本部分的下一个也是最后一个章节将致力于玩家，以及各种各样我们能够使用 AI 来模拟他们行为与体验的方式。

第5章 玩家建模

本章将致力于玩家本身以及使用 AI 来为他们进行建模。这个研究领域通常被称为**玩家建模**[782,636]。我们使用玩家建模来表达在进行游戏时通过认知、情感和行为模式来证明的对人类玩家角色的检测、预测以及表达。在本书的内容中，玩家建模首先研究了使用 AI 方法来构建玩家的计算模型。**建模**在本书中指代用数学的表示来勾勒出玩家的特点和他们与游戏的交互之间的隐含的关系——这个表示可以是一个规划集，也可以是一组参数，还可以是一些概率集。考虑到每个游戏至少拥有一个玩家（不过也有一些值得注意的例外[f0]），并且坑家建模会影响游戏玩法与内容生成上的工作，我们将玩家行为与体验的建模视为游戏中 AI 的一项非常重要的用途[764,785]。

心理学长期以来研究人类的行为、认知和情绪。各个尝试对人类行为、认知、情绪或情绪感觉（**情感**）进行建模并模仿的计算机科学与人机交互的分支中也包括**情感计算**与**用户建模**的领域。玩家建模与这些领域有所关联，但更侧重于游戏领域。要注意的是，游戏能够在玩家身上产生动态与复杂的情绪，其表现形式无法通过经验心理学、情感计算或认知建模研究中的标准方法来简单地捕获。游戏影响玩家的巨大潜在影响力主要是由于它们能够将玩家置于一个连续的互动模式下，而这反过来又会激发复杂的在认知、情感与行为上的回应。因此，对玩家的研究不仅有助于设计更加优秀的人机交互形式，并且也能够提高我们对人类体验的了解。

如前所述，每一款游戏至少都拥有一名用户——玩家自身——其能够控制游戏环境中的某些方面。玩家角色在游戏中可以作为一个虚拟角色或一组实体来显示[94]，当然在许多解密与休闲游戏中也可能会没有玩家角色的存在。其在控制上也有着从相对简单（例如被限于在一个矩形网格中移动）到高度复杂（例如在一个高度复杂的 3D 世界中每秒要在数百个不同的可能选择之中做出多次决定）的巨大差异。鉴于这些错综复杂的因素，对玩家和游戏之间的互动的理解和建模可以被看作是游戏设计和开发上的一个**圣杯**。正确的设计交互与紧凑的游戏体验可以造就一个能够引发新奇体验的成功游戏。

玩家与游戏之间的交互是动态的、实时的，并且在很多情况下是非常复杂的。交互从这个方面上也可以说是**非常丰富的**，可能会牵涉多种交互模式，并且游戏与玩家之间的信息交换可能极为迅速并有着大量信息需要我们去处理。如果游戏的设计很优秀，那么这种交互对玩家来说也会非常具有吸引力。由于在游戏的人机交互中，可以获取到大量的信息这些信息可以用来对玩家建模，因此游戏应当能够学习到很多这个玩家的信息，不仅是其在游戏中的信息，甚至可能是作为一个普通人的信息。事实上，没有理由认为你会比模型更了解你自己的游戏方式。

在本章的剩余部分，我们首先尝试定义玩家建模（5.1 节）的核心要素，然后我们讨论了为什么 AI 应当被用于对玩家进行建模（5.2 节）。在 5.3 节我们提供了一种高层次的玩家建模的分类方法，重点介绍了两种用于构建一个玩家建模的核心方法：自顶向下和自底向上。然后我们详细说明了在模型**输入**上可用的数据类型（5.4 节）、一种在模型**输出**上的分类方法（5.5 节），以

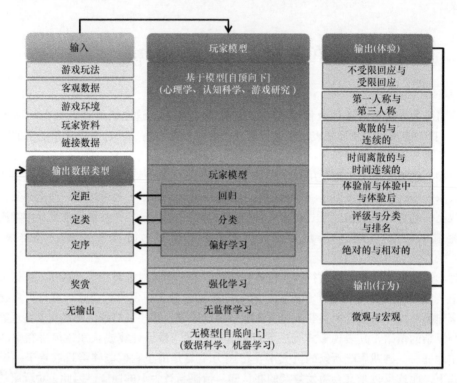

图 5.1 本章中所讨论的玩家建模的关键组成部分。基于模型的方法与无模型方法之间的区别在 5.3 节中介绍。5.4 节则讨论了在输入以及输出上的不同选择。用于模型输出的分类方法在 5.5 节中进行了讨论——每个方块都代表了不同的目标子章节。最后，用于为相关的输出数据进行建模的多种 AI 方法（监督学习、强化学习和无监督学习）在 5.6 节中进行了详细的讨论。

及各种适合玩家建模任务的 AI 方法（5.6 节）。图 5.1 描绘了本章所探讨的玩家建模的各个关键组件（输入、输出与模型）。我们在 5.7 节总结了一些使用 AI 为玩家进行建模的具体案例。

5.1 什么是玩家建模以及什么不是玩家建模

人们可以毫无争议地检测人类玩家与非人类玩家，或非玩家角色的行为、情绪和认知方面（即便后者的情绪实际存在）。然后，在本书中我们关注的是在拥有人类玩家的游戏中进行检测、建模以及表达的详细细节[782]。我们在本章的讨论中十分明确地排除了对 NPC 的建模，因为在我们的定义中，玩家建模是对一个**人类玩家**进行的建模。为一个 NPC 的体验进行建模似乎是徒劳无功的，因为人们很难说一个 NPC 拥有实际的感情或认知。为一个 NPC 的行为进行建模也同样毫无意义，只要人们能够访问游戏的代码，那么这个 NPC 的完整模型就已然存在了。然而，NPC 建模可以在玩家建模技术中成为一个非常有用的试验平台，例如，对来源于人类玩家的建模与徒手打造的建模进行比较。更有趣的是，它可以是能够根据 NPC 的动态行为来调整自身行为的 AI 的一个组成部分——就像参考文献［28］中那样。无论如何，尽管在对 NPC 进行建模上的面临的挑战是巨大的，但对玩家建模是一个更复杂和更重要的问题，从中模型需要学习理解人类玩家的体验。

某些时候，术语"玩家建模"以及"**对手建模**"[214,592,48]在为某个人类玩家建模时是可以互换使用的。然而对手建模是一个更为狭义的概念，指代在如扑克[48]或《星际争霸》（Blizzard Entertainment，1988）[504]这样的不完美信息游戏中为了获取胜利而去预测某个对面玩家的行为。用于在一个游戏中追求胜利的 NPC 建模或模拟游戏过程的一些方面也在第 3 章中进行了讨论。

我们也对玩家建模[116,281]与**玩家分析**（player profiling）[782]进行了区分。前者是指在游戏交互时为复杂并且动态的现象进行建模，而后者是指在游戏过程中不会改变的基于静态信息玩家的分类。拥有静态性质的信息包括人格、文化背景、性别以及年龄。我们虽然强调前者，但也不会忽视后者，因为具备完善的玩家资料可能会有助于构建可靠的玩家建模。

总之，玩家建模——就像我们在本书中对它的定义那样——是基于有关玩家体验以及/或者从玩家与某个游戏的交互之中得到的数据的理论框架，来对玩家体验或者行为进行建模的计算方法的研究[782,764]。玩家建模立足于在游戏 - 玩家交互时所获取的信息之上，但它们也可以依赖某些静态的玩家资料信息。与关注玩家建模在行为上的分类方法的研究不同——例如通过多个维度[636]或直接/间接的测量[623]——我们是从整体角度来看待玩家建模的，包括玩家的认知、情感、人格以及人口统计学方面。除此之外，我们还排除了不直接基于人类生成的数据或各类没有直接基于玩家体验，人类的认知、情感或行为的经验评估理论的方法。本章并不打算在上述定义下为玩家建模的各项研究进行详尽的回顾，而是提供了一个概述以及一种高层次的分类方法，以探讨关于建模方式、模型输入与模型输出的可能性。

5.2 为什么需要对玩家进行建模

玩家建模的首要目标是了解单个玩家是如何体验与游戏的交互过程的。因此，虽然游戏可以被用作引发、评估、表达甚至合成体验的舞台，但我们仍然认为对游戏中玩家的研究的主要目的是在于理解玩家的认知、情感以及行为模式。事实上，鉴于游戏的本质，人们无法将游戏与玩家体验区分开。

有两个核心理由促使将 AI 用于为游戏玩家以及他们的游戏过程建模，从而服务于前面所叙述的玩家建模的首要目标。第一个是为了理解它们的玩家在游戏过程中的**体验**。玩家体验的建模经常通过机器学习方法建立，特别是像支持向量机或神经网络这样的监督学习方法。这其中的训练数据由游戏或玩家 - 游戏交互过程中的某些方面所构成，而目标是从玩家体验的某些评估中得到的标记，例如从生理测量或问卷调查中收集而来的[781]。一旦得到了对玩家体验的预测器，他们就可以被考虑用于设计游戏中的体验要素。这些可以通过调整非玩家角色的行为（见第 3 章）或通过调整游戏环境（见第 4 章）来达成。

人们希望使用 AI 来为玩家建模的第二个原因是为了理解玩家在游戏中的**行为**。玩家建模中的这一部分关注的是结构化观察到的玩家行为，即便是在不存在对体验的衡量方法的情况下——例如，通过区分玩家类型或借由游戏以及玩家**分析方法**来预测玩家行为[178,186]。在自游戏中得到的数据中，一种比较流行的区分方法[186]是通过**玩家指标**以及**游戏指标**。其中后者是前者的一个超集，因为它还包括一些有关游戏软件（系统指标）和整个游戏开发过程（过程指标）的指标。系统指标以及过程指标是现代游戏开发中的重要因素，其会影响在流程、商业模型以及营销上的决策。然而在本书中，我们主要关注玩家指标。有兴趣的读者可以阅读参考文献 [186] 来了解游戏中的各种指标的不同用途以及分析方法在游戏开发与研究中的应用——也就是**游戏分析方法**（game analytics）。

一旦识别出了玩家行为的各个方面，那么就可以采用许多方法来改善游戏了，例如内容的个性化、NPC 的调整，甚至最终重新设计这个游戏（的部分）。提取得到的关于玩家在游戏中的行为的知识可以产生更优秀的游戏测试和游戏设计过程，还有更好的价格策略以及营销策略[186]。在行为建模中，我们确定了 4 种主要的、与游戏 AI 密切相关的玩家建模子任务：**模仿**和**预测**——通过监督学习或强化学习来达成——以及**聚类**和**关联挖掘**（association mining）——通过无监督学习来达成。玩家**模仿**的两个主要目的是开发具有拟真的人类行为特征的非玩家角色，以及通过创造它的生成模型来理解人类游戏过程本身。对玩家行为在各方面上的**预测**，可能需要回答例如某些如"这个玩家何时会停止游戏？""玩家多大概率会被卡在这个关卡的这片区域中？"或"这个玩家在下一个房间中将会捡起哪一种物品类型"之类的问题。**聚类**的目标是依据玩家的行为属性来对多个簇中的玩家行为进行分类。聚类对于游戏的个性化以及理解与游戏设计相关联的玩家行为十分重要[178]。最后，**关联挖掘**在有些情况下是很有用的，例如经常出现的模式或动作序列（或者游戏中的事件）对于确定玩家在游戏中的行为十分有用。

尽管玩家行为以及玩家体验是交织在一起的概念，但它们之间仍然存在着细微的差异。玩家行为是指一个玩家在某个游戏中**会做什么**，而玩家体验是指玩家在游戏过程中**感觉如何**。一个人在游戏体验上的感觉很显然与一个人在游戏中做什么有关系；然而，玩家体验首先要涉及游戏的情感与认知方面，而不是仅仅涉及指代玩家行为的游戏反应。

考虑上面所说的玩家建模的目标、核心任务以及子任务，在下一章节中我们将会讨论各种构建玩家建模的可行选择。

5.3　对各类方法的高层级分类法

无论应用领域是怎样的，计算模型都会具有三个核心组件：模型将要考虑的输入、计算模型本身以及模型的输出（见图 5.1）。模型本身是一个在输入以及输出之间的映射。这个模型既可以手动制作，也可以自数据中提取而来，或者是两者的混合体。在这个章节中，我们将首先介绍最常见的几种用于创建一个玩家计算模型的方法，然后我们将通过几种可行的玩家模型的输入来做出一个分类（5.4 节），而在最后，我们将验证能够被表示一个玩家模型的输出的玩家体验与行为的各项细节（5.5 节）。

通过区分**基于模型**（也称为自顶向下）方法与**免模型**（也称为自底向上）方法，可以对各类被用于玩家建模的方法做出一个高层次的分类[782,783]。上述的定义受到了强化学习中的类似分类方法的启发，也就是在其中是否存在（也就是基于模型）或不存在（也就是免模型）一个世界模型。考虑这两端的连续性，自然也会存在一些介于两者之间的**混合**方法。图 5.1 中玩家建模表格中的中间部分渐变色展示了自顶向下方法与自底向上方法之间的连续性。而本章的剩余部分则展示了各种玩家建模方法之间的关键元素与核心差异。

5.3.1　基于模型（自顶向下）的方法

在一个**基于模型**或自顶向下[782]的方法中，一个玩家模型是建立在某种理论框架之上的。例如，研究者会依据假设了各种模型的人文社科类的工作方法来对各种现象做出解释。这些假设通常伴随着一个经验阶段，在这个阶段中会通过实验来决定这个假设模型能够在多大程度上符合观测结果；然而，这种做法在玩家体验研究中并不是很常见。尽管用户体验已经跨越多个学科得到了深入研究，但在本书中，我们确定了三种主要的、我们能够借鉴理论框架并借此建立玩家体验建模的学科：**心理与情感科学**、**神经科学**，以及最后的**游戏研究与游戏探索**。

5.3.1.1　心理与情感科学

玩家建模中的自顶向下的方法可能是指从各种广为流传的有关情绪的理论中得出的模型[364]，例如认知评估理论[212,601]。除此之外，玩家模型还可能极大地依赖于建立良好的情感表征，例如定义了 Russell[539] 的环状情感模型（circumplex model of affect）的唤醒程度（arousal）与评价值（valence）两个维度[200]（见图 5.2a）。评价值是指情绪上有多么愉悦（正面的）或有多么不愉悦（负面的），而唤醒程度是指情绪有多么强烈（积极）或多么无精打采（消极）。通过某种理论模型，玩家的情绪表现通常可以直接地映射到特定的玩家状态。例如，通过将玩家体验视为某种心理生理现象[779]，玩家的心率增加就可能对应较高的唤醒程度，而反过来则会对应高程度的兴奋或沮丧。

除了已有的那些情感理论，基于模型的方法也可以从某种通用的认知 - 行为理论框架中获得启发，例如用于为游戏中的各种社交互动进行建模的心智理论（theory of mind）[540]。比较普遍的用于提取游戏中的用户建模的框架包括可用性理论（usability theory）[489,290]、信念 - 欲望 - 意图（belief - desire - intention，BDI）模型[66,224]，由 Ortony、Clore 以及 Collins 提出的认知模型[512]，以及 Skinner 的与游戏中的奖励系统相挂钩的行为方法[633]。除此之外，我们还可以从社会科学与语言学中汲取灵感，来为游戏交互中的各种文本进行建模（例如聊天）。而自然语言处理、观点挖掘（opinion mining）以及情感分析则通常依赖于建立在文本交流的情感与社交方面的理论模型[517,514]。

除此之外特别重要的一点是 Csikszentmihalyi 提出的**心流**概念（concept of flow）[151,149,150]，其在各类自顶向下的方式中已经成为一种被普遍使用的为玩家进行体验建模的心理学结构。当我们在某个活动中处于一种流动状态时（也可以说是"快乐"状态时），我们会倾向于专注在当前时刻，从而失去对自我意识的反思能力，我们会拥有一种对情形或活动进行个人控制的感觉，并且我们对时间的感知也产生了改变，而我们对这种活动的感受从本质上来说是物有所值的。类似的，游戏过程中的最佳体验也与在无聊感和焦虑感之间的精心平衡有所关联，这也被称为**流动性通道**（flow channel）（见图 5.2b）。考虑它与玩家体验之间的直接关联，我们会调节与整合各种流动性，以在游戏设计中发挥作用并用于理解玩家体验[678,675,473]。

5.3.1.2　神经科学

许多研究都依赖于那些对大脑、它们的神经活动以及玩家体验之间的隐含映射的有效假设。

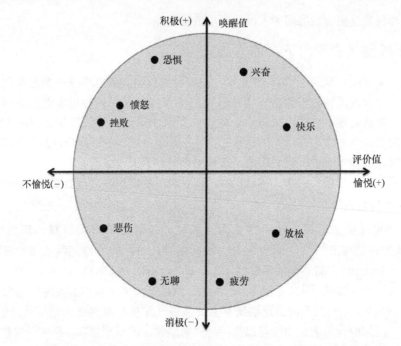

a) Russell的二维环状情感模型[这张图包含一小部分具有代表性的情感状态(黑圆)]

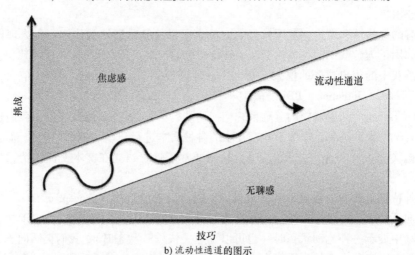

b) 流动性通道的图示

图5.2 两个用于为游戏中的用户以及他们的体验建模的著名框架：a）情感唤醒程度 – 评价值环状模型和 b）流动性通道概念

然而，这种关系一直没有得到良好的探索，并且所做出的推测映射在很大程度上仍然是未知的。例如，兴趣一直与视觉皮层的活动以及内吗啡肽的释放有关，而成就感则与多巴胺水平有关系[35]。根据参考文献［35］，神经科学上的证据表明游戏的奖励系统与大脑中基于多巴胺的奖励结构有着直接的关联，并且会在游戏过程中释放出多巴胺[346]。除此之外，愉悦感也与大脑中负责决策的领域有关，并由此展示了游戏体验与决策制定之间的直接联系[575]。愉悦感也与不确定的结果或不确定的回报，以及兴奋度与好奇度有所关联，而这些都是成功的游戏设计的关键元素之一。考虑压力与焦虑以及恐惧之间的明显联系，它们显然也与玩家体验紧密相关；压力既可以在生理学上进行检测，也可以通过游戏设计来调节。玩家的激素水平也与电子游戏活动相关联[444]，并且研究结果也展示了游戏中的各类特定竞争模式也是激素的影响因子之一。还有就是，似乎一个社交游戏组织中玩家间的信任可以通过催产素的水平来间接地进行衡量[350]。

目前各类来源于神经科学的研究成果在玩家体验研究上的应用水平在很大程度上仍然是未知的，因为在撰写本书时，获得神经活动与脑激素水平依然是一个颇具侵入性的过程。对各类大脑活动的测量，例如通过在我们头皮上的脑电扫描得到的脑电波，或通过皮肤电传导来测量得到的压力程度与焦虑程度这样更间接的测量，可以让我们得到大脑活动的近似值。就如本章后面讨论的那样，这些近似值可以被用于为游戏体验建模。

5.3.1.3　游戏研究与游戏探索

游戏中的用户体验的理论模型通常由各类游戏研究以及游戏探索上的工作所驱动。在文献中广泛使用的模型例子包括 Malone 所提出的能够共同促成"有趣的"游戏的各项核心设计维度[419]，而这些维度被定义为**挑战度**、**好奇度**以及**幻想度**。具体来说，挑战度是指像是由于可以变化的难度等级、多重的关卡目标、隐藏信息以及随机性而引发的在达成某种目标上的不确定性。好奇度则是指玩家对接下来将会发生什么的不确定感。而最后一个幻想度是游戏展示（或唤起）并没有实际出现的情形或环境的能力。这三个维度已经能够被量化、可操作化，并在捕食－反捕食游戏[766]、体感游戏[769,775]、学龄前游戏[320]以及竞速游戏[703]中被成功地评估。

作为某种形式的通用玩家轮廓，Bartle[33]对游戏中的玩家类型的分类方法能够被间接地用于为玩家进行建模。Bartle 定义了 4 种原型玩家，命名为**杀手**（即专注于获胜并热衷于排名和排行榜的玩家）、**成就者**（即专注于快速地获得金牌并热衷于成就的玩家）、**社交者**（即专注于游戏的社交方面，例如开拓朋友群体的玩家）以及**探索者**（即专注于探索未知的玩家）。不过许多其他的方法也被用来为特定的游戏类型推导特定的玩家体验原型[34,787]。

其余广为使用并且相互关联的从游戏设计视角出发的观点包括 Koster 提出的"**乐趣**"理论[351]、游戏中的"**魔术圈**"概念[587]以及 Lazzaro 提出的 4 个"乐趣"因素的模型[365]。具体地说，Koster 的理论将乐趣理论与游戏中的学习联系在了一起：你学到得越多，你就越倾向于玩这个游戏。根据他的理论，你将会放弃玩一个太简单（无法学习到新技能）或太困难（也无从学习）的游戏。Lazzaro 的 4 个乐趣因素分别被称为**困难乐趣**（也就是追求胜利来证明自己的水平）、**简单乐趣**（也就是追求探索新的世界与游戏空间）、**严肃乐趣**（也就是追求感受到更好的自我或在对自身重要的某些事情上做得更好）以及**群体乐趣**（也就是作为一种邀请朋友的理由，或仅通过观察他们玩游戏来获得乐趣）。在游戏研究中，合并理论模型（theoretical model of incorporation）[94]是一种著名的用于捕获玩家沉浸感的多用途方法。该模型由 6 种类型的玩家参与组成：情感上的、动感上的、空间上的、分享的、荒唐的以及叙述性的。

在仔细分析各种提出的模型及其子组件之后，人们能够一致地认为，无论怎样都会存在一种隐式的玩家体验的理论模型。尽管本书并不打算深入讨论上述模型之间的相互关系，但依然值得去指出一些我们认为非常重要的玩家体验模型的表示的案例。例如，一位探索者（Bartle）

可以与 Lazzaro 的简单乐趣因素以及 Malone 的好奇度维度相关联。除此之外，成就者原型（Bartle）能够与严肃乐趣因素（Lazzaro）相连接。就此来说，一个杀手原型（Bartle）映射到了困难乐趣因素（Lazzaro），而一个社交者玩家类型（Bartle）则可以与群体乐趣（Lazzaro）以及 Calleja 的共同参与方面[94]联系在一起。

尽管在各种体验方面的理论模型上的文献非常丰富，但人们在将这些理论应用到游戏（或游戏玩家）时需要十分小心，因为大部分模型并不是来源于像游戏这样的交互式媒体，或曾经在其中进行过测试的。例如，Calleja[94]就反映了有关游戏中的"乐趣"理论以及"魔术圈"等概念的不恰当性。在这一点上值得注意的是，尽管某些有着特定设计的模型能够非常有效并且具有表现力，但它们仍然需要借助实践进行交叉验证之后，才能被用于计算玩家建模的实践应用当中；然而，这些实践在游戏研究与游戏设计的广阔领域中并不多见。

5.3.2　免模型（自底向上）的方法

免模型方法是指通过数据驱动构造而成的在玩家**输入**与**玩家状态**间的未知映射（模型）。玩家影响或行为模式的任意表示将定义这个模型的输入（详见下述的 5.4 节）。另一方面，一个玩家状态是指对玩家体验或当前情绪、认知或行为状态的任意类型的表示；其从本质上来说就是计算模型的输出（详见 5.5 节）。显然，免模型方法需要遵循精确科学的做法，其中观测收集到的各类数据并进行分析以生成模型，而不再需要一个有关模型会是何样甚至是它会获得什么的初始假设。玩家状态中的玩家数据与标记将会被收集并用来派生出模型。

采用来自机器学习之中的分类、回归以及偏好学习技术——参见第 2 章——或统计学方法被普遍用于对输入以及输出之间的映射进行构造。这类例子包括源自那些意在创造拟真的游戏玩法、自适应的游戏玩家、交互式的游戏故事叙述甚至改善游戏的货币策略从而对玩家动作、目标以及意图进行建模并加以预测的研究[511,800,414,693,592]。除了监督学习，当一个奖赏函数能够表征游戏行为或游戏体验的各个部分时，可以使用强化学习。而当目标输出不被用于预测目的，或数据被用于对玩家行为进行分析时，就可以使用无监督学习（见图 5.1）。

在游戏 AI 领域的早期时代，我们就已经在第一人称设计游戏[695,696]、竞速游戏[703]以及《吃豆人》（Namco，1980）的辩题上进行了自底向上的玩家建模的尝试[776]。而在近年来，大量游戏以及玩家数据的开放则开拓了游戏中的行为数据挖掘的视野——也就是**游戏数据挖掘**[178]。尝试在一个游戏中识别不同行为、玩法以及行为特征的研究在参考文献［186］中得到了很好的总结，这其中包括参考文献［36，176，687，690，750］以及更多的研究。

5.3.3　混合方法

一种纯粹基于模型的方法以及一种纯粹免模型的方法之间的这些空间可以被看成是一个能够容纳任意一种玩家建模方法的连续空间。尽管一种纯粹基于模型的方法会完全依赖于某种将玩家响应映射到游戏刺激的理论框架，而一种纯粹的免模型方法则会猜测在用户输入的模式以及玩家状态之间存在某种未知函数，机器学习器（或某种统计模型）可能会做出一定的探索，但并不会对这个函数在结构上的任意方面做出任何假设。相对于这些极端情况，玩家建模中的绝大部分研究可以被看作是以协同方式将这两种方法的元素进行组合的**混合方法**。自顶向下以及自底向上的玩家建模方法之间的连续空间在图 5.1 中使用渐变色进行表示。

5.4 模型的输入是怎样的

到目前为止，我们已经介绍了各种能够用于建模玩家的方法，并且我们将在这个章节集中讨论这类模型的输入可能会是什么样的。模型的输入能够被划分为三种主要类型：①从**游戏玩法**数据中收集而来的在某种游戏环境中玩家做的任何事情——即任意类型的行为数据，例如用户界面的选择、偏好或游戏中的行为；②作为对游戏刺激的回应而收集的**客观数据**，例如生理反应、语音以及身体动作；③包含任何玩家 – 智能体互动的**游戏环境**，也包括任何被查看、被体验和/或被创造的游戏内容。这三种输入类型在本章的剩余部分有着详细的叙述。在本章的最后，我们也探讨了玩家的静态资料信息（例如性格）以及超出游戏范围的网络数据，这些数据可以提供及增强玩家建模的能力。

5.4.1 游戏玩法

考虑游戏可能会影响玩家的认知处理模式以及认知聚焦，我们在此假设玩家的行为以及偏好会直接地与他的体验相关联。从而，人们可以通过分析玩家与游戏的交互，以及将他的体验与游戏环境中的变量相关联来对他的体验做出推测[132,239]。从玩家以及游戏之间的交互推断出的任意元素可以被分类为**游戏玩法**输入。这些可解释的对游戏玩法的衡量也被定义为**玩家指标**（player metrics）[186]。玩家指标包括各种从 NPC、游戏关卡、用户菜单或嵌入的会话智能体之类的游戏元素的响应中得到的玩家行为的具体属性。在数据属性上的常见案例包括以**热力图**的形式查看的具体玩家空间位置[177]，或在使用游戏中菜单上的统计数据，以及关于游戏玩法的描述性统计数据，以及与其他玩家产生的交流等。图 5.3 展示了《迷你地下城》○解密游戏中的热力图示例。无论是通用的衡量标准（例如在某个人物上的表现以及时间消耗），还是那些游戏特化的衡量标准（例如在某个射击游戏中的武器选择[250]），都是相关并且适当的玩家指标。

游戏玩法输入的一个主要限制是，实际的玩家体验只能被**间接地**观察到。例如，一个几乎没有交互的玩家既可能是陷入思考并且入迷的，但也可能只是在忙于做其他事情。各类游戏玩法指标只能被用于处理已确定的玩家体验出现的可能性。这些统计数据可能适用于整个玩家群体，但也可能会难以为单个玩家提供信息。因此，当人们尝试使用纯粹的玩家指标来估计玩家体验并让游戏以某种合适的方法来对这些收到的体验做出回应时，建议要跟踪玩家对这些游戏回应的反馈，并在这些反馈指出游戏体验被错误估量时做出一些调整。

5.4.2 客观数据

在游戏过程中，计算机游戏玩家将会感受到大量的情感刺激。这些刺激会从简单的听觉与视觉事件（例如声音效果以及纹理）一直延伸到复杂的叙事结构、游戏世界的虚拟电影视角以及能够情绪化表现的游戏智能体。玩家的情绪反应可能会反过来导致玩家生理上的变化，并反

○ http://minidungeons.com/

映于玩家的面部表情、姿态以及语音之中，从而改变玩家的注意力与集中水平。检测这些身体上的改变可能会有助于识别与构建玩家的模型。因此，玩家建模的**客观数据**方法包含对玩家输入的多种模式的获取。

心理学与生理表现之间的关系已经有着丰富的研究（见参考文献［17，95，779，558］等）。已经被广泛证明的是，自主神经系统中的交感神经和副交感神经部分不会受到情感刺激的影响。一般来说，唤起强烈的事件才会导致在这两个神经系统上的改变：在交感神经以及副交感神经系统上的活动会分别增加与减少。除此之外，在放松或休息状态时，副交感神经系统上的活动将会十分活跃。正如上述所说，这些神经系统的活动将引发人们在面部表情、头部姿势、皮肤电活动、心率变异性、血压、瞳孔扩张上的变化[91,624]。

近几年来有大量的研究通过研究在不同的生理学信号上不同的游戏玩法的刺激来探讨**生理学**与游戏玩法之间的相互作用（见参考文献［697，473，421，420，556，721，175，451］等）。这些信号通常通过心电图（ECG）[780]、光电容积脉搏波[780,721]、皮肤电响应（GSR）[421,271,270,272]、呼吸[721]、脑电图（EEG）[493]以及肌电图（EMG）来获取。

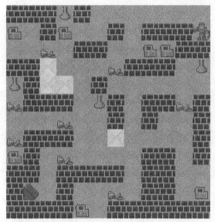

a) 在这个例子中玩家扮演了一名完美主义者：成功杀死了所有的怪物，并且喝下了所有魔药，收集到了所有宝藏

b) 在这个例子中，玩家将到达出口放在了首位，尝试躲避任何怪物，并且只收集接近出口的魔药与宝藏

图 5.3　两个《迷你地下城》游戏中的示例热力图。《迷你地下城》是一个简单的回合制类 Rogue 解谜游戏，为对人类玩家的决策风格进行建模提供了一个基准问题[267]

除了生理学方法之外，人们还可以在不同的细致水平上跟踪玩家的**身体表达**（动作追踪）并推测来自游戏玩法刺激的实时情感反应。这种输入模式的核心假设是特定的身体表达与所表达的情绪以及认知过程相关。在生理学方法之外的客观数据输入模式已经有着广泛的探索，包括面部表情[321,19,236,88,794]、肌肉活性（特别是脸部）[133,164]、身体活动与姿势[23,731,321,172,47]、语音[741,319,308,306,30]、文本[517,137,391]、触觉[509]、手势[283]、脑波[559,13]以及眼球运动[23,469]。

尽管客观数据测量在游戏过程中评价玩家状态上是一种非常有效的方法，但其中大部分的主要限制是它们可能具有侵入性，并因此影响玩家对游戏的体验。事实上，在商业标准的游戏开发中，某些类型的客观数据测量几乎是**难以置信的**。例如，**瞳孔测量**以及**凝视追踪**对到屏幕的距离和光线与屏幕在亮度上的变化非常敏感，这些变化在总体上使得其在游戏中的应用不太实际。

然而，最近虚拟现实（virtual reality，VR）的重生让眼注视传感技术在游戏中得到了全新的机会与应用[628]；其中一个以眼追踪为特色的 VR 设备的典型例子就是 FOVE⊖。通过相机获得的其他**视觉线索**（面部表情、身体姿态以及眼球运动）通常需要一个光线良好的环境，并且其不会经常出现在家庭环境下（例如在玩视频游戏时），而且它们被某些玩家视为对隐私的危害（随着用户的持续记录）。即便非常不突出，但是当前可用的大部分基于视觉的情感侦测系统在实时操作上都有着额外的限制[794]。我们认为这个规则的一个例外就是身体姿态，其既可以在当前得到有效的检测，也能够为我们提供有意义的对玩家体验的估计[343]。然而，在它们可能拥有的潜力之外，游戏中基于相机的输入模式的适用性仍然是具有疑问的，因为有经验的玩家在玩游戏时都会倾向于保持不动[22]。

作为对基于相机的测量方式的限制的一种回应、**语音**和**文本**（例如聊天）提供了两种高可用、实时高效并且不显眼的模式，并且在游戏应用中有着巨大的潜力；然而，它们只适用于那些语音（或文本）能够形成某种控制模式的游戏（例如，在用于儿童的会话游戏中[320,789]），或那些在玩家之间天然地依赖语音或文本来进行交流的协作游戏（例如在团队协作的第一人称射击游戏中），以及那些依赖自然语言处理的游戏，例如文字冒险游戏以及互动小说（见第 4 章的讨论）。

在有关玩家**生理学**的方法上，当前用于脑电图、呼吸以及肌电图的硬件需要在与身体的一部分相接触，例如将头部、胸部或脸上的一部分与传感器相接触，这使得这些生理信号对于大多数游戏来说都是不切实际并具有高度侵入性的。形成对比的是，近期在皮肤电活动（皮肤电导率）、光电容积脉搏波图（血容量脉搏波）、心率变异性以及皮肤温度的测量方式上的传感器技术进步使得这些生理信号对研究游戏中的情感来说变得更具有吸引力了。现在这些方式的实时记录可以通过舒适的手环来获取并通过一个无线连接来存储在某个个人计算机或移动设备中[779]。

在撰写本书时，已经有几个使用玩家的生理输入的**商业游戏**案例了。一个特别有趣的案例是《无须在意》（Flying Mollusk，2015），一个生理反馈增强的冒险恐怖游戏，其通过提高它所提供的挑战水平来适应玩家的压力水平：压力越高，对玩家的挑战也就越大（见图 5.4）。多种侦测心跳活动的传感器可以用于与《无须在意》进行情感互动。《圣野之旅》（Wild Divine，2001）则是另外一款基于生理反馈的游戏，旨在通过玩家的血容量脉冲和皮肤电传导来指导放松练习。值得注意的是，AAA 游戏开发商，例如 Value，已经尝试使用玩家的生理输入来为游戏提供个性化，如《求生之路》（Valve，2008）[14]。

5.4.3　游戏环境

除了游戏玩法以及客观数据输入，游戏的内容对玩家建模来说也是一种不可缺少的输入。**游戏环境**是指在游戏过程中的主要游戏状态，并且不包含任何游戏体验因素；这些已经在游戏玩法章节中进行了讨论。很显然，我们的游戏玩法会对游戏环境中的某些方面产生影响，反之亦然，但这两者可以被视为分离的实体。从一种分析的角度来看待这种关系，游戏背景可以被看作

⊖　https：//www.getfove.com/

图 5.4　一张来自《无人深空》（Flying Mollusk，2015）的截图。这个游戏支持几种现有的传感器，让游戏的视听水平可以根据玩家的压力水平进行调整。图片的使用得到了 Erin Reynolds 的授权

是游戏指标的某种形式，与作为玩家指标的某种形式的游戏玩法正好相反。

　　游戏环境在玩家建模中的重要性是不言而喻的。事实上，我们可以说，若希望可靠地检测玩家的任何认知以及情感回应，那么游戏的环境都是一个不可或缺的输入。也可以说，对玩家体验的理解上，游戏环境是一种不可或缺的引导；但更多的部分我们将会在 5.5 节中进行探讨。就像我们需要当前的社交与文化环境来更好地检测我们所讨论的某个特定的面部表情的隐含情绪状态一样，任何玩家反应都无法与引发他们的刺激（或游戏背景）相分离。很自然地，玩家状态总是会与游戏环境相关联的。因此，没有将环境纳入考量的玩家建模都有着推导出错误的玩家状态的风险。例如，皮肤电反应的增加可能与不同的高唤醒程度的情感状态有关，如挫折与兴奋。然而，在不知道当前时刻游戏中发生了什么的情况下，很难说高电流反应究竟意味着什么。在另一个例子中，玩家通过摄像头记录下的某种特定面部表情可能与游戏中的一个成就有关，但也可能与某个充满挑战的时刻有关，这需要与当前的游戏状态进行三角化来得到解读。很显然，这种隐含的玩家状态的二元性对于玩家建模的设计来说可能是不利的。

　　尽管少数的项目单独地对玩家的生理反应进行了研究，但优秀的玩家建模实践都要求将所有玩家反应与当前游戏状态的信息进行三角化。例如，模型需要知道 GSR 是否因为玩家死亡或者完成关卡而增加。游戏背景——其会非常自然地与玩家的其他输入形式相互结合（或**相互融入**）——在各类文献中已经被广泛地用于预测与游戏过程相关的不同的情感与认知状态[451,434,521,617,572,133,254,558,452,433]。

5.4.4　玩家资料

　　一份**玩家资料**可能包括所有关于玩家的静态信息，并且其并不直接地（也不需要）与游戏体验相关联。这可能会包含玩家在人格上的信息［例如借由人格五因素模型（Five Factor Model）[140,449]进行表达的信息］，与文化相关的因素，以及性别与年龄等常见人口统计特征。一份玩家资料可能会被用作玩家模型的输入，并利用这些玩家的通用属性来补充在游戏中捕获到的行

为。这些信息可能会协助得出更精确的玩家预测模型。

虽然性别、年龄[787,686]、国籍[46]以及玩家的专业水平[96]已经被证明是在玩家画像中非常重要的因素，但性格所扮演的角色仍然有着一些争议。例如一方面，van Lankveld 等人的研究结果[736,737]揭示了游戏过程中的行为并不一定对应于玩家在游戏之外的行为。而另一方面，Yee 等人的结果肯定了在《魔兽世界》（Blizzard Entertainment，2004）中的玩家抉择与该玩家的性格之间有着强烈关联[788]。在第一人称设计游戏《战地 3》（Electronic Arts，2011）中，也发现了游戏风格与性格之间的强烈关联[687]。总的来说，我们需要承认玩家在游戏中的行为及其人格之间并不一定存在一对一的映射关系，并且玩家性格资料并不一定能够指出玩家在某个游戏中会偏爱或喜欢什么[782]。

5.4.5　链接数据

在高度动态的游戏内行为以及静态的玩家信息资料中的某个位置，我们也可以考虑从网络服务中获取到的与游戏过程自身无关的**链接数据**。举例来说，这个数据可能包含我们的社交媒体帖子、表情图片、表情符号（emojis）[199]、使用过的标签、参观过的地点、写下的评论，或从不同网络内容中提取到的任何相关联的语义信息。将这些信息添加到玩家模型中的好处有很多，但迄今为止能够在游戏中使用的也很有限[32]。与当前的玩家建模方法相反，对链接到的在线来源中海量并且不同类型的内容的使用，将会使得设计基于存储在多个在线数据集中的用户数据的玩家建模成为可能，从而实现在语义上丰富多样的游戏体验。例如，来自 Metacritic⊖或 GameRankings⊖之类的游戏评论网站的评分以及经过情感分析过的文本评价[517,514]可以作为一个模型的输入。之后，这个模型可以被用于创造游戏内容，以期望吸引这个社区中的特定部分群体，例如基于从用户的游戏内成就或喜爱的游戏中收集而来的统计数据、技能或兴趣[585]。

5.5　模型的输出是怎样的

模型的**输出**，也就是我们建模的目标，通常是玩家状态的某种表示。在这个章节中，我们探讨了三种用于模型输出的可选方式，它们在玩家建模中服务于不同的目的。如果我们希望对玩家的**体验**进行建模，那么输出则主要通过手动的标记来提供。而如果我们希望为玩家**行为**的各个方面进行建模，那么输出在很大程度上需要基于游戏中的动作（见图 5.1）。最后，也有很大的可能就是模型会**没有输出**。5.5.1 节以及 5.5.2 节分别针对行动建模与体验建模这两种目的讨论了输出的特殊性，而 5.5.3 节探讨了模型没有任何输出的情况。

5.5.1　对行为进行建模

为玩家行为进行建模的任务是指预测或模仿特定的行为状态或一组状态。要注意的是，如果没有可用的目标输出，那么我们面临的就是一个无监督学习问题，或一个我们将在 5.5.3 节中

⊖　http：//www.metacritic.com
⊖　http：//www.gamerankings.com/

讨论的强化学习问题。这种我们必须以某种监督学习方式来学会预测（或模仿）的输出可以是两种主要的**游戏过程数据类型**中的一种：**微观动作**或**宏观动作**（见图 5.1）。第一种机器学习问题考虑了在某种帧速率下从一个时刻到另一个时刻中有效的游戏状态以及玩家动作空间。例如，我们可以在一帧到另一帧的基础上，通过比较一个 AI 智能体以及一个人类玩家的游戏轨迹来尝试模仿一个玩家的行动，例如像在《超级马里奥兄弟》（Nintendo，1985）上做的那样[511,469]。而在考虑宏观行动时，目标输出通常是某种玩家行为在时间线上的聚合特征，或一种行为模式。这种输出的例子包括游戏完成时间、胜率、流失率、游戏轨迹以及游戏平衡。

5.5.2　为体验进行建模

为了对玩家的体验进行建模，人们需要能够对这些体验进行标注。在理想情况下，这些标注需要尽可能地接近体验的**基础事实**（ground truth）。情感学中的基础事实（也可以称为黄金标准）是指一种假设出来并且尚且未知的标注、值或函数，其在最佳程度上描绘与表示了某种情感构成或某种体验。标注通常通过手动标记来提供，这是一个相当费时费力的过程。然而，鉴于我们需要对某些主观概念（例如玩家的情绪状态）的基础事实进行一些估计，手动标记是不可或缺的。这种估计的**准确度**经常受到质疑，因为有很多因素会导致标注与实际隐含的玩家体验之间的偏差。

手动标注玩家与他们的游戏过程本身就是一项挑战，需要同时取决于所参与的人类标注者以及所选择的标注方案[455,777]。一方面，标注者需要有着足够熟练的技巧来尽可能地接近实际的体验。另一方面，在标注工具与所使用的方案上，仍然遗留着许多开放性的问题。这些问题包括：谁来执行标注：体验了游戏过程的那个人或其他人？这些玩家体验的标注会涉及状态（离散的表示）还是需要使用到感情的强烈程度，或涉及体验维度（连续的表示）？而在时间上来说，应该实时完成，还是应该离线完成？在离散的时间周期内完成，还是应该在连续周期内完成？应该要求标记者以绝对方式进行排序，还是应该以相对方式进行排序？上述问题的答案会产生截然不同的数据标记方案，并且不可避免地在数据质量、有效性以及可靠性上产生差异。在接下来的章节中，我们将尝试解决一些像这样经常在玩家状态的主观标记中出现的关键性问题。

5.5.2.1　不受限回应还是受限回应

主观的玩家状态标注扫描一个可以基于玩家的**不受限回应**——例如通过一份有声思维报告（think - aloud protocol）[555]——或通过问卷调查及标注工具取得的**受限回应**。不受限回应通常会包含更丰富的玩家信息，但它经常呈现非结构化，甚至是混乱的，并因此难以进行合适的分析。另一方面，限制玩家使用定向的问题或任务来对他们的体验进行自我汇报会将他们局限于这些特定的问卷问题上，无论这些问题是较简单的勾选题或更复杂的多选题。同时，我们提供给标注者的问题以及答案也可能从单个词语到多个句子不等。问卷调查可以将玩家体验（例如游戏体验问卷调查[286]）、人口统计数据以及个人技能（例如一份经过验证的心理概况文件，像 NEO - PI - R[140]）等元素包含在内。在这个章节的剩余部分，我们将重点讨论受限回应，因为它们更容易分析，并且更适合数据分析与玩家建模（在本书中所定义的）。

5.5.2.2　谁来标记

考虑到玩家体验的主观性质，首先会碰到的问题自然是谁来对玩家进行标注？换句话说，谁拥有合适以及最佳的能力来为我们提供可靠的玩家体验标记？我们对两种主要的类型进行了区分：标记既可以是自我汇报，也可以是通过专家或外部观察者间接表达的报告[783]。

在第一种类型中，玩家状态是由玩家自身所提供的，我们称之为**第一人称**标注。举例来说，一个玩家在回看他游戏过程录像时被要求对自身的参与度进行一个评价。第一人称毫无疑问是标记一个玩家状态并且基于所要求的标注来建立一个模型的最直接途径。我们不得不假设，每个玩家的真实（内在）体验与其自我感知到的体验或被他人感知到的体验之间存在一定的差异。基于这种假设，玩家的自我标注比起第三方的标记来说通常会更接近他的内在体验（**基础事实**）。然而，第一人称标记也可能存在自我欺骗和记忆力上的限制[778]。这些限制主要归因于一个人在"体验自我"以及"记忆自我"之间的差异[318]，也被称为**记忆 – 体验差异**（memory - experience gap）[462]。

作为对上述限制的解决方法，专家标注者反而可能超越对体验的感知，并接触到玩家的内在体验。作为第二种标注类型，也称为**第三人称**标注，一名专家——例如一名游戏设计师——或一名外部的观察者以一种更客观的方式来提供玩家的状态，从而减少在第一人称标注上的主观偏见。例如，一名用户体验分析师在观察一场第一人称射击死亡竞赛游戏时也许能够提供特定的玩家状态标记。第三方标注的好处在于可以同时对某个特定的游戏过程体验使用多名标注者。事实上，由于多名标注者之间的一致性直接地增强了我们数据的有效性，同时获取多个像这样的对体验的主观感知可以让我们更好地接近基础事实。但另一方面，有一定概率出现的分歧可能是由于我们所研究的游戏体验比较复杂，也可能是由于我们的标记者中的一部分人缺乏训练或欠缺经验。

5.5.2.3　玩家体验是如何表示的

另一个至关重要的问题是怎样才能最好地表示玩家体验：是作为多个不同的（**离散的**）状态，或作为一组（**连续的**）维度？一方面，离散标记作为一种表示玩家体验的方式是非常实用的，因为各类标记在一份问卷调查中很容易就组成一个单独的选项（例如"令人激动的"或"令人懊恼的"等），让标注者/玩家可以更容易地选择其中的某一个（例如参考文献 [621] 中那样）。另一方面，连续标记出于两种原因可能会更适合。首先，像沉浸感之类的体验状态难以通过文字或语言表达方式捕捉，并且它们的边界难以界定。其次，状态并不允许体验强度随着时间而增加，因为它们拥有二元性：要么存在，要么不存在。例如，在一份问卷调查中，乐趣或参与度之类的复杂概念并不能简单地通过它们相对应的语言表示进行捕捉，并且其也无法准确地定义某种玩家体验的特殊状态。而更自然的方式是将它们表示为一种连续的体验强度，可以随时间而变化。由于这些原因，当我们使用离散状态来表示玩家体验时，我们经常能观察到标记者之间的低一致性[143]。

如前所述，在连续标记上的主要方法是使用 Russell 的二维（唤醒程度 – 评价值）环状情感模型[581]（见图 5.2a）。图 5.5 展示了两种不同的基于唤醒程度 – 评价值环状情感模型的标注工具（FeelTrace 以及 *AffectRank*）。图 5.6 描述了 *RankTrace* 连续标注工具，其可以被用于标注单个维度上的影响（在这个例子中是紧张程度）。这三种工具都是能够开放获取的，并且可以直接用于标注游戏体验。

5.5.2.4　应当以什么频率进行标注

标注可以在特定的时间间隔上进行，也可以连续进行。由于存在像 FeelTrace[144]（见图

a) 对玩家在游戏期间的面部表情进行标注。这个标注会依赖于游戏环境，因为
视频中还包含玩家的游戏过程(参见左上角)

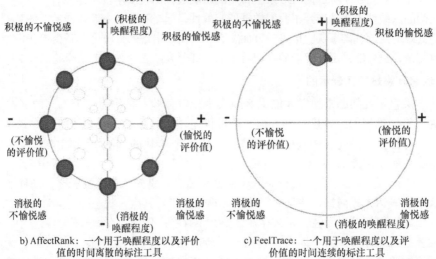

b) AffectRank：一个用于唤醒程度以及评价　　　c) FeelTrace：一个用于唤醒程度以及评
值的时间离散的标注工具　　　　　　　　价值的时间连续的标注工具

图 5.5　一个基于视频游戏玩家及其游戏过程的第三人称标注，可以 a) 同时使用，b) *AffectRank* 标注工
具，c) *FeelTrace* 标注工具，*AffectRank* 可以从 https：//github. com/TAPeri/AffectRank 免费获取。FeelTrace
可以从 http：//emotion – research. net/download/Feeltrace％20 Package. zip 免费获取

5.5c) 以及 GTrace[145] 这样可以在唤醒程度与评价值的维度上对内容（主要是视频与语音）进行
标注，并能够公开获取的工具，**时间连续的** 标注正在变得越来越普及。在 FeelTrace 之外，还可
以使用像连续衡量系统[454] 和 EmuJoy[474] 之类的标注工具，其中后者是设计来对音乐内容进行标
注的。如轮式以及旋钮之类与上述标注工具相关的用户接口也让游戏中的连续体验标注变得更
加令人看好[125,397,97]（见图 5.6）。然而，连续标注的过程比起时间离散的标注方法来说，在认知
能力上似乎需要更高的负荷。较高的认知负荷经常会导致不同标注者之间的一致性水平降低，

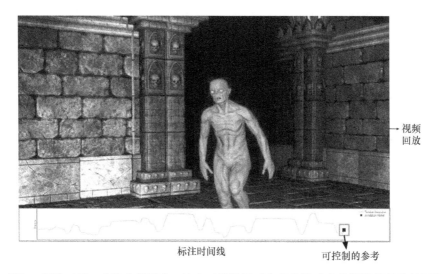

视频
回放

标注时间线

可控制的参考

图 5.6 *RankTrace* 标注工具。在这个例子中，这个工具被用于为恐怖游戏中的紧张程度进行标注。参与者需要玩一个游戏，之后他们会通过回看他们的游戏片段（图片上方）的视频记录来标注他们的紧张度等级。这个标注轨迹通过轮式的用户界面进行控制。整个标记过程都会被展示给参与者用作参考（图片下方）。图片摘自参考文献［397］。*RankTrace* 可以从 http：//www. autogamedesign. eu/software 获取

并且产生不可靠的用于模拟玩家体验的数据[166,418]。

　　与上述限制相比，**时间离散的**标注是在标注者感觉玩家状态有所变化时以特定的时间间隔提供数据。这个变化最好是相对的，而不是绝对的。举例来说，AffectRank（见图 5.5b）是一种离散的、基于排名的标注工具，其可以被用于为包括图像、食品、文字或语音在内的任意类型的内容进行标注，并且与从 FeelTrace 之类的连续标注工具获得的标注相比较，它明显能够提供更可靠的标注（相对于测试者间的一致性）[777]。*AffectRank* 中这个基于等级的设计是由近年来在第三人称视频标注上的研究所启发的，其指出"……人类在相对而不是绝对的情况下对情绪做出的评分会更准确"[455,777]。除此之外，在诸多 *AffectRank* 所得出的结果中，也可以看出排名前列的一部分有着更低的非一致性以及更好的顺序效果[777,773,778,436,455,761]。

　　一种更近期的、建立在 *AffectRank* 的基于相对排名的标注方法上的工具是 *RankTrace*（见图 5.6），其也允许以连续并且不限长度的方式来对影响进行标注。参考文献［125］对 *RankTrace* 背后的核心思想进行介绍：这个工具要求参与者观看某个玩家片段中被记录下来的游戏过程，并且以实时方式对在单个情绪维度上所感受到的强度进行标注。*RankTrace* 中的标注过程通过一个"类似轮子的"硬件进行控制，使得参与者能够通过转动轮子来精确地增加或减少情绪强度，就如同立体音响中的音量控制方式那样。除此之外，*RankTrace* 的通用接口建立在单维度的 GTrace 标注工具之上[145]。然而，与其他的连续标注工具大相径庭的是，RankTrace 中的标注是没有界限的：参与者可以不间断地增加或减少强度，而不需要将自己限制在某个绝对的比例上。这种设计

决策是建立在锚定心理理论[607]以及适应水平心理理论[258]之上的，其中情感是一种基于先前体验的时间概念，因此最好以相对方式进行表达[765, 777, 397]。对 *RankTrace* 的使用揭示了使用相对方式并且不设界限的标注方法的好处，可以使得对情感的建模更可靠[397]，并且也为在整个游戏中构建玩家情绪的通用模型带来了希望[97]。

5.5.2.5 应当在什么时候进行标注

什么时候是对体验进行标注的最好时机呢？是在游戏**之前**、游戏**之中**或游戏**结束之后**呢（见图 5.1）？在**得到体验之前进行**的问卷调查中，我们通常要求标注者在开始游戏之前设下一个玩家状态的基线。这种状态可能会受到多种因素的影响，例如当天的心情状况、社交网络上的活动、咖啡因的消费、先前的游戏活动等。这是一种非常有价值的信息，其可以被用于丰富我们的模型。需要再强调一遍的是，真正值得我们去检测的是用户在开始游戏之前的基线状态之上的相对变化[765]。

另一方面，在**体验当中进行**的方案可能会涉及玩家是第一人称视角设置[555]还是某种第三人称的标注方式设计。举例来说，在后一种方案中，可能会需要能够在游戏的测试阶段对玩家体验进行观察与标注的用户体验专家。但就像前面所说的那样，在游戏进行时的第一人称标注是一个相当具有侵入性的过程，其会扰乱游戏过程，并且还需要承受增加标注数据中的试验噪声的风险。相较之下，第三人称标注是非侵入性的；但是与观察者所无法接触到的、真实的第一人称体验之间会存在一定的预期偏差。

最普遍的用来对玩家体验进行标注的方法是以一种先体验再标注的形式来在游戏结束之后进行的。**先体验再标注**的方式对玩家来说并不突兀，并且通常由玩家自己来进行。然而，自我汇报需要依靠记忆力，因此很自然地依赖于时间元素。因此，人们需要仔细考虑在体验与其对应的报告之间的**时间窗口**。为了让先体验再标记形式所得出的汇报更接近实际体验，游戏过程间的时间窗口应当尽可能小以最小化记忆上的偏差，但它也应该足够大令玩家激发出特定的体验。回忆游戏内容的前后过程所需要的认知负担越大，报告就越会存在越大的与实际体验内容无关的记忆偏差。除此之外，真实体验与自我汇报之间的时间窗口越大，标注者就会出现越多与游戏过程有关的片段性的记忆[571]。构成自我报告的基石的记忆碎片轨迹会随着时间的推移而逐渐消失，但这种记忆衰退的准确速率暂时无法确定，并且有可能只是个案[571]。在理想情况下，记忆衰退非常缓慢，因此标注者在进行标注时对游戏过程会有着清晰的感受。现在，如果时间窗口变得很巨大——例以小时或者天数计算的规模——标注者将不得不使用一些概念性的记忆，例如某个游戏的普遍信念等。总的来说，在标注过程中，所使用到的片段性记忆越多，甚至所使用到的概念性记忆越多，那么在标注数据中就会包含越多的系统性错误。

就普遍的经验来说，我们在评估某个自身体验上所花费的时间越多，那么真实体验与对这个体验的评估之间的差异就会越大，并且这个评估一般会比真实体验更强烈。当我们在汇报如愤怒、悲伤以及紧张之类的负面情绪，而不是正面情绪时，我们对体验的回忆与真实体验之间的差距似乎会变得更突出[462]。影响我们汇报自身体验的另一种偏差是在某个章节、游戏关卡或游戏自身的结尾处所感受到的体验；这种影响被称为**峰值规则**（peak‑end rule）[462]。

一种可以改善片段性记忆的问题并尽可能降低先体验再标注方式的认知负担的有效途径是为标注者重新播放他们在游戏过程中的视频记录（也可以是其他游戏过程的）并要求他们为这

段视频进行标注。这可以通过众包方法，以第三人称或第一人称的方式来实现[125, 271, 397, 97]。这个方向上另一个值得注意的方法是以数据驱动的回溯性提问（data - driven retrospective interviewing）方法[187]。根据这种方法，需要收集玩家的行为数据进行分析来构建一些提问。这些提问在之后会被用在回溯（先体验再标注）当中，以此反映标注者的行为。

5.5.2.6 应当使用哪一种标注类型

我们通常无法确定我们希望分配给玩家状态或者玩家体验的标签的类型。特别是我们能够从三种数据类型中对我们的标注做出选择的时候：评级、分类以及排名（见图 5.1）。基于**评级**的格式能够表示一个带有标量值或者值向量的玩家状态。评级可以说是在定量地评估用户的行为、经验、观点或者情绪的主流做法了。事实上，绝大部分用户与心理测量学研究都采用了评级问卷来获取实验参与者的意见、偏好以及感知体验，见参考文献 [78, 442, 119]。最为普及的基于评级的问卷调查方式会遵循 Likert 量表[384]中的原则，其要求用户指定他们与某些给出的陈述的一致程度（或不一致程度）——例如图 5.7a。其他较为普及的用于用户以及玩家体验标注的基于评级的问卷调查方式包括 Geneva Wheel 模型[600]、自我评价量表（Self - Assessment Manikin）[468]、正性负性情绪量表（Positive and Negative Affect Schedule）[646]、游戏体验问卷调查（Game Experience Questionnaire）[286]、流动性状态量表（Flow State Scale）[293]以及基于自我决定理论[162]开发而来的玩家需求满意度调查（Player Experience of Need Satisfaction，PENS）[583]。

基于评级的报告方式具有比较明显的固有**局限性**，其经常被忽略，并产生了一些在基础上存在问题的分析[778,298]。首先，传统上我们会通过比较各个参与者的价值来进行评级，见参考文献 [233, 427]。虽然这是一种普遍被接受的主导做法，但它忽略了**个人间差异**的存在，因为评级量表上的每个级别的含义可能会因为实验参与者的不同而改变。例如，两名评估某个关卡难度的参与者可能会将其评估为一模一样的难度，但后来一个人认为它"非常容易上手"，而另一个人则将其评价为"极容易上手"。事实证明，有许多因素会影响各个参与者之间不同的内部评级尺寸[455]，例如人格、文化[643]、气质与兴趣[740]等方面的差异。除此之外，大量研究还确定了基于评级的问卷当中存在首因和近因效应（primacy and recency order effects）（例如参考文献 [113, 773]），部分量表中存在系统性的偏差[388]（例如，右撇子参与者可能倾向于使用量表的右侧部分）或存在某种随着时间推移的固定趋势（例如，在一系列实验条件下，最后一项会得到更高的评级）。比较具有说服力的是，在评级与排序之间的比较研究[773]表明，评级中存在比较高的不一致效应以及明显的次序（近因）效应。

除了个人间差异，当评级被视为间隔的值时，将会出现一种关键性的限制，该评级本质上来说是**有序数值**[657, 298]。严格地说，任何将评级看作是数字的方法在根本上都存在缺陷，例如平均它们的序号标签。在大多数问卷调查中，Likert 条目被表现为图片（例如自我评估模型中的不同觉醒表征）或形容词（例如"中等的""不错的"以及"非常的"）。这些标签（图片或者形容词）经常被错误地转换为整数，这违反了统计学的基本公理，其认为有序数值不能被视为区间值[657]，因为基础数值的范畴是未知的。请注意，即使调查问卷的评级是数字（例如图 5.7a），但由于工具中的数据代表了标签，故比例仍然是有序数值。因此，潜在的数字尺度依然是未知，并且取决于参与者[657,515,361]。将评级当作区间值处理的基础是假设连续的评级之间的差异是固定并且相同的。然而，并不存在某种有效的假设能表明主观的评级量表是线性的[298]。例如，"不错的（4）”以及“非常的（5）”之间的差异可能会大于“中等的（3）”与“不错的（4）”之间的差异，因为一些实验参与者可能很少使用极值，或更倾向于某一个极端[361]。因此，如果我们将评级视为有序数据，那么我们就不会对各个评级标签之间的差异进行假设，从而避免引入分析中的数据噪声。

玩家标注的第二种数据类型是基于**分类**的格式。分类允许标注者从有限以及非结构化的选项集合中做出选择，因此基于分类的问卷方式可以从两个（二元化）或更多的选项中得出定类数据。问卷调查会要求受试者从某种特定的表示选择中选出一个玩家状态，这个表示可以是一个简单的布尔问题（游戏关卡是否令人感到挫败？这是否是一个悲伤的面部表情？哪个关卡最让人感到有压力？），也可以是对玩家状态的选择，例如环状情感模型（这对玩家来说是一种高唤醒的游戏状态还是一种低唤醒的游戏状态？）。评级的局限性在一定程度上可以通过基于分类的问卷调查解决。然而，由于无法得出有关每个玩家在状态上的强度的信息，分类无法像评级那样天生具有较高的细粒度级别。基于分类的调查问卷也可能产生标注，但各个类别可能会拥有不平衡的样本数目。心理测量学中的一种普遍做法是将连续的评级转化为多个单独类别（例如见参考文献 [226, 260]）。在一个实例研究[255]中，共有 7 点的唤醒评级量表通过 7 – 5、4、3 – 1 三个评分区间转化为了高、中、低三个唤醒类别。虽然这样做似乎是合适的，但是却没有考虑到各个类别之间的序数关系。更重要的是，转换过程会为评级的主观偏见增加一些新的偏见，也就是**类别分裂准则**（class splitting criteria）[436]。

最后，基于**排名**的问卷方式要求标注者对如两个或更多数量的游戏片段从偏好上做出排名[763]。在其最简单的形式中，标注者将要比较两个选项并指出在给定情况下哪一个选项将会是其首选项（也就是**成对偏好**）。在两个以上的选项中，参与者会被要求提供有关部分或全部选项的排名。基于排名的问题的例子有：这个关卡比起另一个关卡更有吸引力吗？哪一种面部表情看起来更快乐？图 5.7b 具体说明了另一个基于排名（4 种排他性选项）的案例。作为一种主观的报告形式，基于排名的问卷方式（和基于评级以及基于分类的问卷方式一样）会关联到众所周知的记忆偏差以及自我欺骗等局限性。然而，近期也有一些通过基于排名的问卷方式来对某些主观结构，例如体验、偏好或情绪做出报告，它们在营销[167]、心理学[72]、用户建模[761,37]和情感计算[765, 721, 436, 455, 773]等领域中引起了研究人员的兴趣。这些案例上的逐渐变化一方面是由于这些报告受益能够最小化自我报告的主观偏见性的排名方法，另一方面则是因为一些近期的研究展示了定序标注的优势[765, 773, 455]。

5.5.2.7　玩家体验的数值是什么

包括神经科学[607]、心理学[258]、经济学[630]和人工智能[315]在内的许多学科已经证明了，为主观概念进行描述、标记以及赋值是一项并不简单的任务。标注者可以尝试以**绝对**的方式为这些概念分配数值，例如使用评级量表。标注者也可以使用一种**相对**的方式来赋值，例如使用排名。然而，存在许多理论以及实践上的理由来怀疑主观概念是否能够被编码为数字[765]。例如，按照行为经济学联合创始人 Kahneman [317]的说法，“……可以肯定的是，各种差异比起绝对值来说更容易获取到”；他的判断启发式理论建立在 Herbert Simon 的有限理性心理学（psychology of bounded rationality）[630]之上。此外，心理学中的一个重要论题，也就是**适应水平理论**（adaptation level theory）[258]表明人类缺乏维持有关主观概念的恒定价值，以及它们通过某种内部的定序量表做出的在某种成对比较上的选择偏好的能力[460]。这篇论文声称，虽然我们能够有效地区分各种选项，但我们并不擅长为我们所感受到的强度分配一个准确的绝对值。例如，我们特别不擅长为紧张程度、频繁程度与吵闹程度、图像亮度或视频的唤醒水平分配绝对值。上述的理论也受到了一些在神经科学上的证据的支持，这些证据表明带有刺激的体验会逐渐地创造出我们自身内部的环境，也就是锚定[607]，而我们是根据这种内部环境来对任何即将到来的刺激或者感知体验做出排名的。因此，我们对各种选项的选择会受到我们在某些选项样本中对这个特定选项的内部序数排列的影响，而不是这个选项的绝对价值[658]。

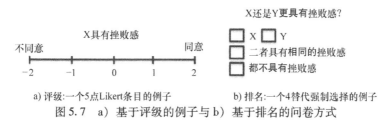

图 5.7　a）基于评级的例子与 b）基于排名的问卷方式

作为一种远程观察，某些人可能会认为相对评估所能提供的信息比绝对评估更少，因为它们没有明确地表达数量，而只是提供了序数上的关系。然而，就像前面所说的，以绝对方式获得的任何附加信息（例如当评级被视作是数字时）违反了应用统计的基本公理。因此，所获得到的附加信息的价值（如果有的话）会被直接质疑[765]。

总而言之，对主观评估在不同领域的结果进行的调查发现，相对（基于排名）的标注可以最大限度地减少实验参与者对高度结构化的概念（例如玩家体验）的假设。除此之外，以相对方式而不是绝对方式来对体验进行标注，可以建立起更为普及并且更加准确的体验计算模型[765,436]。

5.5.3　无输出

我们经常会遇到某些不存在玩家行为或体验状态的目标输出的数据集。在这种情况下，玩家的建模必须依赖于无监督学习[176,244,178]（见图 5.1）。正如第 2 章所讨论的那样，无监督学习的重点在于通过发现各个输入之间的关联性以将模型拟合到观察值而无需对目标输出进行访问。这些输入通常会被视为是一组随机变量，并且通过观察各个输入向量之间的关联来建立模型。在玩家建模上应用到的无监督学习会涉及像 5.6.3 节中描述的**聚类**以及**关联挖掘**等任务。

也有可能会出现我们不存在目标输出的情况，但我们可以设计一种奖赏函数来描述游戏中的行为或体验模式。在这种情况下，我们可以使用强化学习方法来发现那些有玩家行为或玩家体验相关的策略，这些策略是基于游戏中的游戏痕迹或其他的状态 – 动作表示的（请参阅 5.6.2 节）。在下面的章节中，我们将详细介绍那些被用于监督学习、强化学习以及无监督学习方式中为玩家进行建模的方法。

5.6　如何对玩家进行建模

在这个章节中，我们将基于各种玩家建模的数据驱动方法，来讨论**监督学习**、**强化学习**以及

无监督学习在玩家建模、玩家的行为模型以及玩家的体验模型中的应用。为了展示这三种学习方法之间的差异，首先让我们假设我们希望对玩家行为进行分类。如果没有先验知识定义各种行为的类别，那么我们只能使用无监督学习[176]。如果说我们已经获得了初始玩家的分类（无论是手动的还是通过聚类的），那我们就可以使用监督学习，并且希望将新的玩家纳入到这些预定义的类别中[178]。最后我们还可以使用强化学习来推导出能够模仿不同类型的游戏行为或游戏风格的策略。在 5.6.1 节中，我们将关注监督学习的例子，而在 5.6.2 节以及 5.6.3 节中，我们将分别概述强化学习以及无监督学习方法。所有的这三种机器学习方法都已经在第 2 章中进行了讨论。

5.6.1　监督学习

玩家建模主要是找到一个能够将玩家的一组可测量属性映射到特定的一些玩家状态的函数。使用监督学习方法，这可以通过机器学习或自动地调整模型参数来实现，以拟合某个包含一组输入样本的数据集，而每个样本都与目标输出配对。输入样本与可测量属性（或特征）的列表相对应，而目标输出则对应我们有兴趣去学习预测的每个输入样本的玩家状态的标注。就像前面所说的那样，标注可能会因为行为特征（例如关卡或玩家原型的完成时间）、对玩家体验的估计（例如玩家的挫败感）而有所不同。

正如我们在第 2 章中所看到的那样，各种普遍使用的监督学习技术，包括人工神经网络（浅层或者深层架构）、决策树以及支持向量机都可以被用于为游戏分析、模仿以及预测玩家行为，还有为游戏体验进行建模。标注的数据类型将决定模型的输出，而反过来也决定了可以使用的机器学习方法的种类。本章节将讨论三种用于从数值（或区间）、定类或定序标注（分别为**回归**、**分类**以及**偏好学习**）中进行学习的监督学习方案。

5.6.1.1　回归

当玩家模型需要逼近的值是区间值时，建模问题也被认为是度量或者标准**回归**。任何回归算法都适用于这个任务，包括线性回归或多项式回归，人工神经网络或支持向量机。关于这些流行的回归算法的许多细节，读者请参考第 2 章。

回归算法适用于对玩家行为进行**模仿**与**预测**的任务。但是当任务是为玩家体验进行建模时，通常要谨慎地对待数据的分析。例如，虽然我们可以使用回归算法来学习体验在数值上的准确评级，但通常我们要避免使用回归算法，因为回归算法会假定目标值遵循这类区间（数值）尺度。而评级能够很自然地定义一个序数的量级[765, 773]。正如已经提到的那样，由于报告具有的固有主观性，像评级之类的序数量级不应当被转换为数值，因为这会在各个问卷项目中产生不均匀以及不相同的距离[778, 657]。那些经过了训练以逼近真实的评级分数的预测模型——即便它们可能能够实现很高的预测精度——也未必能够获取到真实的游戏体验报告，因为用于训练以及验证模型的许多基础事实已经被上面所讨论过的诸多影响所破坏。我们认为，上面所概述的这些已有的自我报告的根本缺陷已经能够提供足够的证据来反对使用回归为玩家体验进行建模[765,515,455,361]。因此，本书不讨论体验标注上的回归方法的评估。

5.6.1.2　分类

当标注值代表了有限并且非结构化的类型集合时，**分类**是用于为玩家进行建模的监督模型的恰当形式。分类方法可以推断这些类别以及玩家属性之间的映射。我们可以使用的算法包括人工神经网络、决策树、随机森林、支持向量机、K 最近邻以及其余多种方法。有关算法的更多详情可以在第 2 章中找到。

类别可以表示需要**模仿**或**预测**的游戏行为，例如游戏完成时间（例如将其表示为较短、平均或较长的游戏完成时间）或在某种免费游戏中的用户留存（例如将其表示为弱、轻度或高度保留）。类别也可以代表玩家体验，例如兴奋的玩家以及感到挫败的玩家，表现在面部表情上的低唤醒、中度唤醒以及高度唤醒状态。

如果从某个可能列表中选择离散的体验标注并将其提供为目标输出，那么分类就非常适合被用于玩家体验建模任务[153,344]。换句话说，玩家体验的标注需要某种名义上的分类才能够得以应用。不过，就像 5.5.2.6 节中所提到的那样，一种常见的做法是将体验评级当成类别处理，并将定序量表——也就是所定义的评级——转换为不同类别的定类量表。例如，将介于 -1 以及 1 之间的唤醒值评级转换为低唤醒、中度唤醒以及高度唤醒三种类别。然而，这种评级分类，不仅会忽略引入类别之间的序数关系，而且更重要的是这个转换过程引起数据上的一些偏差（见 5.5.2.6 节）。这些偏差可能会是有害的，并且在搜索玩家体验的某些基础事实上可能会引发误导[765,436]。

5.6.1.3 偏好学习

作为回归以及分类学习的替代方法，**偏好学习**[215]方法被设计用于从序号或偏好等有序数据中进行学习。值得注意的是，偏好学习案例中的训练信号仅为我们在尝试逼近各个现象实例之间的**相对**关系时提供信息。遵循某种顺序尺度的目标输出无法提供有关这个现象的强度（回归）或聚类（分类）的信息。

一般来说，我们可以根据游戏中的行为偏好来构建玩家模型。例如，这个玩家喜欢用机枪来对付其他多种武器这个信息就可以形成一套我们能够学习的成对偏好。除此之外，我们还可以根据体验偏好来建立一个模型。例如，一个玩家报告说这个关卡中的 X 区域比同一个关卡中的 Y 区域更具挑战性。根据像这样的一组成对偏好，我们就能够得到一个在玩家挑战上的全局函数。

正如第 2 章所说的那样，许多种算法都可以被用于偏好学习任务。许多流行的分类以及回归方法已经被用于处理偏好学习任务，包括像线性判别分析（linear discriminant analysis）和大边界（large margins）这样的线性统计模型，以及像高斯过程[122]、深度与浅层人工神经网络[430]和支持向量机[302]这样的非线性模型。

偏好学习已经被广泛用于玩家建模的多个方面。例如 Martínez 等人[430,431]以及 Yannakakis 等人[780,771]已经探索了几种人工神经网络方法来学习预测作为成对偏好的玩家情感与认知状态报告。同样的是，Garbarino 等人[217]也已经使用了线性判别分析来学习得到赛车游戏中的双人娱乐预测器。为了便于在偏好学习问题上使用恰当的机器学习方法，许多像这样的偏好学习方法和数据预处理算法以及特征选择算法已经成为偏好学习工具包（PLT）中的一部分。PLT 是一个开放获取、使用友好并且易于获取的工具包$\ominus$，并且为了方便处理排名问题（并提升其使用范围）而不断更新。

按照定义，排名表达了序数上的权衡，所以它们可以被直接地转换为任意的序数表示（例如成对偏好）。举例来说，如果标注者的评级表明条件 A 让人感到轻微的挫败，并且条件 B 让人

$\ominus$ http：//sourceforge. net/projects/pl - toolbox/

感到"非常挫败",那么偏好学习方法就可以训练出一个模型,并且这个模型能够预测出 B 比 A 具有更高的挫败感。在这个建模方法中我们会避免探讨"非常"以及"稍微"之间的时机区别,或某位特定标注者在用例上的权衡方法。除此之外,通过将评级报告转换为以标注者为基础的序数关系,可以安全地避免不同用户间的不同主观权衡造成的限制。最后,对情节的记忆随着时间变化的问题依然存在,但我们可以通过对连续报告进行变换来最小化,也就是说对于给定三个条件 A、B 和 C 的报告,玩家模型可以只使用在 A 与 B 之间,以及 B 与 C 之间的关系(放弃对 A 与 C 之间关系的比较)。

5.6.1.4 总结:优秀、不良以及不足

有关监督学习的最后一个章节专门用于比较这三种用于模仿玩家的方法(回归、分类以及偏好学习)。可以说在模仿或预测游戏者的游戏行为的时候,这些讨论就是有限的。如果玩家的行为数据遵循某种区间值、定类值或定序值,那么分别就要使用回归、分类以及偏好学习。行为数据具有一定的客观性,这让学习任务更加具有挑战性。而考虑到玩家体验的主观性质,应用各种算法时都需要将许多额外信息以及限制考虑在内。下面我们将比较每种方法的优势,并且总结监督学习被应用于为玩家体验进行建模时的关键结果。

回归与偏好学习: 由于受到心理学研究的启发,认为区间评级将会误导体验[515, 455, 361],所以我们将不会在偏好学习以及回归方法之间进行广泛的比较。对回归以及偏好学习模型之间的效率进行比较也是没什么意义的,因为前者可能无法像后者一样精确地捕获各种潜在的体验现象。然而,这些与实际情况之间的偏差并不能够简单地通过数据建模方法来说明,因此这类比较没办法做到直截了当。其主要原因是当我们使用数值来描述玩家体验等主观概念时,客观的基本事实从根本上就无法明确。

回归与分类: 类别易于分析,并被用于创造玩家模型。除此之外,使用它们也能够消除评级引入的部分个人间的偏差。出于这些原因,在玩家体验建模中,分类应当优先于回归。可以看到的是,在排名能够克服基于排名的标注的某些原生限制时,应当使用分类而不是回归。举例来说,这可以通过将唤醒排名转换为高度唤醒、中度唤醒以及低唤醒来达成[255]。尽管这种心理测量学中的常见做法消除了部分评级的主观性,但它也在特定的用于分裂类别的决策中增加了新的数据偏差形式。除此之外,许多文献中的案例研究对玩家建模的分析已经表明,将评级转换为类别将会产生更复杂的机器学习问题[765,436]。

分类与偏好学习: 偏好学习是在拥有排名或成对偏好时对体验进行建模时的高级方法。即便在拥有评级或类别的情况下,文献中有关对分类以及偏好学习玩家建模之间的比较仍然表明,偏好学习方法可以产生能够捕获更多有关基础事实信息的更有效、更通用并且更健壮的模型[765]。具有说服力的是,Crammer 和 Signer[147]对分类、回归以及偏好学习训练算法在任务学习评分中的作用进行了比较。他们根据几个合成的数据集以及电影评级数据集,认为偏好学习比起其他方法更具优势。除此之外,大量证据也表明偏好学习能够更好地逼近输入(例如游戏玩法之类的体验表现)以及输出(例如标注)之间的基础函数[436]。图 5.8 展示了与在人工数据集上训练的分类模型相比,偏好学习模型能够在假设(人工)基础事实上达到的程度。总之,通过基于排名的标注的偏好学习控制记忆造成的影响,消除主观偏差并且建立起更接近玩家体验的基本事实的模型[778,777]。

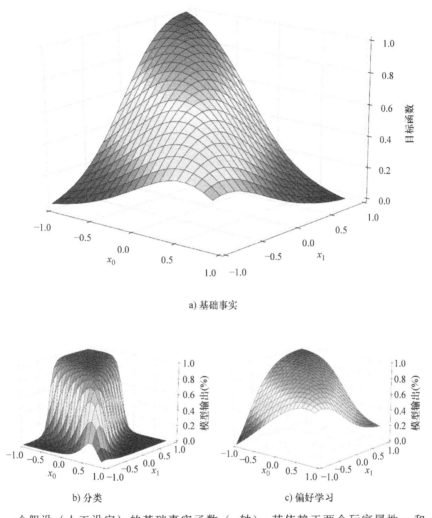

a) 基础事实

b) 分类　　　　　　　　　　　　c) 偏好学习

图 5.8　一个假设（人工设定）的基础事实函数（z 轴），其依赖于两个玩家属性 x_1 和 x_2（图 5.8a），以及最佳的分类模型（图 5.8b）和最佳的偏好学习模型（图 5.8c）。所有图片取自参考文献［436］

基于广泛的证据，我们对于如何选择用于对玩家体验进行建模的监督学习方法的最终说明是明确的：排除体验要如何标注，我们认为偏好学习（优秀的）是针对当前任务的出色监督学习方法，分类（不足的）在简单性以及对玩家体验的基本事实的逼近程度之间提供了良好的平衡，而回归（不良的）则基于评级标注，但这些标注与真实体验之间的相关性质量十分令人怀疑。

5.6.2　强化学习

尽管可以使用**强化学习**来为用户在其交互过程中的各方面进行建模，但强化学习方法在玩家建模上的尝试主要集中于简单和抽象的游戏中[195]，并且在计算机游戏上没有太多的应用。使用强化学习来为玩家建模的主要原因是它能够捕获游戏状态的相对估值，而这个估值是由玩家在游戏过程中进行内部编码的[685]。乍看之下，使用强化学习为玩家进行建模似乎是强化学习在玩游戏内的应用，并且我们已经在第 3 章中作为用于体验目的的游戏的一部分而阐述过了。然而在这个章节，我们将从另一个角度来讨论，也就是强化学习得到的策略将能够捕获玩家的内部状态，而不需要相应的绝对目标值，例如决定制定、可学习型、认知技能或情绪模式。除此之外，这些策略还可以通过玩家数据，例如**玩家轨迹**来进行训练。由此产生的玩家建模可以直接用于解释人类的游戏过程，或间接地用于 AI 智能体，并且它们可以在游戏设计过程中作为游戏测试机器人，或作为自适应智能体在模仿人类玩家类别上的基准，或用作拟真的、类人的游戏对手[268]。

使用强化学习范例，如果某种奖赏信号能够调整一组表征了玩家的参数，那么我们就能够构造玩家模型。这些奖赏信号可以直接基于玩家在游戏内的行为（例如在特定游戏状态下做出的决定），或间接地基于玩家标注（例如在整个关卡中标注的兴奋程序）或客观数据（例如显示玩家压力的生理指标）。换句话说，如果模型希望预测玩家的行为，那么瞬时奖赏函数可以基于游戏玩法的数据，如果模型尝试去预测玩家的体验，那么瞬时奖赏函数也可以基于客观的衡量或主观的报告。强化学习方法的表示可以是来自 Q 表格的任意事物，例如可以是某个玩家的决策行为模型（就像在参考文献［268，685］中），也可以是某个能够为游戏中行为建模的人工神经网络（就像在参考文献［267］中），还可以是一组通过强化学习而来的模仿游戏玩法行为的行为脚本[650]，或某个深度 Q 网络。

我们能够看到两种通过强化学习构造玩家模型的方式：模型可以**离线时**（例如在游戏开始前）或**运行时**（玩游戏时）构造。我们也可以设想各种混合方法，通过它们模型会首先在离线时构建，然后在运行时不断改进。离线的基于强化学习的建模通过各种方式增强了我们的游戏测试能力，例如程序化角色（见 5.7.1.3 节），而在线的基于强化学习的建模则为模型提供了随着时间变化的动态性。运行时玩家建模进一步增加了我们的模型适应特定玩家性格的能力，因此增强了其人格化的水平。例如，我们可以想象通过当前玩家在游戏中的标注，行为决策甚至游戏过程中的生理反应，为当前玩家进行一些量身定制。

这种对玩家进行建模的方法仍然处于起步阶段，只有少数在教育游戏[488]以及类 Rogue 游戏[268,267]中的玩家行为建模的研究，其使用差分学习或进化强化学习，而在第一人称射击游戏[685]中则使用逆强化学习。然而，将强化学习用在游戏之外的用户建模的应用已经非常活跃了，其可以被用于对网络上的网络使用数据以及交互进行建模[684]，或对对话系统中的用户模拟进行建模[114,225,595]。在这类系统中，统计模型通常在人机交互数据的语料库上进行训练以模拟（模仿）用户行为。然后使用强化学习来调整模型，以实现最佳的对话策略，而这可以通过用户和模拟用户之间的反复试验来发现。

5.6.3 无监督学习

无监督学习（见第 2 章）的目的是通过一系列观察结果推导出某种模型。与监督学习不同，无监督学习没有指定的目标输出。而与强化学习的不同之处则是无监督学习没有奖赏信号（简而言之，就是不存在任何类型的训练信号）。在无监督学习中，各个数据属性之间的相互联系信号被内在地隐藏。到目前为止，无监督学习主要应用于两种核心的玩家建模任务：对各种行为进行**聚类**以及挖掘玩家属性之间的**关联**。虽然第 2 章提供了对这些无监督学习算法的简单描述，但在本章中我们将重点介绍它们在建模玩家模型时的具体应用。

5.6.3.1 聚类

正如第 2 章所讨论的那样，**聚类**是无监督学习的一种形式，目的是为了寻找数据集中的簇，而簇内数据应当互相类似并且与其他簇中的数据不相似。在分析游戏中的用户行为时，聚类提供了一种能够降低数据集的维度的方法，并生成总数可控的代表了用户行为的关键特征。用于游戏中的聚类的相关数据包括玩家行为、导航特征、购买过的资产、使用过的物品、玩过的游戏类型等。聚类可以被用来将玩家们按照不同的典型游戏风格分成不同的群体，以评估人们会如何地玩某些特定的游戏，或被作为用户导向的测试过程中的一部分[176]。除此之外，游戏中的用户测试的一个核心问题是人们是否能按照他们的预期来玩游戏。聚类也可以被用于提取多种不同的玩法或者行为风格，以此直接地解决这个问题。可以说，在游戏中成功应用聚类的关键挑战在于得到的聚类应该对于所涉及的游戏具有可以理解的含义。因此，聚类对于所涉及的利益相关者们（例如设计师、美术师和管理者）来说应当有着清晰的、在某个语言中可以解释并且标签化的意义[176,178]。在 5.7.1 节的案例研究中，我们就会遇到上面所说的这个挑战，并且我们会展示在著名的《古墓丽影：地下世界》（EIDOS interactive，2008）中是如何使用聚类的。

5.6.3.2 频繁模式挖掘

在第 2 章中我们将频繁模式挖掘定义为与寻找数据中的模式以及结构相关的问题与技术的集合。各种模式包括序列以及项目集。**频繁条目集挖掘**（例如 Apriori[6]）以及**频繁序列挖掘**（例如 GSP[652]）都与玩家建模有关，并且能够发挥作用。将频繁模式挖掘应用到游戏数据中的主要动机是为了在数据中发现固有的规律以及隐藏的规律。在这方面，玩家类型识别以及玩家行为模式检测等主要的玩家建模问题就可以被视为频繁模式挖掘问题。举例来说，频繁模式挖掘可以用于发现那些游戏内容会经常被一同购买——例如，购买了 X 的玩家也会倾向于购买 Y，或在某个关卡中死亡后的行动会是什么——例如，经常在教程关卡中死亡的玩家 1 中选取更多的生命包[120,621]。

5.7 可以为何物建模

正如本章开头时概述过的那样，游戏中的用户建模可以分成两种主要任务：对玩家行为进行建模以及对玩家体验进行建模。值得记住的是，为玩家行为进行建模（绝大部分）是一个拥有客观性质的任务，而考虑到玩家体验的特性，为玩家体验进行建模是一个主观的任务。我们在本章其余部分中介绍的例子则突出了人工智能在为玩家进行建模时的各种用途。

5.7.1 玩家行为

在本章中，我们将通过三个具有代表性的使用案例来举例说明玩家行为建模。前两个案例基于 Drachen 等人在 2009 年时对玩家建模进行的一系列研究[176]以及 Mahlmann 等人在 2010 年时在《古墓丽影：地下世界》（EIDOS interactive, 2008）中进行的研究[414]。其中的分析包括对玩家的聚类[176]以及对玩家行为的预测[414]，这也让它们成为本书理想的案例研究。在本章节中介绍的第三项研究则侧重于玩家轨迹在玩家模型的程序化生成中的用途。这个案例研究讨论了类 Rogue 的《迷你地下城》解谜游戏中创建程序化角色的过程。

5.7.1.1　《古墓丽影：地下世界》中的玩家聚类

　　《古墓丽影：地下世界》（TRU）是一个第三人称视角的高级平台解谜游戏，而玩家必须结合战略思维，为 Lara Croft（游戏中的玩家角色）的 3D 动作进行规划，并解决问题来通过许多关卡中设置的谜题以及地图（见图 5.9）。

图 5.9　一张来自《古墓丽影：地下世界》（EIDOS interactive, 2008）游戏的截图，展示了游戏中的玩家角色 Lara Croft。这个游戏在本书中被用作玩家行为建模的案例研究之一。图片来源于维基百科（合理使用）

　　用于本研究的**数据集**包括来自 25 240 名玩家的作品。其中完成了游戏的 1 365 名玩家被选中并被用于下面的分析。要注意的是，TRU 由 7 个主要的关卡加上 1 个教程关组成。从数据中提取游戏玩法行为的 6 种特征如下：敌人死亡人数、环境死亡人数（例如火灾、陷阱等）、摔落死亡人数（例如从悬崖上）、总死亡次数、游戏完成时间以及人物完成时间。所有 6 种特征都是在完成 TRU 游戏的基础上进行计算的。这些特定特征的选择是基于 TRU 游戏的核心设计以及它们在区分不同的游戏模式的过程中能发挥的潜在影响而决定的。

　　一共有 3 种不同的**聚类**技术被用于识别这些数据中具有意义并且可解释的玩家聚类：k-means、层次聚类以及自组织映射。由于前两种已经在第 2 章中介绍过了，因此在这里我们将简短地阐述第三种方法。

　　一个**自组织映射**（SOM）[347]会通过向量量化（vector quantization）来创造与迭代地调整输入空间的低围投影。其中，一种被称为紧急自组织映射（emergent self - organizing map）[727]的大型 SOM 方法可以与可靠的可视化技术结合使用，来帮助我们识别簇。SOM 由在低维网格中组织的神经元所组成。网格（地图）中的每个神经元都会通过一个连接权重向量与输入向量相连接。

除了输入向量之外，神经元还会通过邻域与地图上的相邻神经元相互连接，其组成了地图的结构：以二维片或三维环形所组织的矩形和六边形是最常用的拓扑。SOM 的训练可以被看成是一种与 k‑means 算法类似的**向量量化算法**。不过，将各种 SOM 区分开来的是最佳匹配的神经元的拓扑邻居的更新方法——最佳匹配神经元就是拥有至少一个输入向量的神经元，其到当前神经元的权重向量的欧氏距离是最小的。最后，全部神经元邻居都会向所呈现的输入向量拉伸。SOM 训练的结果是临近的神经元会具有相似的权重向量，其可以被用于将输入数据投影到二维空间上，从而在二维平面上对聚类一组数据进行观察。有关 SOM 的更多细节见参考文献［347］。

为了深入了解数据中可能存在的簇的数量，会对小于或等于 20 的所有 k 值执行一次 **k‑means**，并计算每个玩家实例与对应的簇质心之间的欧氏距离的总和（也就是量化误差）。分析表明，当 $k=3$ 和 $k=4$ 时，由于 k 增加而引起的平均量化误差的百分比下降明显较大。对于 $k=3$ 和 $k=4$ 来说，这个值分别为 19% 和 13%；在 $k>4$ 时，为 7% ~2%。因此，k‑means 聚类为数据中存在 3 个或 4 个主要的玩家行为聚类提供了第一条线索。

作为 k‑means 的替代方法，**层次聚类**也被应用于这个数据集中。这种方法尝试建立在数据中存在的聚类的层次结构。Ward 的聚类方法[747]被用于指定数据中的聚类，其欧式距离被用于衡量各个数据向量配对之间的差异程度。所产生的**树状图**如图 5.10a 所示。就像第 2 章所述的那样，树状图拥有树形结构，其展示了被聚合到簇中的数据作为层次化聚类的结果时的情况。它由许多连接到各个簇的 U 形线所组成。每个 U 形线的高度表示所连接的两个簇之间的欧氏距离的二次方。根据数据分析人员所设置的不同二次方欧式距离阈值，可以观察到不同数目的聚类。

k‑means 以及层次聚类都已经证明了 1 365 名玩家能够被聚类到为数不多的几个不同的玩家类型当中。k‑means 表示存在 3 个或 4 个簇，而 Ward 的树状图则显示在树的中间以及边缘分别存在两个较大以及较小的聚类点。

使用 SOM 作为第三种替代方法，使我们能够通过在二维平面进行观察来对 TRU 数据进行聚类。图 5.10b 中描绘的 U 矩阵是对放在二维地图上的数据中的一些局部距离结构进行的可视化。每个神经元的权重向量与其直接邻居的权重向量之间的平均距离值与 U 矩阵中的神经元高度相对应（位于神经元在地图中的坐标处）。因此，在没有或数据点很少的地区，U 矩阵的值很大，从而为聚类边界创造出山脉。另一方面，可视化中的山谷也指明了数据的各个聚类，因为在神经元的数据空间距离较小的区域中观察到的 U 矩阵的值也较小。

如图 5.10b 所示，SOM 分析列出了 4 种主要的行为类型（玩家类型）。U 矩阵的不同颜色分别对应 4 个不同的玩家群体。其中聚类 1（占 TRU 玩家的 8.68%）对应那些死亡次数极少的玩家，他们的死亡主要是由环境造成的，并且很少请求游戏的帮助，还会很快地完成游戏。考虑这种游戏技巧，这些人被标注为老手。聚类 2（22.12%）则对应那些经常死亡的玩家（主要是由于摔落），他们需要很长时间才能完成游戏——这表明了缓慢移动并且谨慎的游戏风格——并且偏向于依靠自身解决游戏中的大部分谜题。这个聚类中的玩家被标注为求解者，因为他们特别擅长解决游戏中的谜题。聚类 3 的玩家组成了最巨大的 TRU 玩家群体（46.18%），并且被标注为和平主义者，因为他们主要死于活跃的敌人们。最后，对应聚类 4（占 TRU 玩家的 16.56%），也就是被称为短跑手的玩家，其特性是完成时间短，并且频繁被敌人和环境杀死。

结果展示了玩家行为的聚类有助于对游戏设计进行评估。具体来说就是，TRU 玩家似乎不

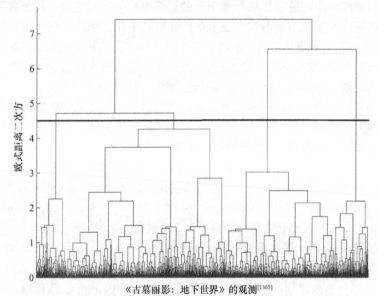

《古墓丽影：地下世界》的观测[1365]

a）使用Ward分层聚类的TRU树状图。欧式距离二次方为4.5的地方
（显示为黑线）展示了4种聚类

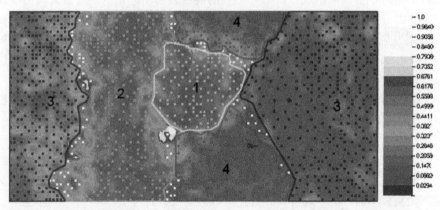

b）一个描绘了4个玩家聚类的自组织映射的U矩阵可视化，确定自含有1365名玩家（用彩色方块表示）
的种群。不同的方块颜色代表了不同的玩家聚类。山谷代表了簇，而山峰代表了簇的边界。图片摘自参考文献[176]

图 5.10　使用 a）分层聚类方法以及 b）SOM 聚类方法对 TRU 中的玩家类型进行探测

只是按照特定的策略来完成游戏，而是会以不同的方式来充分探索游戏提供的可玩性。这些发现可以直接作用于 TRU 的游戏设计，因为聚类为人们是否能够按照某些预期来玩某个游戏这个关键问题给出了答案。然而，聚类的主要局限性是得出的聚类没有直观的可解释性，并且各个聚类需要被表示为具有意义的行为模式才能被应用到游戏设计当中。数据分析师与游戏设计师之间的合作（就像本研究中所做的那样）对于具有意义地解释得出的聚类是至关重要的。这种合作的好处是同时加强了游戏的设计性以及在**某些现象上的有效调试**[176]。换句话说，我们能够确保没有任何游戏功能被忽视或被滥用，并且还能调试游戏体验以及游戏平衡。

5.7.1.2 《古墓丽影：地下世界》中的玩家行为预测

基于同一套 TRU 玩家数据，第二项研究则考虑通过监督学习来预测某些特定的游戏行为的可能性[414]。对于游戏设计来说，在玩家行为上一个非常重要的方面就是要**预测**某个玩家何时会停止游戏。由于游戏设计的长期目标之一就是要确保在设计中定位不同的玩家类型，因此预测玩家什么时候会停止游戏毫无疑问会引发人的兴趣，因为它有助于定位游戏设计中可能存在的问题。除此之外，这些信息也有助于重新设计游戏的货币策略，以最大限度地提高用户保留率。

来自 Square Enix Europe Metrics Suite 的**数据**在两个月期间（2008 年 12 月 1 日到 2009 年 1 月 31 日）收集了大约 203 000 名玩家的记录。之后决定提取 10 000 名玩家的子样本用于玩家行为预测任务，以为研究目标提供足够巨大并且具有代表性的数据集，同时在计算负担方面也可以进行控制。详细的数据预处理方法生成了 6 430 名参加预测任务的玩家——这些玩家已经完成了游戏的第一关。

与 TRU 聚类分析一样，从数据中提取出的特征与游戏的核心机制有关，除了在 TRU 聚类研究中调查到的 6 个特征之外，本研究提取的特征还包括使用游戏中的肾上腺素特性的次数、收集的奖励的数目、发现的稀有物品的数目以及玩家在游戏中改变设置的次数（包括玩家弹药、敌人生命值、玩家生命值以及在进行平台跳跃后的恢复时间）。有关这些特性的更多细节可以在参考文献［414］中找到。

为了测试在预测玩家最后完成的 TRU 关卡上的可能性，使用 Weka 机器学习软件[243]在数据上测试了多种**分类**算法。接下来的方法是，对 Weka 中已有的每种算法族都至少使用一种算法进行实验，并对那些在最近被认为是数据挖掘中最重要的算法的分类算法额外进行一些尝试：决策树归纳、反向传播以及简单的回归[759]。被选中的分类算法的集合如下：逻辑回归、多层感知机反向传播、决策树的变体、贝叶斯网络以及支持向量机。在接下来的章节中，我们只概述了参考文献［414］中报告的最有趣的结果。对于所有测试到的算法，其报告的分类预测准确度是通过 10 倍的交叉验证得出的。

大部分算法都具有接近的性能，并且能够比基线更好地预测玩家什么时候会停止游戏。特别是仅考虑了关卡 1 玩法的分类算法能够获得介于 45% ~ 48% 之间的准确度，这大大高于基准性能（39.8%）。当使用关卡 2 作为额外特征时，做出的预测——介于 50% ~ 78% 之间——比起基准线（45.3%）更准确。特别是，决策树以及逻辑回归在预测玩家会在哪一个关卡中停止游戏方面能够达到接近 78% 的准确率。使用关卡 1 以及关卡 2 数据的预测与只使用关卡 1 的数据的预测之间的能力差异主要是由于在后一种情况中所使用到的特征数量增加而导致的。

除了准确性，机器学习算法的另一个重要特征是它们的透明性以及表达性。如果数据分析师以及游戏设计师能够用易于可视化并且易于理解的方式进行表达，那么这些模型对于数据分析师以及游戏设计师来说会更有用。从这个角度来看，决策树——ID3 算法[544]及其多种衍生——表现得非常出色，尤其是在修剪到小规模的情况下。例如，图 5.11 中所描述的极小决策树就被限制在 2 的树深度上，其来自一组完成了关卡 1 与关卡 2 的玩家，并且有着 76.7% 的分类准确度。图 5.11 所示的决策树的预测能力令人印象深刻，因为它非常简单。事实上，我们可以仅根据消耗在关卡 2 中名为 *Flush Tunnel* 的房间中的时间以及在关卡 2 中收集到的奖励数量对最后玩的关卡进行预测——还有着很高的精度——这对游戏设计来说非常有用。这个决策树表明，玩家在游戏早期时于特定区域中所消耗的时间总量以及游戏表现对于决定他们是否继续玩这个游戏来说十分重要。在游戏中的某个任务或区域上所花费的时间对于整个游戏过程中的挑战来说确实具有指导性，因为这可能会产生具有挫败感的体验。

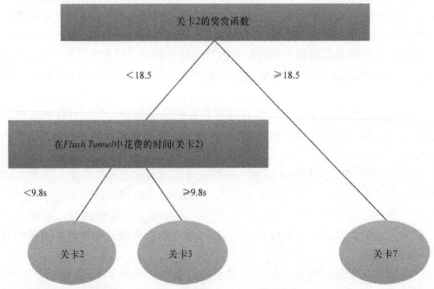

图 5.11　一个用于预测 TRU 玩家何时会停止游戏的由 ID3 算法[544] 训练的决策树。树的叶节点（椭圆）指代的是玩家期望完成的关卡数目（2 个、3 个或 7 个）。注意 TRU 总共只有 7 个关卡。这个树被限制在 2 层的深度，并且达到了 76.7% 的准确率

5.7.1.3　《迷你地下城》中的程序化角色

程序化角色是玩家行为生成的模型，这意味着他们能够复制游戏中的行为并且被用于与玩家相同的游戏角色；不过，程序化角色是为了代表某类玩家而不是单个玩家[268, 267, 269]。一个程序化角色可以被定义为一个描述了某个玩家的偏好的效用向量的参数。举例来说，一个玩家可能会为快速完成一个游戏、探索各个对话选项、获得高分等行为分配不同的权重，这些偏好可以通过数值方法编码为一个效用向量，其中每个参数都与这个人格在某个特定活动或结果上的兴趣对应。一旦定义这些效用，借助差分学习或神经进化的强化学习就能够被用于寻找一个能够反映这些效用的策略，或在将这些效用用作评估函数的情况下使用像蒙特卡罗树搜索之类的树搜索算法。与程序化角色类似的概念借助强化学习已经被用于为玩家在教育游戏中的学习过程进行建模[488]。

正如 5.4.1 节所述，《迷你地下城》是一种简单的类 Rogue 游戏，其具有基于回合的离散移动、确定性的机制以及完备信息。玩家的化身必须到达每个关卡的出口才能胜利。挡路的怪物可以被摧毁，但是要付出减少玩家生命值的代价；生命值可以通过收集点数来恢复。除此之外，在各个关卡中还分布着宝藏。在许多关卡中，魔药以及宝物会被放在怪物身后，而怪物也会挡住从入口到出口的最短路径。就像许多游戏一样，玩《迷你地下城》时也会有很多不同的目标，例如在最短的时间内到达出口，尽可能多地收集宝藏或杀死所有的怪物（见图 5.3 和图 5.12）。

这些不同的游戏风格可以通过为像收集的宝藏数量、杀死的怪物数目或到达出口所花费的回合数目等事情附加不同的效用值进行权衡来形成程序化角色。Q-learning 能够学习在单个关卡中实现合适角色的策略[268],而进化算法可以用来训练能够在多个关卡中实现程序化角色的神经网络[267]。通过将这些人格置于人类玩家的游戏轨迹中遇到的每种事件中,并且比较程序化角色选择的动作以及人类玩家选择的动作,可以对程序化角色做出一个比较(当你将人类行为与 Q 函数的行为进行比较时,你可能会说你在问"Q 都会做什么?")。通过进化搜索,某个特定的人类玩家的程序化角色克隆也可能可以学习到一个能让它最佳匹配某个特定的游戏轨迹的效用函数(见图 5.12)。然而,似乎这些人类玩家生成的"克隆"并没有设计师特化的那些人格来得好[269]。

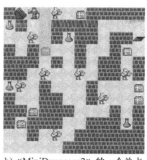

a) 一个在某种游戏(输入)与各种规划(输出)之间的人工神经网络　　b)《MiniDungeons2》的一个关卡,展示出了这个游戏的当前状态

图 5.12　一个程序化角色的例子。在这个例子中我们为人工神经网络的权重进行了进化——每个角色都有一个人工神经网络。这个人工神经网络将会在它的环境中对玩家角色进行观察,并且使用这些环境从可能的计划中进行选择。在进化中,每个角色的效用函数被用作调整其网络权重的适应度函数。每个世代中的每个个体通过模拟整场游戏进行评估。效用函数允许我们开发一个能够追求跨越多种情形的多个目标的网络。这个方法需要玩家提供仔细选择过的观察、适合的规划算法,以及构造优异的效用函数。在这个例子中,玩家倾向于移动到一个安全的宝藏。这被显示为深灰色的输出,并且高亮了对应的权重(图 a),同时在游戏关卡中描出了深灰色的路径(图 b)

5.7.2　玩家体验

玩家体验的建模涉及学习一组逼近了玩家体验(与玩家行为相反)的目标输出。根据定义,被建模的这些东西(体验)拥有**主观性质**,并因此其建模需要能够在某种程度上接近体验的基础事实的目标输出。一个玩家体验的模型预测了某个玩家在某些游戏情况下会出现的体验的某些方面,因此学习这样的一个模型很自然而然地成为一个监督学习问题。如前所述,有很多种方法都可以做到这一点,而玩家体验建模的方法根据输入(体验根据什么来预测,例如生理性质、关卡设计参数、游戏风格或游戏速度)、输出(要预测什么类型的体验,例如乐趣程度、挫败程度、集中程度或沉浸度)和建模方法也互不相同。

在本章节中,我们将概述几个监督学习用于为玩家体验进行建模的例子。为了更好地涵盖一些内容(方法、算法、模型用途),我们将依赖已经在文献中得到彻底检验的研究。具体来

说，在本章的剩余部分我们将概述在两个游戏中用于为体验建模的不同方法以及拓展理论：一个是流行的《超级马里奥兄弟》（Nintendo, 1985）的变体，以及一个名为《迷宫球》的 3D 猎物 – 捕食者游戏。

5.7.2.1 《超级马里奥兄弟》中的玩家建模

我们的第一个例子建立在 Pedersen 等人的工作基础[521,520]之上，其修改了经典平台游戏《超级马里奥兄弟》（Nintendo, 1985）的开源克隆版，以允许个性化的关卡生成。这项工作很重要，因为它为开发体验驱动的程序化内容生成框架[783]打下了基础，其在程序内容生成中扮演了核心的研究趋势（另见第 4 章）。

这个例子中使用的游戏是 Markus Persson 的《无限马里奥兄弟》，其是任天堂的经典平台游戏《超级马里奥兄弟》（Nintendo, 1985）的一个开放克隆版。所有在这个例子上报告过的试验都依赖于某种用于玩家建模的**无模型**方法。玩家体验的模型同时基于玩过的关卡（游戏环境）以及玩家的游戏风格。在玩游戏时，游戏会记录一定数量的玩家行为指标，例如跳跃、奔跑以及射击的频率，这些都会被纳入玩家体验建模的考量当中。除此之外，在后续试验[610]中，玩家进行游戏的录像也被记录下来，并被用于抽取一定数量的视觉线索，例如在玩游戏时的平均头部移动次数。所有试验的输出（体验的基础事实）都是由通过**众包**获得的排名制的第一人称报告所提供的。这些数据来源自数百名玩家，他们需要玩有着不同关卡参数（例如不同的裂缝数量、裂缝规模以及裂缝地点）的一对关卡，并被要求回答在多种游戏状态中这两个关卡中的哪一个最契合。在与《超级马里奥兄弟》（Nintendo, 1985）这个玩家体验建模的变体相关的几项工作中，玩家被要求标注的一直都是有趣感、参与感、挑战感、挫败感、可预测感、焦虑感以及无聊感。这些也是需要基于上面讨论过的那些输入参数进行预测的玩家模型的目标输出。

考虑到标注基于排名的性质，必须使用偏好学习来构建玩家模型。使用进化偏好学习，所收集到的数据被用于训练能够根据玩家行为（和/或情感表现）以及某种特定游戏内容对玩家体验状态做出预测的人工神经网络。在**神经进化偏好学习**[763]中，遗传算法会进化一个人工神经网络，令它的输出能够与数据集中的成对偏好相匹配。这个人工神经网络的输入是一组自数据集中抽取而来的特征——就像前面所说的那样，这个例子中的输入必须包含游戏玩法和/或客观数据。值得注意的是，可以使用自动特征选择来选取与预测玩家体验的不同方向相关联的特征集（模型输入）。所实现的遗传算法会使用一个能够权衡所报告的偏好以及模型输出的相对量值之间差异的适应度函数。神经进化偏好学习已经被广泛用于各类玩家建模文献之中，感兴趣的读者可以阅读参考文献 [432, 610, 763, 521, 520, 772] 中的研究。

Pedersen 等人的众包实验[521,520]产生了来自 **181 名玩家**的数据（游戏玩法以及主观的体验报告）。对于未曾见过的主观乐趣感，最佳的预测方法可以达到大约 70% 的准确度。神经网络乐趣感模型的输入是通过自动特征选择获得的，其中包括马里奥向左移动的时间、马里奥踩死的敌人数量以及向左进行的关卡的百分比。所有的三种游戏玩法特征对于游戏中的乐趣感似乎都有着积极的贡献。最优秀的用于预测挑战感的模型有着接近 78% 的准确度。它比最好的乐趣感的预测方法要复杂得多，使用了 5 种特征：马里奥站着不动的时间、跳跃的难度、马里奥遇到的硬币砖块的数量、马里奥杀死的加农球的数量，以及马里奥踩死的敌人数目。最后，最出色的用于预测挫折感的方法达到了 89% 的精确度。这确实是一个令人印象深刻的发现，也就是一个玩家体验模型只需要计算马里奥站着不动的时间，马里奥在它的一条命上花的时间、跳跃难度，以及马里奥掉入裂缝中的死亡次数就可以（几乎完全可靠地）预测玩家是否对当前游戏感到挫败感了。Pedersen 等人的发现[520]表明，如果在众包的体验报告以及游戏玩法数据上应用偏好学习方法，是可以产生出色的体验预测方法的。然而，预测的准确度也取决于所报告的状态的复杂程度——可以说乐趣感比起挑战感或挫折感来说就是更复杂并且模糊的概念了。在 Pedersen 等人的后续试验[521]中，对其余的可预测感、焦虑感和无聊感的预测方法分别达到了 77%、70% 和 61% 的准确程度。相同的玩家体验方法也在一个规模更巨大的、总共有着来自 **780 名**游戏玩家的数据[621]上进行了测试。频繁模式挖掘也被用于从数据中获取玩家动作的频繁序列。使用游戏玩法序列，在参与感、挫败感和挑战感上分别获得了最多 84%、83% 和 79% 的准确度。

除了行为特征，玩家的**视觉线索**也可以被考虑作为玩家模型的客观输入。在参考文献［610］中，视觉线索抽取自 **58 名**玩家的视频，即依靠整个游戏过程中，也依靠小片段中的一些关键事件，例如玩家何时完成一个关卡或玩家何时失去一条命（见图 5.13 和图 5.14）。这些视觉线索提高了我们在玩家情感状态上的信息的质量，在另一方面也让我们能够更好地接近玩家体验。特别是，将游戏玩法以及视觉反应特征融合作为人工神经网络的输入，在预测参与感、挫败感和挑战感上分别获

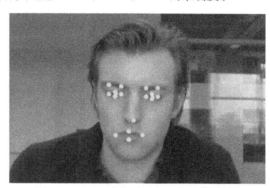

图 5.13　用于头部移动的面部特征追踪。
图片摘自参考文献［610］

得了高达 84%、86% 和 84% 的平均准确率。参考文献［610］的主要发现表明，玩家的视觉反应可以为体验偏好建模提供丰富的信息来源，并产生更准确的玩家体验模型。

5.7.2.2　《迷宫球》中的玩家体验建模

我们第二个对玩家体验进行建模的例子很大程度上基于 Martínez 等人的广泛研究之上[434, 430, 435]，其使用一个名为《迷宫球》的简单 3D 猎物 - 捕食者游戏，并在游戏中达成了情感驱动的相机控制，对玩家体验进行了分析。尽管这个游戏非常简单，但在《迷宫球》上的工作会通过一套复杂的技术，包括偏好学习、频繁模式挖掘和深度卷积神经网络，来捕捉玩家的心理特征及生理特征，从而对玩家体验进行全面的分析。此外，这些研究产生的数据集也已经公开供进一步的实验，从而为本书提供了许多练习的机会。

《迷宫球》是一个 3D 猎物 - 捕食者游戏（见图 5.15），与《吃豆人》（Namco，1981）的 3D 版本类似。玩家（猎物）会控制一个球在一个迷宫中移动，其中有 10 个在迷宫中来回游走的敌人（捕猎者）。玩家的目标是通过收集尽可能多的分散在迷宫中的令牌来最大化他的得分，同时避免在提前设定的 90s 时间窗口内与敌人进行接触。有关《迷宫球》游戏的详细描述可以在参考文献［780］中找到。

游戏属性以及生理信号（皮肤电导率以及心率的变化率）是从 **36 名**《迷宫球》玩家身上得到的。每名对象需要玩提前定义好的 8 场 90s 的游戏，因此可用的游戏片段总数为 288。游戏玩

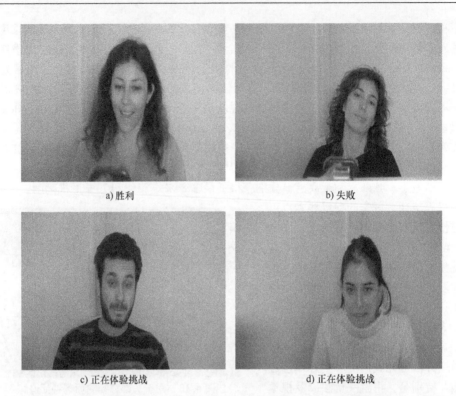

a) 胜利　　　　　　　　　　　　　　　b) 失败

c) 正在体验挑战　　　　　　　　　　　　d) 正在体验挑战

图 5.14　多个《超级马里奥兄弟》（Nintendo，1985）玩家在处于不同游戏状态时的面部表示的
例子。所有的图片都取自平台游戏体验数据集[326]

a) 迷宫球　　　　　　　　　　　　　　b) 空间迷宫

图 5.15　a) 早期的《迷宫球》原型以及 b) 改进后的游戏变体，其加入了实时的
相机适应功能[345]。这个游戏可以在 http：//www.hectorpmartinez.com/上找到及游玩

法以及生理信号定义了玩家体验模型的**输入**。为了获得体验的基础事实，玩家的自我报告中有
关他们玩过的游戏组合的偏好使用一种基于排名的问卷方式，尤其是一种 4 - 替代强制选择（al-
ternative forced choice，AFC）方案[780]。他们被要求对每一次游戏中的两场游戏进行排名，例如乐
趣感、挑战感、无聊感、挫败感、兴奋感、焦虑感和放松感。这些标注就是玩家模型将根据上面
所讨论的输入参数而尝试预测的目标**输出**。

从游戏中提取了几种特征，并获得了一些生理信号。这其中包括与游戏中的杀戮与死亡相关的特征，以及与关卡相关的特征。为了从生理信号中提取特征，这项研究考虑了它们的平均值、标准差以及最大值和最小值。之后完整的特征列表与试验方案可以在参考文献［780］中找到。

　　与《超级马里奥兄弟》（Nintendo，1985）变体中的例子一样，这些标注基于排名的性质令使用它们来构造玩家体验模型需要用到**偏好学习**。因此会使用进化偏好学习，并用收集到的数据来训练一个能够通过玩家的玩法行为以及它的生理表现预测玩家状态的神经网络。神经网络的结构可以是使用一个简单的多层感知的浅层神经网络，也可以是深层的神经网络（使用卷积神经网络[430,435]）。图 5.16 展示了玩法信息与生理信息能够在**深度卷积神经网络**上融合，其通过偏好学习训练，用于预测任何包含离散的游戏内事件以及连续信号（例如皮肤电导率）的游戏体验数据集中的玩家体验。

　　使用一个浅层的多层感知机玩家模型[780]，对玩家体验的预测可以在挑战感上达到 72% 的准确度，而在挫败感上达到 86% 的准确度。当模型的输入空间随着游戏内的频繁序列及生理事件不断增大时（也就是输入空间不断融合时），在这个准确度上还能观察到显著的改善。例如在参考文献［621］中，Martínez 等人使用 GSP 来提取频繁模式，并在之后用作玩家模型的输入[435]。使用**深度融合**（见图 5.16），对于所有考虑过的玩家体验状态的预测准确度可能会超过 82%。从《迷宫球》中得到的更多信息可以在参考文献［780，434，430，435，436］中找到。

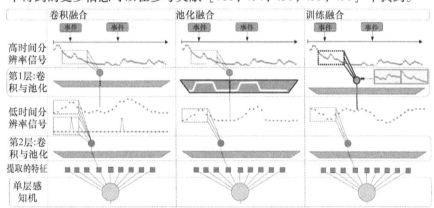

图 5.16　通过卷积神经网络进行深度多模态融合的三种不同方法。在这个例子中，游戏过程中的事件会与皮肤电导融合。所展示的网络呈现了两层，每一层都拥有一个神经元。第一个卷积层以高时间分辨率接收信号作为输入，其会通过池化层进一步得到减少。产生的信号（特征图）会呈现出一个更低的时间分辨率。第二个卷积层可以将特征图与同样低的分辨率下的其他模式相结合。在这个卷积融合网络（左图）中，这个关卡引入了两个事件作为脉冲信号。在池化融合网络（中图）中，各个事件会影响第一个卷积层的训练，从而产生一个不同的特征图。图片摘自参考文献［435］

5.8　进阶阅读

　　有关游戏以及玩家分析（包括可视化、数据预处理、数据建模和游戏领域特化任务）的进阶阅读，我们建议读者参考 El – Nasr 等人编写的书籍[186]。在玩家建模方面，有两篇论文提供了有关玩家建模的互补性观点及分类方法，并对玩家在哪些方面可以进行建模以及对玩家进行建模的方法进行了深入的讨论：Smith 等人[636]以及 Yannakakis 等人[782]的综述论文。

5.9　练习

在这个章节中，我们提出了一套用于对游戏玩家的行为以及体验进行建模的练习。为此，我们列出了多个可以直接被用于分析的数据集。但请注意，本书的配套网站将保持更新，其中会包含更多的数据集以及相应的练习。

5.9.1　玩家行为

以下会是一个长达一个学期的游戏数据挖掘项目。你必须选择一个包含玩家行为属性的数据集，对数据应用必要的预处理，例如提取特征及选择特征。然后，你必须应用相关的无监督学习方法来压缩、分析或减少数据集的维度。根据无监督学习的结果，你将会需要使用一些适合的监督学习方法来学习预测某种数据属性（或一组属性）。我们将对算法的选择权留给读者自身或课程的导师。下面我们将讨论一些可以入门的数据集；不过读者也可以参考本书的网站来获取更多有关这个游戏数据挖掘项目的选择。

5.9.1.1　SteamSpy 数据库

SteamSpy（http：//steamspy.com/）是在 Steam⊖上发布的包含数千个游戏的丰富数据集，每个游戏都包含多个属性。虽然严格来说这并不是一个专注于玩家建模的数据集，但 SteamSpy 为游戏分析提供了一个能够获取的大型数据集。每个游戏的数据属性包括游戏名称、游戏开发者、游戏发布者、基于用户评论的得分级别、在 Steam 上拥有这款游戏的人的数量、自 2009 年以来玩过这个游戏的人的数量、在过去两周内玩过这款游戏的人的数目、平均游戏时间与游戏时间中位数、游戏价格与游戏标签。读者可以使用一个 API⊜下载数据集中包含的所有游戏的所有数据属性。如果可以的话，人们希望使用监督学习，通过其他游戏的特征，如游戏得分、发行时间和标签等来预测某种属性，人们也会希望为一个新游戏的得分打造一种预测方法。对于建模任务以及 AI 方法的选择权就留给读者自己了。

5.9.1.2　《星际争霸：母巢之战》资源库

《星际争霸：母巢战争》资源库包含大量含有数千场专业的星际争霸游戏录像的数据集。德雷塞尔大学⊜的 Alberto Uriarte 为此编写了许多数据挖掘论文、数据集和录像网站、爬虫、软件包以及分析器。在这个练习中，你将面临在挖掘游戏录像上的挑战，其目的是预测玩家的策略。一些《星际争霸：母巢战争》数据集上的结果可以在参考文献［750，728，570］中找到。

5.9.2　玩家体验

作为玩家体验的一个学期项目，我们建议你选定一个游戏，一个或者更多的模型的情感或

⊖　http：//store.steampowered.com/.

⊜　http：//steamspy.com/api.php.

⊜　获取于 http：//nova.wolfwork.com/dataMining.html.

认知状态（模型输出），以及一种或者更多种的输入模式。你需要使用你选定的游戏收集体验数据，并根据所选择的的输入模式为选定的玩家心理状态建立模型。

作为不涉及数据收集的小型项目，你可以选择下面数据集中的某一个，并使用多种 AI 方法，来获得准确的玩家体验模型。这些模型可以按照某种效果进行衡量。本书附带的两个数据集是平台游戏体验数据集以及迷宫球数据集。本书配套网站会更新在下方内容之外的更多数据集及练习。

5.9.2.1 平台玩家体验数据集

对《超级马里奥兄弟》（Nintendo，1985）中的玩家体验进行的广泛分析以及我们希望能够进一步提高在玩家体验上的知识与理解，促成了平台游戏体验数据集[326]的建立。这是一个开放存取的游戏体验资料库，其中包含多种形式的源于《无限马里奥兄弟》的玩家的数据，其是《超级马里奥兄弟》（Nintendo，1985）的一种变体。开放存取的数据库还可以被用于捕获那些基于与平台游戏玩家相关的**行为**以及**视觉**记录的玩家体验。除此之外，这个数据集还包含**游戏环境**中的多种方面的内容——例如关卡属性——玩家的个人数据以及两种形式的体验标注自我报告：**评级**与**排名**。

在尝试构造尽可能准确的玩家体验模型时，你可能需要考虑下列的几个问题：我应该使用哪种 AI 方法？我应该如何处理我的输出值？我应该考虑哪种特征提取机制以及哪种选择机制？有关这个数据集的详细描述可以在这里找到：http://www.game.edu.mt/PED/。本书配套网站包含更多的细节和一系列基于这个数据集的练习。

5.9.2.2 迷宫球数据集

与平台游戏体验数据集相同，迷宫球数据集也可以开放获取并用于进一步的实验。这个开放访问的游戏体验资料库包含两种从迷宫球玩家获得的数据模式，即他们的**游戏**属性以及三个**生理信号**：血量脉搏、心率和皮肤电导率。此外，这个数据库还包含游戏的各种方面，例如虚拟相机放置的特征。最后，数据集还会包含玩家的数据以及两种形式的自我报告的体验标注：**评级**以及**排名**。

同样，目标是为迷宫球玩家构造最准确的体验模型。那么你会考虑什么形式的输入呢？哪些标注在预测玩家体验上更加可靠？你的信号将会如何处理？这些只是你在实践中可能会遇到的几个问题而已。数据集的详细描述可以参考 http://www.hectorpmartinez.com/。本书配套网站也包含了更多有关这个数据集的详细数据。

5.10 总结

本章重点介绍了如何使用 AI 来为玩家进行建模。在这个目的上应用人工智能的主要原因是为了获得有关玩家体验（他们在游戏中的感受）的某些内容，或理解他们的行为（也就是他们在游戏中的表现）。通常来说，我们可以遵循自顶向下或者自底向上的方法（或者两者的混合）来模拟玩家行为与玩家体验。自顶向下（或者说基于模型）的方法具有坚实的理论框架优势，通常来源于其他学科或其他领域，而非游戏本身。自底向上（或者说无模型）的方法取决于玩家的数据，并且具备不对在玩家之外的任何其余玩家的体验以及行为进行假设的优势，以及能够与玩家留下的数据轨迹相关联的优势，而这些数据往往代表了我们希望解释的现象。虽然基于模型的方法以及无模型方法之间的混合方法在很多方面是玩家建模的理想选择，但我们仍然专注于自底向上的方法，在这其中我们依据模型的输入和输出及建模方式本身提供一种具体的分类方法。本章以多个用于为玩家行为以及玩家体验进行建模的玩家建模案例收尾。

　　玩家建模是本书的第二部分的最后一章，在这其中介绍了 AI 在游戏中的各种核心用途。下一章将介绍本书的第三部分，也就是最后一部分，重点在于在通用游戏 AI 框架下的各种 AI 领域、各类方法以及各类游戏用户的全面综合。

第三部分 未来之路

第6章 游戏 AI 全景

本章将尝试对游戏 AI 领域在全局视角上进行一个综述，特别是领域当中的各个不同核心研究领域实际上以及有可能会怎样地与其他核心研究领域相互联系与相互作用。为此，首先需要确定游戏 AI 领域当中的主要研究领域及其各个子领域。然后，将从三个关键角度出发来看待与分析这些领域：①在每个领域中占据主导地位的 AI 方法；②每个领域与最终（人类）用户的关系；③每个领域在人机（玩家 – 游戏）交互视角下的位置。除此之外，对于其中的每个领域，都将考虑它如何能够对其他领域产生启发或互动；如果已经存在或可能存在具有意义的相互作用，则将对这种相互作用的特征进行描述，并对已经发表的研究做出引用。

我们撰写本章的主要目的是帮助读者理解这个持续增长的领域中的某些特定领域是如何与其他领域相互关联的，而读者又怎样能够从其他领域所创造的知识中获益，以及读者要如何加强自身研究与其他领域的关联。为了突出与加强各个活跃研究领域之间的相互作用，可以将所有的研究都纳入到一个分类体系中，并借此希望能够在 AI 与游戏领域中形成一种普遍的共识与措辞。本章的结构基于参考文献［785］中首次提出的游戏 AI 领域整体概述。考虑到本书在教育和研究上的目的，我们对一些关键的游戏 AI 领域采取了新的视角来描述。

本章已经确立并将在本章中介绍的主要游戏 AI 领域及核心子领域如下：

● **玩游戏**（见第 3 章），其中包括以胜利为目的来玩游戏以及以体验为目的来玩游戏两个核心子领域。无论 AI 是控制玩家角色还是非玩家角色，都与这些目的（胜利或体验）无关。

● **生成内容**（见第 4 章），其中包括自主（程序化）内容生成以及协助内容生成两个子领域。要注意的是辅助（程序化）内容生成和混合主导（程序化）内容生成这两个术语（在第 4 章中定义）在本章中会互换使用。

● **玩家建模**（见第 5 章），其中包含的子领域有玩家体验建模以及玩家行为建模，或者说是游戏数据挖掘[178]。

本章所包含的范畴的并非是对所有游戏 AI 领域的包容性综述——每个领域的细节已经在本书的先前章节中介绍——而是通过各种具有代表性的案例来展示它们之间的各种关联的路线图。随着这个领域中的研究进展不断发展，也会不断出现新的研究问题，并发明新的方法，而其余问题与方法也会变得越来越重要。我们认为各种研究领域的所有分类方法都必然是暂时的。因此，本章中所定义的领域列表不应当被看作是一成不变并且就此固定的。

本章结构如下：6.1 节首先全面分析了游戏 AI 研究中的各个游戏 AI 领域，并提供了三种不同的对游戏 AI 的全局视图：一种是依据所使用的方法，一种是依据游戏研究与开发的末端用户，还有一种则会概述每种研究领域应当如何适应电子游戏中的玩家 – 游戏交互循环。之后，6.2 节将深入各个研究领域，并分别对它们进行细致的描述。在每个介绍了不同领域的子章节中，都会对该领域做出一个简短的描述，并且还会有一个段落专门阐述其与各种已经能够确定的存在或多或少影响的领域之间潜在的互动关系。本章最后一节则会介绍我们对领域未来的核心结论以及愿景。

6.1　游戏 AI 的全景视角

将任何研究领域解析成多种相互联系并且相互依赖的子领域的组合可以通过多种不同的方式来达成。在这个章节中，我们将从三种高层次的视角来看待游戏 AI 研究，其分别关注计算机方面（也就是 AI 方法）、人类方面（也就是游戏 AI 潜在的末端用户）以及关键末端用户与游戏之间的互动（也就是玩家）。而在 6.2 节中，我们则会概述各种不同的游戏 AI 领域并且展示这些领域之间的相互关联。

游戏 AI 由 AI 中的（一组）方法、过程以及算法组成，而它们也会被应用到游戏开发中或对游戏开发做出启发。当然，我们也可以从所使用的方法的角度出发，通过鉴别每种游戏 AI 领域中的主导 AI 方法来对游戏 AI 进行剖析（见 6.1.1 节）。除此之外，对游戏 AI 的剖析也可以从各个游戏领域的视角上出发，并重点关注每种游戏 AI 领域中的**最终用户**（见 6.1.2 节）。最后要说的是，游戏 AI 在本质上是需要通过丰富的人机交互（也就是游戏）系统来实现的，因此，不同的领域也能够被映射到不同的玩家与游戏之间的交互框架（见 6.1.3 节）。

6.1.1　从方法（计算机）的角度出发

我们将要展示的第一种游戏 AI 的全景视图会以在各个领域中所使用的 AI 方法为中心。作为这项分析的基础，我们首先需要列出各种主要的被用于游戏 AI 领域的核心 AI 方法。第 2 章中所定义的关键方法包括特定行为编辑、树搜索、进化计算、强化学习、监督学习以及无监督学习。对于所涉及的每种游戏 AI 领域，我们都会确定在这个领域中占据**主导地位**或**次要地位**的 AI 方法。尽管占据主导地位的这些方法是在各类文献中使用最广泛的方法，但这些占据次要地位的方法也是许多研究都会考虑到但还尚未占据主导地位的方法。

我们将依照我们所认定的分类方法对各类方法进行分组，并遵循第 2 章的结构。虽然有很多种不同的方法用来进行分类，但我们认为我们所使用的这种方法足够紧凑（仅包含关键的方法领域），并且遵循 AI 中的标准方法分类。尽管这类分类方法已经被普遍接受，但其界限十分模糊。尤其是进化计算，它已经成为一种十分普遍的优化算法，可以被（或多或少地）用在监督学习、无监督学习以及强化学习中。强化学习在模型构建方面也可以被看作是一个监督学习问题（从动作序列到奖励的映射），并且常用的树搜索算法、蒙特卡罗树搜索也能够被看作是差分学习的一种形式。任何树搜索算法的结果都可以看作是一种规划，但它们通常无法保证能够指向所期望的末端状态。各种方法都具有一些十分重要的特性，而它们之间存在的一些重叠也无法减弱它们中的每一个都是能够被清晰地定义的这一事实。

表 6.1 展示了各个游戏 AI 领域与对应方法之间的关系。很明显，在大多数游戏 AI 领域中，进化计算与监督学习似乎都占据了主导或次要的地位。进化计算在以赢得游戏为目的的方法中，用于生成内容的方法（辅助/混合主导方法或自主方法）中，以及用于为玩家进行建模的方法中都占据了主导地位；它也被考虑用于拟真的游戏过程（游戏体验）的研究。监督学习在游戏 AI 领域中具有非常实质性的用途，并且在玩家体验、行为建模以及针对体验的 AI 领域中占据了主

导地位。另一方面，行为编辑这个方法仅适合用于玩游戏。强化学习与监督学习在游戏 AI 领域中的用处则都有所限制，但也分别在以获胜为目的的 AI 以及玩家行为建模上占据了主导地位。最后，树搜索主要用于以取胜为目标的游戏过程，但它也——以规划的一种形式——被考虑用于控制以体验为目标的游戏过程以及计算叙事〔也作为自主或协助程序化内容 PCG 生成的一部分〕。

表 6.1 在本书所包含的各个核心 AI 领域中占据主导地位（•）与次要地位（○）的 AI 方法。每个领域中会用到的方法的总数显示在表格的最后一行

	玩游戏		生成内容		对玩家建模	
	胜利	体验	自主地	辅助的	体验	行为
行为编辑	•	•				
树搜索	•	○	○	○		
进化计算					•	
监督学习	○	•			•	•
强化学习	•	○				
无监督学习			○		○	•
总计（主导的）	5 (4)	5 (2)	2 (1)	3 (1)	3 (2)	2 (2)

从游戏 AI 领域（列）的角度来看表 6.1，用于玩游戏的 AI 似乎定义了在各种 AI 方法中最具多样性并且最丰富多彩的游戏 AI 领域。而在另一边，PCG 则由进化计算以及树搜索依次占据主导地位。特别要说的是，任何 AI 方法在特定领域内的普及程度与所需要执行的任务或目标是密切相关的。例如，进化算法经常被认为是一种计算量十分庞大的过程，其主要被用于与离线训练相关的任务。由于 PCG 到目前为止主要依靠离线生成的内容，因此进化算法成为基于搜索的 PCG 的核心方法上的一种优良选择[720]。然而，如果在线学习是当前任务的必要条件，那么其他方法（例如强化学习或带有剪枝的树搜索）往往会成为首选。

很显然，在特定的游戏 AI 领域中的 AI 方法在未来能够实现的空间还十分巨大。尽管某些特定方法一直以来拥有充分的理由在某些特定领域中占据主导地位（例如计算叙事中的规划），但我们同样有足够的理由去相信在某些游戏 AI 领域之间的研究已经被对应的主导 AI 方法所深刻影响（并且限制）了。表 6.1 中的空白单元则表示了一些潜在的探索领域，从而为我们给出了一份有关在游戏 AI 领域与各类方法之间具有潜力的新交叉点的视图。

6.1.2 从末端用户（人类）的角度出发

第二种游戏 AI 领域的全局视图则强调 AI 技术或是日常产出（产品或解决方案）的末端用户。出于这个目的，我们将研究游戏 AI 领域的三种核心维度，并且针对 AI 需要遵循的**过程**、算法运行的游戏**环境**以及最能够从产生的结果中得益的**末端用户**这些问题来对所有游戏 AI 领域进行一个分类。在上述维度下得出的不同类别将被用作是我们所提出的这种分类方法的基础。

第一个维度（其被表达为一个问题）指的是 AI 过程：通常来说，AI 在游戏中可以做什么？

在这个维度中我们定义了两种可能存在的类别：AI 能够进行**建模**或**生成**。例如，一个人工神经网络能够为某个玩法特征进行建模，而一个遗传算法能够生成一些游戏内容。考虑到 AI 能够进行建模或生成，那么第二个维度则指代背景：各种 AI 方法在一个游戏中能够为**什么东西**进行建模或生成？在这里可能存在的两种类别是**内容**与**行为**。例如，AI 可以为一个玩家的情感状态进行建模，或生成一个关卡。最后，第三个维度则是末端用户本身：AI 能够建模或生成内容或行为；但这是为谁而进行的？在第三个维度下的类别是**设计师**、**玩家**、**AI 研究者**以及**开发商/发行商**。

注意，上述分类方法是在依据最终用户来对游戏 AI 领域进行分类的框架中使用的，并且其并非包含了所有可能存在的过程、环境或最终用户。例如，人们可以认为开发商的角色与发行商的角色截然不同，并且开发者也应当被包含进这个类别中。除此之外，游戏内容也可以被划分为更小的子类别，例如叙事、关卡等。无论如何，我们所提出的这个分类方法为各类 AI 过程（建模与生成与评估）给出了不同的角色，对背景（内容与行为）也进行了明确的分类，并为游戏研究与开发中存在的各类相关者（设计师与玩家与研究者与开发商/发行商）提供了一种宏观的分类方法。这里所展示的分类方法是参考文献［785］中所引入的分类方法的一个修改版本，并且原始版本并没有将**评估**视为 AI 的一个过程，因为它超出了本书的主要范畴。

图 6.1 描述了各个游戏 AI 核心领域、子领域以及游戏研究与开发中的末端用户之间的关系。辅助内容生成或者混合主导内容生成对于设计师来说是十分有用的，并且是任意一种过程与背景的组合，因为设计师既可能对内容与行为进行建模，也可能生成内容与行为。与其他的相关者相比，玩家群体能够直接地从更多的游戏 AI 研究领域中受益。特别是，玩家及其体验会直接地受到玩家建模上的研究的影响，而这些研究源自对体验或行为的建模；在自主程序化内容生成上

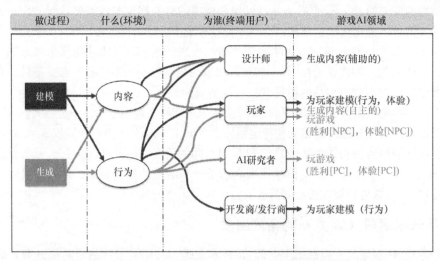

图 6.1 识别的游戏 AI 区域的最终用户视角。每个 AI 区域遵循特定**最终用户**（设计者、玩家、AI 研究员或游戏开发商/发行商）的**环境**（内容或行为）下的**过程**（模型或生成）。蓝色和红色箭头分别代表建模和生成的过程。本图修改自参考文献［785］

的研究会在内容生成上有所成就；而 NPC 扮演上的研究（无论是以获胜为目的或是以体验为目的）则会在行为生成上有所成就。基于玩家角色（PC）的游戏过程（无论是以获胜为目的或是以体验为目的）这一领域主要用于为 AI 研究者提供输入。最后，游戏的开发商/发行商受到的影响主要来自玩家建模、游戏分析以及数据挖掘的结果，这也是行为建模的产出。

6.1.3　从玩家 – 游戏交互的角度出发

本章节中介绍的第三种，也是最后一种游戏 AI 全景视角会将计算过程与游戏中的末端用户相结合，并通过人机交互——更确切地说是玩家 – 游戏交互——的角度来对所有的游戏 AI 领域进行观察。这个分析建立在 6.1.2 节的调研基础之上，并在以玩家作为末端用户的前提下将 5 种不同的游戏领域放在了同一种玩家 – 游戏交互框架中，如图 6.2 所示。这里的重点将会放在玩家体验与行为上，而玩家建模则会直接关注玩家与游戏环境的交互。游戏内容主要受到了在自主程序化生成上的研究的影响。在各类内容之中，大部分游戏都会拥有 NPC，并且其行为会受到某种形式的 AI 的控制。以获胜为目的或以体验为目的（例如拟真度）的 NPC 研究将会对 NPC 行为带来一定的启发。

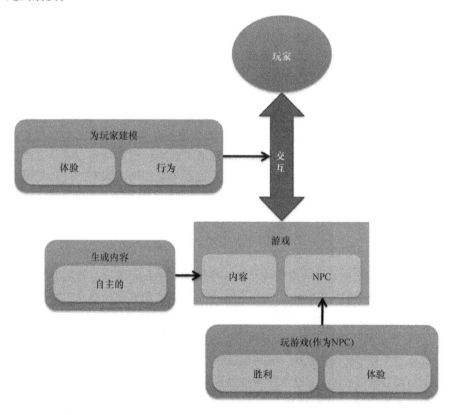

图 6.2　从玩家 – 游戏互动角度出发来看待游戏 AI 领域与子领域

从玩家 – 游戏交互的角度来看待游戏 AI，很明显玩家建模领域对于玩家体验来说存在最急

迫并且直接的影响，因为它是唯一直接与玩家－游戏交互关联的领域。就剩下的领域来看，PCG
对玩家体验存在最大的影响，因为所有的游戏都存在某种形式的环境表示或机制。最后，扮演
NPC 的 AI（无论是以取胜为目的还是以体验为目的）只限在那些包含智能体或非玩家角色的游
戏中。

那些没有被直接考虑在这种游戏 AI 视角中的领域会在某些相对间接的地方对玩家产生影响。
对用于协助内容生成的 AI 工具的研究将提高游戏的整体质量，而回溯玩家体验则是因为设计师
希望在设计时维护一种二阶玩家模型[378]。最后，作为玩家角色来玩游戏的 AI 可以被用于测试游
戏的内容和 NPC 行为，以及玩家与游戏之间的交互（例如通过玩家体验竞赛的方式），但这些主
要是针对 AI 研究者的（见图 6.1）。

6.2　各个 AI 领域如何启发其他领域

在这个章节中，我们将会对各个核心游戏 AI 领域进行概述，并讨论它们是如何相互启发或
影响的（这两个术语可以交替地使用）。所有的研究领域在某种程度上都可被看成是相互影响
的；然而，将这些影响一一列出是一件不切实际的事情，并且也是一件毫无意义的事情。因此，
我们将只描述它们的直接影响。这些直接影响可能会是**强烈影响**（在下文的相应影响旁边用 •
表示）或**微弱**影响（用 ° 表示）。我们没有列出那些我们认为对目标研究领域来说可能会重要的
影响，或只将它们列为第三方的研究领域。

下面的章节只列出了**外向影响力**。若要知道领域 A 是如何影响领域 B 的，应当要阅读那些
描述了领域 A 的章节。某些影响是相互的，但也有一些影响不是。各个子章节中的标记 $A{\rightarrow}B$ 表
示了"A 对 B 的影响"。除了文字描述之外，每个章节都会提供一张图片，将该领域的所有外向
影响都表示为箭头。黑色与浅灰色的区域则分别代表了影响的强弱程度。而白色背景则不受所
探讨的领域的影响。这个图片还会描绘某些来自其他的领域的内向影响。内向影响的强弱分别
使用实线与虚线在对所探讨领域造成了内向影响的游戏 AI 领域上标注。注意对这些内向影响的
描述将包含在那些领域的对应章节中。

6.2.1　玩游戏

AI 在玩游戏这件事上的几个关键领域（包含在第 3 章中）都涉及**以取胜为目标玩游戏**以及
以体验为目标来玩游戏两个子章节。正如本章前面所述，AI 能够控制游戏中的玩家或非玩家角
色。我们将在本章中介绍对这些游戏 AI 子领域的影响。

6.2.1.1　以取胜为目标玩游戏（作为玩家或非玩家角色）

正如已经在第 3 章中看到的那样，学习如何玩（并赢得）游戏上的 AI 研究集中于使用**强化
学习**技术，例如差分学习或进化算法来学习能够出色玩游戏的策略/行为——无论是以玩家身份
还是非玩家身份来玩游戏。从 AI 研究早期开始，强化学习技术就已经被用于学习如何玩棋盘游
戏（例如 Samuel 的国际跳棋程序[591]）。基本上，玩游戏这件事已经被看作是一个强化学习问题
了，并且强化量与游戏中对成功的度量有关（例如分数或存活时长）。跟所有强化问题一样，我
们可以使用不同的方法来解决这个问题（寻找一个好的策略）[715]，包括差分学习[689]、进化计

算[406]、竞争共同进化[24, 538, 589, 580]、模拟退火[42]，以及其他的一些各种优化算法与此类算法之间的混合组合[339]。近年来，大量描述了不同的学习方法要如何应用在各种不同类型的视频游戏上的论文不断出现（其中也包括一些概述[470, 406, 632, 457]）。最后，使用游戏来开发通用 AI 的理由是因为游戏对于那些需要学习复杂的有效行为的算法来说是一个十分有利的环境；因此那些学习去获得胜利的算法也是十分重要的。

值得注意的是，大多数现有的基于游戏的**基准**会评价某个智能体在玩某个游戏上的水平，例如参考文献［322，404，504］所示的工作。用于学习玩某个游戏的方法对于这些基准来说具有很重要的意义。当开发出能够"击败"现有基准的算法时，我们就需要开发新的基准。例如，在第一次马里奥 AI 竞赛中，早期规划智能体所获得的成功就让软件需要为下一次的比赛添加更好的关卡生成器[322]，而在模拟车辆竞速竞标赛中，最出色的智能体在早期竞赛游戏上的优异表现也促进人们改进出更为复杂的新竞速游戏[710, 392]。

由于三个游戏 AI 子领域会直接地受到这个领域的研究影响，因此这个领域对游戏 AI 有着巨大的作用；另一方面，一个子领域也会直接地影响到以取胜为目标的 AI（见图 6.3）。

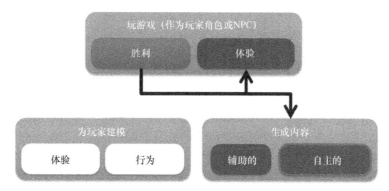

图 6.3　以取胜为目的而玩游戏：对其他游戏 AI 研究领域的影响（或被影响）。**外向影响**（通过箭头表示）：箭头所指的黑色以及深灰色的领域分别表示了**强烈影响**与**微弱影响**。**内向影响**则通过在研究中对这个领域（在这张图中是以取胜为目标而玩游戏的 AI）造成影响的领域外围的红线进行表示：**强烈影响**与**微弱影响**分别使用实线与虚线进行表示

- **以取胜为目而玩游戏→以体验为目的而玩游戏**：如果一个智能体不能娴熟地玩游戏，那么它就无法拟真，并且它的存在也无法增强游戏的体验。能够出色地玩游戏在某些方面上是以拟真方式玩游戏的先决条件，而开发出色的游戏智能体也可以不需要学习（例如通过自顶向下的方法）。近年来，像 2K BotPrize 与马里奥 AI 竞赛图灵测试方向之类的旨在关注拟真智能体的成功活动已经为这些学习算法做出了非常成熟的示例[719, 603]。

- **以取胜为目而玩游戏→生成内容（自主的）**：拥有一个能够娴熟地玩游戏的智能体对于程序化内容生成（PCG）中**基于模拟的测试方法**来说也是十分有用的，也就是借助一个智能体来实际地体验新生成的内容来对这些内容进行测试。例如，在为平台游戏《超级马里奥兄弟》（Nintendo，1985）生成关卡的程序中，我们可以通过让训练好的智能体来玩这些关卡以进行测试；那

些智能体无法通关的关卡就可以被放弃[335]。Browne 的 Ludi 系统就是在生成完整的棋盘游戏后，通过对游戏进行模拟来评估游戏，并使用学习算法来让策略能够匹配每个游戏[74]。

• **以取胜为目而玩游戏→生成内容（辅助地）**：与自主的 PCG 一样，AI 辅助的游戏设计也需要对游戏中的一些方面进行模拟。例如，用于关卡设计的 *Sentient Sketchbook* 工具就使用简单的游戏智能体进行模拟来简单地评估人类设计师所编辑的关卡的各种属性。还有一个例子是名为 *Restricted Play*[295] 的自动化游戏测试框架，其主要目的是在游戏设计期间协助游戏设计师解决在游戏平衡方面上的一些问题。*Ludocore* 游戏引擎中也包含了某种形式的 *Restricted Play*[639]。

6.2.1.2　以体验为目标玩游戏（作为玩家或非玩家角色）

在研究以赢得游戏之外的目的来玩游戏的 AI 时，精通游戏不再是最主要的研究目的。AI 能够扮演玩家角色来玩游戏，并且尝试最大化在这个游戏过程中的拟真度，就像在参考文献 [719, 619, 96] 中那样。它也可以出于同样的目的而扮演 NPC 来玩游戏[268]。在这个研究子领域中进行的研究涉及游戏中的拟真度、趣味度或游戏中的体验，以及那些构建具备拟真性或类人性的**智能体结构**的研究。开发这类结构的方法可以是自顶向下的行为编辑（例如用于《My Dream Theatre》中的 FAtiMA[100] 以及用于《The Pataphysic Institute》中的 Mind Module 模型[191]），也可以自底向上的模仿来自人类玩家的拟真玩法的尝试，例如 Thurau 等人早期在《雷神之锤 II》（Activision，1997）机器人上的工作[696]，在《超级马里奥兄弟》（Nintendo，1985）上对人类进行模仿的尝试[511]，Schrum 等人在《虚幻竞技场 2004》（Epic Games，2004）中的拟真机器人研究[603] 以及餐馆游戏的众包研究[508]。很明显，各类商业游戏长期以来能够从对智能体的拟真研究中受益。这方面的例子还包括像《模拟人生》（Electronic Arts，2000）系列之类的流行游戏。游戏工业界十分重视游戏中的拟真度设计，因为这有助于提升在游戏环境中的沉浸感。通过一些游戏 AI 竞赛（例如 2K BotPrize）为拟真研究提供资助就是智能体拟真度的商业价值的明确证据之一。

在过去的几年中，人们在组织那些能够为智能体拟真度提供开发工具的各类**竞赛**上的学术（以及商业）兴趣不断上升[719]。对智能体拟真度的研究为这些竞赛基准提供了实质性的输入基础。人们在智能体拟真度上不断上升的兴趣，已经转化成了多种游戏图灵竞赛，这包括《虚幻竞技场 2004》（Epic Games，2004）游戏上的 2K BotPrize[647, 264] 以及马里奥 AI 竞赛中的图灵测试方向[619]，其建立在《超级马里奥兄弟》（Nintendo，1985）游戏之上。近年来，在研究社区中已经能够看到一些 AI 智能体在 2K BotPrize 中通过了图灵测试[603]。

不以赢得游戏为目的，而是出于其他的理由的 AI 研究对其他三个游戏 AI 领域的影响如图 6.4 所示，其中它会受到其他 4 个游戏 AI 领域的影响。

• **以体验为目的而玩游戏→为玩家进行建模（体验或行为）**：玩家建模与拟真智能体之间存在着非常直接的练习，因为对人类、类人以及能够拟真的游戏行为进行建模的研究都能够启发更为恰当的对玩家的建模方法。这里的例子包括《超级马里奥兄弟》（Nintendo，1985）[511] 以及《雷神之锤 II》（Activision，1997）[696] 中对人类游戏风格的模仿。虽然计算性的玩家建模使用了学习算法，但这仅在那些为 NPC 行为进行建模的情况下才会发生。这在对一个或者多个玩家在游戏内的行为进行建模时尤为正确。在这里可以使用强化学习方法或监督学习方法（例如反向传播或决策树）来达成这个目标。但在任意一种情况下，这些学习算法的预期结果并不一定会

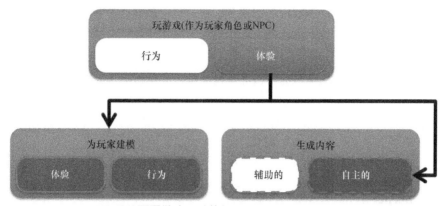

图 6.4   以体验为目的而玩游戏：对其他游戏 AI 研究领域的影响（或被影响）

有着尽可能出色的表现，而是以被建模的玩家的风格来表现[735,511]。

- **以体验为目的而玩游戏→生成内容（自主的）**：拟真的角色可能会产生更加出色的关卡[96]、更为拟真的故事[801,401,531]以及通常都能够更为优秀的游戏表示方法[563]。在叙事中将不同人物进行整合，以及基于拟真角色进行驱动的案例包括 *FearNot!* 中的 FAtiMa 智能体[516]以及《*My Dream Theater*》[100]。另一个案例则是《超级马里奥兄弟》（Nintendo, 1985）的关卡生成，其尽可能地最大化了为任何马里奥玩家带来的拟真感[96]。

6.2.2   生成内容

正如第 4 章所介绍的那样，AI 能够通过自主方式或辅助方式对整个（或者部分）游戏进行设计。这个核心的游戏 AI 领域中包括**自主（程序化）内容生成**以及**辅助（程序化）内容生成**和**混合主导（程序化）内容生成**。本章节将介绍这些子领域与其余的游戏 AI 领域的相互关联。

6.2.2.1   生成内容（自主的）

正如第 4 章所述，从 20 世纪 80 年代以来，程序化内容生成（PCG）就已经开始在一些商业游戏中扮演有限的角色了；然而近些年来，借助像进化搜索[720]与约束求解[638]之类的技术，人们已经可以看到更为可控的 PCG **研究**在多种不同类型的游戏内容上的拓展[764]。PCG 在游戏之外的影响，例如在计算创意[381]以及交互设计（等）领域上的影响已经越来越显著。现在已经有了一些有关 PCG 的研究综述，包括近期的一本书籍[616]、一篇前景论文[702]、框架研究[783]、PCG 的子领域[554,732]以及方法研究[720,638]。

自主的内容生成是近年来能够在游戏中进行的 AI 学术研究领域之一，它也是最有希望融入**商业游戏**的学术研究领域之一。不少近期的游戏在很大程度上都依赖于 PCG，包括独立游戏《*Spelunky*》（Mossmouth, 2009）与《我的世界》（Mojang, 2011），以及主流的 3A 游戏《暗黑破坏神Ⅲ》（Blizzard Entertainment, 2012）与《文明 V》（2K Games, 2010）。在第 4 章中提到的一个值得注意的案例是《无人深空》（Hello Games, 2016），这个游戏中包含数以千万计的程序化生成的星球。某些由研究者开发的极为依赖 PCG 的商业游戏也已经在 Steam 与 Facebook 之类的平台上发行；两个很好的例子就是《*Petalz*》[565,566]与《银河系军备竞赛》[249]。

图 6.5 描绘了受到自主 PCG 影响的 3 个领域，以及被影响的 5 个领域。

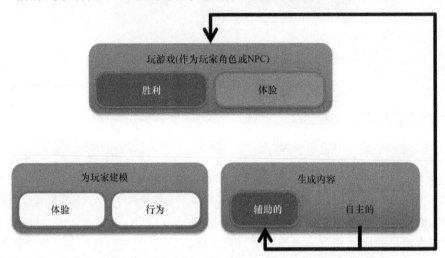

图 6.5　生成内容（自主的）：对其他游戏 AI 研究领域的影响（或被影响）

- **生成内容（自主的）→以取胜为目标而玩游戏**：如果智能体经过训练，并在单个游戏环境中有着出色的表现，那么它很容易就会因为这个训练而过度特化，从而无法适用于其他的游戏关卡。因此，拥有大量可以用于训练的游戏环境就显得非常重要。PCG 可以在这点上提供帮助，因为它可以提供不限数量的测试环境。例如，在为马里奥 AI 竞赛训练玩家时，通常都会在大量新生成的关卡上对每个智能体进行测试，以避免过度训练[322]。也有一些研究专门针对如何依据生成的内容来对 NPC 行为进行调节[323]。最后，一种用于创造**通用 AI** 的方法就是训练能够出色掌握各类游戏的智能体，并在以某种类型或分布抽取而来的游戏集合中对它们进行测试。为了避免过拟合，这就需要能够自动地生成游戏，而这也是 PCG 的一种形式[598]。新环境的生成对于 NPC 行为的学习非常重要，并且它们在某些时候还会拓展成某些用于衡量 NPC 行为水平的基准。除了马里奥 AI 竞赛之外，模拟车辆竞速竞标赛等比赛也会使用参赛者无法看到的新生成赛道来测试提交上来的控制器[102]。但也有某些侧重于衡量 PCG 系统自身的基准范畴，例如马里奥 AI 竞赛的关卡生成方向[620]。

○ **生成内容（自主的）→以体验为目的而玩游戏**：在自主 PCG 上的研究很自然地就会对智能体控制、拟真度、趣味度以及在获胜之外的其他目的的研究产生影响，因为这些智能体是在某些特定的环境与游戏背景下运作的。这种影响的研究仍然处于起步阶段，因此我们唯一能引用的一项研究来自于 Camilleri 等人[96]，其探索了在《超级马里奥兄弟》（Nintendo, 1985）中的关卡设计对玩家角色的拟真度产生的影响。除此之外，在交互式叙事上的研究也会从与玩家进行交互并与故事进行交织的拟真智能体的应用中受益，并受到一定的影响。这些叙事能够为智能体产生更强（或更弱）的拟真感，因此在智能体行为与所在的故事之间的关联将会变得十分紧密[801,401,531]。从这种意义上来说，游戏中的计算叙事将能够为拟真智能体的研究提供一展身手的舞台。

- **生成内容（自主的）→生成内容（辅助地）**：由于内容设计是游戏设计的核心部分，因此许多的 AI 辅助设计工具都会采用某种形式的辅助内容设计工具。例如 *Tanagra*，其能够帮助设计师创造完整的平台游戏关卡，并通过约束求解器[641]与 *SketchaWorld*[634]来保证这些关卡的可玩性。另一个例子则是 *Sentient Sketchbook*，其通过提供一些关卡属性的实时反馈并自动地对修改提出建议来协助人们设计策略游戏的关卡[379]。

6.2.2.2　生成内容（辅助地）

辅助内容生成是指开发那些由 AI 驱动的能够对游戏设计与开发过程发挥支持作用的工具。这可能是对产生更出色的游戏来说最有用的 AI 研究领域[764]。尤其是，AI 能够协助创建关卡、地图，甚至是游戏机制及叙事之类的游戏内容。包含 AI 的创作工具在设计与开发过程中发挥的作用会对以拟真度、趣味度或玩家体验为目标来玩游戏的 AI 的研究造成影响，同时也会对自主 PCG 上的研究造成影响（见图 6.6）。**AI 辅助游戏设计**工具的范畴上至那些被设计来辅助生成完整游戏规则集的工具，如 *MetaGame*[522]或 *RuLearn*[699]，下至那些关注于更为特定的领域，如策略游戏关卡[379]、平台游戏关卡[642]、恐怖游戏[394]或物理解谜游戏[613]的工具。

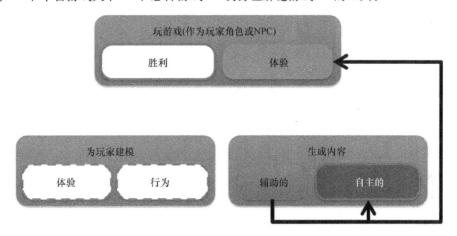

图 6.6　生成内容（辅助的）：对其他游戏 AI 研究领域的影响（或被影响）

值得注意的是，许多 AI 工具已经被广泛地用于支持一些**商业游戏的设计与开发**。例如，用于生成树木以及其他植物的《*SpeedTree*》（Interactive Data Visualization Inc. , 2013）[287]已经在许多游戏产品中得到了应用。前文提到的混合主导 PCG 工具在不久的将来拥有巨大的潜力，因为它们中的大多数已经在商业游戏上进行了测试，或由某些游戏产业伙伴在推进。除此之外，还有一些工具是专门针对游戏规则与机制的交互式建模与分析而设计的，它们并不关注对完整游戏的生成，而是关注复杂游戏的原型设计与理解；这类系统已经可以应用在当前的商业游戏中了[639]。

　　• **生成内容（辅助地）→ 以体验为目的而玩游戏**：以开放世界沙盒形式的创作工具有可能被用于创造更为拟真的行为。在研究与开发上，这在很大程度上依然是一个未探索的领域，比较知名的尝试包括 NERO 游戏 AI 平台，在这其中玩家能够训练智能体，以获取有效与拟真的第一人称射击游戏机器人行为[654]。这个平台一个关注众包行为的版本已经在近期开放[327]。类似的研究轨迹是通过交互进化生成《超级马里奥兄弟》（Nintendo, 1985）玩家的研究[648]。

• **生成内容（辅助地）→生成内容（自主的）**：在混合主导共同创造设计方法上的研究[774]
可以为 PCG 上的一些中心问题提供探讨。考虑到内容设计在整个开发过程中的重要性，在生成
过程中的任何形式的混合主导 AI 协助都能够支持与增强 PCG。比较知名的案例就是 *Tanagra* 平
台游戏关卡设计 AI 助手[641]、*Sketcha World*[634]、*Sentient World*[380]、*Sentient Sketchbook*[379,774] 以及
Sonancia[394] 系统，它们遵循不同的方法与不同等级的人类计算对游戏地图与游戏世界以一种混
合主导的设计方式进行生成。除此之外，也有一些工具能够协助游戏叙事的创作。比如，**剧本管
理**工具长期以来一直受到游戏 AI 社区的关注。一个学术上的例子就是 ABL，其被用于
《*Façade*》[441] 中的叙事创作。在几种可以使用并且功能良好的创作工具中，最为引人注目的就是
Versu[197] 故事叙述系统，这个系统应用于游戏《血与桂冠》（Emily Short，2014）和主导了游戏
《*Mystery House Possessed*》（Emily Short，2005）设计的 Inform 7 软件[480] 中。更多类似的故事生成
工具可以在 http：//storygen. org/存储库中找到，其由 Chris Martens 与 Rogelio E. Cardona - Rivera
创建。

6.2.3　为玩家建模

正如第 5 章所探讨的那样，为玩家进行建模涉及为玩家的**行为**或**体验**进行建模这样的子任
务。考虑到这两个子任务相互交织的性质，我们在一个共同章节中展示了它们对其他游戏领域
产生的影响，以及其他游戏领域对它们造成的影响。在玩家建模[782,636] 中，我们需要创造计算模
型来检测玩家是如何对游戏进行感受并做出反应的。正如第 5 章所述，这些模型通常需要使用机
器学习方法进行创建，而这将会借助由游戏本身或游戏与玩家互动所组成的数据与提取自某些
对玩家体验的评价或是自问卷案例中收集而来的例子的标签的结合[781]。然而，玩家建模领域也
或多或少地涉及对观察到的玩家行为进行结构化，而无论这些行为是否与体验相关——例如，
在识别玩家类型或预测玩家行为时。

在玩家建模上的研究与开发能够为**商业标准游戏**上的玩家体验的探索带来启发。玩家体验
的检测方法以及算法也能够促进对商业游戏中的用户体验的研究。除此之外，传感器技术的恰
当性、生物反馈传感器的技术合理性以及各种人类输入方法上的适用性都能够为业界的发展带
来启发。借助一些游戏指标进行的定量测试——无论是行为数据挖掘还是深度的小规模研
究——也获得了很大的进步[764,178,186]。到目前为止，许多学术研究直接使用来自商业游戏的数
据集来生成能够对接下来的游戏发展产生启发作用的玩家建模。例如，我们会为读者引用《古
墓丽影：地下世界》（Square Enix，2008）作为在玩家聚类实验上的原型[176]，并基于玩家的早期
行为对它们之后会在游戏中做出的行为进行预测[414]。在各类关注程度较高的商业上的玩家建模
系统的例子包括在《求生之路 2》（Valve Corporation，2009）中由唤醒程度所驱动的 NPC 外观，
《极度恐慌》（Monolith，2005）中敌对 NPC 的恐惧战斗技能，以及《模拟人生》系列（Maxis，
2000）与《黑与白》（Lionhead Studios，2001）中玩家化身的情感表达。一个相对知名的基于游
戏体验建模的游戏案例是《无须在意》（Flying Mollusk，2016）；游戏会根据玩家的压力对内容进
行调节，而这需要借助许多生理传感器进行获取。

玩家建模被认为是一个 AI 在游戏上比较核心的非传统用途[764]，并且会对 AI 辅助游戏设计、
拟真智能体、计算叙事以及 PCG 的研究产生一定的影响（见图 6.7）。

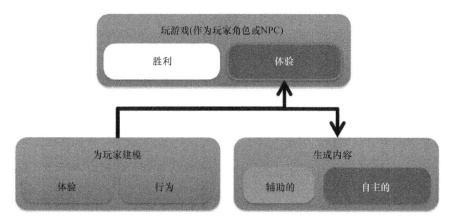

图 6.7　为玩家建模：对其他游戏 AI 研究领域的影响（或被影响）

- **为玩家进行建模→以体验为目的而玩游戏**：玩家建模能够对拟真智能体的架构进行启发与更新。而行为、感情与认知这几个方面上的建模则能够改善任何任意智能体控制器的类人度与拟真度——无论它是根据特定行为而设计的还是建立在自游戏过程中提取的数据之上的。尽管在玩家建模与拟真智能体设计之间的关联十分明显并且直接，但在游戏上对它们进行整合的工作却十分之少。然而，为了搭建拟真架构而对人类游戏过程进行模拟的为数不多的努力产生了十分成功的结果。例如，在平台游戏[511]以及竞速游戏[735, 307]上对人类行为的模拟已经能够提供类人并且拟真的智能体，而使用类似方法在《虚幻竞技场 2004》中开发的机器人在近期也在 2K BotPrize 竞赛尝试通过图灵测试。值得注意的是，在两个尝试通过图灵测试的智能体中，有一个是依靠模仿（镜像）人类玩法的某些方面的方法来进行的[525]。在玩家建模与以体验为目的而玩游戏之间的一系列工作就是对程序化角色的研究[268, 267, 269]。就像前面所介绍的那样，程序化角色就是 NPC，它们经过训练，能够真实地模仿人类在游戏过程中的决策行为。对它们进行的研究即会影响我们对游戏内部（认知）行为的理解，也能够提升我们对如何在游戏中构造拟真角色的了解。

- **为玩家进行建模→生成内容（自主的）**：在玩家计算模型与 PCG 计算模型之间，存在一个十分明显的关联，因为玩家建模能够为玩家创造出新的个性化内容。就像第 4 章中所介绍的，由**体验驱动**的 PCG 将游戏内容视为玩家情感、认知与行为状态的间接构建模块，并以此提出了能够合成个性化游戏体验的自适应机制。一个体验驱动的 PCG 解决方案的核心循环主要是要学习一个能够预测玩家体验的模型，并使用这个模型作为发展（也可以说是优化）游戏内容的评估函数的一部分；游戏内容基于其在某个特定的游戏体验上会激发出多大感受来进行评估，并依据前面的模型。由玩家建模所驱动的 PCG 的例子包括游戏规则的生成[716]、摄影机配置文件的生成[780, 85]以及某些平台游戏关卡的生成[617]。大部分在"自适应游戏"标签下的工作都可以说是体验驱动架构的实现；这包括使用强化学习[28]或语义约束求解[398]而不是进化算法来将游戏内容匹配到玩家上的工作。玩家建模也可以对计算叙事的生成产生一些启发。游戏体验的预测模型也能够推动对游戏中的个性化场景的生成。玩家建模与计算叙事之间相互结合的例子包括《Façade》[441]与《FearNot!》[26]，以及那些以情感为中心的游戏叙事，例如《最终幻想 VII》

（Square，1997）。

- 为玩家进行建模 →生成内容（辅助地）：用户模型能够加强创作工具的水平，进而能够对创作过程产生帮助。桥接了用户模型与 AI 辅助设计的研究领域仍然处于起步阶段，并且只有极少能够明确的案例。从表面上来看，**设计师模型**[378] 已经被应用在个性化的混合主导设计过程中[774, 377, 379]。像这样的模型也许能够加强对设计师定制内容的程序化生成。

6.3 前行之路

本章首先确立了在游戏 AI 中当前最活跃的一些领域与子领域，并将它们置于三个整体框架下看待：一个是 AI 方法上的映射，一个是在游戏关联方（末端用户）的分类，另一个是在玩家 - 游戏互动上的循环。这些分析展示了在各个特定领域中占据了支配地位的 AI 算法，以及在各个领域内探索新方法的空间。除此之外，它也结识了不同领域对不同的终端用户（例如 AI 研究人员与设计师）会产生的不同影响，并在最后概述了不同游戏 AI 领域对玩家、对游戏以及对它们之间的互动产生的影响。在对各个游戏 AI 领域之间进行宏观分析之后，我们转而对构成它们的那些游戏 AI 领域进行细致的分析，并完整地展示在不同领域之间有意义的相互关联。

各种强影响与弱影响的总数与各个领域间所有可能存在的关联相比可以说是微不足道的，这很清晰地表明了在各个游戏 AI 领域之间还存在着进一步探索的研究空间。我们能够分辨出一些当前十分活跃的关联，而这意味着当前在某个领域中进展的大量工作都会依赖于另一个领域的工作。例如，在这里我们将能看到以借助某种通用方式来取胜为目标的 AI 与树搜索算法的应用相互结合之间的关联：MCTS 算法是在棋盘游戏这个背景下提出的，并被证明在通用对弈游戏竞赛中十分有效，并且它也被应用到了从《星际争霸》（Blizzard Entertainment，1998）一直到《超级马里奥兄弟》（Nintendo，1985）这些差异巨大的游戏之上。对这个算法的改进与新修改在各个领域之间来回流动。而另一个活跃且丰富的指示性关联是在玩家建模与 PCG 之间，现在新设计的 PCG 算法与实验研究通常都会包含玩家行为模型或玩家体验模型。

人们还可以通过尝试在近期迭代的 IEEE CIG 以及 AIIDE 会议上对具有趋势的主题进行聚类，以研究当前备受关注的领域。这种研究总是会包含某种形式的选择偏差，因为很多论文通常可以被纳入多个领域中（比如，这要取决于是按照方法还是按照领域进行分组），但如果从每场会议的程序组所划定的章节分组开始研究，至少能够获得一些在主体上的有效性。依照这样的聚类，过去几年中最活跃的主题是玩家（或情感）建模、游戏分析、通用游戏 AI、实时策略游戏 AI——尤其是《星际争霸》（Blizzard Entertainment，1998）——以及 PCG（泛指）。另一种在游戏 AI 研究趋势上的视角则是，在这个领域的两个关键会议（IEEE CIG 和 AIIDE）中，NPC（或游戏智能体）行为学习与游戏 AI 的其余用途的研究占比的差值。我们的初步计算表明，虽然一开始 AI 主要应用于 NPC 控制或玩棋牌类游戏——在 2005 年时超过 75% 的 CIG 或 AIIDE 论文是有关 NPC 行为与智能体游戏方法的——这个趋势随着全新（非传统）的 AI 方法在近年来得到普及而产生了戏剧性的变化——例如，粗略统计在 2011 年的 CIG 与 AIIDE 中，有 52% 的论文不涉及游戏智能体和 NPC 行为。这些事实也表明了 AI 在游戏应用，以及 AI 对游戏的作用朝着多种非传统应用上的转变——而这类应用现在正在变成传统——以开发更出色的游戏为目标[764]。

　　然而，观察那些尚未开发或尚未充分开发，或存在强大潜力的关联可能会更有趣。例如，玩家建模在开发具有拟真感、趣味感和好奇感的智能体控制时可能非常重要，但这尚未得到足够深度的探索；这种情况同样发生在用户（或者说是设计师）建模原则的应用与 AI 辅助游戏设计上。另一方面，拟真智能体在内容生成中尚未得到足够的应用（无论是自主的还是辅助的内容生成）。在未来几年中，游戏 AI 的宏观愿景就是能够让拟真智能体在游戏设计和开发中就其所长来确立自己的定位。在本书的最后一章中，我们将探讨这些前沿的研究课题，并确定它们在游戏中的 AI 上未被探索的角色。

6.4　总结

　　我们希望能够通过本书的这个章节，来让读者了解这个研究领域——它目前已经非常庞大并且多样化了——是怎样相互联系的，并且接下来要如何对它进行整合。我们要意识到这些都只是我们在它的动态性与相互关联性上的看法，并且会有（或者说是可能有）许多可以替代的看法。我们期待看到该领域即将开展的研究。

　　最后，很重要的是得注意，对所有领域都给出一份综述是无法实现的，首先是因为游戏 AI 领域正在飞速的发展，其次是因为这并非本书的核心目标。这意味着我们的参考书目仅作为指示，而无法保证能够全部覆盖，对读者来说也只是一份通用的指导。本书的网站（而非本书）将会保持更新每个领域的重要新资料。

　　本书的下一章，也是最后一个部分将会专门介绍游戏 AI 上一些持续长久，但尚未突破的研究前沿。我们认为在这些方向上取得的任何进展都将产生科学上的突破，并且不局限在游戏 AI 中，而是在游戏（包括它们的设计、技术和分析方法）以及 AI 本身之上。

第 7 章　游戏 AI 研究前沿

在本书的最后一章中，我们将讨论在游戏 AI 中的一些眼光长远的目标，并且将重点放在 AI 的**通用性**以及游戏角色的**拓展性**上。特别是，在 7.1 节中，我们将讨论我们对游戏中的 AI 的三个主要用途中的每一个在通用行为上的愿景。玩游戏的方法需要变得通用；生成器也需要在各种游戏、各种内容类型、各类设计者与玩家之间保持通用的能力；而玩家模型也需要展示出通用的建模能力。在 7.2 节中，我们也将探讨一些 AI 尚未得到探索但在未来必定值得研究的角色。本书在最后将会伴随一个有关游戏 AI 的道德探讨而结束（7.3 节）。

7.1　通用对弈游戏 AI

从大量的研究中可以看出，游戏 AI 研究领域已经由一个活跃并且健康的研究社区支持超过了 10 年——至少从 2005 年 IEEE CIG 和 AIIDE 会议系列开始以来。而在此之前，这类研究自从自动计算的初期开始就一直聚焦在棋类游戏 AI 上。一开始，大部分发布在 IEEE CIG 或 AIIDE 上的工作主要集中在如何学习去精通某个游戏，或在不使用学习的情况下借助搜索/规划来尽可能精通某个游戏。逐渐的，许多 AI 在游戏内的新应用或 AI 针对游戏的新应用不断出现，对最早的用于玩游戏的 AI 主流研究进行了一些补充[764]。有关程序化内容生成（PCG）、玩家建模、游戏数据挖掘、类人游戏行为、自动游戏测试等方面的论文在这个社区变得越来越司空见惯。就像我们在前一章中所看到的那样，人们也已经认识到所有这些研究尝试之间都是相互依赖的[785]。然而，几乎所有游戏 AI 领域中的研究项目都是非常特化的。大部分已经发表的论文都只是介绍了一个特定的方法——或两种甚至更多种方法之间的比较——并且只针对在单个游戏的单个任务（例如游戏方式、建模、生成等）上的表现。这在某些方面是存在问题的，无论是在所提出的方法或领域内进行的研究的科学价值上，还是在它们的实践可行性上。如果一个 AI 方法只在单个游戏的单个任务上进行测试，我们如何认定其是在 AI 的科学研究上的一个进展呢？并且我们要如何才能证明它对那些很可能工作在另一个与所测试的游戏完全不同的游戏上的设计者或开发者来说是一个有用的方法呢？

正如本书的几个不同部分所探讨的那样，通用对弈游戏是一个已经得到了广泛研究的领域，并且可以说是游戏 AI 领域的几个关键构成之一[785]。然而，在通用性上的关注仅仅在如何玩游戏之上，可以说是比较狭隘的，因为 AI 以及通用智能在游戏中可能扮演的角色有很多种，包括游戏设计、内容设计以及玩家体验设计。到目前为止的游戏 AI 研究大都忽略了在成功完成这些任务上所需要的认知技能与情感过程的丰富性。因此我们认为，在保留对通用 AI 关注的情况下，在通用游戏 AI 上的研究需要拓展到玩游戏之外。超出玩游戏这个范畴的**一般通用游戏 AI** 范畴能够拓宽 AI 算法的可行性与能力，也能够拓宽我们对智能的理解，因为它们将在一个富有创造性的、与问题解决方法、艺术和工程互相交织的领域中进行测试。

为了将通用游戏 AI 最终进化到真正通用，我们认为我们需要将通用对弈游戏的通用性拓展到全部 AI 能够（或可能）应用在游戏上的方面。更具体地说，我们认为这个领域应当转向包含三种不同类型的通用性的方法、系统和研究：

1）**游戏通用性**。我们应当开发能够在不限于单个游戏，而是在任意（在某个给定范畴内）涉及的游戏上发挥作用的 AI 方法。

2）**任务通用性**。我们应当开发能够在不限于单个任务，而是在多个不同的相关任务（玩游戏、建模、测试等）上运作的算法。

3）**用户/设计师/玩家通用性**。我们应当开发能够为人类之间存在的拥有巨大差异的设计风格、游戏风格、游戏偏好和游戏能力进行建模、进行回应或者/以及进行重现的方法。

我们在接下来将论证的是，所有的这些通用性都可以被体现在**通用游戏设计**的概念中，其也可以被认为是游戏中的 AI 研究的一个最终前沿。更多有关我们通常所指的通用游戏 AI 概念的细节可以在我们共同创作的有关前沿研究领域的愿景论文中找到[718]。要注意的是，我们并不认为那些将着重点更多放在单个游戏中的单个任务上的方法的研究是无用的；由于概念证明以及工业界应用的关系，它们在很多时候都是很重要的，并且在未来还会继续重要，不过，在一个更通用的环境下对这类案例进行验证的需求也越来越多。我们也没有设想所有人都会突然地开始研究通用方法。我们只是认为通用化会是我们整个研究社区的长期研究目标。最后，我们设想中的游戏 AI 的通用系统应当具有某种在现实世界中的用途。毕竟也存在这样的风险，就是让系统过于通用，以至于我们最终无法为这些通用系统找到在任何特定的现实世界问题上进行应用的方式。因此，系统的应用性（或者说是有用性）将会对我们在通用游戏 AI 上的愿景产生一种核心约束。更具体地说就是，我们期望的是仍然能够成功整合到特定游戏平台或特定游戏引擎中的一般通用游戏 AI 系统。

7.1.1　通用游戏

到目前为止，如何玩游戏仍然是最为普遍的问题。已经有至少三种基准或竞赛在尝试面对以通用方式玩游戏的问题，但每一种都存在不完美的一面。通用对弈游戏（GGP）[223] 竞赛、街机学习环境（ALE）[40] 以及通用视频游戏 AI（GVGAI）竞赛[528]——这三种竞赛都已经在本书的不同章节中进行了探讨。到目前为止，这些竞赛的结果已经表明，通用搜索与学习算法已经远远超过了某些更为领域特化的解决方案与"小技巧"。简单来说就是，我们可以说蒙特卡罗树搜索的一些变体在 GVGAI 与 GGP 竞赛上有着最佳的表现[202]，而在 ALE（其不包含一个前向模型，因此必须为每个游戏学习策略）上，带有深度网络的强化学习[464] 以及基于搜索的宽度迭代则拥有最佳的表现[389,301,390]。在各个游戏特化的竞赛中存在着极大的差异，这说明我们依然缺乏能够与领域无关的解决方案。

尽管这些尝试都令人称赞，并且也是当前许多研究的焦点，但在未来我们仍然需要大幅度地拓展这些竞赛以及基准的范畴，这包括增加可以玩的游戏的范畴，以及游戏所进行的环境的范畴。我们需要能够表达任意类型游戏的游戏基准与竞赛，包括解谜游戏、2D 街机游戏、文字冒险游戏、3D 动作冒险游戏等；这是测试通用 AI 的能力以及推理技巧的最佳途径。我们也需要许多不同的方法来与这些游戏进行交互——这两个基准测试都不会给智能体在原始屏幕数据之外的信息，但会给它们数个小时来学习如何玩某个游戏，还有一些则允许智能体使用前向模型，甚至是游戏自身的代码，但也希望它们能够在不进行训练的情况下马上对提供的游戏做出响应。这些不同的模式也会测试不同的 AI 能力，并且会倾向于使用不同类型的算法。值得注意的是，GVGAI 竞赛现在正在拓展到不同类型的竞赛模式中，并且在长期目标中包含更多类型的游戏[527]。

我们还需要在如何以最佳方式来玩游戏之外的一些不同性。在过去，某些竞赛仅仅关注以类人方式来玩游戏的智能体；这些竞赛以类似经典图灵测试[263, 619]的方式进行组织。以一种类人方式来玩游戏非常重要，原因有很多，例如作为基于搜索的生成的一部分，对关卡或其他的游戏内容进行测试，以及为玩家展示一些新的内容。到目前为止，如何以一种类人方式来玩游戏这个问题在很大程度上仍未得到探索；一些初步的工作在参考文献［337］中有所展示。在这里产生进展可能要涉及对人类玩游戏的方法进行模拟，这包括短期记忆、反应时间以及感知能力之类的特征，之后要将这些特征转化为个人游戏中的游戏风格。

7.1.2　通用游戏生成与编排

用于涉及关卡的 PCG 研究[616]已经达到了一定的成熟度，到目前为止，这也是各种 PCG 算法与方法在应用上最普遍的领域了（如见参考文献［720，785，783]）。然而，在本书所包含的大多数的内容生成研究上，最普遍看到的就是它们的特定性以及在对目标游戏类型的表示方法上做出的选择的强烈依赖性。例如，对于马里奥 AI 框架来说，在单个关卡的生成这个问题上的大量关注可以说利弊参半：一方面它让那些用于解决相同问题的不同方法之间的拓展与比较成为可能，但另一方面它也导致了很明显的在各种方法间的过拟合。尽管在相同游戏类别的游戏关卡之间，可以预想到会存在一定的通用性，但到目前为止，人们所探索过的关卡生成器很明显都不具备通用的关卡设计能力。我们认为在我们如何看待关卡生成上需要做出一些改变。在观点上最明显的变化就是要尝试去创造**通用的关卡生成器**——拥有通用智能的、能够为（在某个范畴内的）任何游戏生成关卡的关卡生成器。这意味着所生成的关卡将需要跨越多种游戏类别与玩家类型，并且生成过程的输出对玩家来说也得是具有意义的、可玩的，并且是具有娱乐意义的。除此之外，一个通用的关卡生成器应当能够与负责游戏设计中的其他部分的其他计算游戏设计师协调合成过程。

为了实现通用级别的设计智能，算法需要能够以不同的尺度来获取尽可能多的关卡设计空间。我们首先会想到的就是使用各种表示学习方法，例如深度自动编码器[739]，来获取在关卡设计空间中的核心设计元素，并将各种类型融合为某种单一的表示方法——就像某些方法已经做到的那样，比如 Deep Learning Novelty Explorer[373]。最近 GVGAI 竞赛的关卡生成方向也已经首次开始尝试为通用关卡生成设定某种基准。在这个竞赛方向中，参赛者需要提交能够为不曾见过的游戏生成关卡的关卡生成器。这个生成器在这之后会得到几个游戏的描述，并且生成由人类做出裁决的关卡[338]。初步结果表明，构造竞赛需要的能够为任何游戏生成关卡的关卡生成器比起构造只为单一游戏生成关卡的生成器要困难得多。一个有关联的工作是视频游戏关卡语料库[669]，其旨在提供一组跨越了多种游戏与游戏类型的游戏关卡，其可以用于为数据驱动的 PCG 进行关卡生成器的训练。

虽然就像上面所述的那样，关卡生成器是 PCG 的一个主要例子，但游戏的其余许多方面（或者**模块**）也可以进行生成。这包括视觉效果，例如纹理与图片；叙事，例如任务与背景故事；音频，例如声效与音乐；当然还有就是各种各样游戏关卡中的事物，例如物品、武器、敌人和角色[381, 616]。除此之外，另一个更巨大的挑战就是生成整个游戏了，包括部分或全部的模块，以及游戏的规则。与此同时，在第 4 章中也包含一些在生成游戏（包括它们的规则）上的尝试，但我们仍然不知道何种方法能够用来生成包含两个以上上述的游戏模块的游戏。我们也仍然不知道有何种游戏系统是能够生成超过单一种类的游戏的。像 *Sonancia*[394,395] 这样的多模块生成系统能够同时生成恐怖游戏的关卡以及对应的背景音，但却无法满足规则的生成。很显然，当前的游戏生成系统十分受限于领域与部件的原因是由其故意限制了设计上的选择，而这是为了能够简化在生成完整游戏时候会遇到的一些十分困难的问题。当然，为了不再被认为是玩具领域，并开始满足在游戏生成上的期望，我们需要一些能够在同一时刻中为游戏中的多个模块进行生成的系统，并且它也要能够生成不同类型的游戏。

这个过程已经被定义为游戏中的模块（领域）**编排**（facet orchestration）[371, 324]。编排是指对游戏生成进行协调的过程。很显然，在我们为生成一个完整游戏而综合考量两种或更多内容类型生成器的输出时——例如视觉效果与声效——这将是一个不可或缺的过程。受到音乐编排的启发，这里的编排可能是自顶向下的，由指挥者进行驱动的过程，也可能是自底向上的，由生成过程自主进行的过程[371]。几年前，一些与通用游戏生成以及编排非常类似的事物被描述为"多内容、多领域 PCG"以及"生成完整游戏"[702]。很有趣的是在此之前似乎并没有任何人去尝试创造更多的通用游戏生成器，这可能是考虑到了这项任务的复杂程度。近期 Karavolos 等人的研究[324]正在向着编排研究的方向不断逼近，因为它会通过深度卷积神经网络来对多个第一人称设计游戏中的关卡与游戏设计参数进行融合。训练好的网络可以被用于生成具有平衡性的游戏。就现在来说，唯一能够生成拥有高质量的（完整）游戏的生成器的类型是抽象棋盘游戏。一旦我们"征服"了更多的游戏类型，那么我们就希望能够开始打造更通用的关卡生成器。

与编排以及通用游戏生成这些任务有关的是，有一些在**创意**程度上的问题在很大程度上仍然还未得到解决。例如，一个生成器的创造程度可以到达怎样的地步？而我们又要如何对它进行评估呢？还比如，它是否可以说是具有鉴赏力、一定技能水平，以及想象力呢[130]？在对当前 PCG 算法的创造能力进行评估时，对其中大部分能够做出的唯一判断就是技能水平了。创作者是否能尝试在有限的空间内探索新奇的组合，从何产生具有**探索性**的游戏设计创造力[53]；或者，创作者在其他方面是否会尝试打破游戏设计已有的边界与限制，从而提出全新的设计，来展示出具有**变革意义**的创造力呢[53]？如果使用混合主导的方式，它是否能够加大设计师的思考空间来增加设计师的创意呢？可以说，在人类创意以及计算创意的研究上，自主的 PCG 创造方法或混合主导的共同创造方法[774]在很大程度上依然未被探索过。

7.1.3　通用游戏情感循环

按理来说，通用智能意味着（并且与之紧密结合）通用情绪智能[443]。识别人类行为与情绪的能力是一项复杂但十分关键的任务，能够对通用智能产生促进作用[157]。在整个进化过程中，我们发展出了特定形式的高级认知技能、高级情绪技能以及高级社交技能来应对这个挑战。除了这些技能之外，我们还能够感受到拥有不同情绪、不同文化背景以及不同人格的人们之间的各类情感特征。这种通用能力也在一定程度上拓展了所处环境与社会背景。尽管它们很重要，但社交智能的这些特性仍未以某种通用情绪、认知或行为模型的形式转移到 AI 身上。尽管在情感计算[530]上的研究已经完成了重要的里程碑，例如实时情感识别的能力[794]——在特定条件下可能比人类更快——但所有的关键发现都表明我们在情感计算上取得的任何成功仍然对领域、当前任务以及通用背景有着强烈的依赖性。这种特定限制在游戏领域尤为明显[781]，因为大多数在玩家体验建模上的工作都关注特定的游戏，发生在控制良好的条件之下，只面向较小的玩家群体（见参考文献 [783, 609, 610, 435]）。在这个章节中我们将定义与讨论在玩家建模上两个核心的尚未探索并且相互交织的方面，它们对于实现真正自适应的游戏这个长期目标来说十分重要，并且不可或缺。第一个方面是游戏中的情感模型的闭环；而第二个方面是打造能够获得跨越玩家群体与游戏类别获得游戏体验的通用模型。

正如本书开头所述，情感计算在游戏中最易于理解，也就是被我们称为**游戏情感循环**的情况。虽然在情感启发这个阶段，情感模型以及情感表达已经给出了一些强壮的解决方案，但基于情感互动这个大的循环尚未形成闭环。除了某些展示了依据情感进行调节的游戏[772, 617]之外，这个领域在很大程度上仍未得到探索。除了对玩家以及他们的体验进行建模（这也是在任何进展上的主要障碍）的复杂性，难以解决的还有在一个游戏中要如何适当并具有意义地整合这些模型中的任意一个模型。有关系统要多经常进行调节，它要改变什么，以什么程度进行改变也都不是能够简单回答的问题。由于大部分问题对于研究社区来说都是具有开放性的，因此更进一步的办法就是在包含体验中的情感方面的自适应游戏上进行更多的研究。现有的实现了情感循环的商业标准游戏，例如《无须在意》（Flying Mollusk, 2016），可以说是这个领域的进一步工作的代表了。

一旦我们在游戏中成功实现了游戏情感循环，那么游戏 AI 的下一个目标就是跨游戏的**基于情感的交互的通用性质**了。游戏情感循环不应当只能被操作；在理想情况下它也应该是通用的。为了在游戏中做到在玩游戏这件事情之外的通用性，它应当要能够识别日常情绪以及各类认知 - 行为特征。这本质上就是能够跨越不同的环境来感受与环境无关的情绪、认知反应以及表达方式的 AI，其要建立在人类行为的通用黄金标准之上。到目前为止我们只见到了为数不多的在这个方向上的概念验证性研究。其在游戏 AI 中的早期工作主要集中于为玩家兴趣进行一些通用指标上的特定设计，并且在不同的捕食 - 捕猎者游戏上进行测试[768, 767]。在其他更为近期的研究中，玩家体验的预测器会在不相似的游戏上测试它们对玩家体验进行预测的能力[431, 612, 97]。另一项在多模态融合上的研究可以被看作是在这个方向上的进一步发展的萌芽[435]，在这其中，多种玩家输入的模态，例如玩家指标、皮肤电导性以及心率会通过堆叠自动编码器进行融合。探索全新的跨越了不同游戏的玩家行为与情感表现的表示、全新的数据模态表示、全新的玩家类型表示是实现通用玩家模型的第一步。这些表示反过来也可以用作游戏中逼近用户体验的基本事实的基础。

7.2　在游戏中的其他角色

本书的结构反映的就是我们的信念：玩游戏、生成内容以及对玩家进行建模是游戏中的 AI

方法的核心应用。然而，还存在许多不同的，我们无暇于本书中探讨的在玩游戏、玩家建模或内容生成这些方面的变化与使用案例，并且其中的某些情况从未在文献中有所探讨。除此之外，尽管我们已经竭尽全力，但还是存在某些 AI 在游戏中的应用无法被归类到我们所说的"三巨头"应用的情况。本节将简要概述其中的一些应用，并且其中的一部分可能是未来重要的研究方向。

游戏测试：用于玩游戏的 AI 的诸多用途之一就是用来对游戏进行测试。测试游戏中的 BUG，对玩家的体验与行为进行平衡等问题对于游戏开发来说至关重要，并且也是游戏开发者正在寻求 AI 辅助的领域之一。尽管游戏测试是第 4 章中所谈论的混合主导工具中的 AI 能力之一，但在这类情况之外还存在基于 AI 的游戏测试。例如，Denzinger 等人对动作序列进行演化，来寻找体育游戏中的漏洞，结果令人沮丧[165]。针对在游戏中寻找 BUG 与漏洞的特定情况，研究上的挑战之一就是要如何为这个问题找到一个出色并且具有代表性的覆盖范畴，以便向开发团队提供这个问题的详细信息，以及它们会有多容易遇到，以此来确定这些问题的优先级。

评价游戏：AI 方法能够有意义地对游戏做出判断与批判吗？游戏评价十分困难，通常不仅取决于对游戏的理解，还取决于对周围文化背景的理解。然而，还是可能存在一些对于游戏评价来说具有价值的自动化指标，并且能够提供一些信息来帮助审核者、游戏管理者等角色在决定在应用商店中要如何选择需要进行审核的游戏。ANGELINA 游戏生成系统就是这个方向上的少数案例之一[136]，在这个系统中，AI 将会生成所玩游戏的概述。

超形式主义游戏研究（Hyper - formalist Game Studies）：可以在游戏语料库中使用某些 AI 方法，来了解各类游戏特征的分布。例如，决策树可以被用于为游戏中的资源系统的各类特征进行可视化[312]。除此之外可能还有许多其他的方法能够将游戏 AI 应用到游戏研究中，并等待着我们去发掘。

游戏导演：《求生之路》（Valve Corporation, 2008）最突出的特点就是它的 AI 导演了，其能够调整僵尸群的冲击，以便为玩家提供一个戏剧化的挑战曲线。虽然极为简单并且可以说是一根筋的（仅依靠玩家体验上的某个单个维度），但 AI 导演仍然被证明是极为有效的。创造更复杂的 AI 导演仍然有很远的距离；由体验驱动的 PCG 框架[783]将会是实现这个目标的一种可能途径。

创意性启发：虽然设计一个能够实际运作的完整游戏需要一个非常复杂的生成器，但这个问题可以被简化为新游戏生成一个思路，然后由人类进行设计。创意构思工具既包括简单的字词重组工具，例如卡牌游戏或推特机器人，也包括精心设计的计算创意系统，例如 What - If - Machine[391]。

聊天监控：游戏内的聊天对许多在线多人游戏来说十分重要，因为它们能够让人们在游戏中进行合作与社交。但不幸的是，这类聊天也可以被用于威胁或骚扰其他玩家。考虑到一款成功的在线游戏中的聊天消息量非常庞大，游戏开发者无法通过人工方式来对它们进行监督。在努力打击这些有害行为时，某些游戏开发者转向使用机器学习。比较出名的是，Riot Games 已经训练了一些算法来识别与消除 MOBA 游戏《英雄联盟》（Riot Games, 2009）[413]中的有害行为。更糟糕的情况也时有发生[241]。

基于 AI 的游戏设计：在本书的大部分内容中，我们假设了某个游戏，或至少是某种游戏设计的存在，并讨论了 AI 要如何被用于玩这些游戏，为其生成内容并为它的玩家进行建模。然而，人们也可以从一些 AI 方法或者功能展开，来尝试设计基于这些方法或功能的游戏。这既可以看成是一个在游戏环境中展示 AI 方法的机会，也可以看作是一种推动游戏设计的方式。大多数经典的游戏设计都起源于一个几乎不存在有效的 AI 算法的时代、一个游戏设计师对存在的 AI 算法所知甚少的年代、一个家用计算机的 CPU 与内存能力对游戏所采用的简单启发式 AI 以及某些最佳优先搜索之外的方法有心无力的时代。甚至可以说许多经典的视频游戏设计都是尝试在缺乏 AI 的情况下进行设计的——例如，NPC 缺乏优秀的对话 AI 让对话树得到了应用，缺乏能够拟真并具有竞争力地来玩 FPS 游戏的 AI 产生了某些只让大部分敌人在屏幕上出现数秒来避免人们注意到他们缺乏智能的游戏设计，而缺乏能够保障平衡性与可玩性的关卡生成方法产生了一些让关卡不需要完整性的游戏设计。这类设计特征的不断延续可能就是商业游戏中对各类有趣的 AI 方法的低利用程度的原因。通过从 AI 进行展开并围绕它进行设计，就可以找到一些能够从实际上应用某些近期的 AI 发展的新设计特征。

在 AI 研究社区中，人们已经开发了几个游戏来专门展示 AI 的功能，其中的一些已经在本书中进行了探讨。其中三个比较突出的例子是 Stanley 等人在神经进化与 NEAT 算法上的工作：《NERO》，其是一种与 RTS 类似的游戏，在其中玩家需要通过打造一个训练环境来训练一支军队，而不是直接对它们进行控制[654]。然后是《银河系军备竞赛》，在这其中由神经网络控制的各类武器是由数千名玩家间接集体演化而来的[250,249]；还有就是《Petalz》，一款基于某种与继续选择的集体神经进化类似的想法而来的收集花朵的 Facebook 游戏[565,566]。剩下的游戏被用于展示各类自适应机制，例如《Infinite Tower Defense》[25] 与《Maze − Ball》[780]。在交互式叙事中，打造能够展示特定理论以及方法的游戏相对来说比较常见；一个比较知名的例子就是《Façade》[441]，而另一个比较突出的案例是《Prom Week》[447]。Treanor 等人在尝试鉴别基于 AI 的游戏设计的各类特征，并建立 AI 能够或已经被用于游戏中的各类角色的多样性排列，以及未来的基于 AI 的游戏设计中的多种前景[724]。

7.3   道德上的考量

像所有技术一样，人工智能，包括游戏 AI，都可以被用于多种目的，而其中一些是不道德的。可能更重要的是，即便不包含恶意，技术可能也会在道德上具有负面性，或产生某些令人质疑的影响。在游戏中使用 AI 的道德影响很多时候不明显，并且这个话题也没有得到它应有的关注。这个简短的章节将介绍游戏 AI 与道德问题相交的一些内容。对于通用 AI 研究在道德与价值上的问题，有兴趣的读者可以参考 2017 年与 Asilomar 会议共同讨论的 Asilomar AI 原则⊖。

玩家建模可能是游戏 AI 中道德问题最直接的一个部分了，也可能是最紧迫的。有关政府部门（例如美国国家安全局或英国 GCHQ）以及私人公司（例如 Google、Amazon、Facebook 和 Microsoft）对我们的数据进行大规模收集这件事，现在已经引发了许多激烈的辩论[64,502]。随着数据挖掘方法的不断进步，我们越来越有可能从人们的数字轨迹中学到越来越多的东西，包括推测某些敏感信息以及预测某些行为。考虑到玩家建模将涉及大规模的数据收集和挖掘，这类道德

⊖   https：//futureoflife.org/ai − principles/

问题中的很大一部分也会发生在玩家建模中，就像平常对人类数据进行的挖掘一样。Mikkelsen
等人发表了一份在玩家建模上的道德问题的概述[458]。下面也会举一些这类问题的例子。

隐私：通过游戏中的行为来推测人们的各种现实特征与属性已经变得越来越具有可行性。
并且这也可以在未经主体同意甚至知情的情况下完成，而某些信息是具有隐私性质与敏感性质
的。例如，Yee 及其同事调查了玩家在《魔兽世界》（Blizzard Entertainment，2004）中的选择是
如何与他们的性格相关联的。他们采用了《魔兽世界》（Blizzard Entertainment，2004）的 Armory
数据库中的玩家角色数据，并且将这些数据与玩家自主管理的性格测试进行了关联，并从中找
到了许多密切的关联性[788]。与之类似的是，一项研究调查了玩家的生活动力（独立性、家庭
等）和他们的《我的世界》（Mojang，2011）日志文件存在怎样的关联[101]。这项研究使用了 Ste-
ven Reiss 的生活动力问卷调查，并且发现玩家自我报告的生活动力（独立性、家庭等）会在所
搭建的《我的世界》（Mojang，2011）游戏中以多种不同的方式得到表达。而在另一种非常不同
的游戏方式中，人们找到了在玩家性格，例如个性[687]、年龄[686]和国籍[46]与第一人称设计游戏
《战地 3》（Electronic Arts，2011）中的游戏风格之间的强烈关联性。完全有可能的是，我们可以
使用类似的方法来推断、政治观点、健康状况和宗教信仰等。这些信息可以被广告公司用于推出
某些不好的广告服务，可以被犯罪分子用于勒索玩家，被保险公司用于保费的区分等。我们无从
知晓我们会被预测出什么，又会以怎样的准确度被预测出来，但重要的是在公开获取的文献中
进行更多的研究；很明显，这种研究也是会在暗中进行的。

数据所有权：某些玩家数据可以被用于重建玩家行为的某些方面；例如，微软的 *Forza Mo-
torsport* 系列中的 *Drivatars* 就有这种情况，而更普遍的是根据程序化角色概念[267]创造的智能体。
但目前我们尚不清楚谁拥有这些数据，如果游戏开发商/发行商拥有这些数据，那么他们可以用
这些数据做什么呢？游戏是否允许其他人与你的一个模型进行对战，也就是与你玩游戏的方式
进行对战？如果可以，他能否将这个数据的来源从你身上转到另一个玩家身上？它是否要严格遵
循你的行为模型，还是可以增加或扭曲你的游戏行为？

适应性：游戏 AI 中的许多研究都会关注游戏的适应性，体验驱动的 PCG 框架可能是最为完
整的有关如何将玩家建模与 PCG 相结合以创建个性化游戏体验的方法了[783]。然而，目前尚不清
楚让游戏适应玩家是否总是一件好事。"过滤气泡（filter bubble）"是社交网络讨论中的一个概
念，它指的是集体过滤会保证只向用户提供那些已经符合其政治、道德或美学偏好的现象，从而
导致缺少拥有其他观点的健康环境。过度适应与个性化可能会产生类似的效果，也就是玩家会
陷入一个狭隘的游戏体验中。

刻板印象：只要我们使用某些数据集来训练模型，那我们就有可能会在这个数据集中重现
某些刻板印象。例如，在标准的英语数据集上训练的单词嵌入会再现某些针对性别的刻板印
象[93]。我们在对玩家偏好和行为进行建模时可能也会出现相同的效果，并且这个模型可能会学
到一些有关性别、种族等的偏见概念。这类问题可以通过玩家可用于在游戏中表达自己的工具
来加剧或改善。例如，Lim 和 Harrell 已经开发出了用于测量与解决在角色创建工具上的偏差的定
量方法[386]。

审查：当然，使用 AI 方法促进道德行为与维护道德价值是完全可行的，也是完全可取的。
在这之前，7.2 节探讨了用于过滤多人在线游戏中的聊天的 AI 例子等。尽管这类技术通常会受

到欢迎，但在如何部署这些技术方面也存在一些十分重要的道德考量因素。例如，经过训练以识别仇恨言论的模型可能也会对游戏的一些行话做出反应；设定正确的决策门槛可能会涉及要如何在确保游戏环境清洁与不过度限制言论之间做出一些微妙的权衡。

游戏之外的 AI：最后，这是一个更为遥远，但我们仍然认为值得讨论的问题。游戏经常被用于训练 AI 算法——当然这也是通用视频游戏 AI（GVGAI）竞赛以及街机学习环境（ALE）的主要目的。然而，考虑到关注于暴力竞争的游戏的数量，这是否意味着我们过度关注暴力在 AI 上的发展？这对那些在游戏中进行训练，却被用于其他领域，例如交通或者医疗的 AI 会有什么影响？

7.4　总结

在本书的最后一章中，我们遍历了一些我们认为对于游戏 AI 领域的发展来说十分关键与重要的方向。一开始，我们讨论了机器的通用智能能力需要被探索和充分发挥其潜力：①要跨越在游戏设计与开发过程中已有的不同**任务**，包括但不再限于玩游戏这件事；②要在**游戏**设计空间上跨越不同的游戏；③要跨越不同的 AI **用户**（玩家或设计师）。我们认为，截止目前，我们仍然低估了游戏中的通用 AI 的潜力。我们还认为，目前主流的仅针对特定领域中的特定任务设计 AI 的做法最终会对游戏 AI 的研究产生不利影响，因为算法、方法与认识论过程仍然针对当前的特定任务。结果就是，我们无法突破 AI 的界限并充分利用它在游戏设计上的能力。我们受到了通用对弈游戏的例子以及近期 AI 算法在这个领域上的成功的启发，认为我们应当在游戏 AI 领域的所有子领域中减少特化性，包括玩家建模以及游戏生成。这样做将使得我们能够在设计游戏时感受并模仿人类各种不同的常见认知与情感技能。必须要再次注意的是，我们并不是倡导在游戏 AI 领域中的所有研究都应当立即关注通用性；对于特定游戏与特定任务的研究依然十分有价值，因为我们能够理解与做到的依然十分有限。但随着时间的推移，我们预测越来越多的研究将会关注在不同任务、游戏与用户之间的通用性，因为未来有趣的研究问题将会是通用性。似乎我们并不是唯一看到这种需求的人，因为其他的研究人员也一直讨论在人工通用智能研究中使用不同的与游戏相关的任务（而不仅是玩游戏）[799]。

在实现通用游戏 AI 的路上仍然有很大的空白。为了让 AI 变得不那么特化——但仍然与游戏设计具有相关性与有用性——我们设想了一些我们马上就可以采取的步骤：首先，游戏 AI 社区需要采用一种**开源**的访问策略，以便在不同任务间开发的 AI 方法与算法能够在研究人员之间共享，以推动这个研究领域的进步。像当前游戏 AI 研究的门户⊖之类的地方可以进行拓展，为成功的方法与算法进行托管。对于直接使用到的算法与方法，我们需要建立特定的技术规范——例如那些建立在基于游戏的 AI 基准中的——其将能够最大化所提交的不同方法与元素之间的互操作性。用于通用游戏 AI 研究的基准规范的案例包括视频游戏描述语言以及解谜游戏引擎 PuzzleScript⊜。最后，遵照 GVGAI 竞赛的范例，我们设想了一组新的有关通用玩家模型、AI 辅助

⊖　http：//www.aigameresearch.org/

⊜　http：//www.puzzlescript.net/

工具以及游戏生成技术的竞赛。这些竞赛将会进一步鼓励研究者在这个令人激动的研究中工作，并且丰富这个开放式的互操作方法与算法的数据库，直接为计算通用游戏设计的顶尖技艺做出贡献。

除了通用性，我们还将重点放在了游戏中的 AI 角色的拓展性上。在这方面，我们列出了一些在目前代表性略有不足，但定义了一些非常具有前景的游戏 AI 前沿的 AI 角色。这包括让 AI 扮演游戏测试者、游戏评论家、游戏研究规范化者、游戏导演、游戏创意设计师以及游戏道德评判者。除此之外，我们将把 AI 放在设计过程的中心（基于 AI 的游戏设计）作为另一个关键的研究前沿。

本章以及本书，在最后讨论了我们在游戏 AI 研究中的任何行为的道德影响。尤其是，我们探讨了诸如数据的隐私与所有权、游戏适应度上的考量、通过玩家的计算模型产生的刻板印象、AI 充当审查者的风险，以及最后的 AI 在游戏的"不道德"性质上面临的道德限制等方面。

附　　录

附录 A　英文缩略语表

ABL	A Behavior Language	A 行为语言
AFC	Alternative Forced Choice	替代强制选择
AI	Artificial Intelligence	人工智能
ANN	Artificial Neural Network	人工神经网络
ASP	Answer Set Programming	回答集编程
BDI	Belief – Desire – Intention	信念 – 欲望 – 意图
BT	Behavior Tree	行为树
BWAPI	Brood War API	母巢之战 API
CA	Cellular Automata	元胞自动机
CI	Computational Intelligence	计算智能
CFR	Counterfactual Regret Minimization	虚拟遗憾最小化
CMA – ES	Covariance Matrix Adaptation Evolution Strategy	协方差矩阵自适应进化策略
CNN	Convolutional Neural Network	卷积神经网络
CPPN	Compositional Pattern Producing Network	组合型模式生成网络
DQN	Deep Q Network	深度 Q 网络
EA	Evolutionary Algorithm	进化算法
EDPCG	Experience – Driven Procedural Content Generation	体验驱动程序化内容生成
EEG	Electroencephalography	脑电图
EMG	Electromyography	肌电图
FPS	First – Person Shooter	第一人称射击
FSM	Finite State Machine	有限状态机
FSMC	Functional Scaffolding for Musical Composition	音乐作曲功能架
GA	Genetic Algorithm	遗传算法
GDC	Game Developers Conference	游戏开发者大会
GGP	General Game Playing	通用对弈游戏
GSP	Generalized Sequential Patterns	广义序贯模式

GSR	Galvanic Skin Response	皮肤电响应
GVGAI	General Video Game Artificial Intelligence	通用视频游戏 AI
HCI	Human – Computer Interaction	人机交互
JPS	Jump Point Search	跳点式搜索
LSTM	Long Short – Term Memory	长短时记忆模型
MCTS	Monte Carlo Tree Search	蒙特卡罗树搜索
MDP	Markov Decision Process	马尔科夫决策过程
MLP	Multi – Layer Perceptron	多层感知机
MOBA	Multiplayer Online Battle Arenas	多人在线战术竞技游戏
NEAT	Neuro Evolution of Augmenting Topologies	增强拓扑神经进化
NES	Natural Evolution Strategy	自然进化策略
NLP	Natural Language Processing	自然语言处理
NPC	Non – Player Character	非玩家角色
PC	Player Character	玩家角色
PCG	Procedural Content Generation	程序化内容生成
PENS	Player Experience of Need Satisfaction	玩家需求满意度调查
PLT	Preference Learning Toolbox	偏好学习工具包
RBF	Radial Basis Function	径向基函数
ReLU	Rectified Linear Unit	修正线性单元
RPG	Role – Playing Game	角色扮演游戏
RTS	Real – Time Strategy	实时战略游戏
RL	Reinforcement Learning	强化学习
TD	Temporal Difference	差分
TRU	Tomb Raider：Underworld	古墓丽影：地下世界
TSP	Traveling Salesman Problem	旅行商问题
SC：BW	StarCraft：Brood War	星际争霸：母巢之战
SOM	Self – Organizing Map	自组织映射
STRIPS	Stanford Research Institute Problem Solver	斯坦福研究学院解题者
SVM	Support Vector Machine	支持向量机
UT2k4	Unreal Tournament 2004	虚幻竞技场 2004
VGDL	Video Game Description Language	视频游戏描述语言

附录 B　游戏名称中英文对照表

《吃豆小姐》	Ms Pac – Man
《暗黑破坏神 III》	Diablo III
《无人深空》	No Man's Sky
《血源诅咒》	Chalice Dungeons of Bloodborne
《开心农场》	FarmVille
《无须在意》	Nevermind
《虚幻竞技场 2004》	Unreal Tournament 2004
《光环》	Halo
《银翼杀手》	Blade Runner
《半条命》	Half – Life
《黑与白》	Black and White
《模拟人生》	The Sims
《竞速飞驰》	Forza Motorsport
《极度恐慌》	F. E. A. R.
《文明》	Civilization
《矮人要塞》	Dwarf Fortress
《求生之路》	Left 4 Dead
《荒野大镖客：救赎》	Red Dead Redemption
《寂静岭：破碎的记忆》	Silent Hill: Shattered Memories
《暴雨》	Heavy Rain
《最高指挥官 2》	Supreme Commander 2
《最后生还者》	The Last of Us
《生化奇兵：无限》	BioShock Infinite
《血与桂冠》	Blood & Laurels
《异形：隔离》	Alien: Isolation
《洞穴探险》	Spelunky
《上古卷轴 5：天际》	Elder Scrolls V: Skyrim
《疯狂旅鼠》	Lemmings
《扫雷》	Minesweeper game
《超级马里奥兄弟》	Super Mario Bros

《星际争霸》	*StarCraft*
《星际争霸 II》	*StarCraft II*
《精灵宝可梦 Go》	*Pokemon Go*
《吃豆人》	*Pac – Man*
《光环 2》	*Halo 2*
《生化奇兵》	*Bioshock*
《可汗 2：战争之王》	*Kohan 2：Kings of War*
《钢铁侠》	*Iron Man*
《杀戮地带 2》	*Killzone 2*
《龙腾世纪：起源》	*Dragon Age：Origins*
《魔兽争霸 III：混乱之治》	*Warcraft III：Reign of Chaos*
《我的世界》	*Minecraft*
《反恐精英》	*Counter – Strike*
《幽浮：未知敌人》	*XCOM：Enemy Unknown*
《新超级马里奥兄弟》	*New Super Mario Bros*
《太空侵略者》	*Space Invaders*
《太空大战》	*Spacewar!*
《英雄联盟》	*League of Legends*
《马里奥赛车》	*Mario Kart*
《魔域帝国》	*Zork*
《巨穴历险》	*Colossal Cave Adventure*
《屋顶狂奔》	*Canabalt*
《最终幻想》	*Final Fantasy*
《毁灭战士》	*DOOM*
《暗黑破坏神》	*Diablo*
《英雄学院》	*Hero Academy*
《侠盗猎车手》	*Grand Theft Auto*
《车票之旅》	*Ticket to Ride*
《炉石传说》	*Hearthstone*
《田径》	*Track&Field*
《十项全能》	*Decathlon*
《轻敲者》	*Tapper*
《打鸭子》	*Duck Hunt*

《导弹指挥官》	Missile Command
《防卫者》	Defender
《异型战机》	R - type
《青蛙过河》	Frogger
《推石小子》	Boulder Dash
《蒙特祖玛的复仇》	Montezuma's Revenge
《无限马里奥兄弟》	Infinite Mario Bros
《雪人难堆》	A Good Snow Man Is Hard to Build
《幽浮》	XCOM
《帝国时代》	Age of Empires
《命令与征服》	Command and Conquer
《文明 V》	Civilization V
《文明 II》	Civilization II
《真实赛车》	Real Racing
《极品飞车》	Need for Speed
《反重力赛车》	WipeOut
《德军总部 3D》	Wolfenstein 3D
《战争机器》	Gears of War
《传送门》	Portal
《雷神之锤》	Quake
《龙箱》	Dragonbox
《魔域帝国 I》	Zork I
《宝石迷阵》	Bejeweled
《愤怒的小鸟》	Angry Birds
《割绳》	Cut the Rope
《梦之旅》	Dream Chronicles
《美女餐厅》	Diner Dash
《植物大战僵尸》	Plants vs. Zombies
《吞食鱼》	Feeding Frenzy
《探索博彩岛》	Slingo Quest
《道风：莲花之拳》	Tao Feng: Fist of the Lotus
《俄罗斯方块》	Tetris
《毁灭杀手》	. kkrieger

《模拟城市》	*SimCity*
《淘金者》	*Lode Runner*
《小小大星球》	*LittleBigPlanet*
《孢子》	*Spore*
《伊甸园创造工具包》	*Garden of Eden Creation Kit*
《虚幻开发工具包》	*Unreal Development Kit*
《银河系军备竞赛》	*Galactic Arms Race*
《割绳》	*Cut the Rope*
《糖果粉碎传奇》	*Candy Crush Saga*
《刺客信条》	*Assassin's Creed*
《使命召唤》	*Call of Duty*
《生化危机4》	*Resident Evil 4*
《马克思佩恩》	*Max Payne*
《失忆症：黑暗后裔》	*Amnesia：The Dark Descent*
《魔兽世界》	*World of Warcraft*
《文明 IV》	*Civilization IV*
《真实之声：风的遗憾》	*Real Sound：Kaze no Regret*
《地狱边境》	*Limbo*
《虚幻竞技场 III》	*Unreal Tournament III*
《辐射 3》	*Fallout 3*
《变形》	*Proteus*
《音乐战机》	*Audio Surf*
《质量效应》	*Mass Effect*
《圣野之旅》	*The Journey of Wild Divine*
《战地 3》	*Battlefield 3*
《古墓丽影：地下世界》	*Tomb Raider：Underworld*
《迷你地下城》	*MiniDungeons*
《迷宫球》	*Maze – Ball*
《雷神之锤 II》	*Quake II*
《最终幻想 VII》	*Final Fantasy VII*
《井字棋》	*Tic – Tac – Toe*
《国际象棋》	*Chess*
《国际跳棋》	*Checker*

《围棋》	*Go*
《珠玑妙算》	*Mastermind game*
《海战棋》	*Battleship*
《扑克》	*Poker*
《桥牌》	*Bridge*
《大富翁》	*Monopoly*
《西洋双陆棋》	*Backgammon*
《鲁多游戏》	*Ludo*
《快艇骰子》	*Yahtzee*
《数独游戏》	*Sudoku*
《单词解谜》	*Spelltower*
《双人有限注德州扑克》	*Heads – up limit hold' em*
《万智牌》	*Magic：The Gathering*
《德州扑克》	*Texas hold' em*
《皇舆争霸》	*Dominion*
《生命游戏》	*Game of Life*
《弹球迷阵》	*Maze – Ball*

附录 C　中英文术语对照表

棋盘游戏	board games
通用游戏 AI	general game AI
蒙特卡罗树搜索	Monte – Carlo Tree Search
程序化内容生成	procedural content generation
玩家建模	player modeling
计算叙事	computational narrative
神经进化	neuroevolution
进化计算	evolutionary computation
计算智能	computational intelligence
针对体验的游玩	playing for experience
非玩家角色	non – player character, NPC
树搜索	tree search
优化	optimization
监督学习	supervised learning
无监督学习	unsupervised learning
强化学习	reinforcement learning
极大极小算法	Minimax algorithm
西洋双陆棋	backgammon
时序差分学习	temporal difference learning
视频游戏	video games
拟真智能体	believable agents
游戏图灵测试	game Turing Test
寻路	pathfinding
基于行为的 AI	behavior – based AI
高级对手策略	advanced opponent tactics
感知机	perceptron
决策树	decision trees
信赖 – 渴望 – 意图感知模型	belief – desire – intention cognitive model
环境敏感行为	context – sensitive behaviors
阶段性世界生成	procedurally generated worlds

真实决斗   realistic gunfights

基于人格适应   personality – based adaptation

神经进化训练   neuroevolutionary training

交互式叙事   interactive narratives

沉浸感   immersion

特定行为编辑   ad – Hoc behavior authoring

游戏开发者会议   Game Developer Conference, GDC

信号处理   signal processing

自然语言处理   natural language processing, NLP

交互式故事阐述   interactive storytelling

规划   planning

导航   navigation

人机交互   human – computer interaction , HCI

情感循环   affective loop

通用对弈游戏   general game playing

通用视频游戏 AI 竞赛   General Video Game AI Competition

游戏描述语言   game description languages

计算叙事   computational narrative

程序性角色   procedural personas

特定编辑   ad – hoc authoring

非确定性的   non – deterministic

表征   representation

效用   utility

行为编辑   behavior authoring

有限状态机   finite state machines

行为树   behavior trees

基于效用的 AI   utility – based AI

隶属函数   membership function

遗传算法   genetic algorithms

进化策略   evolution strategies

粒子群优化   particle swarm optimization

支持向量机   support vector machines

决策树学习   decision tree learning

奖赏	rewards
频繁模式挖掘	frequent pattern mining
广义序贯模式	generalized sequential patterns
文法演变	grammatical evolution
概率模型	probabilistic models
连接机制	connectionism
遗传	genetic
表格	tabular
启发式	heuristic
适应度	fitness
目标函数	objective function
损失函数	loss function
代价函数	cost function
误差函数	error function
竞争学习	competitive learning
自组织	self – organization
序列节点	sequence
选择节点	selector
装饰节点	decorator
搜索树	search tree
非启发式搜索	uninformed search
深度优先搜索	depth – first search
回溯	backtracking
宽度优先搜索	breadth – first search
最佳优先搜索	best – first search
实时启发式搜索	real – time heuristic search
跳点式搜索	jump point search
启发式搜索	informed search
极大极小	Minimax
井字棋	tic – tac – toe
状态评估	state evaluation
$\alpha - \beta$ 剪枝	$\alpha - \beta$ pruning
确定性游戏	deterministic games

随机推演	rollouts
反向传播	Backpropagation
树策略	tree policy
小量贪婪（算法）	epsilon – greedy
汤普森采样	Thompson sampling
贝叶斯匪徒（模型）	Bayesian bandits
默认策略	default Policy
宏观行动	macro – actions
效用函数	utility function
评估函数	evaluation function
适应度函数	fitness function
进化算法	evolutionary algorithms
爬山（算法）	hill climber
基于梯度的爬山（算法）	gradient – based hill climber
随机爬山（算法）	randomized hill climber
变异	mutation
倒置	inversion
局部最优值	local optimum
模拟退火	simulated annealing
种群	population
交叉	crossover
重组	recombination
均匀交叉	uniform crossover
单点交叉	one – point crossover
轮盘赌	roulette – wheel
锦标赛	tournament
多世代（方法）	generational
稳态（方法）	steady state
精英（方法）	elitism
世代	generation
遗传算子	genetic operators
多目标进化算法	multiobjective evolutionary algorithms
帕累托前沿	Pareto front

标记数据	labeled data
数据属性	data attributes
泛化性	generalization
人工神经网络	artificial neural networks
基于案例的推理	case – based reasoning
随机森林	random forests
高斯回归	Gaussian regression
朴素贝叶斯分类器	naive Bayes classifiers
k 最近邻	k – nearest neighbors
分类	classification
回归	regression
偏好学习	preference learning
赫布学习	Hebbian learning
自组织映射	self – organizing maps
赫维赛德阶跃激活函数	Heaviside step activation function
S 形 Logistic 函数	sigmoid – shaped logistic function
修正线性单元	rectified linear unit, ReLU
多层感知机	multi – layer perceptron, MLP
隐藏层	hidden layers
输出层	output layer
输入层	input layer
偏置权重	bias weight
学习率	learning rate
梯度下降	gradient descent
规范化	normalized
动量	momentum
非批量模式	non – batch mode
批量模式	batch mode
递归神经网络	recurrent neural networks
玻尔兹曼机	Boltzmann machines
长短时记忆（模型）	long short – term memory
自动编码器	autoencoder
深度学习	deep learning

间隔	margin
最大间隔	maximum – margin
支持向量	support vectors
硬间隔	hard – margin
软间隔	soft – margin
子梯度下降	sub – gradient descent
坐标下降	coordinate descent
核函数	kernels
多项式函数	polynomial functions
高斯径向基函数	Gaussian radial basis functions
双曲正切函数	hyperbolic tangent functions
观察值	observations
信息增益	Information gain
增益率	Gain ratio
策略	policy
马尔科夫决策过程	Markov decision process，MDP
马尔科夫性质	Markov property
免模型	model – free
利用	exploitation
探索	exploration
插曲式	episodic
增量式	incremental
片段	episode
异策略	off – policy
同策略	on – policy
自举	bootstrapping
备份	backup
折扣因子	discount factor
数据缩减	data reduction
紧密度	compactness
分离性	separation
质心	centroid
单链	single link

全链	complete link
层次聚类	hierarchical clustering
量化误差	quantization error
聚集	agglomerative
分裂	divisive
项目集	itemsets
频繁项目集挖掘	frequent itemset mining
频繁序列挖掘	frequent pattern mining
支持度	support
数据序列	data sequence
频繁序列	frequent sequence
支持计数	support count
增强拓扑的神经进化（算法）	NeuroEvolution of Augmenting Topologies，NEAT
值函数	value function
深度 Q 网络	Deep Q Networks
基于模拟的测试	simulation – based testing
类人智能体	human – like agent
扎营行为	camping
前向模型	forward model
时间粒度	time granularity
双人零和对抗游戏	two – player zero – sum adversarial games
随机	stochastic
确定化	determinization
进化强化学习	evolutionary reinforcement learning
完美信息	perfect information
隐藏信息	hidden information
卡牌游戏	card games
信息集蒙特卡罗树搜索	Information set Monte Carlo tree search
探索 – 开发困境	exploration – exploitation dilemma
开源赛车竞速模拟器	The Open Racing Car Simulator，TORCS
过拟合	overfitting
分层式寻路	hierarchical pathfinding

信息集蒙特卡罗树搜索	information set Monte Carlo tree search
旋转水平进化	rolling horizon evolution
物理旅行商问题	physical traveling salesman problem
在线进化	online evolution
进化对抗规划	evolutionary adversarial planning
属型	genotype
遗传编程	genetic programming
个体发育	ontogenetic
系统发育	phylogenetic
经验回放	experience replay
进化机器人学	evolutionary robotics
维度灾难	curse of dimensionality
动态脚本	dynamic scripting
对抗性规划	adversarial planning
虚拟遗憾最小化	counterfactual regret minimization, CFR
遗憾	regret
本体	ontology
混合奖赏架构	hybrid reward architecture
视频游戏描述语言	video game description language, VGDL
开环最大期望树搜索	open loop expectimax tree search
迭代宽度	iterative width
超启发式	hyper – heuristics
算法抉择	algorithm selection
朴素采样	naive sampling
蒙特卡罗	Monte Carlo
母巢之战 API	Brood War API, BWAPI
势场	potential fields
模糊逻辑	fuzzy logic
项目组合贪婪搜索	portfolio greedy search
项目组合	portfolio
惰性学习	lazy learning

渐进式进化	incremental evolution
群体游戏	crowdplaying
人类计算	human computation
叙事生成	narrative generation
回答集编程	answer set programming
自适应玩家的游戏	player – adaptive games
可供性	affordances
元胞自动机	cellular automata
混合主导的	mixed – initiative
体验无关的	experience – agnostic
体验主导的	experience – driven
约束求解器	constraint solver
逻辑编程	logic programming
产生规则	production rules
公理	axiom
海龟绘图	turtle graphics
上下文敏感的	context – sensitive
元胞自动机（复数）	cellular automata
邻域	neighborhood
影响地图	influence maps
噪声算法	noise algorithms
分型算法	fractal algorithms
强度图	intensity map
体素	voxel
中点位移算法	midpoint displacement algorithms
云分型	the cloud fractal
等离子分型	the plasma fractal
柏林噪声	Perlin noise
生成对抗网络	generative adversarial networks
变分自编码器	variational autoencoder
音乐作曲功能架	functional scaffolding for musical composition

AI 辅助游戏设计	AI – assisted game design
栈式自动编码器	stacked autoencoders
约束突击搜索	constrained surprise search
剧情声	diegetic
分层任务网络规划	hierarchical task network planning
多人在线战术竞技游戏	multiplayer online battle arenas
可行 – 不可行双种群遗传算法	feasible – infeasible two – population genetic algorithm
程序化角色	procedural personas
众包方法	crowdsourcing
玩家分析	player profiling
游戏分析方法	game analytics
关联挖掘	association mining
环状情感模型	circumplex model of affect
唤醒程度	arousal
评价值	valence
心智理论	theory of mind
可用性理论	usability theory
信念 – 欲望 – 意图	belief – desire – intention，BDI
观点挖掘	opinion mining
流动性概念	concept of flow
流动性通道	flow channel
合并理论模型	theoretical model of incorporation
玩家指标	player metrics
虚拟现实	virtual reality，VR
人格五因素模型	five factor model
表情符号	emoji
基础事实	ground truth
有声思维报告	think – aloud protocol
记忆 – 体验差异	memory – experience gap
峰值规则	peak – end rule
回溯性提问方法	retrospective interviewing method

自我评价量表	self – assessment manikin
正性和负性情绪量表	positive and negative affect schedule
游戏体验问卷调查	game experience questionnaire
流动性状态量表	flow state scale
自我决定理论	self – determination theory
首因和近因效应	primacy and recency order effects
类别分裂准则	class splitting criteria
有限理性心理学	psychology of bounded rationality
适应水平理论	adaptation level theory
线性判别分析	linear discriminant analysis
大边界	large margins
向量量化	vector quantization
紧急自组织映射	emergent self – organizing map
替代强制选择	alternative forced choice, AFC
模块编排	facet orchestration
超形式主义游戏研究	hyper – formalist game studies
过滤气泡	filter bubble
通用视频游戏 AI 竞赛	General Video Game AI Competition
通用对弈游戏竞赛	General Game Playing Competition
马里奥 AI 竞赛	Mario AI Competition
吃豆人屏幕捕获竞赛	The Pac – Man Screen Capture Competition
吃豆人小姐对鬼魂团队竞赛	The Ms Pac – Man vs Ghost Team Competition
模拟车辆竞速锦标赛	Simulated Car Racing Championship
愤怒的小鸟 AI 竞赛	Angry Birds AI Competition
格斗游戏 AI 竞赛	Fighting Game AI Competition

参 考 文 献

1. Espen Aarseth. Genre trouble. *Electronic Book Review*, 3, 2004.
2. Martín Abadi, Ashish Agarwal, Paul Barham, Eugene Brevdo, Zhifeng Chen, Craig Citro, Greg S. Corrado, Andy Davis, Jeffrey Dean, Matthieu Devin, et al. TensorFlow: Large-scale machine learning on heterogeneous distributed systems. *arXiv preprint arXiv:1603.04467*, 2016.
3. Ryan Abela, Antonios Liapis, and Georgios N. Yannakakis. A constructive approach for the generation of underwater environments. In *Proceedings of the FDG workshop on Procedural Content Generation in Games*, 2015.
4. David H. Ackley, Geoffrey E. Hinton, and Terrence J. Sejnowski. A learning algorithm for Boltzmann machines. *Cognitive Science*, 9(1):147–169, 1985.
5. Alexandros Agapitos, Julian Togelius, Simon M. Lucas, Jürgen Schmidhuber, and Andreas Konstantinidis. Generating diverse opponents with multiobjective evolution. In *Computational Intelligence and Games, 2008. CIG'08. IEEE Symposium On*, pages 135–142. IEEE, 2008.
6. Rakesh Agrawal, Tomasz Imieliński, and Arun Swami. Mining association rules between sets of items in large databases. In *ACM SIGMOD Record*, pages 207–216. ACM, 1993.
7. Rakesh Agrawal and Ramakrishnan Srikant. Fast algorithms for mining association rules. In *Proceedings of the 20th International Conference on Very Large Data Bases, VLDB*, pages 487–499, 1994.
8. John B. Ahlquist and Jeannie Novak. *Game development essentials: Game artificial intelligence*. Delmar Pub, 2008.
9. Zach Aikman. Galak-Z: Forever: Building Space-Dungeons Organically. In *Game Developers Conference*, 2015.
10. Bob Alexander. The beauty of response curves. *AI Game Programming Wisdom*, page 78, 2002.
11. Krishna Aluru, Stefanie Tellex, John Oberlin, and James MacGlashan. Minecraft as an experimental world for AI in robotics. In *AAAI Fall Symposium*, 2015.
12. Samuel Alvernaz and Julian Togelius. Autoencoder-augmented neuroevolution for visual doom playing. In *IEEE Conference on Computational Intelligence and Games*. IEEE, 2017.
13. Omar Alzoubi, Rafael A. Calvo, and Ronald H. Stevens. Classification of EEG for Affect Recognition: An Adaptive Approach. In *AI 2009: Advances in Artificial Intelligence*, pages 52–61. Springer, 2009.
14. Mike Ambinder. Biofeedback in gameplay: How Valve measures physiology to enhance gaming experience. In *Game Developers Conference*, San Francisco, California, US, 2011.
15. Dan Amerson, Shaun Kime, and R. Michael Young. Real-time cinematic camera control for interactive narratives. In *Proceedings of the 2005 ACM SIGCHI International Conference on Advances in Computer Entertainment Technology*, pages 369–369. ACM, 2005.
16. Elisabeth André, Martin Klesen, Patrick Gebhard, Steve Allen, and Thomas Rist. Integrating models of personality and emotions into lifelike characters. In *Affective interactions*, pages 150–165. Springer, 2000.
17. John L. Andreassi. *Psychophysiology: Human Behavior and Physiological Response*. Psychology Press, 2000.
18. Rudolf Arnheim. *Art and visual perception: A psychology of the creative eye*. University of California Press, 1956.

19. Ivon Arroyo, David G. Cooper, Winslow Burleson, Beverly Park Woolf, Kasia Muldner, and Robert Christopherson. Emotion sensors go to school. In *Proceedings of Conference on Artificial Intelligence in Education (AIED)*, pages 17–24. IOS Press, 2009.
20. W. Ross Ashby. Principles of the self-organizing system. In *Facets of Systems Science*, pages 521–536. Springer, 1991.
21. Daniel Ashlock. *Evolutionary computation for modeling and optimization*. Springer, 2006.
22. Stylianos Asteriadis, Kostas Karpouzis, Noor Shaker, and Georgios N. Yannakakis. Does your profile say it all? Using demographics to predict expressive head movement during gameplay. In *Proceedings of UMAP Workshops*, 2012.
23. Stylianos Asteriadis, Paraskevi Tzouveli, Kostas Karpouzis, and Stefanos Kollias. Estimation of behavioral user state based on eye gaze and head pose—application in an e-learning environment. *Multimedia Tools and Applications*, 41(3):469–493, 2009.
24. Phillipa Avery, Sushil Louis, and Benjamin Avery. Evolving coordinated spatial tactics for autonomous entities using influence maps. In *Computational Intelligence and Games, 2009. CIG 2009. IEEE Symposium on*, pages 341–348. IEEE, 2009.
25. Phillipa Avery, Julian Togelius, Elvis Allstar, and Robert Pieter van Leeuwen. Computational intelligence and tower defence games. In *Evolutionary Computation (CEC), 2011 IEEE Congress on*, pages 1084–1091. IEEE, 2011.
26. Ruth Aylett, Sandy Louchart, Joao Dias, Ana Paiva, and Marco Vala. FearNot!–an experiment in emergent narrative. In *Intelligent Virtual Agents*, pages 305–316. Springer, 2005.
27. Simon E. Ortiz B., Koichi Moriyama, Ken-ichi Fukui, Satoshi Kurihara, and Masayuki Numao. Three-subagent adapting architecture for fighting videogames. In *Pacific Rim International Conference on Artificial Intelligence*, pages 649–654. Springer, 2010.
28. Sander Bakkes, Pieter Spronck, and Jaap van den Herik. Rapid and reliable adaptation of video game AI. *IEEE Transactions on Computational Intelligence and AI in Games*, 1(2):93–104, 2009.
29. Sander Bakkes, Shimon Whiteson, Guangliang Li, George Viorel Vişniuc, Efstathios Charitos, Norbert Heijne, and Arjen Swellengrebel. Challenge balancing for personalised game spaces. In *Games Media Entertainment (GEM), 2014 IEEE*, pages 1–8. IEEE, 2014.
30. Rainer Banse and Klaus R. Scherer. Acoustic profiles in vocal emotion expression. *Journal of Personality and Social Psychology*, 70(3):614, 1996.
31. Ray Barrera, Aung Sithu Kyaw, Clifford Peters, and Thet Naing Swe. *Unity AI Game Programming*. Packt Publishing Ltd, 2015.
32. Gabriella A. B. Barros, Antonios Liapis, and Julian Togelius. Data adventures. In *Proceedings of the FDG workshop on Procedural Content Generation in Games*, 2015.
33. Richard A. Bartle. *Designing virtual worlds*. New Riders, 2004.
34. Chris Bateman and Richard Boon. *21st Century Game Design (Game Development Series)*. Charles River Media, Inc., 2005.
35. Chris Bateman and Lennart E. Nacke. The neurobiology of play. In *Proceedings of the International Academic Conference on the Future of Game Design and Technology*, pages 1–8. ACM, 2010.
36. Christian Bauckhage, Anders Drachen, and Rafet Sifa. Clustering game behavior data. *IEEE Transactions on Computational Intelligence and AI in Games*, 7(3):266–278, 2015.
37. Yoann Baveye, Jean-Noël Bettinelli, Emmanuel Dellandrea, Liming Chen, and Christel Chamaret. A large video database for computational models of induced emotion. In *Proceedings of Affective Computing and Intelligent Interaction*, pages 13–18, 2013.
38. Jessica D. Bayliss. Teaching game AI through Minecraft mods. In *2012 IEEE International Games Innovation Conference (IGIC)*, pages 1–4. IEEE, 2012.
39. Farès Belhadj. Terrain modeling: a constrained fractal model. In *Proceedings of the 5th international conference on Computer graphics, virtual reality, visualisation and interaction in Africa*, pages 197–204. ACM, 2007.
40. Marc G. Bellemare, Yavar Naddaf, Joel Veness, and Michael Bowling. The arcade learning environment: An evaluation platform for general agents. *arXiv preprint arXiv:1207.4708*, 2012.

41. Yoshua Bengio. Learning deep architectures for AI. *Foundations and Trends in Machine Learning*, 2(1):1–127, 2009.

42. José Luis Bernier, C. Ilia Herráiz, J. J. Merelo, S. Olmeda, and Alberto Prieto. Solving Mastermind using GAs and simulated annealing: a case of dynamic constraint optimization. In *Parallel Problem Solving from Nature (PPSN) IV*, pages 553–563. Springer, 1996.

43. Kent C. Berridge. Pleasures of the brain. *Brain and Cognition*, 52(1):106–128, 2003.

44. Dimitri P. Bertsekas. *Dynamic programming and optimal control*. Athena Scientific Belmont, MA, 1995.

45. Nadav Bhonker, Shai Rozenberg, and Itay Hubara. Playing SNES in the Retro Learning Environment. *arXiv preprint arXiv:1611.02205*, 2016.

46. Mateusz Bialas, Shoshannah Tekofsky, and Pieter Spronck. Cultural influences on play style. In *Computational Intelligence and Games (CIG), 2014 IEEE Conference on*, pages 1–7. IEEE, 2014.

47. Nadia Bianchi-Berthouze and Christine L. Lisetti. Modeling multimodal expression of user's affective subjective experience. *User Modeling and User-Adapted Interaction*, 12(1):49–84, 2002.

48. Darse Billings, Denis Papp, Jonathan Schaeffer, and Duane Szafron. Opponent modeling in poker. In *AAAI/IAAI*, pages 493–499, 1998.

49. Christopher M. Bishop. *Pattern Recognition and Machine Learning*. 2006.

50. Staffan Björk and Jesper Juul. Zero-player games. In *Philosophy of Computer Games Conference, Madrid*, 2012.

51. Vikki Blake. Minecraft Has 55 Million Monthly Players, 122 Million Sales. *Imagine Games Network*, February 2017.

52. Paris Mavromoustakos Blom, Sander Bakkes, Chek Tien Tan, Shimon Whiteson, Diederik M. Roijers, Roberto Valenti, and Theo Gevers. Towards Personalised Gaming via Facial Expression Recognition. In *Proceedings of AIIDE*, 2014.

53. Margaret A. Boden. What is creativity. *Dimensions of creativity*, pages 75–117, 1994.

54. Margaret A. Boden. Creativity and artificial intelligence. *Artificial Intelligence*, 103(1):347–356, 1998.

55. Margaret A. Boden. *The creative mind: Myths and mechanisms*. Psychology Press, 2004.

56. Slawomir Bojarski and Clare Bates Congdon. REALM: A rule-based evolutionary computation agent that learns to play Mario. In *Computational Intelligence and Games (CIG), 2010 IEEE Symposium on*, pages 83–90. IEEE, 2010.

57. Luuk Bom, Ruud Henken, and Marco Wiering. Reinforcement learning to train Ms. Pac-Man using higher-order action-relative inputs. In *Adaptive Dynamic Programming and Reinforcement Learning (ADPRL), 2013 IEEE Symposium on*, pages 156–163. IEEE, 2013.

58. Blai Bonet and Héctor Geffner. Planning as heuristic search. *Artificial Intelligence*, 129(1-2):5–33, 2001.

59. Philip Bontrager, Ahmed Khalifa, Andre Mendes, and Julian Togelius. Matching games and algorithms for general video game playing. In *Twelfth Artificial Intelligence and Interactive Digital Entertainment Conference*, 2016.

60. Michael Booth. The AI systems of Left 4 Dead. In *Fifth Artificial Intelligence and Interactive Digital Entertainment Conference (Keynote)*, 2009.

61. Adi Botea, Martin Müller, and Jonathan Schaeffer. Near optimal hierarchical path-finding. *Journal of Game Development*, 1(1):7–28, 2004.

62. David M. Bourg and Glenn Seemann. *AI for game developers*. O'Reilly Media, Inc., 2004.

63. Michael Bowling, Neil Burch, Michael Johanson, and Oskari Tammelin. Heads-up limit holdem poker is solved. *Science*, 347(6218):145–149, 2015.

64. Danah Boyd and Kate Crawford. Six provocations for big data. In *A decade in internet time: Symposium on the dynamics of the internet and society*. Oxford Internet Institute, Oxford, 2011.

65. S. R. K. Branavan, David Silver, and Regina Barzilay. Learning to win by reading manuals in a Monte-Carlo framework. *Journal of Artificial Intelligence Research*, 43:661–704, 2012.

66. Michael E. Bratman, David J. Israel, and Martha E. Pollack. Plans and resource-bounded practical reasoning. *Computational Intelligence*, 4(3):349–355, 1988.

67. Leo Breiman, Jerome Friedman, Charles J. Stone, and Richard A. Olshen. *Classification and regression trees*. CRC Press, 1984.

68. Daniel Brewer. Tactical pathfinding on a navmesh. *Game AI Pro: Collected Wisdom of Game AI Professionals*, page 361, 2013.

69. Gerhard Brewka, Thomas Eiter, and Mirosław Truszczyński. Answer set programming at a glance. *Communications of the ACM*, 54(12):92–103, 2011.

70. Rodney Brooks. A robust layered control system for a mobile robot. *IEEE Journal on Robotics and Automation*, 2(1):14–23, 1986.

71. David S. Broomhead and David Lowe. Radial basis functions, multi-variable functional interpolation and adaptive networks. *Royals Signals & Radar Establishment*, 1988.

72. Anna Brown and Alberto Maydeu-Olivares. How IRT can solve problems of ipsative data in forced-choice questionnaires. *Psychological Methods*, 18(1):36, 2013.

73. Daniel Lankford Brown. Mezzo: An adaptive, real-time composition program for game soundtracks. In *Eighth Artificial Intelligence and Interactive Digital Entertainment Conference*, 2012.

74. Cameron Browne. *Automatic generation and evaluation of recombination games*. PhD thesis, Queensland University of Technology, 2008.

75. Cameron Browne. Yavalath. In *Evolutionary Game Design*, pages 75–85. Springer, 2011.

76. Cameron Browne and Frederic Maire. Evolutionary game design. *IEEE Transactions on Computational Intelligence and AI in Games*, 2(1):1–16, 2010.

77. Cameron B. Browne, Edward Powley, Daniel Whitehouse, Simon M. Lucas, Peter I. Cowling, Philipp Rohlfshagen, Stephen Tavener, Diego Perez, Spyridon Samothrakis, and Simon Colton. A survey of Monte Carlo tree search methods. *Computational Intelligence and AI in Games, IEEE Transactions on*, 4(1):1–43, 2012.

78. Nicholas J. Bryan, Gautham J. Mysore, and Ge Wang. ISSE: An Interactive Source Separation Editor. In *Proceedings of the SIGCHI Conference on Human Factors in Computing Systems*, pages 257–266, 2014.

79. Bobby D. Bryant and Risto Miikkulainen. Evolving stochastic controller networks for intelligent game agents. In *Evolutionary Computation, 2006. CEC 2006. IEEE Congress on*, pages 1007–1014. IEEE, 2006.

80. Mat Buckland. *Programming game AI by example*. Jones & Bartlett Learning, 2005.

81. Mat Buckland and Mark Collins. *AI techniques for game programming*. Premier Press, 2002.

82. Vadim Bulitko, Yngvi Björnsson, Nathan R. Sturtevant, and Ramon Lawrence. Real-time heuristic search for pathfinding in video games. In *Artificial Intelligence for Computer Games*, pages 1–30. Springer, 2011.

83. Vadim Bulitko, Greg Lee, Sergio Poo Hernandez, Alejandro Ramirez, and David Thue. Techniques for AI-Driven Experience Management in Interactive Narratives. In *Game AI Pro 2: Collected Wisdom of Game AI Professionals*, pages 523–534. AK Peters/CRC Press, 2015.

84. Paolo Burelli. Virtual cinematography in games: investigating the impact on player experience. *Foundations of Digital Games*, 2013.

85. Paolo Burelli and Georgios N. Yannakakis. Combining Local and Global Optimisation for Virtual Camera Control. In *Proceedings of the 2010 IEEE Conference on Computational Intelligence and Games*, Copenhagen, Denmark, August 2010. IEEE.

86. Christopher J. C. Burges. A tutorial on support vector machines for pattern recognition. *Data mining and Knowledge Discovery*, 2(2):121–167, 1998.

87. Michael Buro and David Churchill. Real-time strategy game competitions. *AI Magazine*, 33(3):106, 2012.

88. Carlos Busso, Zhigang Deng, Serdar Yildirim, Murtaza Bulut, Chul Min Lee, Abe Kazemzadeh, Sungbok Lee, Ulrich Neumann, and Shrikanth Narayanan. Analysis of emotion recognition using facial expressions, speech and multimodal information. In *Proceedings of the International Conference on Multimodal Interfaces (ICMI)*, pages 205–211. ACM, 2004.

89. Eric Butler, Adam M. Smith, Yun-En Liu, and Zoran Popovic. A mixed-initiative tool for designing level progressions in games. In *Proceedings of the 26th Annual ACM Symposium on User Interface Software and Technology*, pages 377–386. ACM, 2013.

90. Martin V. Butz and Thies D. Lonneker. Optimized sensory-motor couplings plus strategy extensions for the TORCS car racing challenge. In *IEEE Symposium on Computational Intelligence and Games*, pages 317–324. IEEE, 2009.

91. John T. Cacioppo, Gary G. Berntson, Jeff T. Larsen, Kirsten M. Poehlmann, and Tiffany A. Ito. The psychophysiology of emotion. *Handbook of emotions*, 2:173–191, 2000.

92. Francesco Calimeri, Michael Fink, Stefano Germano, Andreas Humenberger, Giovambattista Ianni, Christoph Redl, Daria Stepanova, Andrea Tucci, and Anton Wimmer. Angry-HEX: an artificial player for Angry Birds based on declarative knowledge bases. *IEEE Transactions on Computational Intelligence and AI in Games*, 8(2):128–139, 2016.

93. Aylin Caliskan, Joanna J. Bryson, and Arvind Narayanan. Semantics derived automatically from language corpora contain human-like biases. *Science*, 356(6334):183–186, 2017.

94. Gordon Calleja. *In-game: from immersion to incorporation*. MIT Press, 2011.

95. Rafael Calvo, Iain Brown, and Steve Scheding. Effect of experimental factors on the recognition of affective mental states through physiological measures. In *AI 2009: Advances in Artificial Intelligence*, pages 62–70. Springer, 2009.

96. Elizabeth Camilleri, Georgios N. Yannakakis, and Alexiei Dingli. Platformer Level Design for Player Believability. In *IEEE Computational Intelligence and Games Conference*. IEEE, 2016.

97. Elizabeth Camilleri, Georgios N. Yannakakis, and Antonios Liapis. Towards General Models of Player Affect. In *Affective Computing and Intelligent Interaction (ACII), 2017 International Conference on*, 2017.

98. Murray Campbell, A. Joseph Hoane, and Feng-hsiung Hsu. Deep blue. *Artificial intelligence*, 134(1-2):57–83, 2002.

99. Henrique Campos, Joana Campos, João Cabral, Carlos Martinho, Jeppe Herlev Nielsen, and Ana Paiva. My Dream Theatre. In *Proceedings of the 2013 International Conference on Autonomous Agents and Multi-Agent Systems*, pages 1357–1358. International Foundation for Autonomous Agents and Multiagent Systems, 2013.

100. Joana Campos, Carlos Martinho, Gordon Ingram, Asimina Vasalou, and Ana Paiva. My dream theatre: Putting conflict on center stage. In *FDG*, pages 283–290, 2013.

101. Alessandro Canossa, Josep B. Martinez, and Julian Togelius. Give me a reason to dig Minecraft and psychology of motivation. In *Computational Intelligence in Games (CIG), 2013 IEEE Conference on*. IEEE, 2013.

102. Luigi Cardamone, Daniele Loiacono, and Pier Luca Lanzi. Interactive evolution for the procedural generation of tracks in a high-end racing game. In *Proceedings of the 13th Annual Conference on Genetic and Evolutionary Computation*, pages 395–402. ACM, 2011.

103. Luigi Cardamone, Georgios N. Yannakakis, Julian Togelius, and Pier Luca Lanzi. Evolving interesting maps for a first person shooter. In *Applications of Evolutionary Computation*, pages 63–72. Springer, 2011.

104. Justine Cassell. *Embodied conversational agents*. MIT Press, 2000.

105. Justine Cassell, Timothy Bickmore, Mark Billinghurst, Lee Campbell, Kenny Chang, Hannes Vilhjálmsson, and Hao Yan. Embodiment in conversational interfaces: Rea. In *Proceedings of the SIGCHI conference on Human Factors in Computing Systems*, pages 520–527. ACM, 1999.

106. Marc Cavazza, Fred Charles, and Steven J. Mead. Character-based interactive storytelling. *IEEE Intelligent Systems*, 17(4):17–24, 2002.

107. Marc Cavazza, Fred Charles, and Steven J. Mead. Interacting with virtual characters in interactive storytelling. In *Proceedings of the First International Joint Conference on Autonomous Agents and Multiagent Systems: part 1*, pages 318–325. ACM, 2002.

108. Georgios Chalkiadakis, Edith Elkind, and Michael Wooldridge. Computational aspects of cooperative game theory. *Synthesis Lectures on Artificial Intelligence and Machine Learning*, 5(6):1–168, 2011.

109. Alex J. Champandard. *AI game development: Synthetic creatures with learning and reactive behaviors*. New Riders, 2003.

110. Alex J. Champandard. Behavior trees for next-gen game AI. In *Game Developers Conference, Audio Lecture*, 2007.

111. Alex J. Champandard. Understanding Behavior Trees. *AiGameDev. com*, 2007.

112. Alex J. Champandard. Getting started with decision making and control systems. *AI Game Programming Wisdom*, 4:257–264, 2008.

113. Jason C. Chan. Response-order effects in Likert-type scales. *Educational and Psychological Measurement*, 51(3):531–540, 1991.

114. Senthilkumar Chandramohan, Matthieu Geist, Fabrice Lefevre, and Olivier Pietquin. User simulation in dialogue systems using inverse reinforcement learning. In *Interspeech 2011*, pages 1025–1028, 2011.

115. Devendra Singh Chaplot and Guillaume Lample. Arnold: An autonomous agent to play FPS games. In *Thirty-First AAAI Conference on Artificial Intelligence*, 2017.

116. Darryl Charles and Michaela Black. Dynamic player modelling: A framework for player-centric digital games. In *Proceedings of the International Conference on Computer Games: Artificial Intelligence, Design and Education*, pages 29–35, 2004.

117. Fred Charles, Miguel Lozano, Steven J. Mead, Alicia Fornes Bisquerra, and Marc Cavazza. Planning formalisms and authoring in interactive storytelling. In *Proceedings of TIDSE*, 2003.

118. Guillaume M. J. B. Chaslot, Mark H. M. Winands, H. Jaap van Den Herik, Jos W. H. M. Uiterwijk, and Bruno Bouzy. Progressive strategies for Monte-Carlo tree search. *New Mathematics and Natural Computation*, 4(03):343–357, 2008.

119. Xiang 'Anthony' Chen, Tovi Grossman, Daniel J. Wigdor, and George Fitzmaurice. Duct: Exploring joint interactions on a smart phone and a smart watch. In *Proceedings of the SIGCHI Conference on Human Factors in Computing Systems*, pages 159–168, 2014.

120. Zhengxing Chen, Magy Seif El-Nasr, Alessandro Canossa, Jeremy Badler, Stefanie Tignor, and Randy Colvin. Modeling individual differences through frequent pattern mining on role-playing game actions. In *Eleventh Artificial Intelligence and Interactive Digital Entertainment Conference, AIIDE*, 2015.

121. Sonia Chernova, Jeff Orkin, and Cynthia Breazeal. Crowdsourcing HRI through online multiplayer games. In *AAAI Fall Symposium: Dialog with Robots*, pages 14–19, 2010.

122. Wei Chu and Zoubin Ghahramani. Preference learning with Gaussian processes. In *Proceedings of the International Conference on Machine learning (ICML)*, pages 137–144, 2005.

123. David Churchill and Michael Buro. Portfolio greedy search and simulation for large-scale combat in StarCraft. In *Computational Intelligence in Games (CIG), 2013 IEEE Conference on*. IEEE, 2013.

124. David Churchill, Mike Preuss, Florian Richoux, Gabriel Synnaeve, Alberto Uriarte, Santiago Ontañón, and Michal Certicky. StarCraft Bots and Competitions. In *Encyclopedia of Computer Graphics and Games*. Springer, 2016.

125. Andrea Clerico, Cindy Chamberland, Mark Parent, Pierre-Emmanuel Michon, Sebastien Tremblay, Tiago H. Falk, Jean-Christophe Gagnon, and Philip Jackson. Biometrics and classifier fusion to predict the fun-factor in video gaming. In *IEEE Computational Intelligence and Games Conference*. IEEE, 2016.

126. Carlos A. Coello Coello, Gary B. Lamont, and David A. van Veldhuizen. *Evolutionary algorithms for solving multi-objective problems*. Springer, 2007.

127. Nicholas Cole, Sushil J. Louis, and Chris Miles. Using a genetic algorithm to tune first-person shooter bots. In *Congress on Evolutionary Computation (CEC)*, pages 139–145. IEEE, 2004.

128. Karen Collins. An introduction to procedural music in video games. *Contemporary Music Review*, 28(1):5–15, 2009.

129. Karen Collins. *Playing with sound: a theory of interacting with sound and music in video games*. MIT Press, 2013.

130. Simon Colton. Creativity versus the perception of creativity in computational systems. In *AAAI Spring Symposium: Creative Intelligent Systems*, 2008.

131. Cristina Conati. Intelligent tutoring systems: New challenges and directions. In *IJCAI*, pages 2–7, 2009.

132. Cristina Conati, Abigail Gertner, and Kurt VanLehn. Using Bayesian networks to manage uncertainty in student modeling. *User Modeling and User-Adapted Interaction*, 12(4):371–417, 2002.

133. Cristina Conati and Heather Maclaren. Modeling user affect from causes and effects. *User Modeling, Adaptation, and Personalization*, pages 4–15, 2009.

134. John Conway. The game of life. *Scientific American*, 223(4):4, 1970.

135. Michael Cook and Simon Colton. Multi-faceted evolution of simple arcade games. In *IEEE Computational Intelligence and Games*, pages 289–296, 2011.

136. Michael Cook and Simon Colton. Ludus ex machina: Building a 3D game designer that competes alongside humans. In *Proceedings of the 5th International Conference on Computational Creativity*, 2014.

137. Michael Cook, Simon Colton, and Alison Pease. Aesthetic Considerations for Automated Platformer Design. In *AIIDE*, 2012.

138. Seth Cooper, Firas Khatib, Adrien Treuille, Janos Barbero, Jeehyung Lee, Michael Beenen, Andrew Leaver-Fay, David Baker, Zoran Popović, et al. Predicting protein structures with a multiplayer online game. *Nature*, 466(7307):756–760, 2010.

139. Corinna Cortes and Vladimir Vapnik. Support-vector networks. *Machine Learning*, 20(3):273–297, 1995.

140. Paul T. Costa and Robert R. MacCrae. *Revised NEO personality inventory (NEO PI-R) and NEO five-factor inventory (NEO-FFI): Professional manual*. Psychological Assessment Resources, Incorporated, 1992.

141. Rémi Coulom. Efficient selectivity and backup operators in Monte-Carlo tree search. In *International Conference on Computers and Games*, pages 72–83. Springer, 2006.

142. Rémi Coulom. Computing Elo ratings of move patterns in the game of Go. In *Computer Games Workshop*, 2007.

143. Roddy Cowie and Randolph R. Cornelius. Describing the emotional states that are expressed in speech. *Speech Communication*, 40(1):5–32, 2003.

144. Roddy Cowie, Ellen Douglas-Cowie, Susie Savvidou, Edelle McMahon, Martin Sawey, and Marc Schröder. 'FEELTRACE': An instrument for recording perceived emotion in real time. In *ISCA Tutorial and Research Workshop (ITRW) on Speech and Emotion*, 2000.

145. Roddy Cowie and Martin Sawey. GTrace-General trace program from Queen's University, Belfast, 2011.

146. Peter I. Cowling, Edward J. Powley, and Daniel Whitehouse. Information set Monte Carlo tree search. *IEEE Transactions on Computational Intelligence and AI in Games*, 4(2):120–143, 2012.

147. Koby Crammer and Yoram Singer. Pranking with ranking. *Advances in Neural Information Processing Systems*, 14:641–647, 2002.

148. Chris Crawford. *Chris Crawford on interactive storytelling*. New Riders, 2012.

149. Mihaly Csikszentmihalyi. *Creativity: Flow and the psychology of discovery and invention*. New York: Harper Collins, 1996.

150. Mihaly Csikszentmihalyi. *Beyond boredom and anxiety*. Jossey-Bass, 2000.

151. Mihaly Csikszentmihalyi. *Toward a psychology of optimal experience*. Springer, 2014.

152. George Cybenko. Approximation by superpositions of a sigmoidal function. *Mathematics of Control, Signals and Systems*, 2(4):303–314, 1989.

153. Ryan S. J. d. Baker, Gregory R. Moore, Angela Z. Wagner, Jessica Kalka, Aatish Salvi, Michael Karabinos, Colin A. Ashe, and David Yaron. The Dynamics between Student Affect and Behavior Occurring Outside of Educational Software. In *Affective Computing and Intelligent Interaction*, pages 14–24. Springer, 2011.

154. Anders Dahlbom and Lars Niklasson. Goal-Directed Hierarchical Dynamic Scripting for RTS Games. In *AIIDE*, pages 21–28, 2006.

155. Steve Dahlskog and Julian Togelius. Patterns as objectives for level generation. In *Proceedings of the International Conference on the Foundations of Digital Games*. ACM, 2013.

156. Steve Dahlskog, Julian Togelius, and Mark J. Nelson. Linear levels through n-grams. In *Proceedings of the 18th International Academic MindTrek Conference: Media Business, Management, Content & Services*, pages 200–206. ACM, 2014.

157. Antonio R. Damasio, Barry J. Everitt, and Dorothy Bishop. The somatic marker hypothesis and the possible functions of the prefrontal cortex [and discussion]. *Philosophical Transactions of the Royal Society B: Biological Sciences*, 351(1346):1413–1420, 1996.

158. Gustavo Danzi, Andrade Hugo Pimentel Santana, André Wilson Brotto Furtado, André Roberto Gouveia, Amaral Leitao, and Geber Lisboa Ramalho. Online adaptation of computer games agents: A reinforcement learning approach. In *II Workshop de Jogos e Entretenimento Digital*, pages 105–112, 2003.

159. Isaac M. Dart, Gabriele De Rossi, and Julian Togelius. SpeedRock: procedural rocks through grammars and evolution. In *Proceedings of the 2nd International Workshop on Procedural Content Generation in Games*. ACM, 2011.

160. Fernando de Mesentier Silva, Scott Lee, Julian Togelius, and Andy Nealen. AI-based Playtesting of Contemporary Board Games. In *Proceedings of Foundations of Digital Games (FDG)*, 2017.

161. Maarten de Waard, Diederik M. Roijers, and Sander Bakkes. Monte Carlo tree search with options for general video game playing. In *Computational Intelligence and Games (CIG), 2016 IEEE Conference on*. IEEE, 2016.

162. Edward L. Deci and Richard M. Ryan. *Intrinsic motivation*. Wiley Online Library, 1975.

163. Erik D. Demaine, Giovanni Viglietta, and Aaron Williams. Super Mario Bros. is Harder/Easier than We Thought. In *Proceedings of the 8th International Conference on Fun with Algorithms (FUN 2016)*, pages 13:1–13:14, La Maddalena, Italy, June 8–10 2016.

164. Jack Dennerlein, Theodore Becker, Peter Johnson, Carson Reynolds, and Rosalind W. Picard. Frustrating computer users increases exposure to physical factors. In *Proceedings of the International Ergonomics Association (IEA)*, 2003.

165. Jörg Denzinger, Kevin Loose, Darryl Gates, and John W. Buchanan. Dealing with Parameterized Actions in Behavior Testing of Commercial Computer Games. In *IEEE Symposium on Computational Intelligence and Games*, 2005.

166. L. Devillers, R. Cowie, J. C. Martin, E. Douglas-Cowie, S. Abrilian, and M. McRorie. Real life emotions in French and English TV video clips: an integrated annotation protocol combining continuous and discrete approaches. In *Proceedings of the 5th International Conference on Language Resources and Evaluation (LREC 2006), Genoa, Italy*, page 22, 2006.

167. Ravi Dhar and Itamar Simonson. The effect of forced choice on choice. *Journal of Marketing Research*, 40(2), 2003.

168. Joao Dias, Samuel Mascarenhas, and Ana Paiva. Fatima modular: Towards an agent architecture with a generic appraisal framework. In *Emotion Modeling*, pages 44–56. Springer, 2014.

169. Kevin Dill. A pattern-based approach to modular AI for Games. *Game Programming Gems*, 8:232–243, 2010.

170. Kevin Dill. Introducing GAIA: A Reusable, Extensible architecture for AI behavior. In *Proceedings of the 2012 Spring Simulation Interoperability Workshop*, 2012.

171. Kevin Dill and L. Martin. A game AI approach to autonomous control of virtual characters. In *Interservice/Industry Training, Simulation, and Education Conference (I/ITSEC)*, 2011.

172. Sidney D'Mello and Art Graesser. Automatic detection of learner's affect from gross body language. *Applied Artificial Intelligence*, 23(2):123–150, 2009.

173. Joris Dormans. Adventures in level design: generating missions and spaces for action adventure games. In *Proceedings of the 2010 Workshop on Procedural Content Generation in Games*. ACM, 2010.

174. Joris Dormans and Sander Bakkes. Generating missions and spaces for adaptable play experiences. *IEEE Transactions on Computational Intelligence and AI in Games*, 3(3):216–228, 2011.

175. Aanders Drachen, Lennart Nacke, Georgios N. Yannakakis, and Anja Lee Pedersen. Correlation between heart rate, electrodermal activity and player experience in first-person shooter games. In *Proceedings of the SIGGRAPH Symposium on Video Games*. ACM-SIGGRAPH Publishers, 2010.

176. Anders Drachen, Alessandro Canossa, and Georgios N. Yannakakis. Player modeling using self-organization in Tomb Raider: Underworld. In *Proceedings of the 2009 IEEE Symposium on Computational Intelligence and Games*, pages 1–8. IEEE, 2009.

177. Anders Drachen and Matthias Schubert. Spatial game analytics. In *Game Analytics*, pages 365–402. Springer, 2013.

178. Anders Drachen, Christian Thurau, Julian Togelius, Georgios N. Yannakakis, and Christian Bauckhage. Game Data Mining. In *Game Analytics*, pages 205–253. Springer, 2013.

179. H. Drucker, C.J. C. Burges, L. Kaufman, A. Smola, and V. Vapnik. Support vector regression machines. In *Advances in Neural Information Processing Systems (NIPS)*, pages 155–161. Morgan Kaufmann Publishers, 1997.

180. David S. Ebert. *Texturing & modeling: a procedural approach*. Morgan Kaufmann, 2003.

181. Marc Ebner, John Levine, Simon M. Lucas, Tom Schaul, Tommy Thompson, and Julian Togelius. Towards a video game description language. *Dagstuhl Follow-Ups*, 6, 2013.

182. Arthur S. Eddington. The Constants of Nature. In *The World of Mathematics 2*, pages 1074–1093. Simon & Schuster, 1956.

183. Arjan Egges, Sumedha Kshirsagar, and Nadia Magnenat-Thalmann. Generic personality and emotion simulation for conversational agents. *Computer animation and virtual worlds*, 15(1):1–13, 2004.

184. Agoston E. Eiben and James E. Smith. *Introduction to Evolutionary Computing*. Springer, 2003.

185. Magy Seif El-Nasr. Intelligent lighting for game environments. *Journal of Game Development*, 2005.

186. Magy Seif El-Nasr, Anders Drachen, and Alessandro Canossa. *Game analytics: Maximizing the value of player data*. Springer, 2013.

187. Magy Seif El-Nasr, Shree Durga, Mariya Shiyko, and Carmen Sceppa. Data-driven retrospective interviewing (DDRI): a proposed methodology for formative evaluation of pervasive games. *Entertainment Computing*, 11:1–19, 2015.

188. Magy Seif El-Nasr, Athanasios Vasilakos, Chinmay Rao, and Joseph Zupko. Dynamic intelligent lighting for directing visual attention in interactive 3-D scenes. *Computational Intelligence and AI in Games, IEEE Transactions on*, 1(2):145–153, 2009.

189. Magy Seif El-Nasr, John Yen, and Thomas R. Ioerger. Flame—fuzzy logic adaptive model of emotions. *Autonomous Agents and Multi-Agent Systems*, 3(3):219–257, 2000.

190. Mirjam Palosaari Eladhari and Michael Mateas. Semi-autonomous avatars in World of Minds: A case study of AI-based game design. In *Proceedings of the 2008 International Conference on Advances in Computer Entertainment Technology*, pages 201–208. ACM, 2008.

191. Mirjam Palosaari Eladhari and Michael Sellers. Good moods: outlook, affect and mood in dynemotion and the mind module. In *Proceedings of the 2008 Conference on Future Play: Research, Play, Share*, pages 1–8. ACM, 2008.

192. George Skaff Elias, Richard Garfield, K. Robert Gutschera, and Peter Whitley. *Characteristics of games*. MIT Press, 2012.

193. David K. Elson and Mark O. Riedl. A lightweight intelligent virtual cinematography system for machinima production. In *AIIDE*, pages 8–13, 2007.

194. Nathan Ensmenger. Is Chess the Drosophila of AI? A Social History of an Algorithm. *Social Studies of Science*, 42(1):5–30, 2012.

195. Ido Erev and Alvin E. Roth. Predicting how people play games: Reinforcement learning in experimental games with unique, mixed strategy equilibria. *American Economic Review*, pages 848–881, 1998.

196. Martin Ester, Hans-Peter Kriegel, Jörg Sander, and Xiaowei Xu. A density-based algorithm for discovering clusters in large spatial databases with noise. In *Proceedings of the International Conference on Knowledge Discovery and Data Mining (KDD)*, pages 226–231, 1996.

197. Richard Evans and Emily Short. Versu—a simulationist storytelling system. *IEEE Transactions on Computational Intelligence and AI in Games*, 6(2):113–130, 2014.

198. Vincent E. Farrugia, Héctor P. Martínez, and Georgios N. Yannakakis. The preference learning toolbox. *arXiv preprint arXiv:1506.01709*, 2015.

199. Bjarke Felbo, Alan Mislove, Anders Søgaard, Iyad Rahwan, and Sune Lehmann. Using millions of emoji occurrences to learn any-domain representations for detecting sentiment, emotion and sarcasm. *arXiv preprint arXiv:1708.00524*, 2017.

200. Lisa A. Feldman. Valence focus and arousal focus: Individual differences in the structure of affective experience. *Journal of personality and social psychology*, 69(1):153, 1995.

201. David Ferrucci, Eric Brown, Jennifer Chu-Carroll, James Fan, David Gondek, Aditya A. Kalyanpur, Adam Lally, J. William Murdock, Eric Nyberg, John Prager, Nico Schlaefer, and Chris Welty. Building Watson: An overview of the DeepQA project. *AI Magazine*, 31(3):59–79, 2010.

202. Hilmar Finnsson and Yngvi Björnsson. Learning simulation control in general game-playing agents. In *AAAI*, pages 954–959, 2010.

203. Jacob Fischer, Nikolaj Falsted, Mathias Vielwerth, Julian Togelius, and Sebastian Risi. Monte-Carlo Tree Search for Simulated Car Racing. In *Proceedings of FDG*, 2015.

204. John H. Flavell. *The developmental psychology of Jean Piaget*. Ardent Media, 1963.

205. Dario Floreano, Peter Dürr, and Claudio Mattiussi. Neuroevolution: from architectures to learning. *Evolutionary Intelligence*, 1(1):47–62, 2008.

206. Dario Floreano, Toshifumi Kato, Davide Marocco, and Eric Sauser. Coevolution of active vision and feature selection. *Biological Cybernetics*, 90(3):218–228, 2004.

207. David B. Fogel. *Blondie24: Playing at the Edge of AI*. Morgan Kaufmann, 2001.

208. David B. Fogel, Timothy J. Hays, Sarah L. Hahn, and James Quon. The Blondie25 chess program competes against Fritz 8.0 and a human chess master. In *Computational Intelligence and Games, 2006 IEEE Symposium on*, pages 230–235. IEEE, 2006.

209. Tom Forsyth. Cellular automata for physical modelling. *Game Programming Gems*, 3:200–214, 2002.

210. Alain Fournier, Don Fussell, and Loren Carpenter. Computer rendering of stochastic models. *Communications of the ACM*, 25(6):371–384, 1982.

211. Michael Freed, Travis Bear, Herrick Goldman, Geoffrey Hyatt, Paul Reber, A. Sylvan, and Joshua Tauber. Towards more human-like computer opponents. In *Working Notes of the AAAI Spring Symposium on Artificial Intelligence and Interactive Entertainment*, pages 22–26, 2000.

212. Nico Frijda. *The Emotions*. Cambridge University Press, Englewood Cliffs, NJ, 1986.

213. Frederik Frydenberg, Kasper R. Andersen, Sebastian Risi, and Julian Togelius. Investigating MCTS modifications in general video game playing. In *Computational Intelligence and Games (CIG), 2015 IEEE Conference on*, pages 107–113. IEEE, 2015.

214. Drew Fudenberg and David K. Levine. *The theory of learning in games*. MIT Press, 1998.

215. J. Fürnkranz and E. Hüllermeier. *Preference learning*. Springer, 2010.

216. Raluca D. Gaina, Jialin Liu, Simon M. Lucas, and Diego Pérez-Liébana. Analysis of Vanilla Rolling Horizon Evolution Parameters in General Video Game Playing. In *European Conference on the Applications of Evolutionary Computation*, pages 418–434. Springer, 2017.

217. Maurizio Garbarino, Simone Tognetti, Matteo Matteucci, and Andrea Bonarini. Learning general preference models from physiological responses in video games: How complex is it? In *Affective Computing and Intelligent Interaction*, pages 517–526. Springer, 2011.

218. Pablo García-Sánchez, Alberto Tonda, Giovanni Squillero, Antonio Mora, and Juan J. Merelo. Evolutionary deckbuilding in Hearthstone. In *Computational Intelligence and Games (CIG), 2016 IEEE Conference on*. IEEE, 2016.

219. Tom A. Garner. From Sinewaves to Physiologically-Adaptive Soundscapes: The Evolving Relationship Between Sound and Emotion in Video Games. In *Emotion in Games: Theory and Praxis*, pages 197–214. Springer, 2016.

220. Tom A. Garner and Mark Grimshaw. Sonic virtuality: Understanding audio in a virtual world. *The Oxford Handbook of Virtuality*, 2014.

221. H. P. Gasselseder. Re-scoring the games score: Dynamic music and immersion in the ludonarrative. In *Proceedings of the Intelligent Human Computer Interaction conference*, 2014.

222. Jakub Gemrot, Rudolf Kadlec, Michal Bída, Ondřej Burkert, Radek Píbil, Jan Havlíček, Lukáš Zemčák, Juraj Šimlovič, Radim Vansa, Michal Štolba, Tomáš Plch, and Cyril Brom. Pogamut 3 can assist developers in building AI (not only) for their videogame agents. In *Agents for games and simulations*, pages 1–15. Springer, 2009.

223. Michael Genesereth, Nathaniel Love, and Barney Pell. General game playing: Overview of the AAAI competition. *AI Magazine*, 26(2):62, 2005.

224. Michael Georgeff, Barney Pell, Martha Pollack, Milind Tambe, and Michael Wooldridge. The belief-desire-intention model of agency. In *International Workshop on Agent Theories, Architectures, and Languages*, pages 1–10. Springer, 1998.

225. Kallirroi Georgila, James Henderson, and Oliver Lemon. Learning user simulations for information state update dialogue systems. In *Interspeech*, pages 893–896, 2005.

226. Panayiotis G. Georgiou, Matthew P. Black, Adam C. Lammert, Brian R. Baucom, and Shrikanth S. Narayanan. "That's Aggravating, Very Aggravating": Is It Possible to Classify Behaviors in Couple Interactions Using Automatically Derived Lexical Features? In *Affective Computing and Intelligent Interaction*, pages 87–96. Springer, 2011.

227. Maryrose Gerardi, Barbara Olasov Rothbaum, Kerry Ressler, Mary Heekin, and Albert Rizzo. Virtual reality exposure therapy using a virtual Iraq: case report. *Journal of Traumatic Stress*, 21(2):209–213, 2008.

228. Malik Ghallab, Dana Nau, and Paolo Traverso. *Automated Planning: theory and practice*. Elsevier, 2004.

229. Spyridon Giannatos, Yun-Gyung Cheong, Mark J. Nelson, and Georgios N. Yannakakis. Generating narrative action schemas for suspense. In *Eighth Artificial Intelligence and Interactive Digital Entertainment Conference*, 2012.

230. Arthur Gill. *Introduction to the theory of Finite-State Machines*. McGraw-Hill, 1962.

231. Ian Goodfellow, Yoshua Bengio, and Aaron Courville. *Deep Learning*. MIT Press, 2016.

232. Ian Goodfellow, Jean Pouget-Abadie, Mehdi Mirza, Bing Xu, David Warde-Farley, Sherjil Ozair, Aaron Courville, and Yoshua Bengio. Generative adversarial nets. In *Advances in Neural Information Processing Systems*, pages 2672–2680, 2014.

233. Nitesh Goyal, Gilly Leshed, Dan Cosley, and Susan R. Fussell. Effects of implicit sharing in collaborative analysis. In *Proceedings of the SIGCHI Conference on Human Factors in Computing Systems*, pages 129–138, 2014.

234. Katja Grace, John Salvatier, Allan Dafoe, Baobao Zhang, and Owain Evans. When Will AI Exceed Human Performance? Evidence from AI Experts. *arXiv preprint arXiv:1705.08807*, 2017.

235. Thore Graepel, Ralf Herbrich, and Julian Gold. Learning to fight. In *Proceedings of the International Conference on Computer Games: Artificial Intelligence, Design and Education*, pages 193–200, 2004.

236. Joseph F. Grafsgaard, Kristy Elizabeth Boyer, and James C. Lester. Predicting facial indicators of confusion with hidden Markov models. In *Proceedings of International Conference on Affective Computing and Intelligent Interaction (ACII)*, pages 97–106. Springer, 2011.

237. Jonathan Gratch. Emile: Marshalling passions in training and education. In *Proceedings of the Fourth International Conference on Autonomous Agents*, pages 325–332. ACM, 2000.

238. Jonathan Gratch and Stacy Marsella. A domain-independent framework for modeling emotion. *Cognitive Systems Research*, 5(4):269–306, 2004.

239. Jonathan Gratch and Stacy Marsella. Evaluating a computational model of emotion. *Autonomous Agents and Multi-Agent Systems*, 11(1):23–43, 2005.

240. Daniele Gravina, Antonios Liapis, and Georgios N. Yannakakis. Constrained surprise search for content generation. In *Computational Intelligence and Games (CIG), 2016 IEEE Conference on*. IEEE, 2016.

241. Elin Rut Gudnadottir, Alaina K. Jensen, Yun-Gyung Cheong, Julian Togelius, Byung Chull Bae, and Christoffer Holmgård Pedersen. Detecting predatory behaviour in online game chats. In *The 2nd Workshop on Games and NLP*, 2014.

242. Johan Hagelbck. Potential-field based navigation in StarCraft. In *IEEE Conference on Computational Intelligence and Games (CIG)*. IEEE, 2012.

243. Mark Hall, Eibe Frank, Geoffrey Holmes, Bernhard Pfahringer, Peter Reutemann, and Ian H. Witten. The WEKA data mining software: an update. *ACM SIGKDD explorations newsletter*, 11(1):10–18, 2009.

244. Jiawei Han and Micheline Kamber. *Data mining: concepts and techniques*. Morgan Kaufmann, 2006.

245. Nikolaus Hansen and Andreas Ostermeier. Completely derandomized self-adaptation in evolution strategies. *Evolutionary Computation*, 9(2):159–195, 2001.

246. Daniel Damir Harabor and Alban Grastien. Online Graph Pruning for Pathfinding on Grid Maps. In *AAAI*, 2011.

247. Peter E. Hart, Nils J. Nilsson, and Bertram Raphael. Correction to a formal basis for the heuristic determination of minimum cost paths. *ACM SIGART Bulletin*, (37):28–29, 1972.

248. Ken Hartsook, Alexander Zook, Sauvik Das, and Mark O. Riedl. Toward supporting stories with procedurally generated game worlds. In *Computational Intelligence and Games (CIG), 2011 IEEE Conference on*, pages 297–304. IEEE, 2011.

249. Erin J. Hastings, Ratan K. Guha, and Kenneth O. Stanley. Automatic content generation in the Galactic Arms Race video game. *IEEE Transactions on Computational Intelligence and AI in Games*, 1(4):245–263, 2009.

250. Erin J. Hastings, Ratan K. Guha, and Kenneth O. Stanley. Evolving content in the Galactic Arms Race video game. In *IEEE Symposium on Computational Intelligence and Games*, pages 241–248. IEEE, 2009.

251. Matthew Hausknecht, Joel Lehman, Risto Miikkulainen, and Peter Stone. A neuroevolution approach to general Atari game playing. *IEEE Transactions on Computational Intelligence and AI in Games*, 6(4):355–366, 2014.

252. Brian Hawkins. *Real-Time Cinematography for Games (Game Development Series)*. Charles River Media, Inc., 2004.

253. Simon Haykin. *Neural Networks: A Comprehensive Foundation*. Macmillian College Publishing Company Inc., Upper Saddle River, NJ, USA, 1998.

254. Richard L. Hazlett. Measuring emotional valence during interactive experiences: boys at video game play. In *Proceedings of SIGCHI Conference on Human Factors in Computing Systems (CHI)*, pages 1023–1026. ACM, 2006.

255. Jennifer Healey. Recording affect in the field: Towards methods and metrics for improving ground truth labels. In *Affective Computing and Intelligent Interaction*, pages 107–116. Springer, 2011.

256. D. O. Hebb. *The Organization of Behavior*. Wiley, New York, 1949.

257. Norbert Heijne and Sander Bakkes. Procedural Zelda: A PCG Environment for Player Experience Research. In *Proceedings of the International Conference on the Foundations of Digital Games*. ACM, 2017.

258. Harry Helson. *Adaptation-level theory*. Harper & Row, 1964.

259. Ralf Herbrich, Michael E. Tipping, and Mark Hatton. Personalized behavior of computer controlled avatars in a virtual reality environment, August 15 2006. US Patent 7,090,576.

260. Javier Hernandez, Rob R. Morris, and Rosalind W. Picard. Call center stress recognition with person-specific models. In *Affective Computing and Intelligent Interaction*, pages 125–134. Springer, 2011.

261. David Hilbert. Über die stetige Abbildung einer Linie auf ein Flächenstück. *Mathematische Annalen*, 38(3):459–460, 1891.

262. Philip Hingston. A Turing test for computer game bots. *IEEE Transactions on Computational Intelligence and AI in Games*, 1(3):169–186, 2009.

263. Philip Hingston. A new design for a Turing test for bots. In *Computational Intelligence and Games (CIG), 2010 IEEE Symposium on*, pages 345–350. IEEE, 2010.

264. Philip Hingston. *Believable Bots: Can Computers Play Like People?* Springer, 2012.
265. Philip Hingston, Clare Bates Congdon, and Graham Kendall. Mobile games with intelligence: A killer application? In *Computational Intelligence in Games (CIG), 2013 IEEE Conference on*, pages 1–7. IEEE, 2013.
266. Sepp Hochreiter and Jürgen Schmidhuber. Long short-term memory. *Neural computation*, 9(8):1735–1780, 1997.
267. Christoffer Holmgård, Antonios Liapis, Julian Togelius, and Georgios N. Yannakakis. Evolving personas for player decision modeling. In *Computational Intelligence and Games (CIG), 2014 IEEE Conference on*. IEEE, 2014.
268. Christoffer Holmgård, Antonios Liapis, Julian Togelius, and Georgios N. Yannakakis. Generative agents for player decision modeling in games. In *FDG*, 2014.
269. Christoffer Holmgård, Antonios Liapis, Julian Togelius, and Georgios N. Yannakakis. Personas versus clones for player decision modeling. In *International Conference on Entertainment Computing*, pages 159–166. Springer, 2014.
270. Christoffer Holmgård, Georgios N. Yannakakis, Karen-Inge Karstoft, and Henrik Steen Andersen. Stress detection for PTSD via the Startlemart game. In *Affective Computing and Intelligent Interaction (ACII), 2013 Humaine Association Conference on*, pages 523–528. IEEE, 2013.
271. Christoffer Holmgård, Georgios N. Yannakakis, Héctor P. Martínez, and Karen-Inge Karstoft. To rank or to classify? Annotating stress for reliable PTSD profiling. In *Affective Computing and Intelligent Interaction (ACII), 2015 International Conference on*, pages 719–725. IEEE, 2015.
272. Christoffer Holmgård, Georgios N. Yannakakis, Héctor P. Martínez, Karen-Inge Karstoft, and Henrik Steen Andersen. Multimodal PTSD characterization via the Startlemart game. *Journal on Multimodal User Interfaces*, 9(1):3–15, 2015.
273. Nils Iver Holtar, Mark J. Nelson, and Julian Togelius. Audioverdrive: Exploring bidirectional communication between music and gameplay. In *Proceedings of the 2013 International Computer Music Conference*, pages 124–131, 2013.
274. Vincent Hom and Joe Marks. Automatic design of balanced board games. In *Proceedings of the AAAI Conference on Artificial Intelligence and Interactive Digital Entertainment (AIIDE)*, pages 25–30, 2007.
275. Amy K. Hoover, William Cachia, Antonios Liapis, and Georgios N. Yannakakis. AudioInSpace: Exploring the Creative Fusion of Generative Audio, Visuals and Gameplay. In *Evolutionary and Biologically Inspired Music, Sound, Art and Design*, pages 101–112. Springer, 2015.
276. Amy K. Hoover, Paul A. Szerlip, and Kenneth O. Stanley. Functional scaffolding for composing additional musical voices. *Computer Music Journal*, 2014.
277. Amy K. Hoover, Julian Togelius, and Georgios N. Yannakakis. Composing video game levels with music metaphors through functional scaffolding. In *First Computational Creativity and Games Workshop, ICCC*, 2015.
278. John J. Hopfield. Neural networks and physical systems with emergent collective computational abilities. *Proceedings of the National Academy of Sciences*, 79(8):2554–2558, 1982.
279. Kurt Hornik, Maxwell Stinchcombe, and Halbert White. Multilayer feedforward networks are universal approximators. *Neural Networks*, 2(5):359–366, 1989.
280. Ben Houge. Cell-based music organization in Tom Clancy's EndWar. In *Demo at the AIIDE 2012 Workshop on Musical Metacreation*, 2012.
281. Ryan Houlette. *Player Modeling for Adaptive Games. AI Game Programming Wisdom II*, pages 557–566. Charles River Media, Inc., 2004.
282. Andrew Howlett, Simon Colton, and Cameron Browne. Evolving pixel shaders for the prototype video game Subversion. In *The Thirty Sixth Annual Convention of the Society for the Study of Artificial Intelligence and Simulation of Behaviour (AISB10), De Montfort University, Leicester, UK, 30th March*, 2010.
283. Johanna Höysniemi, Perttu Hämäläinen, Laura Turkki, and Teppo Rouvi. Children's intuitive gestures in vision-based action games. *Communications of the ACM*, 48(1):44–50, 2005.

284. Chih-Wei Hsu and Chih-Jen Lin. A comparison of methods for multiclass support vector machines. *IEEE Transactions on Neural Networks*, 13(2):415–425, 2002.

285. Feng-Hsiung Hsu. *Behind Deep Blue: Building the computer that defeated the world chess champion*. Princeton University Press, 2002.

286. Wijnand IJsselsteijn, Karolien Poels, and Y. A. W. De Kort. The game experience questionnaire: Development of a self-report measure to assess player experiences of digital games. *TU Eindhoven, Eindhoven, The Netherlands*, 2008.

287. Interactive Data Visualization. SpeedTree, 2010. http://www.speedtree.com/.

288. Aaron Isaksen, Dan Gopstein, Julian Togelius, and Andy Nealen. Discovering unique game variants. In *Computational Creativity and Games Workshop at the 2015 International Conference on Computational Creativity*, 2015.

289. Aaron Isaksen, Daniel Gopstein, and Andrew Nealen. Exploring Game Space Using Survival Analysis. In *Proceedings of Foundations of Digital Games (FDG)*, 2015.

290. Katherine Isbister and Noah Schaffer. *Game usability: Advancing the player experience*. CRC Press, 2015.

291. Damian Isla. Handling complexity in the Halo 2 AI. In *Game Developers Conference*, 2005.

292. Damian Isla and Bruce Blumberg. New challenges for character-based AI for games. In *Proceedings of the AAAI Spring Symposium on AI and Interactive Entertainment*, pages 41–45. AAAI Press, 2002.

293. Susan A. Jackson and Robert C. Eklund. Assessing flow in physical activity: the flow state scale-2 and dispositional flow scale-2. *Journal of Sport & Exercise Psychology*, 24(2), 2002.

294. Emil Juul Jacobsen, Rasmus Greve, and Julian Togelius. Monte Mario: platforming with MCTS. In *Proceedings of the 2014 Annual Conference on Genetic and Evolutionary Computation*, pages 293–300. ACM, 2014.

295. Alexander Jaffe, Alex Miller, Erik Andersen, Yun-En Liu, Anna Karlin, and Zoran Popovic. Evaluating competitive game balance with restricted play. In *AIIDE*, 2012.

296. Rishabh Jain, Aaron Isaksen, Christoffer Holmgård, and Julian Togelius. Autoencoders for level generation, repair, and recognition. In *ICCC Workshop on Computational Creativity and Games*, 2016.

297. Daniel Jallov, Sebastian Risi, and Julian Togelius. EvoCommander: A Novel Game Based on Evolving and Switching Between Artificial Brains. *IEEE Transactions on Computational Intelligence and AI in Games*, 9(2):181–191, 2017.

298. Susan Jamieson. Likert scales: how to (ab) use them. *Medical Education*, 38(12):1217–1218, 2004.

299. Aki Järvinen. Gran stylissimo: The audiovisual elements and styles in computer and video games. In *Proceedings of Computer Games and Digital Cultures Conference*, 2002.

300. Arnav Jhala and R. Michael Young. Cinematic visual discourse: Representation, generation, and evaluation. *Computational Intelligence and AI in Games, IEEE Transactions on*, 2(2):69–81, 2010.

301. Yuu Jinnai and Alex S. Fukunaga. Learning to prune dominated action sequences in online black-box planning. In *AAAI*, pages 839–845, 2017.

302. Thorsten Joachims. Text categorization with support vector machines: Learning with many relevant features. *Machine Learning: ECML-98*, pages 137–142, 1998.

303. Thorsten Joachims. Optimizing search engines using clickthrough data. In *Proceedings of the ACM SIGKDD International Conference on Knowledge Discovery in Data Mining (KDD)*, pages 133–142. ACM, 2002.

304. Lawrence Johnson, Georgios N. Yannakakis, and Julian Togelius. Cellular automata for real-time generation of infinite cave levels. In *Proceedings of the 2010 Workshop on Procedural Content Generation in Games*. ACM, 2010.

305. Matthew Johnson, Katja Hofmann, Tim Hutton, and David Bignell. The Malmo Platform for Artificial Intelligence Experimentation. In *IJCAI*, pages 4246–4247, 2016.

306. Tom Johnstone and Klaus R. Scherer. Vocal communication of emotion. In *Handbook of emotions*, pages 220–235. Guilford Press, New York, 2000.

307. German Gutierrez Jorge Munoz and Araceli Sanchis. Towards imitation of human driving style in car racing games. In Philip Hingston, editor, *Believable Bots: Can Computers Play Like People?* Springer, 2012.

308. Patrik N. Juslin and Klaus R. Scherer. *Vocal expression of affect*. Oxford University Press, Oxford, UK, 2005.

309. Niels Justesen, Tobias Mahlmann, and Julian Togelius. Online evolution for multi-action adversarial games. In *European Conference on the Applications of Evolutionary Computation*, pages 590–603. Springer, 2016.

310. Niels Justesen and Sebastian Risi. Continual Online Evolutionary Planning for In-Game Build Order Adaptation in StarCraft. In *Proceedings of the Conference on Genetic and Evolutionary Computation (GECCO)*, 2017.

311. Niels Justesen, Bálint Tillman, Julian Togelius, and Sebastian Risi. Script-and cluster-based UCT for StarCraft. In *Computational Intelligence and Games (CIG), 2014 IEEE Conference on*. IEEE, 2014.

312. Tróndur Justinussen, Peter Hald Rasmussen, Alessandro Canossa, and Julian Togelius. Resource systems in games: An analytical approach. In *Computational Intelligence and Games (CIG), 2012 IEEE Conference on*, pages 171–178. IEEE, 2012.

313. Jesper Juul. Games telling stories. *Game Studies*, 1(1):45, 2001.

314. Jesper Juul. *A casual revolution: Reinventing video games and their players*. MIT Press, 2010.

315. Souhila Kaci. *Working with preferences: Less is more*. Springer, 2011.

316. Leslie Pack Kaelbling, Michael L. Littman, and Andrew W. Moore. Reinforcement learning: A survey. *Journal of Artificial Intelligence Research*, 4:237–285, 1996.

317. Daniel Kahneman. A perspective on judgment and choice: mapping bounded rationality. *American psychologist*, 58(9):697, 2003.

318. Daniel Kahneman and Jason Riis. Living, and thinking about it: Two perspectives on life. *The science of well-being*, pages 285–304, 2005.

319. Theofanis Kannetis and Alexandros Potamianos. Towards adapting fantasy, curiosity and challenge in multimodal dialogue systems for preschoolers. In *Proceedings of International Conference on Multimodal Interfaces (ICMI)*, pages 39–46. ACM, 2009.

320. Theofanis Kannetis, Alexandros Potamianos, and Georgios N. Yannakakis. Fantasy, curiosity and challenge as adaptation indicators in multimodal dialogue systems for preschoolers. In *Proceedings of the 2nd Workshop on Child, Computer and Interaction*. ACM, 2009.

321. Ashish Kapoor, Winslow Burleson, and Rosalind W. Picard. Automatic prediction of frustration. *International Journal of Human-Computer Studies*, 65(8):724–736, 2007.

322. Sergey Karakovskiy and Julian Togelius. The Mario AI benchmark and competitions. *IEEE Transactions on Computational Intelligence and AI in Games*, 4(1):55–67, 2012.

323. Daniël Karavolos, Anders Bouwer, and Rafael Bidarra. Mixed-initiative design of game levels: Integrating mission and space into level generation. In *Proceedings of the 10th International Conference on the Foundations of Digital Games*, 2015.

324. Daniel Karavolos, Antonios Liapis, and Georgios N. Yannakakis. Learning the patterns of balance in a multi-player shooter game. In *Proceedings of the FDG workshop on Procedural Content Generation in Games*, 2017.

325. Kostas Karpouzis and Georgios N. Yannakakis. *Emotion in Games: Theory and Praxis*. Springer, 2016.

326. Kostas Karpouzis, Georgios N. Yannakakis, Noor Shaker, and Stylianos Asteriadis. The Platformer Experience Dataset. In *Affective Computing and Intelligent Interaction (ACII), 2015 International Conference on*, pages 712–718. IEEE, 2015.

327. Igor V. Karpov, Leif Johnson, and Risto Miikkulainen. Evaluation methods for active human-guided neuroevolution in games. In *2012 AAAI Fall Symposium on Robots Learning Interactively from Human Teachers (RLIHT)*, 2012.

328. Igor V. Karpov, Jacob Schrum, and Risto Miikkulainen. Believable bot navigation via playback of human traces. In Philip Hingston, editor, *Believable Bots: Can Computers Play Like People?* Springer, 2012.

329. Leonard Kaufman and Peter J. Rousseeuw. *Clustering by means of medoids.* North-Holland, 1987.

330. Leonard Kaufman and Peter J. Rousseeuw. *Finding groups in data: an introduction to cluster analysis.* John Wiley & Sons, 2009.

331. Richard Kaye. Minesweeper is NP-complete. *The Mathematical Intelligencer*, 22(2):9–15, 2000.

332. Markus Kemmerling and Mike Preuss. Automatic adaptation to generated content via car setup optimization in TORCS. In *Computational Intelligence and Games (CIG), 2010 IEEE Symposium on*, pages 131–138. IEEE, 2010.

333. Michał Kempka, Marek Wydmuch, Grzegorz Runc, Jakub Toczek, and Wojciech Jaśkowski. Vizdoom: A doom-based AI research platform for visual reinforcement learning. *arXiv preprint arXiv:1605.02097*, 2016.

334. Graham Kendall, Andrew J. Parkes, and Kristian Spoerer. A Survey of NP-Complete Puzzles. *ICGA Journal*, 31(1):13–34, 2008.

335. Manuel Kerssemakers, Jeppe Tuxen, Julian Togelius, and Georgios N. Yannakakis. A procedural procedural level generator generator. In *Computational Intelligence and Games (CIG), 2012 IEEE Conference on*, pages 335–341. IEEE, 2012.

336. Rilla Khaled and Georgios N. Yannakakis. Village voices: An adaptive game for conflict resolution. In *Proceedings of FDG*, pages 425–426, 2013.

337. Ahmed Khalifa, Aaron Isaksen, Julian Togelius, and Andy Nealen. Modifying MCTS for Human-like General Video Game Playing. In *Proceedings of IJCAI*, 2016.

338. Ahmed Khalifa, Diego Perez-Liebana, Simon M. Lucas, and Julian Togelius. General video game level generation. In *Proceedings of IJCAI*, 2016.

339. K-J Kim, Heejin Choi, and Sung-Bae Cho. Hybrid of evolution and reinforcement learning for Othello players. In *Computational Intelligence and Games, 2007. CIG 2007. IEEE Symposium on*, pages 203–209. IEEE, 2007.

340. Kyung-Min Kim, Chang-Jun Nan, Jung-Woo Ha, Yu-Jung Heo, and Byoung-Tak Zhang. Pororobot: A deep learning robot that plays video Q&A games. In *AAAI 2015 Fall Symposium on AI for Human-Robot Interaction (AI-HRI 2015)*, 2015.

341. Steven Orla Kimbrough, Gary J. Koehler, Ming Lu, and David Harlan Wood. On a Feasible–Infeasible Two-Population (FI-2Pop) genetic algorithm for constrained optimization: Distance tracing and no free lunch. *European Journal of Operational Research*, 190(2):310–327, 2008.

342. Diederik P. Kingma and Max Welling. Auto-encoding variational Bayes. *arXiv preprint arXiv:1312.6114*, 2013.

343. A. Kleinsmith and N. Bianchi-Berthouze. Affective body expression perception and recognition: A survey. *IEEE Transactions on Affective Computing*, 2012.

344. Andrea Kleinsmith and Nadia Bianchi-Berthouze. Form as a cue in the automatic recognition of non-acted affective body expressions. In *Affective Computing and Intelligent Interaction*, pages 155–164. Springer, 2011.

345. Yana Knight, Héctor Perez Martínez, and Georgios N. Yannakakis. Space maze: Experience-driven game camera control. In *FDG*, pages 427–428, 2013.

346. Matthias J. Koepp, Roger N. Gunn, Andrew D. Lawrence, Vincent J. Cunningham, Alain Dagher, Tasmin Jones, David J. Brooks, C. J. Bench, and P. M. Grasby. Evidence for striatal dopamine release during a video game. *Nature*, 393(6682):266–268, 1998.

347. Teuvo Kohonen. *Self-Organizing Maps.* Springer, Secaucus, NJ, USA, 3rd edition, 2001.

348. Andrey N. Kolmogorov. On the representation of continuous functions of several variables by superposition of continuous functions of one variable and addition. *Russian, American Mathematical Society Translation 28 (1963) 55-59. Doklady Akademiia Nauk SSR*, 14(5):953–956, 1957.

349. Richard Konečný. Modeling of fighting game players. Master's thesis, Institute of Digital Games, University of Malta, 2016.

350. Michael Kosfeld, Markus Heinrichs, Paul J. Zak, Urs Fischbacher, and Ernst Fehr. Oxytocin increases trust in humans. *Nature*, 435(7042):673–676, 2005.

351. Raph Koster. *Theory of fun for game design*. O'Reilly Media, Inc., 2013.

352. Bartosz Kostka, Jaroslaw Kwiecien, Jakub Kowalski, and Pawel Rychlikowski. Text-based Adventures of the Golovin AI Agent. *arXiv preprint arXiv:1705.05637*, 2017.

353. Jan Koutník, Giuseppe Cuccu, Jürgen Schmidhuber, and Faustino Gomez. Evolving large-scale neural networks for vision-based reinforcement learning. In *Proceedings of the 15th Annual Conference on Genetic and Evolutionary Computation*, pages 1061–1068. ACM, 2013.

354. Jakub Kowalski and Andrzej Kisielewicz. Towards a Real-time Game Description Language. In *ICAART (2)*, pages 494–499, 2016.

355. Jakub Kowalski and Marek Szykuła. Evolving chess-like games using relative algorithm performance profiles. In *European Conference on the Applications of Evolutionary Computation*, pages 574–589. Springer, 2016.

356. John R. Koza. *Genetic programming: on the programming of computers by means of natural selection*. MIT Press, 1992.

357. Teofebano Kristo and Nur Ulfa Maulidevi. Deduction of fighting game countermeasures using Neuroevolution of Augmenting Topologies. In *Data and Software Engineering (ICoDSE), 2016 International Conference on*. IEEE, 2016.

358. Ben Kybartas and Rafael Bidarra. A semantic foundation for mixed-initiative computational storytelling. In *Interactive Storytelling*, pages 162–169. Springer, 2015.

359. Alexandros Labrinidis and Hosagrahar V. Jagadish. Challenges and opportunities with big data. *Proceedings of the VLDB Endowment*, 5(12):2032–2033, 2012.

360. John Laird and Michael van Lent. Human-level AI's killer application: Interactive computer games. *AI Magazine*, 22(2):15, 2001.

361. G. B. Langley and H. Sheppeard. The visual analogue scale: its use in pain measurement. *Rheumatology International*, 5(4):145–148, 1985.

362. Frank Lantz, Aaron Isaksen, Alexander Jaffe, Andy Nealen, and Julian Togelius. Depth in strategic games. In *Proceedings of the AAAI WNAIG Workshop*, 2017.

363. Pier Luca Lanzi, Wolfgang Stolzmann, and Stewart W. Wilson. *Learning classifier systems: from foundations to applications*. Springer, 2003.

364. Richard S. Lazarus. *Emotion and adaptation*. Oxford University Press, 1991.

365. Nicole Lazzaro. Why we play games: Four keys to more emotion without story. Technical report, XEO Design Inc., 2004.

366. Yann LeCun, Yoshua Bengio, and Geoffrey Hinton. Deep learning. *Nature*, 521(7553):436–444, 2015.

367. David Lee and Mihalis Yannakakis. Principles and methods of testing finite state machines—a survey. *Proceedings of the IEEE*, 84(8):1090–1123, 1996.

368. Alan Levinovitz. The mystery of Go, the ancient game that computers still can't win. *Wired Magazine*, 2014.

369. Mike Lewis and Kevin Dill. Game AI appreciation, revisited. In *Game AI Pro 2: Collected Wisdom of Game AI Professionals*, pages 3–18. AK Peters/CRC Press, 2015.

370. Boyang Li, Stephen Lee-Urban, Darren Scott Appling, and Mark O. Riedl. Crowdsourcing narrative intelligence. *Advances in Cognitive Systems*, 2(1), 2012.

371. Antonios Liapis. Creativity facet orchestration: the whys and the hows. *Artificial and Computational Intelligence in Games: Integration; Dagstuhl Follow-Ups*, 2015.

372. Antonios Liapis. Mixed-initiative Creative Drawing with webIconoscope. In *Proceedings of the 6th International Conference on Computational Intelligence in Music, Sound, Art and Design. (EvoMusArt)*. Springer, 2017.

373. Antonios Liapis, Héctor P. Martínez, Julian Togelius, and Georgios N. Yannakakis. Transforming exploratory creativity with DeLeNoX. In *Proceedings of the Fourth International Conference on Computational Creativity*, pages 56–63, 2013.

374. Antonios Liapis, Gillian Smith, and Noor Shaker. Mixed-initiative content creation. In *Procedural Content Generation in Games*, pages 195–214. Springer, 2016.

375. Antonios Liapis and Georgios N. Yannakakis. Boosting computational creativity with human interaction in mixed-initiative co-creation tasks. In *Proceedings of the ICCC Workshop on Computational Creativity and Games*, 2016.

376. Antonios Liapis, Georgios N. Yannakakis, and Julian Togelius. Neuroevolutionary constrained optimization for content creation. In *Computational Intelligence and Games (CIG), 2011 IEEE Conference on*, pages 71–78. IEEE, 2011.

377. Antonios Liapis, Georgios N. Yannakakis, and Julian Togelius. Adapting models of visual aesthetics for personalized content creation. *IEEE Transactions on Computational Intelligence and AI in Games*, 4(3):213–228, 2012.

378. Antonios Liapis, Georgios N. Yannakakis, and Julian Togelius. Designer modeling for personalized game content creation tools. In *Proceedings of the AIIDE Workshop on Artificial Intelligence & Game Aesthetics*, 2013.

379. Antonios Liapis, Georgios N. Yannakakis, and Julian Togelius. Sentient Sketchbook: Computer-aided game level authoring. In *Proceedings of ACM Conference on Foundations of Digital Games*, pages 213–220, 2013.

380. Antonios Liapis, Georgios N. Yannakakis, and Julian Togelius. Sentient World: Human-Based Procedural Cartography. In *Evolutionary and Biologically Inspired Music, Sound, Art and Design*, pages 180–191. Springer, 2013.

381. Antonios Liapis, Georgios N. Yannakakis, and Julian Togelius. Computational Game Creativity. In *Proceedings of the Fifth International Conference on Computational Creativity*, pages 285–292, 2014.

382. Antonios Liapis, Georgios N. Yannakakis, and Julian Togelius. Constrained novelty search: A study on game content generation. *Evolutionary Computation*, 23(1):101–129, 2015.

383. Vladimir Lifschitz. Answer set programming and plan generation. *Artificial Intelligence*, 138(1-2):39–54, 2002.

384. Rensis Likert. A technique for the measurement of attitudes. *Archives of Psychology*, 140:1–55, 1932.

385. Chong-U Lim, Robin Baumgarten, and Simon Colton. Evolving behaviour trees for the commercial game DEFCON. In *European Conference on the Applications of Evolutionary Computation*, pages 100–110. Springer, 2010.

386. Chong-U Lim and D. Fox Harrell. Revealing social identity phenomena in videogames with archetypal analysis. In *Proceedings of the 6th International AISB Symposium on AI and Games*, 2015.

387. Aristid Lindenmayer. Mathematical models for cellular interactions in development I. Filaments with one-sided inputs. *Journal of Theoretical Biology*, 18(3):280–299, 1968.

388. R. L. Linn and N. E. Gronlund. *Measurement and assessment in teaching*. Prentice-Hall, 2000.

389. Nir Lipovetzky and Hector Geffner. Width-based algorithms for classical planning: New results. In *Proceedings of the Twenty-first European Conference on Artificial Intelligence*, pages 1059–1060. IOS Press, 2014.

390. Nir Lipovetzky, Miquel Ramirez, and Hector Geffner. Classical Planning with Simulators: Results on the Atari Video Games. In *Proceedings of IJCAI*, pages 1610–1616, 2015.

391. Maria Teresa Llano, Michael Cook, Christian Guckelsberger, Simon Colton, and Rose Hepworth. Towards the automatic generation of fictional ideas for games. In *Experimental AI in Games (EXAG14), a Workshop collocated with the Tenth Annual AAAI Conference on Artificial Intelligence and Interactive Digital Entertainment (AIIDE14)*. AAAI Publications, 2014.

392. Daniele Loiacono, Pier Luca Lanzi, Julian Togelius, Enrique Onieva, David A. Pelta, Martin V. Butz, Thies D. Lönneker, Luigi Cardamone, Diego Perez, Yago Sáez, Mike Preuss, and Jan Quadflieg. The 2009 simulated car racing championship. *Computational Intelligence and AI in Games, IEEE Transactions on*, 2(2):131–147, 2010.

393. Daniele Loiacono, Julian Togelius, Pier Luca Lanzi, Leonard Kinnaird-Heether, Simon M. Lucas, Matt Simmerson, Diego Perez, Robert G. Reynolds, and Yago Saez. The WCCI 2008 simulated car racing competition. In *IEEE Symposium on Computational Intelligence and Games*, pages 119–126. IEEE, 2008.

394. Phil Lopes, Antonios Liapis, and Georgios N. Yannakakis. Sonancia: Sonification of procedurally generated game levels. In *Proceedings of the ICCC workshop on Computational Creativity & Games*, 2015.

395. Phil Lopes, Antonios Liapis, and Georgios N. Yannakakis. Framing tension for game generation. In *Proceedings of the Seventh International Conference on Computational Creativity*, 2016.

396. Phil Lopes, Antonios Liapis, and Georgios N. Yannakakis. Modelling affect for horror soundscapes. *IEEE Transactions on Affective Computing*, 2017.

397. Phil Lopes, Georgios N. Yannakakis, and Antonios Liapis. RankTrace: Relative and Unbounded Affect Annotation. In *Affective Computing and Intelligent Interaction (ACII), 2017 International Conference on*, 2017.

398. Ricardo Lopes and Rafael Bidarra. Adaptivity challenges in games and simulations: a survey. *Computational Intelligence and AI in Games, IEEE Transactions on*, 3(2):85–99, 2011.

399. Sandy Louchart, Ruth Aylett, Joao Dias, and Ana Paiva. Unscripted narrative for affectively driven characters. In *AIIDE*, pages 81–86, 2005.

400. Nathaniel Love, Timothy Hinrichs, David Haley, Eric Schkufza, and Michael Genesereth. General game playing: Game description language specification. Technical Report LG-2006-01, Stanford Logic Group, Computer Science Department, Stanford University, 2008.

401. A. Bryan Loyall and Joseph Bates. Personality-rich believable agents that use language. In *Proceedings of the First International Conference on Autonomous Agents*, pages 106–113. ACM, 1997.

402. Feiyu Lu, Kaito Yamamoto, Luis H. Nomura, Syunsuke Mizuno, YoungMin Lee, and Ruck Thawonmas. Fighting game artificial intelligence competition platform. In *Consumer Electronics (GCCE), 2013 IEEE 2nd Global Conference on*, pages 320–323. IEEE, 2013.

403. Simon M. Lucas. Evolving a Neural Network Location Evaluator to Play Ms. Pac-Man. In *Proceedings of the IEEE Symposium on Computational Intelligence and Games*, pages 203–210, 2005.

404. Simon M. Lucas. Ms Pac-Man competition. *ACM SIGEVOlution*, 2(4):37–38, 2007.

405. Simon M. Lucas. Computational intelligence and games: Challenges and opportunities. *International Journal of Automation and Computing*, 5(1):45–57, 2008.

406. Simon M. Lucas and Graham Kendall. Evolutionary computation and games. *Computational Intelligence Magazine, IEEE*, 1(1):10–18, 2006.

407. Simon M. Lucas, Michael Mateas, Mike Preuss, Pieter Spronck, and Julian Togelius. Artificial and Computational Intelligence in Games (Dagstuhl Seminar 12191). *Dagstuhl Reports*, 2(5):43–70, 2012.

408. Simon M. Lucas and T. Jeff Reynolds. Learning finite-state transducers: Evolution versus heuristic state merging. *IEEE Transactions on Evolutionary Computation*, 11(3):308–325, 2007.

409. Jeremy Ludwig and Art Farley. A learning infrastructure for improving agent performance and game balance. In Georgios N. Yannakakis and John Hallam, editors, *Proceedings of the AIIDE'07 Workshop on Optimizing Player Satisfaction, Technical Report WS-07-01*, pages 7–12. AAAI Press, 2007.

410. Kevin Lynch. *The Image of the City*. MIT Press, 1960.

411. James MacQueen. Some methods for classification and analysis of multivariate observations. In *Proceedings of the Fifth Berkeley Symposium on Mathematical Statistics and Probability*, number 14, pages 281–297. Oakland, CA, USA, 1967.

412. Brian Magerko. Story representation and interactive drama. In *AIIDE*, pages 87–92, 2005.

413. Brendan Maher. Can a video game company tame toxic behaviour? *Nature*, 531(7596):568–571, 2016.

414. Tobias Mahlmann, Anders Drachen, Julian Togelius, Alessandro Canossa, and Georgios N. Yannakakis. Predicting player behavior in Tomb Raider: Underworld. In *Proceedings of the 2010 IEEE Conference on Computational Intelligence and Games*, pages 178–185. IEEE, 2010.

415. Tobias Mahlmann, Julian Togelius, and Georgios N. Yannakakis. Modelling and evaluation of complex scenarios with the strategy game description language. In *Computational Intelligence and Games (CIG), 2011 IEEE Conference on*, pages 174–181. IEEE, 2011.

416. Tobias Mahlmann, Julian Togelius, and Georgios N. Yannakakis. Evolving card sets towards balancing Dominion. In *Proceedings of the IEEE Congress on Evolutionary Computation (CEC)*. IEEE, 2012.

417. Kevin Majchrzak, Jan Quadflieg, and Günter Rudolph. Advanced dynamic scripting for fighting game AI. In *International Conference on Entertainment Computing*, pages 86–99. Springer, 2015.

418. Nikos Malandrakis, Alexandros Potamianos, Georgios Evangelopoulos, and Athanasia Zlatintsi. A supervised approach to movie emotion tracking. In *Acoustics, Speech and Signal Processing (ICASSP), 2011 IEEE International Conference on*, pages 2376–2379. IEEE, 2011.

419. Thomas W. Malone. What makes computer games fun? *Byte*, 6:258–277, 1981.

420. Regan L. Mandryk and M. Stella Atkins. A fuzzy physiological approach for continuously modeling emotion during interaction with play technologies. *International Journal of Human-Computer Studies*, 65(4):329–347, 2007.

421. Regan L. Mandryk, Kori M. Inkpen, and Thomas W. Calvert. Using psychophysiological techniques to measure user experience with entertainment technologies. *Behaviour & Information Technology*, 25(2):141–158, 2006.

422. Jacek Mandziuk. Computational intelligence in mind games. *Challenges for Computational Intelligence*, 63:407–442, 2007.

423. Jacek Mandziuk. *Knowledge-free and learning-based methods in intelligent game playing*. Springer, 2010.

424. Benjamin Mark, Tudor Berechet, Tobias Mahlmann, and Julian Togelius. Procedural Generation of 3D Caves for Games on the GPU. In *Proceedings of the Conference on the Foundations of Digital Games (FDG)*, 2015.

425. Dave Mark. *Behavioral Mathematics for game AI*. Charles River Media, 2009.

426. Dave Mark and Kevin Dill. Improving AI decision modeling through utility theory. In *Game Developers Conference*, 2010.

427. Gloria Mark, Yiran Wang, and Melissa Niiya. Stress and multitasking in everyday college life: An empirical study of online activity. In *Proceedings of the SIGCHI Conference on Human Factors in Computing Systems*, pages 41–50, 2014.

428. Stacy Marsella, Jonathan Gratch, and Paolo Petta. Computational models of emotion. *A Blueprint for Affective Computing—A sourcebook and manual*, 11(1):21–46, 2010.

429. Chris Martens. Ceptre: A language for modeling generative interactive systems. In *Eleventh Artificial Intelligence and Interactive Digital Entertainment Conference*, 2015.

430. Héctor P. Martínez, Yoshua Bengio, and Georgios N. Yannakakis. Learning deep physiological models of affect. *Computational Intelligence Magazine, IEEE*, 9(1):20–33, 2013.

431. Héctor P. Martínez, Maurizio Garbarino, and Georgios N. Yannakakis. Generic physiological features as predictors of player experience. In *Affective Computing and Intelligent Interaction*, pages 267–276. Springer, 2011.

432. Héctor P. Martínez, Kenneth Hullett, and Georgios N. Yannakakis. Extending neuroevolutionary preference learning through player modeling. In *Proceedings of the 2010 IEEE Conference on Computational Intelligence and Games*, pages 313–320. IEEE, 2010.

433. Héctor P. Martínez and Georgios N. Yannakakis. Genetic search feature selection for affective modeling: a case study on reported preferences. In *Proceedings of the 3rd International Workshop on Affective Interaction in Natural Environments*, pages 15–20. ACM, 2010.

434. Héctor P. Martínez and Georgios N. Yannakakis. Mining multimodal sequential patterns: a case study on affect detection. In *Proceedings of International Conference on Multimodal Interfaces (ICMI)*, pages 3–10. ACM, 2011.

435. Héctor P. Martínez and Georgios N. Yannakakis. Deep multimodal fusion: Combining discrete events and continuous signals. In *Proceedings of the 16th International Conference on Multimodal Interaction*, pages 34–41. ACM, 2014.

436. Héctor P. Martínez, Georgios N. Yannakakis, and John Hallam. Don't Classify Ratings of Affect; Rank them! *IEEE Transactions on Affective Computing*, 5(3):314–326, 2014.

437. Giovanna Martinez-Arellano, Richard Cant, and David Woods. Creating AI Characters for Fighting Games using Genetic Programming. *IEEE Transactions on Computational Intelligence and AI in Games*, 2016.

438. Michael Mateas. *Interactive Drama, Art and Artificial Intelligence*. PhD thesis, Carnegie Mellon University, Pittsburgh, PA, USA, 2002.

439. Michael Mateas. Expressive AI: Games and Artificial Intelligence. In *DIGRA Conference*, 2003.

440. Michael Mateas and Andrew Stern. A behavior language for story-based believable agents. *IEEE Intelligent Systems*, 17(4):39–47, 2002.

441. Michael Mateas and Andrew Stern. Façade: An experiment in building a fully-realized interactive drama. In *Game Developers Conference*, 2003.

442. Michael Mauderer, Simone Conte, Miguel A. Nacenta, and Dhanraj Vishwanath. Depth perception with gaze-contingent depth of field. In *Proceedings of the SIGCHI Conference on Human Factors in Computing Systems*, pages 217–226, 2014.

443. John D. Mayer and Peter Salovey. The intelligence of emotional intelligence. *Intelligence*, 17(4):433–442, 1993.

444. Allan Mazur, Elizabeth J. Susman, and Sandy Edelbrock. Sex difference in testosterone response to a video game contest. *Evolution and Human Behavior*, 18(5):317–326, 1997.

445. Andrew McAfee, Erik Brynjolfsson, Thomas H. Davenport, D. J. Patil, and Dominic Barton. Big data. *The management revolution. Harvard Bus Rev*, 90(10):61–67, 2012.

446. John McCarthy. Partial formalizations and the Lemmings game. Technical report, Stanford University, 1998.

447. Josh McCoy, Mike Treanor, Ben Samuel, Michael Mateas, and Noah Wardrip-Fruin. Prom week: social physics as gameplay. In *Proceedings of the 6th International Conference on Foundations of Digital Games*, pages 319–321. ACM, 2011.

448. Josh McCoy, Mike Treanor, Ben Samuel, Aaron A. Reed, Noah Wardrip-Fruin, and Michael Mateas. Prom week. In *Proceedings of the International Conference on the Foundations of Digital Games*, pages 235–237. ACM, 2012.

449. Robert R. McCrae and Paul T. Costa Jr. A five-factor theory of personality. *Handbook of personality: Theory and research*, 2:139–153, 1999.

450. Warren S. McCulloch and Walter Pitts. A logical calculus of the ideas immanent in nervous activity. *Bulletin of Mathematical Biophysics*, 5(4):115–133, 1943.

451. Scott W. McQuiggan, Sunyoung Lee, and James C. Lester. Early prediction of student frustration. In *Proceedings of International Conference on Affective Computing and Intelligent Interaction*, pages 698–709. Springer, 2007.

452. Scott W. McQuiggan, Bradford W. Mott, and James C. Lester. Modeling self-efficacy in intelligent tutoring systems: An inductive approach. *User Modeling and User-Adapted Interaction*, 18(1):81–123, 2008.

453. Andre Mendes, Julian Togelius, and Andy Nealen. Hyper-heuristic general video game playing. In *Computational Intelligence and Games (CIG), 2016 IEEE Conference on*. IEEE, 2016.

454. Daniel S. Messinger, Tricia D. Cassel, Susan I. Acosta, Zara Ambadar, and Jeffrey F. Cohn. Infant smiling dynamics and perceived positive emotion. *Journal of Nonverbal Behavior*, 32(3):133–155, 2008.

455. Angeliki Metallinou and Shrikanth Narayanan. Annotation and processing of continuous emotional attributes: Challenges and opportunities. In *10th IEEE International Conference and Workshops on Automatic Face and Gesture Recognition (FG)*. IEEE, 2013.

456. Zbigniew Michalewicz. Do not kill unfeasible individuals. In *Proceedings of the Fourth Intelligent Information Systems Workshop*, pages 110–123, 1995.

457. Risto Miikkulainen, Bobby D. Bryant, Ryan Cornelius, Igor V. Karpov, Kenneth O. Stanley, and Chern Han Yong. Computational intelligence in games. *Computational Intelligence: Principles and Practice*, pages 155–191, 2006.

458. Benedikte Mikkelsen, Christoffer Holmgård, and Julian Togelius. Ethical Considerations for Player Modeling. In *Proceedings of the AAAI WNAIG workshop*, 2017.

459. Tomas Mikolov, Kai Chen, Greg Corrado, and Jeffrey Dean. Efficient estimation of word representations in vector space. *arXiv preprint arXiv:1301.3781*, 2013.

460. George A. Miller. The magical number seven, plus or minus two: some limits on our capacity for processing information. *Psychological Review*, 63(2):81, 1956.

461. Ian Millington and John Funge. *Artificial intelligence for games*. CRC Press, 2009.

462. Talya Miron-Shatz, Arthur Stone, and Daniel Kahneman. Memories of yesterday's emotions: Does the valence of experience affect the memory-experience gap? *Emotion*, 9(6):885, 2009.

463. Volodymyr Mnih, Adria Puigdomenech Badia, Mehdi Mirza, Alex Graves, Timothy Lillicrap, Tim Harley, David Silver, and Koray Kavukcuoglu. Asynchronous methods for deep reinforcement learning. In *International Conference on Machine Learning*, pages 1928–1937, 2016.

464. Volodymyr Mnih, Koray Kavukcuoglu, David Silver, Andrei A. Rusu, Joel Veness, Marc G. Bellemare, Alex Graves, Martin Riedmiller, Andreas K. Fidjeland, Georg Ostrovski, Stig Petersen, Charles Beattie, Amir Sadik, Ioannis Antonoglou, Helen King, Dharshan Kumaran, Daan Wierstra, Shane Legg, and Demis Hassabis. Human-level control through deep reinforcement learning. *Nature*, 518(7540):529–533, 2015.

465. Mathew Monfort, Matthew Johnson, Aude Oliva, and Katja Hofmann. Asynchronous data aggregation for training end to end visual control networks. In *Proceedings of the 16th Conference on Autonomous Agents and Multi-Agent Systems*, pages 530–537. International Foundation for Autonomous Agents and Multiagent Systems, May 2017.

466. Nick Montfort and Ian Bogost. *Racing the beam: The Atari video computer system*. MIT Press, 2009.

467. Matej Moravčík, Martin Schmid, Neil Burch, Viliam Lisý, Dustin Morrill, Nolan Bard, Trevor Davis, Kevin Waugh, Michael Johanson, and Michael Bowling. Deepstack: Expert-level artificial intelligence in no-limit poker. *arXiv preprint arXiv:1701.01724*, 2017.

468. Jon D. Morris. Observations: SAM: The self-assessment manikin—An efficient cross-cultural measurement of emotional response. *Journal of Advertising Research*, 35(6):63–68, 1995.

469. Jorge Munoz, Georgios N. Yannakakis, Fiona Mulvey, Dan Witzner Hansen, German Gutierrez, and Araceli Sanchis. Towards gaze-controlled platform games. In *Computational Intelligence and Games (CIG), 2011 IEEE Conference on*, pages 47–54. IEEE, 2011.

470. Hector Munoz-Avila, Christian Bauckhage, Michal Bida, Clare Bates Congdon, and Graham Kendall. Learning and Game AI. *Dagstuhl Follow-Ups*, 6, 2013.

471. Roger B. Myerson. Game theory: analysis of conflict. 1991. *Cambridge: Mass, Harvard University*.

472. Roger B. Myerson. *Game theory*. Harvard University Press, 2013.

473. Lennart Nacke and Craig A. Lindley. Flow and immersion in first-person shooters: measuring the player's gameplay experience. In *Proceedings of the 2008 Conference on Future Play: Research, Play, Share*, pages 81–88. ACM, 2008.

474. Frederik Nagel, Reinhard Kopiez, Oliver Grewe, and Eckart Altenmüller. Emujoy: Software for continuous measurement of perceived emotions in music. *Behavior Research Methods*, 39(2):283–290, 2007.

475. Karthik Narasimhan, Tejas Kulkarni, and Regina Barzilay. Language understanding for text-based games using deep reinforcement learning. *arXiv preprint arXiv:1506.08941*, 2015.

476. Alexander Nareyek. Intelligent agents for computer games. In T.A. Marsland and I. Frank, editors, *Computers and Games, Second International Conference, CG 2002*, pages 414–422, 2002.

477. Alexander Nareyek. Game AI is dead. Long live game AI! *IEEE Intelligent Systems*, (1):9–11, 2007.

478. John F. Nash. Equilibrium points in n-person games. In *Proceedings of the National Academy of Sciences*, number 1, pages 48–49, 1950.

479. Steve Nebel, Sascha Schneider, and Günter Daniel Rey. Mining learning and crafting scientific experiments: a literature review on the use of Minecraft in education and research. *Journal of Educational Technology & Society*, 19(2):355, 2016.

480. Graham Nelson. Natural language, semantic analysis, and interactive fiction. *IF Theory Reader*, 141, 2006.

481. Mark J. Nelson. Game Metrics Without Players: Strategies for Understanding Game Artifacts. In *AIIDE Workshop on Artificial Intelligence in the Game Design Process*, 2011.

482. Mark J. Nelson, Simon Colton, Edward J. Powley, Swen E. Gaudl, Peter Ivey, Rob Saunders, Blanca Pérez Ferrer, and Michael Cook. Mixed-initiative approaches to on-device mobile game design. In *Proceedings of the CHI Workshop on Mixed-Initiative Creative Interfaces*, 2017.

483. Mark J. Nelson and Michael Mateas. Search-Based Drama Management in the Interactive Fiction Anchorhead. In *Proceedings of the First Artificial Intelligence and Interactive Digital Entertainment Conference*, pages 99–104, 2005.

484. Mark J. Nelson and Michael Mateas. An interactive game-design assistant. In *Proceedings of the 13th International Conference on Intelligent User Interfaces*, pages 90–98, 2008.

485. Mark J. Nelson and Adam M. Smith. ASP with applications to mazes and levels. In *Procedural Content Generation in Games*, pages 143–157. Springer, 2016.

486. Mark J. Nelson, Julian Togelius, Cameron Browne, and Michael Cook. Rules and mechanics. In *Procedural Content Generation in Games*, pages 99–121. Springer, 2016.

487. John Von Neumann. *Theory of Self-Reproducing Automata*. University of Illinois Press, Champaign, IL, USA, 1966.

488. Truong-Huy D. Nguyen, Shree Subramanian, Magy Seif El-Nasr, and Alessandro Canossa. Strategy Detection in Wuzzit: A Decision Theoretic Approach. In *International Conference on Learning Science—Workshop on Learning Analytics for Learning and Becoming a Practice*, 2014.

489. Jakob Nielsen. Usability 101: Introduction to usability, 2003. Available at http://www.useit.com/alertbox/20030825.html.

490. Jon Lau Nielsen, Benjamin Fedder Jensen, Tobias Mahlmann, Julian Togelius, and Georgios N. Yannakakis. AI for General Strategy Game Playing. *Handbook of Digital Games*, pages 274–304, 2014.

491. Thorbjørn S. Nielsen, Gabriella A. B. Barros, Julian Togelius, and Mark J. Nelson. General Video Game Evaluation Using Relative Algorithm Performance Profiles. In *Applications of Evolutionary Computation*, pages 369–380. Springer, 2015.

492. Thorbjørn S. Nielsen, Gabriella A. B. Barros, Julian Togelius, and Mark J. Nelson. Towards generating arcade game rules with VGDL. In *Proceedings of the 2015 IEEE Conference on Computational Intelligence and Games*, 2015.

493. Anton Nijholt. BCI for games: A state of the art survey. In *Entertainment Computing-ICEC 2008*, pages 225–228. Springer, 2009.

494. Nils J. Nilsson. Shakey the robot. Technical report, DTIC Document, 1984.

495. Kai Ninomiya, Mubbasir Kapadia, Alexander Shoulson, Francisco Garcia, and Norman Badler. Planning approaches to constraint-aware navigation in dynamic environments. *Computer Animation and Virtual Worlds*, 26(2):119–139, 2015.

496. Stefano Nolfi and Dario Floreano. *Evolutionary robotics: The biology, intelligence, and technology of self-organizing machines*. MIT Press, 2000.

497. David G. Novick and Stephen Sutton. What is mixed-initiative interaction. In *Proceedings of the AAAI Spring Symposium on Computational Models for Mixed Initiative Interaction*, pages 114–116, 1997.

498. Gabriela Ochoa. On genetic algorithms and Lindenmayer systems. In *Parallel Problem Solving from Nature—PPSN V*, pages 335–344. Springer, 1998.

499. Jacob Kaae Olesen, Georgios N. Yannakakis, and John Hallam. Real-time challenge balance in an RTS game using rtNEAT. In *Computational Intelligence and Games, 2008. CIG'08. IEEE Symposium On*, pages 87–94. IEEE, 2008.

500. Jacob Olsen. Realtime procedural terrain generation. 2004.

501. Peter Thorup Ølsted, Benjamin Ma, and Sebastian Risi. Interactive evolution of levels for a competitive multiplayer FPS. In *Evolutionary Computation (CEC), 2015 IEEE Congress on*, pages 1527–1534. IEEE, 2015.

502. Cathy O'Neil. *Weapons of math destruction: How big data increases inequality and threatens democracy*. Crown Publishing Group (NY), 2016.
503. Santiago Ontañón. The combinatorial multi-armed bandit problem and its application to real-time strategy games. In *Ninth Artificial Intelligence and Interactive Digital Entertainment Conference*, 2013.
504. Santiago Ontañón, Gabriel Synnaeve, Alberto Uriarte, Florian Richoux, David Churchill, and Mike Preuss. A survey of real-time strategy game AI research and competition in StarCraft. *IEEE Transactions on Computational Intelligence and AI in Games*, 5(4):293–311, 2013.
505. Santiago Ontañón, Gabriel Synnaeve, Alberto Uriarte, Florian Richoux, David Churchill, and Mike Preuss. RTS AI: Problems and Techniques. In *Encyclopedia of Computer Graphics and Games*. Springer, 2015.
506. Jeff Orkin. Applying goal-oriented action planning to games. *AI game programming wisdom*, 2:217–228, 2003.
507. Jeff Orkin. Three states and a plan: the AI of F.E.A.R. In *Game Developers Conference*, 2006.
508. Jeff Orkin and Deb Roy. The restaurant game: Learning social behavior and language from thousands of players online. *Journal of Game Development*, 3(1):39–60, 2007.
509. Mauricio Orozco, Juan Silva, Abdulmotaleb El Saddik, and Emil Petriu. The role of haptics in games. In *Haptics Rendering and Applications*. InTech, 2012.
510. Brian O'Neill and Mark Riedl. Emotion-driven narrative generation. In *Emotion in Games: Theory and Praxis*, pages 167–180. Springer, 2016.
511. Juan Ortega, Noor Shaker, Julian Togelius, and Georgios N. Yannakakis. Imitating human playing styles in Super Mario Bros. *Entertainment Computing*, 4(2):93–104, 2013.
512. Andrew Ortony, Gerald L. Clore, and Allan Collins. *The cognitive structure of emotions*. Cambridge University Press, 1990.
513. Martin J. Osborne. *An introduction to game theory*. Oxford University Press, 2004.
514. Alexander Osherenko. *Opinion Mining and Lexical Affect Sensing. Computer-aided analysis of opinions and emotions in texts*. PhD thesis, University of Augsburg, 2010.
515. Seth Ovadia. Ratings and rankings: Reconsidering the structure of values and their measurement. *International Journal of Social Research Methodology*, 7(5):403–414, 2004.
516. Ana Paiva, Joao Dias, Daniel Sobral, Ruth Aylett, Polly Sobreperez, Sarah Woods, Carsten Zoll, and Lynne Hall. Caring for agents and agents that care: Building empathic relations with synthetic agents. In *Proceedings of the Third International Joint Conference on Autonomous Agents and Multiagent Systems*, pages 194–201. IEEE Computer Society, 2004.
517. Bo Pang and Lillian Lee. Opinion mining and sentiment analysis. *Foundations and Trends in Information Retrieval*, 2(1–2):1–135, 2008.
518. Matt Parker and Bobby D. Bryant. Visual control in Quake II with a cyclic controller. In *Computational Intelligence and Games, 2008. CIG'08. IEEE Symposium On*, pages 151–158. IEEE, 2008.
519. Matt Parker and Bobby D. Bryant. Neurovisual control in the Quake II environment. *IEEE Transactions on Computational Intelligence and AI in Games*, 4(1):44–54, 2012.
520. Chris Pedersen, Julian Togelius, and Georgios N. Yannakakis. Modeling Player Experience in Super Mario Bros. In *Proceedings of the IEEE Symposium on Computational Intelligence and Games*, pages 132–139. IEEE, 2009.
521. Chris Pedersen, Julian Togelius, and Georgios N. Yannakakis. Modeling Player Experience for Content Creation. *IEEE Transactions on Computational Intelligence and AI in Games*, 2(1):54–67, 2010.
522. Barney Pell. *Strategy generation and evaluation for meta-game playing*. PhD thesis, University of Cambridge, 1993.
523. Peng Peng, Quan Yuan, Ying Wen, Yaodong Yang, Zhenkun Tang, Haitao Long, and Jun Wang. Multiagent Bidirectionally-Coordinated Nets for Learning to Play StarCraft Combat Games. *arXiv preprint arXiv:1703.10069*, 2017.
524. Tom Pepels, Mark H. M. Winands, and Marc Lanctot. Real-time Monte Carlo tree search in Ms Pac-Man. *IEEE Transactions on Computational Intelligence and AI in Games*, 6(3):245–257, 2014.

525. Diego Perez, Edward J. Powley, Daniel Whitehouse, Philipp Rohlfshagen, Spyridon Samoth-rakis, Peter I. Cowling, and Simon M. Lucas. Solving the physical traveling salesman prob-lem: Tree search and macro actions. *IEEE Transactions on Computational Intelligence and AI in Games*, 6(1):31–45, 2014.

526. Diego Perez, Spyridon Samothrakis, Simon Lucas, and Philipp Rohlfshagen. Rolling horizon evolution versus tree search for navigation in single-player real-time games. In *Proceedings of the 15th Annual Conference on Genetic and Evolutionary Computation*, pages 351–358. ACM, 2013.

527. Diego Perez-Liebana, Spyridon Samothrakis, Julian Togelius, Tom Schaul, and Simon M. Lucas. General video game AI: Competition, challenges and opportunities. In *Proceedings of the Thirtieth AAAI Conference on Artificial Intelligence*, 2016.

528. Diego Perez-Liebana, Spyridon Samothrakis, Julian Togelius, Tom Schaul, Simon M. Lucas, Adrien Couëtoux, Jerry Lee, Chong-U Lim, and Tommy Thompson. The 2014 general video game playing competition. *IEEE Transactions on Computational Intelligence and AI in Games*, 8(3):229–243, 2016.

529. Ken Perlin. An image synthesizer. *ACM SIGGRAPH Computer Graphics*, 19(3):287–296, 1985.

530. Rosalind W. Picard. *Affective Computing*. MIT Press, Cambridge, MA, 1997.

531. Grant Pickett, Foaad Khosmood, and Allan Fowler. Automated generation of conversational non player characters. In *Eleventh Artificial Intelligence and Interactive Digital Entertain-ment Conference*, 2015.

532. Michele Pirovano. The use of Fuzzy Logic for Artificial Intelligence in Games. Technical report, University of Milano, Milano, 2012.

533. Jacques Pitrat. Realization of a general game-playing program. In *IFIP congress (2)*, pages 1570–1574, 1968.

534. Isabella Poggi, Catherine Pelachaud, Fiorella de Rosis, Valeria Carofiglio, and Berardina De Carolis. GRETA. A believable embodied conversational agent. In *Multimodal intelligent information presentation*, pages 3–25. Springer, 2005.

535. Mihai Polceanu. Mirrorbot: Using human-inspired mirroring behavior to pass a Turing test. In *Computational Intelligence in Games (CIG), 2013 IEEE Conference on*. IEEE, 2013.

536. Riccardo Poli, William B. Langdon, and Nicholas F. McPhee. *A field guide to genetic pro-gramming*. 2008. Published via http://lulu.com and freely available at http://www.gp-field-guide.org.uk (With contributions by J. R. Koza).

537. Jordan B. Pollack and Alan D. Blair. Co-evolution in the successful learning of backgammon strategy. *Machine learning*, 32(3):225–240, 1998.

538. Jordan B. Pollack, Alan D. Blair, and Mark Land. Coevolution of a backgammon player. In *Artificial Life V: Proceedings of the Fifth International Workshop on the Synthesis and Simulation of Living Systems*, pages 92–98. Cambridge, MA: The MIT Press, 1997.

539. Jonathan Posner, James A. Russell, and Bradley S. Peterson. The circumplex model of affect: An integrative approach to affective neuroscience, cognitive development, and psychopathol-ogy. *Development and psychopathology*, 17(03):715–734, 2005.

540. David Premack and Guy Woodruff. Does the chimpanzee have a theory of mind? *Behavioral and brain sciences*, 1(04):515–526, 1978.

541. Mike Preuss, Daniel Kozakowski, Johan Hagelbäck, and Heike Trautmann. Reactive strategy choice in StarCraft by means of Fuzzy Control. In *Computational Intelligence in Games (CIG), 2013 IEEE Conference on*. IEEE, 2013.

542. Przemyslaw Prusinkiewicz and Aristid Lindenmayer. *The algorithmic beauty of plants*. Springer, 1990.

543. Jan Quadflieg, Mike Preuss, and Günter Rudolph. Driving as a human: a track learning based adaptable architecture for a car racing controller. *Genetic Programming and Evolvable Machines*, 15(4):433–476, 2014.

544. J. Ross Quinlan. Induction of decision trees. *Machine Learning*, 1(1):81–106, 1986.

545. J. Ross Quinlan. *C4. 5: programs for machine learning*. Elsevier, 2014.

546. Steve Rabin. *AI Game Programming Wisdom*. Charles River Media, Inc., 2002.

547. Steve Rabin. *AI Game Programming Wisdom 2*. Charles River Media, Inc., 2003.
548. Steve Rabin. *AI Game Programming Wisdom 3*. Charles River Media, Inc., 2006.
549. Steve Rabin. *AI Game Programming Wisdom 4*. Nelson Education, 2014.
550. Steve Rabin and Nathan Sturtevant. Pathfinding Architecture Optimizations. In *Game AI Pro: Collected Wisdom of Game AI Professionals*. CRC Press, 2013.
551. Steve Rabin and Nathan Sturtevant. Combining Bounding Boxes and JPS to Prune Grid Pathfinding. In *AAAI Conference on Artificial Intelligence*, 2016.
552. Steven Rabin. *Game AI Pro: Collected Wisdom of Game AI Professionals*. CRC Press, 2013.
553. Steven Rabin. *Game AI Pro 2: Collected Wisdom of Game AI Professionals*. CRC Press, 2015.
554. William L. Raffe, Fabio Zambetta, and Xiaodong Li. A survey of procedural terrain generation techniques using evolutionary algorithms. In *IEEE Congress on Evolutionary Computation (CEC)*. IEEE, 2012.
555. Judith Ramey, Ted Boren, Elisabeth Cuddihy, Joe Dumas, Zhiwei Guan, Maaike J. van den Haak, and Menno D. T. De Jong. Does think aloud work? How do we know? In *CHI'06 Extended Abstracts on Human Factors in Computing Systems*, pages 45–48. ACM, 2006.
556. Pramila Rani, Nilanjan Sarkar, and Changchun Liu. Maintaining optimal challenge in computer games through real-time physiological feedback. In *Proceedings of the 11th International Conference on Human Computer Interaction*, pages 184–192, 2005.
557. Jakob Rasmussen. *Are Behavior Trees a Thing of the Past?* Gamasutra, 2016.
558. Niklas Ravaja, Timo Saari, Mikko Salminen, Jari Laarni, and Kari Kallinen. Phasic emotional reactions to video game events: A psychophysiological investigation. *Media Psychology*, 8(4):343–367, 2006.
559. Genaro Rebolledo-Mendez, Ian Dunwell, Erika Martínez-Mirón, Maria Dolores Vargas-Cerdán, Sara De Freitas, Fotis Liarokapis, and Alma R. García-Gaona. Assessing Neurosky's usability to detect attention levels in an assessment exercise. *Human-Computer Interaction. New Trends*, pages 149–158, 2009.
560. Jochen Renz, Xiaoyu Ge, Stephen Gould, and Peng Zhang. The Angry Birds AI Competition. *AI Magazine*, 36(2):85–87, 2015.
561. Antonio Ricciardi and Patrick Thill. Adaptive AI for Fighting Games. Technical report, Stanford University, 2008.
562. Mark O. Riedl and Vadim Bulitko. Interactive narrative: An intelligent systems approach. *AI Magazine*, 34(1):67, 2012.
563. Mark O. Riedl and Andrew Stern. Believable agents and intelligent story adaptation for interactive storytelling. *Technologies for Interactive Digital Storytelling and Entertainment*, pages 1–12, 2006.
564. Mark O. Riedl and Alexander Zook. AI for game production. In *IEEE Conference on Computational Intelligence in Games (CIG)*. IEEE, 2013.
565. Sebastian Risi, Joel Lehman, David B. D'Ambrosio, Ryan Hall, and Kenneth O. Stanley. Combining Search-Based Procedural Content Generation and Social Gaming in the Petalz Video Game. In *Proceedings of AIIDE*, 2012.
566. Sebastian Risi, Joel Lehman, David B. D'Ambrosio, Ryan Hall, and Kenneth O. Stanley. Petalz: Search-based procedural content generation for the casual gamer. *IEEE Transactions on Computational Intelligence and AI in Games*, 8(3):244–255, 2016.
567. Sebastian Risi and Julian Togelius. Neuroevolution in games: State of the art and open challenges. *IEEE Transactions on Computational Intelligence and AI in Games*, 9(1):25–41, 2017.
568. David L. Roberts, Harikrishna Narayanan, and Charles L. Isbell. Learning to influence emotional responses for interactive storytelling. In *Proceedings of the 2009 AAAI Symposium on Intelligent Narrative Technologies II*, 2009.
569. Glen Robertson and Ian D. Watson. A review of real-time strategy game AI. *AI Magazine*, 35(4):75–104, 2014.
570. Glen Robertson and Ian D. Watson. An Improved Dataset and Extraction Process for Star-Craft AI. In *FLAIRS Conference*, 2014.

571. Michael D. Robinson and Gerald L. Clore. Belief and feeling: evidence for an accessibility model of emotional self-report. *Psychological Bulletin*, 128(6):934, 2002.

572. Jennifer Robison, Scott McQuiggan, and James Lester. Evaluating the consequences of affective feedback in intelligent tutoring systems. In *Proceedings of International Conference on Affective Computing and Intelligent Interaction (ACII)*. IEEE, 2009.

573. Philipp Rohlfshagen, Jialin Liu, Diego Perez-Liebana, and Simon M. Lucas. Pac-Man Conquers Academia: Two Decades of Research Using a Classic Arcade Game. *IEEE Transactions on Computational Intelligence and AI in Games*, 2017.

574. Philipp Rohlfshagen and Simon M. Lucas. Ms Pac-Man versus Ghost team CEC 2011 competition. In *IEEE Congress on Evolutionary Computation (CEC)*, pages 70–77. IEEE, 2011.

575. Edmund T. Rolls. The orbitofrontal cortex and reward. *Cerebral Cortex*, 10(3):284–294, 2000.

576. Frank Rosenblatt. The perceptron: a probabilistic model for information storage and organization in the brain. *Psychological Review*, 65(6):386, 1958.

577. Jonathan Rowe, Bradford Mott, Scott McQuiggan, Jennifer Robison, Sunyoung Lee, and James Lester. Crystal Island: A narrative-centered learning environment for eighth grade microbiology. In *Workshop on Intelligent Educational Games at the 14th International Conference on Artificial Intelligence in Education, Brighton, UK*, pages 11–20, 2009.

578. Jonathan P. Rowe, Lucy R. Shores, Bradford W. Mott, and James C. Lester. Integrating learning, problem solving, and engagement in narrative-centered learning environments. *International Journal of Artificial Intelligence in Education*, 21(1-2):115–133, 2011.

579. David E. Rumelhart, Geoffrey E. Hinton, and Ronald J. Williams. Learning representations by back-propagating errors. *Nature*, 323(6088):533–536, 1986.

580. Thomas Philip Runarsson and Simon M. Lucas. Coevolution versus self-play temporal difference learning for acquiring position evaluation in small-board Go. *IEEE Transactions on Evolutionary Computation*, 9(6):628–640, 2005.

581. James A. Russell. A circumplex model of affect. *Journal of Personality and Social Psychology*, 39(6):1161, 1980.

582. Stuart Russell and Peter Norvig. *Artificial Intelligence: A Modern Approach*. Prentice-Hall, Englewood Cliffs, 1995.

583. Richard M. Ryan, C. Scott Rigby, and Andrew Przybylski. The motivational pull of video games: A self-determination theory approach. *Motivation and emotion*, 30(4):344–360, 2006.

584. Jennifer L. Sabourin and James C. Lester. Affect and engagement in Game-Based Learning environments. *IEEE Transactions on Affective Computing*, 5(1):45–56, 2014.

585. Owen Sacco, Antonios Liapis, and Georgios N. Yannakakis. A holistic approach for semantic-based game generation. In *Computational Intelligence and Games (CIG), 2016 IEEE Conference on*. IEEE, 2016.

586. Frantisek Sailer, Michael Buro, and Marc Lanctot. Adversarial planning through strategy simulation. In *Computational Intelligence and Games, 2007. CIG 2007. IEEE Symposium on*, pages 80–87. IEEE, 2007.

587. Katie Salen and Eric Zimmerman. *Rules of play: Game design fundamentals*. MIT Press, 2004.

588. Christoph Salge, Christian Lipski, Tobias Mahlmann, and Brigitte Mathiak. Using genetically optimized artificial intelligence to improve gameplaying fun for strategical games. In *Sandbox '08: Proceedings of the 2008 ACM SIGGRAPH symposium on Video games*, pages 7–14, New York, NY, USA, 2008. ACM.

589. Spyridon Samothrakis, Simon M. Lucas, Thomas Philip Runarsson, and David Robles. Co-evolving game-playing agents: Measuring performance and intransitivities. *Evolutionary Computation, IEEE Transactions on*, 17(2):213–226, 2013.

590. Spyridon Samothrakis, David Robles, and Simon M. Lucas. Fast approximate max-n Monte Carlo tree search for Ms Pac-Man. *IEEE Transactions on Computational Intelligence and AI in Games*, 3(2):142–154, 2011.

591. Arthur L. Samuel. Some studies in machine learning using the game of Checkers. *IBM Journal of research and development*, 3(3):210–229, 1959.

592. Frederik Schadd, Sander Bakkes, and Pieter Spronck. Opponent modeling in real-time strategy games. In *GAMEON*, pages 61–70, 2007.

593. Jonathan Schaeffer, Neil Burch, Yngvi Björnsson, Akihiro Kishimoto, Martin Müller, Robert Lake, Paul Lu, and Steve Sutphen. Checkers is solved. *Science*, 317(5844):1518–1522, 2007.

594. Jonathan Schaeffer, Robert Lake, Paul Lu, and Martin Bryant. Chinook: the world man-machine Checkers champion. *AI Magazine*, 17(1):21, 1996.

595. Jost Schatzmann, Karl Weilhammer, Matt Stuttle, and Steve Young. A survey of statistical user simulation techniques for reinforcement-learning of dialogue management strategies. *Knowledge Engineering Review*, 21(2):97–126, 2006.

596. Tom Schaul. A video game description language for model-based or interactive learning. In *Computational Intelligence in Games (CIG), 2013 IEEE Conference on*. IEEE, 2013.

597. Tom Schaul. An extensible description language for video games. *IEEE Transactions on Computational Intelligence and AI in Games*, 6(4):325–331, 2014.

598. Tom Schaul, Julian Togelius, and Jürgen Schmidhuber. Measuring intelligence through games. *arXiv preprint arXiv:1109.1314*, 2011.

599. Jesse Schell. *The Art of Game Design: A book of lenses*. CRC Press, 2014.

600. Klaus R. Scherer. What are emotions? and how can they be measured? *Social Science Information*, 44(4):695–729, 2005.

601. Klaus R. Scherer, Angela Schorr, and Tom Johnstone. *Appraisal processes in emotion: Theory, methods, research*. Oxford University Press, 2001.

602. Jürgen Schmidhuber. Developmental robotics, optimal artificial curiosity, creativity, music, and the fine arts. *Connection Science*, 18(2):173–187, 2006.

603. Jacob Schrum, Igor V. Karpov, and Risto Miikkulainen. UT^2: Human-like behavior via neuroevolution of combat behavior and replay of human traces. In *Computational Intelligence and Games (CIG), 2011 IEEE Conference on*, pages 329–336. IEEE, 2011.

604. Brian Schwab. *AI game engine programming*. Nelson Education, 2009.

605. Brian Schwab, Dave Mark, Kevin Dill, Mike Lewis, and Richard Evans. GDC: Turing tantrums: AI developers rant, 2011.

606. Marco Scirea, Yun-Gyung Cheong, Mark J. Nelson, and Byung-Chull Bae. Evaluating musical foreshadowing of videogame narrative experiences. In *Proceedings of the 9th Audio Mostly: A Conference on Interaction With Sound*. ACM, 2014.

607. Ben Seymour and Samuel M. McClure. Anchors, scales and the relative coding of value in the brain. *Current Opinion in Neurobiology*, 18(2):173–178, 2008.

608. Mohammad Shaker, Mhd Hasan Sarhan, Ola Al Naameh, Noor Shaker, and Julian Togelius. Automatic generation and analysis of physics-based puzzle games. In *Computational Intelligence in Games (CIG), 2013 IEEE Conference on*. IEEE, 2013.

609. Noor Shaker, Stylianos Asteriadis, Georgios N. Yannakakis, and Kostas Karpouzis. A game-based corpus for analysing the interplay between game context and player experience. In *Affective Computing and Intelligent Interaction*, pages 547–556. Springer, 2011.

610. Noor Shaker, Stylianos Asteriadis, Georgios N. Yannakakis, and Kostas Karpouzis. Fusing visual and behavioral cues for modeling user experience in games. *Cybernetics, IEEE Transactions on*, 43(6):1519–1531, 2013.

611. Noor Shaker, Miguel Nicolau, Georgios N. Yannakakis, Julian Togelius, and Michael O'Neil. Evolving levels for Super Mario Bros using grammatical evolution. In *IEEE Conference on Computational Intelligence and Games*, pages 304–311. IEEE, 2012.

612. Noor Shaker, Mohammad Shaker, and Mohamed Abou-Zleikha. Towards generic models of player experience. In *Proceedings, the Eleventh AAAI Conference on Artificial Intelligence and Interactive Digital Entertainment*. AAAI Press, 2015.

613. Noor Shaker, Mohammad Shaker, and Julian Togelius. Evolving Playable Content for Cut the Rope through a Simulation-Based Approach. In *AIIDE*, 2013.

614. Noor Shaker, Mohammad Shaker, and Julian Togelius. Ropossum: An Authoring Tool for Designing, Optimizing and Solving Cut the Rope Levels. In *AIIDE*, 2013.

615. Noor Shaker, Gillian Smith, and Georgios N. Yannakakis. Evaluating content generators. In *Procedural Content Generation in Games*, pages 215–224. Springer, 2016.

616. Noor Shaker, Julian Togelius, and Mark J. Nelson, editors. *Procedural Content Generation in Games*. Springer, 2016.

617. Noor Shaker, Julian Togelius, and Georgios N. Yannakakis. Towards Automatic Personalized Content Generation for Platform Games. In *Proceedings of the AAAI Conference on Artificial Intelligence and Interactive Digital Entertainment (AIIDE)*. AAAI Press, October 2010.

618. Noor Shaker, Julian Togelius, and Georgios N. Yannakakis. The experience-driven perspective. In *Procedural Content Generation in Games*, pages 181–194. Springer, 2016.

619. Noor Shaker, Julian Togelius, Georgios N. Yannakakis, Likith Poovanna, Vinay S. Ethiraj, Stefan J. Johansson, Robert G. Reynolds, Leonard K. Heether, Tom Schumann, and Marcus Gallagher. The Turing test track of the 2012 Mario AI championship: entries and evaluation. In *Computational Intelligence in Games (CIG), 2013 IEEE Conference on*. IEEE, 2013.

620. Noor Shaker, Julian Togelius, Georgios N. Yannakakis, Ben Weber, Tomoyuki Shimizu, Tomonori Hashiyama, Nathan Sorenson, Philippe Pasquier, Peter Mawhorter, Glen Takahashi, Gillian Smith, and Robin Baumgarten. The 2010 Mario AI championship: Level generation track. *Computational Intelligence and AI in Games, IEEE Transactions on*, 3(4):332–347, 2011.

621. Noor Shaker, Georgios N. Yannakakis, and Julian Togelius. Crowdsourcing the aesthetics of platform games. *Computational Intelligence and AI in Games, IEEE Transactions on*, 5(3):276–290, 2013.

622. Amirhosein Shantia, Eric Begue, and Marco Wiering. Connectionist reinforcement learning for intelligent unit micro management in StarCraft. In *Neural Networks (IJCNN), The 2011 International Joint Conference on*, pages 1794–1801. IEEE, 2011.

623. Manu Sharma, Manish Mehta, Santiago Ontañón, and Ashwin Ram. Player modeling evaluation for interactive fiction. In *Proceedings of the AIIDE 2007 Workshop on Optimizing Player Satisfaction*, pages 19–24, 2007.

624. Nandita Sharma and Tom Gedeon. Objective measures, sensors and computational techniques for stress recognition and classification: A survey. *Computer methods and programs in biomedicine*, 108(3):1287–1301, 2012.

625. Peter Shizgal and Andreas Arvanitogiannis. Gambling on dopamine. *Science*, 299(5614):1856–1858, 2003.

626. Yoav Shoham and Kevin Leyton-Brown. *Multiagent systems: Algorithmic, game-theoretic, and logical foundations*. Cambridge University Press, 2008.

627. Alexander Shoulson, Francisco M. Garcia, Matthew Jones, Robert Mead, and Norman I. Badler. Parameterizing behavior trees. In *International Conference on Motion in Games*, pages 144–155. Springer, 2011.

628. Nikolaos Sidorakis, George Alex Koulieris, and Katerina Mania. Binocular eye-tracking for the control of a 3D immersive multimedia user interface. In *Everyday Virtual Reality (WEVR), 2015 IEEE 1st Workshop on*, pages 15–18. IEEE, 2015.

629. David Silver, Aja Huang, Chris J. Maddison, Arthur Guez, Laurent Sifre, George van Den Driessche, Julian Schrittwieser, Ioannis Antonoglou, Veda Panneershelvam, Marc Lanctot, et al. Mastering the game of Go with deep neural networks and tree search. *Nature*, 529(7587):484–489, 2016.

630. Herbert A. Simon. A behavioral model of rational choice. *The quarterly journal of economics*, 69(1):99–118, 1955.

631. Shawn Singh, Mubbasir Kapadia, Glenn Reinman, and Petros Faloutsos. Footstep navigation for dynamic crowds. *Computer Animation and Virtual Worlds*, 22(2-3):151–158, 2011.

632. Moshe Sipper. *Evolved to Win*. Lulu.com, 2011.

633. Burrhus Frederic Skinner. *The behavior of organisms: An experimental analysis*. BF Skinner Foundation, 1990.

634. Ruben M. Smelik, Tim Tutenel, Klaas Jan de Kraker, and Rafael Bidarra. Interactive creation of virtual worlds using procedural sketching. In *Proceedings of Eurographics*, 2010.

635. Adam M. Smith, Erik Andersen, Michael Mateas, and Zoran Popović. A case study of expressively constrainable level design automation tools for a puzzle game. In *Proceedings of the International Conference on the Foundations of Digital Games*, pages 156–163. ACM, 2012.

636. Adam M. Smith, Chris Lewis, Kenneth Hullett, Gillian Smith, and Anne Sullivan. An inclusive taxonomy of player modeling. Technical Report UCSC-SOE-11-13, University of California, Santa Cruz, 2011.

637. Adam M. Smith and Michael Mateas. Variations forever: Flexibly generating rulesets from a sculptable design space of mini-games. In *Computational Intelligence and Games (CIG), 2010 IEEE Symposium on*, pages 273–280. IEEE, 2010.

638. Adam M. Smith and Michael Mateas. Answer set programming for procedural content generation: A design space approach. *Computational Intelligence and AI in Games, IEEE Transactions on*, 3(3):187–200, 2011.

639. Adam M. Smith, Mark J. Nelson, and Michael Mateas. Ludocore: A logical game engine for modeling videogames. In *Computational Intelligence and Games (CIG), 2010 IEEE Symposium on*, pages 91–98. IEEE, 2010.

640. Gillian Smith and Jim Whitehead. Analyzing the expressive range of a level generator. In *Proceedings of the 2010 Workshop on Procedural Content Generation in Games*. ACM, 2010.

641. Gillian Smith, Jim Whitehead, and Michael Mateas. Tanagra: A mixed-initiative level design tool. In *Proceedings of the Fifth International Conference on the Foundations of Digital Games*, pages 209–216. ACM, 2010.

642. Gillian Smith, Jim Whitehead, and Michael Mateas. Tanagra: Reactive planning and constraint solving for mixed-initiative level design. *Computational Intelligence and AI in Games, IEEE Transactions on*, 3(3):201–215, 2011.

643. Ian Sneddon, Gary McKeown, Margaret McRorie, and Tijana Vukicevic. Cross-cultural patterns in dynamic ratings of positive and negative natural emotional behaviour. *PloS ONE*, 6(2), 2011.

644. Sam Snodgrass and Santiago Ontañón. A Hierarchical MdMC Approach to 2D Video Game Map Generation. In *Eleventh Artificial Intelligence and Interactive Digital Entertainment Conference*, 2015.

645. Dennis Soemers. Tactical planning using MCTS in the game of StarCraft, 2014. Bachelor Thesis, Department of Knowledge Engineering, Maastricht University.

646. Andreas Sonderegger, Andreas Uebelbacher, Manuela Pugliese, and Juergen Sauer. The influence of aesthetics in usability testing: the case of dual-domain products. In *Proceedings of the Conference on Human Factors in Computing Systems*, pages 21–30, 2014.

647. Bhuman Soni and Philip Hingston. Bots trained to play like a human are more fun. In *IEEE International Joint Conference on Neural Networks (IJCNN); IEEE World Congress on Computational Intelligence*, pages 363–369. IEEE, 2008.

648. Patrikk D. Sørensen, Jeppeh M. Olsen, and Sebastian Risi. Interactive Super Mario Bros Evolution. In *Proceedings of the 2016 Genetic and Evolutionary Computation Conference*, pages 41–42. ACM, 2016.

649. Nathan Sorenson and Philippe Pasquier. Towards a generic framework for automated video game level creation. *Applications of Evolutionary Computation*, pages 131–140, 2010.

650. Pieter Spronck, Marc Ponsen, Ida Sprinkhuizen-Kuyper, and Eric Postma. Adaptive game AI with dynamic scripting. *Machine Learning*, 63(3):217–248, 2006.

651. Pieter Spronck, Ida Sprinkhuizen-Kuyper, and Eric Postma. Difficulty scaling of game AI. In *Proceedings of the 5th International Conference on Intelligent Games and Simulation (GAME-ON 2004)*, pages 33–37, 2004.

652. Ramakrishnan Srikant and Rakesh Agrawal. Mining sequential patterns: Generalizations and performance improvements. In *International Conference on Extending Database Technology*, pages 1–17. Springer, 1996.

653. Kenneth O. Stanley. Compositional Pattern Producing Networks: A novel abstraction of development. *Genetic Programming and Evolvable Machines*, 8(2):131–162, 2007.

654. Kenneth O. Stanley, Bobby D. Bryant, and Risto Miikkulainen. Real-time neuroevolution in the NERO video game. *Evolutionary Computation, IEEE Transactions on*, 9(6):653–668, 2005.

655. Kenneth O. Stanley and Risto Miikkulainen. Evolving neural networks through augmenting topologies. *Evolutionary Computation*, 10(2):99–127, 2002.

656. Kenneth O. Stanley and Risto Miikkulainen. Evolving a roving eye for Go. In *Genetic and Evolutionary Computation Conference*, pages 1226–1238. Springer, 2004.

657. Stanley Smith Stevens. On the Theory of Scales of Measurement. *Science*, 103(2684):677–680, 1946.

658. Neil Stewart, Gordon D. A. Brown, and Nick Chater. Absolute identification by relative judgment. *Psychological Review*, 112(4):881, 2005.

659. Andreas Stiegler, Keshav Dahal, Johannes Maucher, and Daniel Livingstone. Symbolic Reasoning for Hearthstone. *IEEE Transactions on Computational Intelligence and AI in Games*, 2017.

660. Jeff Stuckman and Guo-Qiang Zhang. Mastermind is NP-complete. *arXiv preprint cs/0512049*, 2005.

661. Nathan Sturtevant. Memory-Efficient Pathfinding Abstractions. In *AI Programming Wisdom 4*. Charles River Media, 2008.

662. Nathan Sturtevant and Steve Rabin. Canonical orderings on grids. In *Proceedings of the International Joint Conference on Artificial Intelligence*, pages 683–689, 2016.

663. Nathan R. Sturtevant. Benchmarks for grid-based pathfinding. *IEEE Transactions on Computational Intelligence and AI in Games*, 4(2):144–148, 2012.

664. Nathan R. Sturtevant and Richard E. Korf. On pruning techniques for multi-player games. *Proceedings of The National Conference on Artificial Intelligence (AAAI)*, pages 201–208, 2000.

665. Nathan R. Sturtevant, Jason Traish, James Tulip, Tansel Uras, Sven Koenig, Ben Strasser, Adi Botea, Daniel Harabor, and Steve Rabin. The Grid-Based Path Planning Competition: 2014 Entries and Results. In *Eighth Annual Symposium on Combinatorial Search*, pages 241–251, 2015.

666. Adam James Summerville and Michael Mateas. Mystical Tutor: A Magic: The Gathering Design Assistant via Denoising Sequence-to-Sequence Learning. In *Twelfth Artificial Intelligence and Interactive Digital Entertainment Conference*, 2016.

667. Adam James Summerville, Shweta Philip, and Michael Mateas. MCMCTS PCG 4 SMB: Monte Carlo Tree Search to Guide Platformer Level Generation. In *Eleventh Artificial Intelligence and Interactive Digital Entertainment Conference*, 2015.

668. Adam James Summerville, Sam Snodgrass, Matthew Guzdial, Christoffer Holmgård, Amy K. Hoover, Aaron Isaksen, Andy Nealen, and Julian Togelius. Procedural Content Generation via Machine Learning (PCGML). *arXiv preprint arXiv:1702.00539*, 2017.

669. Adam James Summerville, Sam Snodgrass, Michael Mateas, and Santiago Ontañón Villar. The VGLC: The Video Game Level Corpus. *arXiv preprint arXiv:1606.07487*, 2016.

670. Petra Sundström. *Exploring the affective loop*. PhD thesis, Stockholm University, 2005.

671. Ben Sunshine-Hill, Michael Robbins, and Chris Jurney. Off the Beaten Path: Non-Traditional Uses of AI. In *Game Developers Conference, AI Summit*, 2012.

672. Richard S. Sutton and Andrew G. Barto. *Reinforcement learning: An introduction*. MIT Press, 1998.

673. Reid Swanson and Andrew S. Gordon. Say anything: Using textual case-based reasoning to enable open-domain interactive storytelling. *ACM Transactions on Interactive Intelligent Systems (TiiS)*, 2(3):16, 2012.

674. William R. Swartout, Jonathan Gratch, Randall W. Hill Jr, Eduard Hovy, Stacy Marsella, Jeff Rickel, and David Traum. Toward virtual humans. *AI Magazine*, 27(2):96, 2006.

675. Penelope Sweetser, Daniel M. Johnson, and Peta Wyeth. Revisiting the GameFlow model with detailed heuristics. *Journal: Creative Technologies*, 2012(3), 2012.

676. Penelope Sweetser and Janet Wiles. Scripting versus emergence: issues for game developers and players in game environment design. *International Journal of Intelligent Games and Simulations*, 4(1):1–9, 2005.

677. Penelope Sweetser and Janet Wiles. Using cellular automata to facilitate emergence in game environments. In *Proceedings of the 4th International Conference on Entertainment Computing (ICEC05)*, 2005.

678. Penelope Sweetser and Peta Wyeth. GameFlow: a model for evaluating player enjoyment in games. *Computers in Entertainment (CIE)*, 3(3):3–3, 2005.

679. Maciej Świechowski and Jacek Mańdziuk. Self-adaptation of playing strategies in general game playing. *IEEE Transactions on Computational Intelligence and AI in Games*, 6(4):367–381, 2014.

680. Gabriel Synnaeve and Pierre Bessière. Multiscale Bayesian Modeling for RTS Games: An Application to StarCraft AI. *IEEE Transactions on Computational intelligence and AI in Games*, 8(4):338–350, 2016.

681. Gabriel Synnaeve, Nantas Nardelli, Alex Auvolat, Soumith Chintala, Timothée Lacroix, Zeming Lin, Florian Richoux, and Nicolas Usunier. TorchCraft: a Library for Machine Learning Research on Real-Time Strategy Games. *arXiv preprint arXiv:1611.00625*, 2016.

682. Nicolas Szilas. IDtension: a narrative engine for Interactive Drama. In *Proceedings of the Technologies for Interactive Digital Storytelling and Entertainment (TIDSE) Conference*, pages 1–11, 2003.

683. Niels A. Taatgen, Marcia van Oploo, Jos Braaksma, and Jelle Niemantsverdriet. How to construct a believable opponent using cognitive modeling in the game of set. In *Proceedings of the Fifth International Conference on Cognitive Modeling*, pages 201–206, 2003.

684. Nima Taghipour, Ahmad Kardan, and Saeed Shiry Ghidary. Usage-based web recommendations: a reinforcement learning approach. In *Proceedings of the 2007 ACM Conference on Recommender Systems*, pages 113–120. ACM, 2007.

685. Bulent Tastan and Gita Reese Sukthankar. Learning policies for first person shooter games using inverse reinforcement learning. In *Seventh Artificial Intelligence and Interactive Digital Entertainment Conference*, 2011.

686. Shoshannah Tekofsky, Pieter Spronck, Aske Plaat, Jaap van Den Herik, and Jan Broersen. Play style: Showing your age. In *Computational Intelligence in Games (CIG), 2013 IEEE Conference on*. IEEE, 2013.

687. Shoshannah Tekofsky, Pieter Spronck, Aske Plaat, Jaap van den Herik, and Jan Broersen. Psyops: Personality assessment through gaming behavior. In *BNAIC 2013: Proceedings of the 25th Benelux Conference on Artificial Intelligence, Delft, The Netherlands, November 7-8, 2013*, 2013.

688. Gerald Tesauro. Practical issues in temporal difference learning. *Machine learning*, 8(3-4):257–277, 1992.

689. Gerald Tesauro. Temporal difference learning and TD-Gammon. *Communications of the ACM*, 38(3):58–68, 1995.

690. Ruck Thawonmas, Yoshitaka Kashifuji, and Kuan-Ta Chen. Detection of MMORPG bots based on behavior analysis. In *Proceedings of the 2008 International Conference on Advances in Computer Entertainment Technology*, pages 91–94. ACM, 2008.

691. Michael Thielscher. A General Game Description Language for Incomplete Information Games. In *AAAI*, pages 994–999, 2010.

692. William R. Thompson. On the likelihood that one unknown probability exceeds another in view of the evidence of two samples. *Biometrika*, 25(3/4):285–294, 1933.

693. David Thue, Vadim Bulitko, Marcia Spetch, and Eric Wasylishen. Interactive Storytelling: A Player Modelling Approach. In *AIIDE*, pages 43–48, 2007.

694. Christian Thurau, Christian Bauckhage, and Gerhard Sagerer. Learning human-like opponent behavior for interactive computer games. *Pattern Recognition, Lecture Notes in Computer Science 2781*, pages 148–155, 2003.

695. Christian Thurau, Christian Bauckhage, and Gerhard Sagerer. Imitation learning at all levels of game AI. In *Proceedings of the International Conference on Computer Games, Artificial Intelligence, Design and Education*, 2004.

696. Christian Thurau, Christian Bauckhage, and Gerhard Sagerer. Learning human-like Movement Behavior for Computer Games. In S. Schaal, A. Ijspeert, A. Billard, S. Vijayakumar, J. Hallam, and J.-A. Meyer, editors, *From Animals to Animats 8: Proceedings of the Eighth International Conference on Simulation of Adaptive Behavior (SAB-04)*, pages 315–323, Santa Monica, CA, July 2004. The MIT Press.

697. Tim J. W. Tijs, Dirk Brokken, and Wijnand A. Ijsselsteijn. Dynamic game balancing by recognizing affect. In *Proceedings of International Conference on Fun and Games*, pages 88–93. Springer, 2008.

698. Julian Togelius. Evolution of a subsumption architecture neurocontroller. *Journal of Intelligent & Fuzzy Systems*, 15(1):15–20, 2004.

699. Julian Togelius. A procedural critique of deontological reasoning. In *Proceedings of DiGRA*, 2011.

700. Julian Togelius. AI researchers, Video Games are your friends! In *Computational Intelligence*, pages 3–18. Springer, 2015.

701. Julian Togelius. How to run a successful game-based AI competition. *IEEE Transactions on Computational Intelligence and AI in Games*, 8(1):95–100, 2016.

702. Julian Togelius, Alex J. Champandard, Pier Luca Lanzi, Michael Mateas, Ana Paiva, Mike Preuss, and Kenneth O. Stanley. Procedural Content Generation in Games: Goals, Challenges and Actionable Steps. *Dagstuhl Follow-Ups*, 6, 2013.

703. Julian Togelius, Renzo De Nardi, and Simon M. Lucas. Making racing fun through player modeling and track evolution. In *Proceedings of the SAB'06 Workshop on Adaptive Approaches for Optimizing Player Satisfaction in Computer and Physical Games*, 2006.

704. Julian Togelius, Renzo De Nardi, and Simon M. Lucas. Towards automatic personalised content creation for racing games. In *Computational Intelligence and Games, 2007. CIG 2007. IEEE Symposium on*, pages 252–259. IEEE, 2007.

705. Julian Togelius, Sergey Karakovskiy, and Robin Baumgarten. The 2009 Mario AI competition. In *Evolutionary Computation (CEC), 2010 IEEE Congress on*. IEEE, 2010.

706. Julian Togelius, Sergey Karakovskiy, Jan Koutník, and Jürgen Schmidhuber. Super Mario evolution. In *Computational Intelligence and Games, 2009. CIG 2009. IEEE Symposium on*, pages 156–161. IEEE, 2009.

707. Julian Togelius and Simon M. Lucas. Evolving controllers for simulated car racing. In *IEEE Congress on Evolutionary Computation*, pages 1906–1913. IEEE, 2005.

708. Julian Togelius and Simon M. Lucas. Arms races and car races. In *Parallel Problem Solving from Nature-PPSN IX*, pages 613–622. Springer, 2006.

709. Julian Togelius and Simon M. Lucas. Evolving robust and specialized car racing skills. In *IEEE Congress on Evolutionary Computation (CEC)*, pages 1187–1194. IEEE, 2006.

710. Julian Togelius, Simon M. Lucas, Ho Duc Thang, Jonathan M. Garibaldi, Tomoharu Nakashima, Chin Hiong Tan, Itamar Elhanany, Shay Berant, Philip Hingston, Robert M. MacCallum, Thomas Haferlach, Aravind Gowrisankar, and Pete Burrow. The 2007 IEEE CEC Simulated Car Racing Competition. *Genetic Programming and Evolvable Machines*, 9(4):295–329, 2008.

711. Julian Togelius, Mark J. Nelson, and Antonios Liapis. Characteristics of generatable games. In *Proceedings of the Fifth Workshop on Procedural Content Generation in Games*, 2014.

712. Julian Togelius, Mike Preuss, Nicola Beume, Simon Wessing, Johan Hagelbäck, and Georgios N. Yannakakis. Multiobjective exploration of the StarCraft map space. In *Computational Intelligence and Games (CIG), 2010 IEEE Symposium on*, pages 265–272. IEEE, 2010.

713. Julian Togelius, Mike Preuss, and Georgios N. Yannakakis. Towards multiobjective procedural map generation. In *Proceedings of the 2010 Workshop on Procedural Content Generation in Games*. ACM, 2010.

714. Julian Togelius, Tom Schaul, Jürgen Schmidhuber, and Faustino Gomez. Countering poisonous inputs with memetic neuroevolution. In *International Conference on Parallel Problem Solving from Nature*, pages 610–619. Springer, 2008.

715. Julian Togelius, Tom Schaul, Daan Wierstra, Christian Igel, Faustino Gomez, and Jürgen Schmidhuber. Ontogenetic and phylogenetic reinforcement learning. *Künstliche Intelligenz*, 23(3):30–33, 2009.

716. Julian Togelius and Jürgen Schmidhuber. An experiment in automatic game design. In *Computational Intelligence and Games, 2008. CIG'08. IEEE Symposium On*, pages 111–118. IEEE, 2008.

717. Julian Togelius, Noor Shaker, Sergey Karakovskiy, and Georgios N. Yannakakis. The Mario AI championship 2009-2012. *AI Magazine*, 34(3):89–92, 2013.

718. Julian Togelius and Georgios N. Yannakakis. General General Game AI. In *2016 IEEE Conference on Computational Intelligence and Games (CIG)*. IEEE, 2016.

719. Julian Togelius, Georgios N. Yannakakis, Sergey Karakovskiy, and Noor Shaker. Assessing believability. In Philip Hingston, editor, *Believable bots*, pages 215–230. Springer, 2012.

720. Julian Togelius, Georgios N. Yannakakis, Kenneth O. Stanley, and Cameron Browne. Search-based procedural content generation: A taxonomy and survey. *Computational Intelligence and AI in Games, IEEE Transactions on*, 3(3):172–186, 2011.

721. Simone Tognetti, Maurizio Garbarino, Andrea Bonarini, and Matteo Matteucci. Modeling enjoyment preference from physiological responses in a car racing game. In *Computational Intelligence and Games (CIG), 2010 IEEE Symposium on*, pages 321–328. IEEE, 2010.

722. Paul Tozour and I. S. Austin. Building a near-optimal navigation mesh. *AI Game Programming Wisdom*, 1:298–304, 2002.

723. Mike Treanor, Bryan Blackford, Michael Mateas, and Ian Bogost. Game-O-Matic: Generating Videogames that Represent Ideas. In *Procedural Content Generation Workshop at the Foundations of Digital Games Conference*. ACM, 2012.

724. Mike Treanor, Alexander Zook, Mirjam P. Eladhari, Julian Togelius, Gillian Smith, Michael Cook, Tommy Thompson, Brian Magerko, John Levine, and Adam Smith. AI-based game design patterns. 2015.

725. Alan M. Turing. Digital computers applied to games. *Faster than thought*, 101, 1953.

726. Hiroto Udagawa, Tarun Narasimhan, and Shim-Young Lee. Fighting Zombies in Minecraft With Deep Reinforcement Learning. Technical report, Stanford University, 2016.

727. Alfred Ultsch. Data mining and knowledge discovery with emergent self-organizing feature maps for multivariate time series. *Kohonen Maps*, 46:33–46, 1999.

728. Alberto Uriarte and Santiago Ontañón. Automatic learning of combat models for RTS games. In *Eleventh Artificial Intelligence and Interactive Digital Entertainment Conference*, 2015.

729. Nicolas Usunier, Gabriel Synnaeve, Zeming Lin, and Soumith Chintala. Episodic Exploration for Deep Deterministic Policies: An Application to StarCraft Micromanagement Tasks. *arXiv preprint arXiv:1609.02993*, 2016.

730. Josep Valls-Vargas, Santiago Ontañón, and Jichen Zhu. Towards story-based content generation: From plot-points to maps. In *Computational Intelligence in Games (CIG), 2013 IEEE Conference on*. IEEE, 2013.

731. Wouter van den Hoogen, Wijnand A. IJsselsteijn, and Yvonne de Kort. Exploring behavioral expressions of player experience in digital games. In *Proceedings of the Workshop on Facial and Bodily Expression for Control and Adaptation of Games (ECAG)*, pages 11–19, 2008.

732. Roland van der Linden, Ricardo Lopes, and Rafael Bidarra. Procedural generation of dungeons. *Computational Intelligence and AI in Games, IEEE Transactions on*, 6(1):78–89, 2014.

733. Pascal van Hentenryck. *Constraint satisfaction in logic programming*. MIT Press, Cambridge, 1989.

734. Niels van Hoorn, Julian Togelius, and Jürgen Schmidhuber. Hierarchical controller learning in a first-person shooter. In *Computational Intelligence and Games, 2009. CIG 2009. IEEE Symposium on*, pages 294–301. IEEE, 2009.

735. Niels van Hoorn, Julian Togelius, Daan Wierstra, and Jürgen Schmidhuber. Robust player imitation using multiobjective evolution. In *IEEE Congress on Evolutionary Computation (CEC)*, pages 652–659. IEEE, 2009.

736. Giel van Lankveld, Sonny Schreurs, Pieter Spronck, and Jaap van Den Herik. Extraversion in games. In *International Conference on Computers and Games*, pages 263–275. Springer, 2010.

737. Giel van Lankveld, Pieter Spronck, Jaap van den Herik, and Arnoud Arntz. Games as personality profiling tools. In *Computational Intelligence and Games (CIG), 2011 IEEE Conference on*, pages 197–202. IEEE, 2011.

738. Harm van Seijen, Mehdi Fatemi, Joshua Romoff, Romain Laroche, Tavian Barnes, and Jeffrey Tsang. Hybrid Reward Architecture for Reinforcement Learning. *arXiv preprint arXiv:1706.04208*, 2017.

739. Pascal Vincent, Hugo Larochelle, Yoshua Bengio, and Pierre-Antoine Manzagol. Extracting and composing robust features with denoising autoencoders. In *Proceedings of the 25th International Conference on Machine Learning (ICML)*, pages 1096–1103. ACM, 2008.

740. Madhubalan Viswanathan. Measurement of individual differences in preference for numerical information. *Journal of Applied Psychology*, 78(5):741–752, 1993.

741. Thurid Vogt and Elisabeth André. Comparing feature sets for acted and spontaneous speech in view of automatic emotion recognition. In *Proceedings of IEEE International Conference on Multimedia and Expo (ICME)*, pages 474–477. IEEE, 2005.

742. John Von Neumann. The general and logical theory of automata. *Cerebral Mechanisms in Behavior*, 1(41):1–2, 1951.

743. John Von Neumann and Oskar Morgenstern. *Theory of games and economic behavior*. Princeton University Press, 1944.

744. Karol Walédzik and Jacek Mańdziuk. An automatically generated evaluation function in general game playing. *IEEE Transactions on Computational Intelligence and AI in Games*, 6(3):258–270, 2014.

745. Che Wang, Pan Chen, Yuanda Li, Christoffer Holmgård, and Julian Togelius. Portfolio Online Evolution in StarCraft. In *Twelfth Artificial Intelligence and Interactive Digital Entertainment Conference*, 2016.

746. Colin D. Ward and Peter I. Cowling. Monte Carlo search applied to card selection in Magic: The Gathering. In *IEEE Symposium on Computational Intelligence and Games (CIG)*, pages 9–16. IEEE, 2009.

747. Joe H. Ward Jr. Hierarchical grouping to optimize an objective function. *Journal of the American Statistical Association*, 58(301):236–244, 1963.

748. Christopher J. C. H. Watkins and Peter Dayan. Q-learning. *Machine Learning*, 8(3-4):279–292, 1992.

749. Ben G. Weber. ABL versus Behavior Trees. *Gamasutra*, 2012.

750. Ben G. Weber and Michael Mateas. A data mining approach to strategy prediction. In *2009 IEEE Symposium on Computational Intelligence and Games*, pages 140–147. IEEE, 2009.

751. Joseph Weizenbaum. ELIZA—a computer program for the study of natural language communication between man and machine. *Communications of the ACM*, 9(1):36–45, 1966.

752. Paul John Werbos. *Beyond regression: new tools for prediction and analysis in the behavioral sciences*. PhD thesis, Harvard University, 1974.

753. Daan Wierstra, Tom Schaul, Jan Peters, and Juergen Schmidhuber. Natural evolution strategies. In *IEEE Congress on Evolutionary Computation (CEC) 2008. (IEEE World Congress on Computational Intelligence).*, pages 3381–3387. IEEE, 2008.

754. Geraint A. Wiggins. A preliminary framework for description, analysis and comparison of creative systems. *Knowledge-Based Systems*, 19(7):449–458, 2006.

755. Minecraft Wiki. Minecraft. *Mojang AB, Stockholm, Sweden*, 2013.

756. David H. Wolpert and William G. Macready. No free lunch theorems for optimization. *IEEE Transactions on Evolutionary Computation*, 1(1):67–82, 1997.

757. Robert F. Woodbury. Searching for designs: Paradigm and practice. *Building and Environment*, 26(1):61–73, 1991.

758. Steven Woodcock. Game AI: The State of the Industry 2000-2001: It's not Just Art, It's Engineering. *Game Developer Magazine*, 2001.

759. Xindong Wu, Vipin Kumar, J. Ross Quinlan, Joydeep Ghosh, Qiang Yang, Hiroshi Motoda, Geoffrey J. McLachlan, Angus Ng, Bing Liu, S. Yu Philip, Zhi-Hua Zhou, Michael Steinbach, David J. Hand, and Dan Steinberg. Top 10 algorithms in data mining. *Knowledge and Information Systems*, 14(1):1–37, 2008.

760. Kaito Yamamoto, Syunsuke Mizuno, Chun Yin Chu, and Ruck Thawonmas. Deduction of fighting-game countermeasures using the k-nearest neighbor algorithm and a game simulator. In *Computational Intelligence and Games (CIG), 2014 IEEE Conference on*. IEEE, 2014.

761. Yi-Hsuan Yang and Homer H. Chen. Ranking-based emotion recognition for music organization and retrieval. *Audio, Speech, and Language Processing, IEEE Transactions on*, 19(4):762–774, 2011.

762. Georgios N. Yannakakis. *AI in Computer Games: Generating Interesting Interactive Opponents by the use of Evolutionary Computation*. PhD thesis, University of Edinburgh, November 2005.

763. Georgios N. Yannakakis. Preference learning for affective modeling. In *Affective Computing and Intelligent Interaction and Workshops, 2009. ACII 2009. 3rd International Conference on*, pages 1–6. IEEE, 2009.

764. Georgios N. Yannakakis. Game AI revisited. In *Proceedings of the 9th conference on Computing Frontiers*, pages 285–292. ACM, 2012.

765. Georgios N. Yannakakis, Roddy Cowie, and Carlos Busso. The Ordinal Nature of Emotions. In *Affective Computing and Intelligent Interaction (ACII), 2017 International Conference on*, 2017.

766. Georgios N. Yannakakis and John Hallam. Evolving Opponents for Interesting Interactive Computer Games. In S. Schaal, A. Ijspeert, A. Billard, S. Vijayakumar, J. Hallam, and J.-A. Meyer, editors, *From Animals to Animats 8: Proceedings of the 8th International Conference on Simulation of Adaptive Behavior (SAB-04)*, pages 499–508, Santa Monica, CA, July 2004. The MIT Press.

767. Georgios N. Yannakakis and John Hallam. A Generic Approach for Generating Interesting Interactive Pac-Man Opponents. In *Proceedings of the IEEE Symposium on Computational Intelligence and Games*, 2005.

768. Georgios N. Yannakakis and John Hallam. A generic approach for obtaining higher entertainment in predator/prey computer games. *Journal of Game Development*, 1(3):23–50, December 2005.

769. Georgios N. Yannakakis and John Hallam. Modeling and augmenting game entertainment through challenge and curiosity. *International Journal on Artificial Intelligence Tools*, 16(06):981–999, 2007.

770. Georgios N. Yannakakis and John Hallam. Towards optimizing entertainment in computer games. *Applied Artificial Intelligence*, 21(10):933–971, 2007.

771. Georgios N. Yannakakis and John Hallam. Entertainment modeling through physiology in physical play. *International Journal of Human-Computer Studies*, 66(10):741–755, 2008.

772. Georgios N. Yannakakis and John Hallam. Real-time game adaptation for optimizing player satisfaction. *IEEE Transactions on Computational Intelligence and AI in Games*, 1(2):121–133, 2009.

773. Georgios N. Yannakakis and John Hallam. Rating vs. preference: A comparative study of self-reporting. In *Affective Computing and Intelligent Interaction*, pages 437–446. Springer, 2011.

774. Georgios N. Yannakakis, Antonios Liapis, and Constantine Alexopoulos. Mixed-initiative co-creativity. In *Proceedings of the 9th Conference on the Foundations of Digital Games*, 2014.

775. Georgios N. Yannakakis, Henrik Hautop Lund, and John Hallam. Modeling children's entertainment in the playware playground. In *2006 IEEE Symposium on Computational Intelligence and Games*, pages 134–141. IEEE, 2006.

776. Georgios N. Yannakakis and Manolis Maragoudakis. Player modeling impact on player's entertainment in computer games. In *Proceedings of International Conference on User Modeling (UM)*. Springer, 2005.

777. Georgios N. Yannakakis and Héctor P. Martínez. Grounding truth via ordinal annotation. In *Affective Computing and Intelligent Interaction (ACII), 2015 International Conference on*, pages 574–580. IEEE, 2015.

778. Georgios N. Yannakakis and Héctor P. Martínez. Ratings are Overrated! *Frontiers in ICT*, 2:13, 2015.

779. Georgios N. Yannakakis, Héctor P. Martínez, and Maurizio Garbarino. Psychophysiology in games. In *Emotion in Games: Theory and Praxis*, pages 119–137. Springer, 2016.

780. Georgios N. Yannakakis, Héctor P. Martínez, and Arnav Jhala. Towards affective camera control in games. *User Modeling and User-Adapted Interaction*, 20(4):313–340, 2010.

781. Georgios N. Yannakakis and Ana Paiva. Emotion in games. *Handbook on Affective Computing*, pages 459–471, 2014.

782. Georgios N. Yannakakis, Pieter Spronck, Daniele Loiacono, and Elisabeth André. Player modeling. *Dagstuhl Follow-Ups*, 6, 2013.

783. Georgios N. Yannakakis and Julian Togelius. Experience-driven procedural content generation. *Affective Computing, IEEE Transactions on*, 2(3):147–161, 2011.

784. Georgios N. Yannakakis and Julian Togelius. Experience-driven procedural content generation. In *Affective Computing and Intelligent Interaction (ACII), 2015 International Conference on*, pages 519–525. IEEE, 2015.

785. Georgios N. Yannakakis and Julian Togelius. A panorama of artificial and computational intelligence in games. *IEEE Transactions on Computational Intelligence and AI in Games*, 7(4):317–335, 2015.

786. Xin Yao. Evolving artificial neural networks. *Proceedings of the IEEE*, 87(9):1423–1447, 1999.

787. Nick Yee. The demographics, motivations, and derived experiences of users of massively multi-user online graphical environments. *Presence: Teleoperators and virtual environments*, 15(3):309–329, 2006.

788. Nick Yee, Nicolas Ducheneaut, Les Nelson, and Peter Likarish. Introverted elves & conscientious gnomes: the expression of personality in World of WarCraft. In *Proceedings of the SIGCHI Conference on Human Factors in Computing Systems*, pages 753–762. ACM, 2011.

789. Serdar Yildirim, Shrikanth Narayanan, and Alexandros Potamianos. Detecting emotional state of a child in a conversational computer game. *Computer Speech & Language*, 25(1):29–44, 2011.

790. Shubu Yoshida, Makoto Ishihara, Taichi Miyazaki, Yuto Nakagawa, Tomohiro Harada, and Ruck Thawonmas. Application of Monte-Carlo tree search in a fighting game AI. In *Consumer Electronics, 2016 IEEE 5th Global Conference on*. IEEE, 2016.

791. David Young. *Learning game AI programming with Lua*. Packt Publishing Ltd, 2014.

792. R. Michael Young, Mark O. Riedl, Mark Branly, Arnav Jhala, R. J. Martin, and C. J. Saretto. An architecture for integrating plan-based behavior generation with interactive game environments. *Journal of Game Development*, 1(1):51–70, 2004.

793. Mohammed J. Zaki. SPADE: An efficient algorithm for mining frequent sequences. *Machine Learning*, 42(1-2):31–60, 2001.

794. Zhihong Zeng, Maja Pantic, Glenn I. Roisman, and Thomas S. Huang. A survey of affect recognition methods: Audio, visual, and spontaneous expressions. *Pattern Analysis and Machine Intelligence, IEEE Transactions on*, 31(1):39–58, 2009.

795. Jiakai Zhang and Kyunghyun Cho. Query-efficient imitation learning for end-to-end autonomous driving. *arXiv preprint arXiv:1605.06450*, 2016.

796. Peng Zhang and Jochen Renz. Qualitative Spatial Representation and Reasoning in Angry Birds: The Extended Rectangle Algebra. In *Proceedings of the Fourteenth International Conference on Principles of Knowledge Representation and Reasoning*, 2014.

797. Martin Zinkevich, Michael Johanson, Michael Bowling, and Carmelo Piccione. Regret minimization in games with incomplete information. In *Advances in Neural Information Processing Systems*, pages 1729–1736, 2008.

798. Albert L. Zobrist. *Feature extraction and representation for pattern recognition and the game of Go*. PhD thesis, The University of Wisconsin, Madison, 1970.

799. Alexander Zook. Game AGI beyond Characters. In *Integrating Cognitive Architectures into Virtual Character Design*, pages 266–293. IGI Global, 2016.

800. Alexander Zook and Mark O. Riedl. A Temporal Data-Driven Player Model for Dynamic Difficulty Adjustment. In *8th AAAI Conference on Artificial Intelligence and Interactive Digital Entertainment*. AAAI, 2012.

801. Robert Zubek and Ian Horswill. Hierarchical Parallel Markov Models of Interaction. In *AIIDE*, pages 141–146, 2005.